KB038761

THE
**DEEP
HISTORY**
OF
OURSELVES

THE DEEP HISTORY

우리 인간의 아주 깊은 역사

조지프 르두

OF OURSELVES

생물과 인간, 그 40억 년의 딥 히스토리

박선진 옮김

바다출판사

스승이자 친구인 마이크 가자니가에게

차례

서문

이 책은 행동의 진화에 관한 책이다. 단지 인간이나 포유동물, 심지어 동물의 행동에 대해서만이 아니다. 생명체가 이 세상에 처음 나타나자마자 어떻게 행동이 시작되었는지에 대해서 이야기한다. 이들 단세포 미생물, 우리와 이 행성을 공유하는 박테리아의 조상들 또한 우리가 생존을 위해 하는 많은 일들, 즉 위험을 피하고 영양분을 얻고 수분과 체온을 유지하고 번식하는 일을 해야 했다. 이 책은 그 뒤를 이은 유기체들이 이와 유사한 일반적 생존 요건을 충족시키기 위해서 어떻게 행동을 이용해왔는지 따라간다. 하지만 유사성은 차이가 있을 때 의미를 지닌다. 따라서 이 책에서 나는 우리 인간을 가장 두드러지게 만든 것들, 예컨대 언어, 문화, 사고 및 추론 능력 그리고 우리 자신이 누군지 스스로 되돌아보는 능력을 설명하는 데 중점을 두고자 한다. 이런 능력들은 최근에 생겨났지만 그 뿌리는 생명의 기원까지 깊이 이어져 있다.

이 책을 쓰기 직전, E. O. 윌슨의 책 《인간 존재의 의미 *The Meaning of Human Existence*》를 읽었다. 책의 각 장이 매우 압축적인 '하나의 주제'로 구성되어 있는 점이 매력적이었고, 나도 그렇게 해보려 했다. 그 결과 이 책의 각 장은 독립적이고 단편적인 주제만을 다루는 매우 간결한 '단상' 또는 '통찰'로 구성되었다. 각 장이 1500~2000단어로 구성되도 록 했으며, 대부분의 장에서 이 기준을 맞출 수 있었다. 또한 월슨처럼 책을 짧게 쓰고 싶었지만, 이 점에서는 그다지 성공하지 못한 듯하다.

각 장은 주제별로 분류되었으므로, 만일 특정 주제—예컨대 생명 이 어떻게 시작되었는지, 박테리아는 언제부터 행동하게 되었는지, 유성생식은 어떻게 출현했는지, 어떤 과정을 통해 단세포 생물로부 터 다세포 생물이 나왔는지, 신경계는 어떻게 진화했는지, 해면과 해 파리는 인간의 진화에서 어떤 중요한 역할을 했는지, 인지나 감정은 어떻게 진화했는지, 우리는 의식과 뇌에 대해 무엇을 알고 있는지— 에 대해 구체적으로 알고 싶은 사람이 있다면 관심 있는 주제와 관련 된 부분만 읽어도 될 것이다. 하지만 이 책을 처음부터 끝까지 다 읽 고 나면, 여러분은 생명의 나무를 오르며 원시 미생물이 가졌던 생존 기술로부터 사고와 감정 등 우리를 생존하고 번성하게 한 우리 자신 의 고유한 능력이 어떻게 나올 수 있었는지 통찰하게 될 것이고, 우리 들 각자의 과거와 미래뿐 아니라 더 나아가 우리 종의 미래를 진지하 게 고민해보게 될 것이다.

이 책은 내가 단독으로 저술한 네 번째 책이다. 첫 책을 쓰면서 중 요한 것을 배웠다. 어떤 전문 분야에 대해 자신이 정말로 알고 있는 것—그리고 모르는 것—을 파악하는 최선의 방법은 바로 그것에 대 해 써보면 된다는 점이다. 하지만 이 책은 조금 달랐다. 만일 내가 생 명의 역사에 대해 쓰게 된다면 조사해야 할 것이 엄청나게 많으리라 는 것을 처음부터 알고 있었다. 따라서 이 책의 초반부 대부분은 이 분야의 전문가보다는 과학저술가가 쓴 것에 더 가까울 것이다. 결과적으로 나는 완전히 길을 잃었다고 느낄 때마다 다른 전문가들의 도움을 받아야 했다(충분했길 바란다). '안다'고 생각했던 부분이 나올 때에도 내가 알아야 할 것이 얼마나 많은지를 새삼 깨닫고는 역시 도움을 줄 수 있는 동료를 찾아야 했다.

내게 의견을 나누어준 모든 친구들에게 감사를 전한다. 타일러 볼크Tyler Volk(전생물적 화학과 초기 생명), 닉 레인Nick Lane(생명의 기원), 칼 니클라스Karl Niklas(다세포 생물의 기원과 적합도의 정렬 및 위임), 세라 바필드Sarah Barfield(생식계열의 분리), 랠프 그린스펀Ralph Greenspan과 다케오 가쓰키Takeo Katsuki(해파리의 행동), 이냐키 루이스-트리요Iñaki Ruiz-Trillo(다세포 유기체의 원생동물 조상), 린다 홀랜드Linda Holland(좌우 대칭 동물의 기원과 선구동물 및 후구동물의 분화, 후구동물로부터 척삭동물의 분화, 척삭동물로부터 척추동물의 분화), 마야 아담스카Maja Adamska(해면류의 생리학과 행동), 스텐 그릴너Sten Grillner(초기 척추동물의 신경계), 에릭 네슬러Eric Nestler(후성유전과 행동), 벳시 머리Betsy Murray(지각 및 기억 시스템의 진화), 차란 랑가나스Charan Ranganath(지각과 기억), 세실리아 헤이스Cecilia Heyes와 토머스 서든도프Thomas Suddendorf(인간이나 다른 동물의 의식을 논하기 전에 배제해야 할 비의식적 설명들), 너새니얼 도Nathaniel Daw(인지적 숙고), 메리언 도킨스Marian Dawkins(의인관anthropomorphism), 리즈 로만스키Liz Romanski와 헬렌 바버스Helen Barbas와 루즈베 키아니Roozbeh Kiani와 토드 프레우스Todd Preuss(전전두 피질), 하콴 라우劉克頑와 스티브 플레밍Steve Fleming(메타인지와 의식), 칼 프리스턴Karl Friston(예측적 추론), 리처드 브라운Richard Brown(심리철학), 데이비드 로젠탈David Rosenthal(의식의 고차 사고 이론) 그리고 크리스토프 메낭Christophe Menant(자아, 의식, 악)이 그들이다.

나는 이 책에 언어적 서술뿐만 아니라 시각적 이야기도 담고 싶었기에 이를 도와줄 수 있는 사람을 찾아보았다. 예술가인 친구 하이데 파스나흐트Heide Fasnacht에게 이 문제를 이야기하자, 마침 재능 있는 학생이 있다고 추천해주었다. 카이오 다 실바 소렌티노Caio Da Silva Sorrentino의 작품은 내게 깊은 인상을 주었고, 그가 내 초고를 바탕으로 그린 견본 삽화 몇 점을 본 후 나는 완전히 반해버렸다. 카이오는 손글씨를 포함해 19세기 후반의 생물학적 삽화들을 연상시키는 완벽한 시각적 도상을 고안해냈다. 카이오는 정말로 재능 넘치는 삽화가였고, 그와 일하는 것은 즐거웠다. 이 책은 그의 시각적 상상력에 큰 덕을 입었다.

내가 《불안Anxious》을 쓰는 동안 아내 낸시 프린슨탈Nancy Princenthal은 예술가 아그네스 마틴Agnes Martin에 대한 책을 썼는데, 이 책은 이후 미국 펜클럽 전기 부문상을 수상했다. 우리는 거의 동시에 책을 쓰기 시작해 비슷하게 끝냈고, 우리의 결혼생활은 이 치열한 경쟁을 이겨냈다. 이후 우리는 또 한 번의 인고의 시간을 보냈으나 우리의 결혼은 이또한 견뎌냈으며, 이제 막 그 결실을 맺으려는 참이다. 나는 이 책을, 아내는 1970년대 예술계에서 있었던 성폭력에 대한 책을 완성했다. 아내의 정신적 지지가 없었다면 그리고 쓰다가 막힌 부분을 아내가 숙련된 솜씨로 감수해주지 않았다면 나는 이와 같은 일을 도저히 해낼 수 없었을 것이다. 고전학을 공부한 뒤 지금은 자본시장에 뛰어들어 변호사가 된 우리 아들 마일로 르두Milo LeDoux는 이따금 우리와 함께 저녁식사를 하면서 밀레니얼 세대들만의 중요한 통찰력을 보여주었다. 예를 들어, 내가 인간의 행동은 종종 무의식적으로 통제된다는 이야기를 했을 때, 그는 "자율주행차의 운전대를 잡고 있는 것과 비슷하겠군요"라고 맞받아쳤다. 그는 이 책의 각주에서 다시 등장할 것이다.

바이킹 출판사에서 일하는 나의 편집자이자 실제로도 친구인 릭 콧Rick Kot은 지난 세 권의 책을 쓰는 동안 나를 정신적으로 이끌어주었다. 그는 내가 쓴 책들 각각의 개념적 틀을 잡는 데 도움을 주었으며 내 글이 너무 난삽해질 때면 말끔히 정리해주었다. 나로서는 바이킹보다 더 나은 출판사를 찾긴 힘들 것이다. 이 책과 나의 다른 책들에 대해 전 직원이 뛰어난 역량을 보여주었다. 브록먼 법인의 카틴카 맷슨Katinka Matson에게도 감사의 말을 전한다. 내가 네 권의 책을 쓰는 동안 맷슨은 나를 도와 제안서가 출판사의 마음에 들도록 가다듬는 한편 그 과정에서 필요한 조언을 해주었다.

1989년 이후 줄곧 뉴욕대는 나의 멋진 학문적 고향이었다. 뉴욕대와 내가 속한 부서인 신경과학센터는 그동안 항상 나를 지지해주었고, 그 덕분에 나는 과학자이자 저술가로서 활동할 수 있었다. 또한 이들 덕택에 밴드 활동도 할 수 있었다.

윌리엄 창William Chang은 거의 20년간 뉴욕대에서 내 사무실을 운영해왔다. 그는 내 글과 삽화들을 순서대로 정리하는 일에 중요한 역할을 했으며 그밖에도 내게 많은 도움을 주었다. 클라우디아 파브Claudia Farb와 미안 허우Mian Hou 또한 수십 년간 사무실 직원으로 일하며 여러 가지로 나를 도와주었다. 또한 모든 학부생과 대학원생, 박사후연구원, 방문교수, 그 밖에 오랜 시간 동료 학자로서 함께 일해온 과학자들에게도 감사의 말을 전한다.

마지막으로, 나의 밴드 '아미그달로이드Amygdaloids'의 이전 멤버들과 현 멤버들—타일러 볼크, 다니엘라 실러Daniella Schiller, 니나 컬리Nina Curly, 제럴드 매컬럼Gerald McCollum, 어맨다 소프Amanda Thorpe, 콜린

뎀시Colin Dempsey—이 보여준 우정, 그들과 함께한 음악 활동 그리고 지적 자극에도 감사한다. 우린 '끝내주는rock-it' 과학자들이다.

나는 왜 이 책을 썼나?

한 친구에게 생명의 역사에 관한 책을 쓰려고 한다고 말했을 때, 그는 대체 왜 '내가' 그런 일을 하려는 건지 반문했다. 친구도 알다시피, 나는 쥐가 위험에 처했을 때 보이는 반응 행동과 그 바탕을 이루는 두뇌 회로를 조사하여 이러한 지식이 인간의 감정, 특히 공포와 불안을 이해하는 데 어떤 도움이 될 수 있을지를 주로 연구해온 과학자다.

친구의 질문에 일부분이나마 대답하자면, 인간 본성을 정말로 이해하고 싶다면 그 진화의 역사를 이해해야 하기 때문이다. 진화생물학자 테오도시우스 도브잔스키Theodosius Dobzhansky가 말했듯 "진화의 빛에 비추지 않으면 생물학에서는 그 무엇도 의미가 없다." 행동 역시 마찬가지다.

행동과 진화 사이에 상관관계가 있다는 것은 전혀 새로울 것 없는 생각이다. 다윈이 힘주어 말한 부분이기도 하며, 동물행동학을 개척한 니코 틴베르헌Niko Tinbergen과 콘라트 로렌츠Konrad Lorenz도 강조한 바 있다. 20세기 전반기에 심리학계를 주도한 행동주의자들은 진화에 거의 관심을 두지 않았지만, 오늘날 대부분의 심리학자와 신경과학자는 진화를 행동에서 핵심적인 요인으로 받아들이고 있다.

행동 진화에 대한 대부분의 연구, 특히 신경과학 분야의 연구는 보통 근연 관계의 개체군들, 예를 들면 인간과 다른 포유류의 관련성에 초점을 맞춘다. 여기에는 분명한 이유가 있다. 가령, 뇌는 행동을 제어하므로 이러한 개체군들에서 뇌가 어떻게 진화했는가에 대한 연구는 그들 각각의 행동 레퍼토리뿐 아니라 우리들의 행동 레퍼토리가 어떻게 진화했는지 이해하는 데에도 도움을 준다. 그런데 이보다 더 깊이 파헤쳐볼 만한 충분한 이유가 있다. 예컨대, 포유동물(주로 설치류들)과 무척추동물(주로 파리나 벌레들)을 비교하는 연구는 이들 사이의 연관성을 보여주며, 우리의 기억이 어떻게 작동하는지를 드러내준다. 하지만 이 책에서 나는 이보다 더 깊숙이 파고 들어가 보려 한다. 사실, '매우' 깊이 들어갈 것이다. 생명의 기원까지 그리고 그보다 더 이전, 생명을 가능케 한 지구의 전생물적 화학상태prebiotic chemical conditions까지 파고 들어갈 것이다.

나는 항상 뇌와 행동의 진화에 관심을 갖고 있었지만 이 주제를 열정적으로 파헤치진 않았다. 그러다 2009년 케임브리지 대학에서 안식년을 보내는 동안 신경생물학자인 세스 그랜트Seth Grant와 친해졌다. 세스를 처음 만난 것은 그가 컬럼비아 대학의 노벨상 수상자 에릭 캔델Eric Kandel의 연구실에서 박사후연구원으로 일하고 있을 때였다. 거기서 그는 학습과 기억의 생물학적 메커니즘을 더 잘 이해하기 위해 시냅스 가소성Synaptic plasticity에 관련된 유전자들의 진화를 연구하기 시작했고, 케임브리지에서도 이 연구를 계속 진행하고 있었다.

세스는 설치류와 바다 민달팽이류의 가소성 관련 유전자가 서로 유사하다는 것을 발견했는데, 이는 이들 동물이 수억 년 전에 살았던 공통 조상으로부터 학습능력을 물려받은 것일 수 있음을 의미한다. 그런데 이보다 더 흥미로운 사실은 이 동일 유전자 중 일부가 단세포 원생동물protozoa에서도 발견된다는 것이다. 이러한 연관성이 있는 것은 현재의 원생동물과 동물 사이에 10억 년 전에 살았던 원생동물 공통 조상이 있기 때문이다. 우리의 신경계에서 학습과 관련된 유전자의 일부는 따라서 그러한 미생물 조상들을 거쳐 우리에게 전달된 것일지 모른다.

원생동물을 조금이라도 아는 사람이라면 이런 이야기를 듣고 머리를 긁적일지 모르겠다. 대부분의 사람들이 생각하기에 행동, 특히 학습된 행동은 신경계의 산물이다. 하지만 원생동물은 그저 단세포 생물일 뿐이니 신경계가 없다. 신경계를 가지려면 특수한 세포—뉴런(신경세포)—가 있어야 하는데, 단세포 생물은 오직 다목적 세포 하나만 가지지 않는가? 그런데 원생동물도 유독한 화학 물질을 피하거나 유익한 물질을 얻기 위해 헤엄을 치는 등 활발한 행동을 보일 수 있으며 심지어 현재 어떻게 행동할지를 결정하기 위해 과거의 경험을 이용하기도 한다. 다시 말해, 원생동물에게도 학습과 기억 능력이 있다. 여기서 도출할 수 있는 논리적 결론은 행동, 학습, 기억을 위해서 신경계가 꼭 필요한 것은 아니라는 것이다.

이 사실을 처음 알게 되었을 때, 나는 눈이 휘둥그레져 이 단세포 생물의 행동능력에 대해 알려진 것들을 간단히 조사해보았다. 단세포 생물의 행동은 단지 위험을 피하거나 영양분에 다가가기 위해 헤엄을 치는 수준에 그치지 않았다. 외부 환경에 맞춰 세포 내부의 온도를 조절하거나 체액의 균형을 맞추기 위해 화학 물질이나 햇빛을 향해 가거나 피하기도 했다. 원생동물은 심지어 번식을 위해 짝짓기 행동 즉 섹스도 한다.

원생동물은 상대적으로 최근에 출현한 단세포 생물로 대략 20억 년 전쯤에 등장했는데, 잘 알려진 또 다른 단세포동물인 박테리아로부터 진화했다. 박테리아는 가장 오래된 생명체로서 대략 35억 년 전에 출현했다. 박테리아와 원생동물은 서로 비슷한 종류의 행동을 많이 보여주지만, 그 모든 행동은 박테리아에서 먼저 시작되었다. 박테리아 또한 주변 환경에서 유익한 것에는 다가가고 위험한 것은 피하며, 자신들의 세상에서 무엇이 유익하고 위험한지 경험에서 배운다. 그러나 박테리아는 유성생식은 하지 않는다. 단순히 반으로 갈라질 뿐이다. 진핵생물이 유명해진 것은 바로 섹스 때문이다. 진핵생물은 박테리아로부터 진화했으며 여기에는 원생동물과 동물이 포함된다.

동물이 포식자를 발견하고 얼어붙거나 도망치고 먹고 마시고 짝짓기를 함으로써 방어, 에너지 관리, 체액 균형, 생식 활동을 할 때, 과학자와 일반인 모두 이와 같은 활동을 기저의 심리적 상태—공포, 허기, 갈증, 성적 쾌락과 같은 의식적인 감각 경험—의 표현으로 설명하는 경향이 있다. 사실상 우리 자신의 경험을 다른 유기체에 투사하는 것이다. 이런 행동들이 얼마나 오래되었는지, 이런 행동들이 신경계가 생기기 훨씬 이전에 어떻게 발생했는지를 고려한다면, 우리는 우리의 마음 상태에 근거해서 다른 동물의 행동을 판단하는 일에 좀 더 신중해야 할 것이다.

이 책에서 나는 그러한 생존 행동들이 생명의 기원까지 거슬러 올라가는 깊은 뿌리를 가지고 있음을 보이고자 한다. 이후 등장한 동물들은 이런 행동들을 더 효과적이고 효율적으로 수행하기 위해 뉴런과 신경 회로를 진화시켰다. 하지만 모든 유기체는 단 하나의 세포로 구성되었든 수십억 개의 세포로 구성되었든 상관없이, 살아있고 또 잘 살기 위해 이런 종류의 생존 행동을 한다.

인간은 인간 고유의 생존 행동을 할 때 어떤 느낌을 의식적으로 경험하게 되므로, 우리는 직관적으로 이러한 느낌과 행동이 본래 연관되어 있다고 느낀다. 다시 말해, 이 느낌이 행동의 원인이라고 생각하는 것이다. 또한 우리는 우리와 근연 관계에 있는 다른 동물들(예를 들어, 다른 포유류들)이 생존이 걸린 상황에서 우리와 비슷하게 행동하고, 이러한 행동을 통제하는 회로가 우리나 그 동물들이나 비슷하기 때문에, 그들의 생존 행동 또한 느낌에 의해 작동되는 것이라고 짐작하곤 한다.

하지만 나는 이러한 논리를 완전히 뒤집어엎을 증거를 제시하려 한다. 나는 다음 사실을 뒷받침할 훌륭한 증거를 보여줄 것이다. 인간과 다른 포유류의 생존 행동을 제어하는 뇌 시스템은 동일하지만, 이 시스템이 우리가 그런 행동을 할 때 경험하는 의식적 느낌을 관장하는 시스템은 아니다. 행동과 느낌은 동시에 일어나는데, 이는 느낌이 행동을 일으키기 때문이 아니라, 각각의 시스템이 같은 자극에 반응하기 때문이다.

다시 말해, 생존 행동은 매우 오래된 뿌리를 가지고 있기에 보편적으로 나타난다. 하지만 우리가 의식적 느낌이라 부르는 종류의 경험―즉 감정―은 훨씬 최근에 발달했으며, 겨우 몇백만 년 전 인간의 뇌에서 진화적 변화가 일어나 우리 종에게 언어와 문화와 자기 인식이 생겨났을 때 발생했다. 이런 주장은 몇몇 사람들에게, 어쩌면 매우 많은 사람에게 논란을 일으킬 수도 있다. 동물에게서 의식적 경험을 박탈하는 것처럼 보이기 때문이다. 하지만 동물의 의식에 대한 이런 견해에 회의적인 사람들이라도 내 이야기를 끝까지 들어주길 바란다.

사실 나는 동물이 의식적 경험을 한다는 것을 부정하지 않는다. 내가 지적하고 싶은 것은, 동물이 하는 의식적 경험은 우리의 것과 상당히 다를 가능성이 있다는 것이다. 모든 종은 저마다 약간씩 다른 뇌를 가지기 때문이다. 또한 다른 동물, 심지어 다른 영장류에서조차 찾아볼 수 없는 독특한 특성을 가진 신경 회로가 우리의 의식적 경험에서 아마도 매우 숭요한 역할을 하는 것을 볼 때, 우리는 다른 생명체가 인간과 유사한 의식적 경험을 한다고 말할 때 좀 더 신중해야 할 것이다. 하지만 그들이 인간과 같은 종류의 경험을 하지 않는다고 해서 의식적 경험을 하지 않는다는 뜻은 아니다. 예를 들어, 다른 동물들이 우리와 같은 방식으로 고통을 느끼지 않는다고 해서 그들이 고통을 느끼지 않는다는 의미는 아니다. 다른 동물들도 의식을 가지는지 과학적으로 판단하기란 극도로 어려운 일이지만, 이 책의 말미에서 나는 인간이 아닌 다른 영장류 동물과 비영장류 포유동물이 그들이 가진 뇌의 종류에 따라 각각 어떤 종류의 의식적 경험을 하는 것이 가능할지 추측해볼 것이다.

우리의 생존 행동을 제어하는 신경 회로가 우리의 감정 및 다른 의식적 경험을 관장하는 회로와 구별된다는 사실을 인식하게 되면, 우리는 생명의 깊은 역사와 우리 인간 사이의 연관성을 새로운 관점에서 보게 된다. 다른 모든 생물 종처럼, 우리도 우리가 진화해 나온 종들과 유사한 동시에 당연히 다르다. 이 차이를 완벽히 이해하기 위해서는 우리가 우리 조상들과 가지는 유사점과 차이점 모두를 가능한 한 정확히 밝혀내야 하며, 직관이 아닌 과학을 이용해 결론을 도출해야 한다.

나는 2009년에 처음으로 원시 생물들의 생존 행동에 대해 생각해 보게 된 뒤 2012년에 〈감정적 뇌를 재고하며 Rethinking the Emotional Brain〉라는 제목의 글에서 이 주제에 대한 관심을 처음 공개적으로 밝혔고, 이후에도 다른 글이나 강연을 통해 이 주제를 계속 발전시켜왔다. 이 책은 내가 처음에 가졌던 생각들을 확장하고 통합함으로써 우리가 어떻게 지금의 우리가 되었는지에 대한 중요한 통찰을 이끌어내고자 한다. 원시 미생물에서 시작된 생명의 탄생에서부터 우리 자신의 존재에 대해 의식적으로 자각할 수 있는 능력과 우리의 사고, 기억 그리고 감정의 출현에 이르기까지를 모두 논의할 것이다.

단세포 생물

태초의 생명 실험   최초의 원핵생물

LUCA
(최초의 세포)

박테리아

고세균

| 4.5 | 4.0 | 3.5 | 3.0 |

다세포 생물

최초의 식물   최초의 동물   방사형 동물   좌우 대칭 무척추동물   척추동물

해파리

앵무조개

무악어류

해면동물

편형동물

| 1000 | 900 | 800 | 700 | 600 | 500 |

생명의 역사에서 일어난 중심 사건들(생명의 연대기에 대한 더 자세한 내용은 부록에 실린 표를 참고할 것)

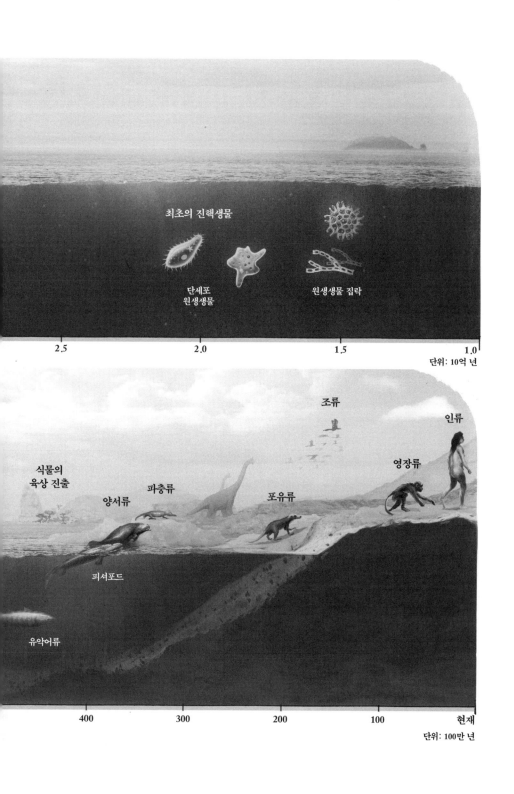

최초의 진핵생물

단세포
원생생물

원생생물 집락

2.5   2.0   1.5   1.0

단위: 10억 년

조류

인류

영장류

식물의
육상 진출

양서류

파충류

포유류

피서포드

유악어류

400   300   200   100   현재

단위: 100만 년

자연계에서 우리의 위치

깊은 뿌리

"우리는 우리의 뇌다." 누군가는 이 문장을 논란의 여지가 없는 명백한 사실로 여길 테지만, 다른 누군가는 터무니없는 소리로 여길 것이다. 분명한 것은 우리 각자가 누구인가를 결정하는 가장 근본적인 요소가 우리의 뇌에 있다는 사실이다. 뇌가 있어서 우리는 생각하고, 기쁨과 슬픔을 느끼며, 언어를 통해 소통하고, 삶의 어떤 순간을 되돌아보기도 하며, 상상 속에서 미래를 예측하고 설계하고 고민할 수 있다.

인간 뇌의 진화적 역사는 보통 우리와 상대적으로 가까운 동물들, 특히 포유동물이나 다른 척추동물들을 통해 서술된다(그림 1.1). 우리는 우리가 어떻게 신경 능력을 갖추게 되었는지, 그 신경 능력이 다른 포유류로부터 분기한 뇌를 가진 우리의 영장류 조상과 비교할 때 우리의 행동과 인지를 얼마나 더 정교하게 만들어주었는지에 대해 자주 듣는다. 또한 우리는 포유류와 그 뇌가 파충류 조상으로부터 진화했으며, 파충류와 양서류는 어류로부터, 어류는 무척추동물 조상으로부

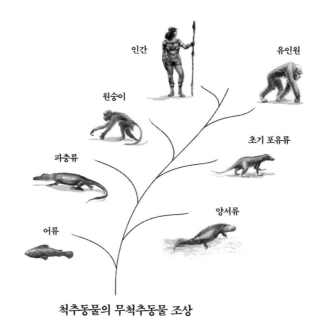

인간

유인원

원숭이

초기 포유류

파충류

양서류

어류

척추동물의 무척추동물 조상

그림 1.1 척추동물의 조상으로부터 인간이 진화하기까지

터 진화했다는 이야기도 듣는다.

    다른 척추동물의 심리적 기능을 이해하게 되면 우리는 우리의 뇌가 어떻게 현재의 형태가 되었는지에 대해 그리고 우리가 가진 심리적 본질, 다시 말해 우리가 우리 자신에 대해 좋아하는 특징뿐 아니라 차라리 없었으면 하는 특징까지 포함해 지금의 우리를 이루는 핵심 요소들에 뇌가 어떤 기여를 했는지에 대해서도 이해할 수 있다. 하지만 나는 이런 흔한 방식으로는 큰 진전을 이루지 못하리라 생각한다. 이것은 마치 디지털 컴퓨터의 역사를 이해하려 하면서 겉모습이 오늘날의 컴퓨터와 유사한 최초의 기계들―1970년대 후반에 출시된 코모

도어, 애플, IBM 사의 '개인용 컴퓨터'—로부터 시작하려는 것과 같다. 사실 디지털 컴퓨팅의 본질은 그 기기들이 도입되기 한참 이전부터 알려져 있었다. 따라서 만일 오늘날의 컴퓨터가 어떻게 작동하는지 알고 싶다면 그 기기들과 그것들의 직전 전신들에 대해 공부하는 것으로도 충분할 것이다. 하지만 컴퓨터가 어떻게 지금의 모습이 되었는지 그리고 왜 지금처럼 작동하는지 정말 알고 싶다면 우리는 그것의 깊은 역사—비전자적 기기(예를 들면, 주판)를 포함한 아날로그 형태의 조상들로부터 컴퓨터로의 진화—를 이해해야 한다.

마찬가지로 인간 뇌의 복잡한 심리적 기능을 진정 이해하려면, 우리는 긴, 정말로 엄청나게 긴 역사를 조망할 수 있어야 한다. 마치 나무의 뿌리처럼, 우리 뇌와 그것의 인지 및 행동 기능이 기원하는 깊은 뿌리는 우리 눈에 보이지 않는다. 그것을 밝히고 이해하기 위해서는 땅을 깊숙이 파고 내려가야 한다. 우리는 다른 포유동물, 다른 척추동물 그리고 척추동물의 무척추동물 조상도 지나서 계속 파야 한다. 가능한 한 깊이, 지구상 최초의 생명 형태인 원시 단세포 미생물에 닿을 때까지.•

왜 인간의 뇌와 그 기능의 기원을 이해하기 위해서 이렇게 먼 과거를 들여다봐야 하는가? 박테리아와 같은 단세포 생물은 뇌는커녕 신경계도 없지 않은가? 인간의 뇌를 이해하는 것이 우리 목적이라면, 뇌가 있는, 최소한 신경계는 갖춘 동물들에 집중하는 것이 낫지 않을

• 최근에 출판된 책 중에서 인간의 마음과 관련해 원시 생물체까지 파 내려간 책으로는 대니얼 데닛Daniel Dennett의 《박테리아에서 바흐까지 그리고 다시 박테리아로From Bacteria to Bach and Back Again》와 안토니오 다마지오Antonio Damasio의 《느낌의 진화The Strange Order of Things》, 아서 레버Arthur Rever의 《최초의 마음The First Minds》이 있다. 이 책들은 나와는 다른 관점에서 문제에 접근해 각각 다른 결론에 도달한다.

까? 프롤로그에서 논의했듯이, 이 책의 중심 논제는 수십억 년 전에 나타난 최초의 생명체가 생존에 꼭 필요한 것들을 성공적으로 해결했으며, 이후에 나타난 모든 유기체에게 그 해법을 전달했다는 것이다.

유기체가 진화하여 더 많은 세포들로 구성됨에 따라, 생존을 위해서 세포들의 행동 활동을 조절하는 문제가 훨씬 더 복잡해졌으며, 신체의 서로 다른 부분에 분포해 있는 세포들의 활동을 조율할 필요도 있었다. 그 결과로 먼저 히드라나 해파리 같은 생물에서는 단순한 산만신경계가 나타났고, 결국에는 중앙제어장치 즉 뇌를 갖춘 신경계가 탄생했다.

초기의 원시 유기체들을 생존하고 번식할 수 있도록 해준 세포적 특질은 그 이후로도 후손에게 계속 전달되었으며, 이는 우리가 아는 바대로 생명 역사의 근간이 되었다(권두 삽화를 보라). 하지만 여기서 내 요점은 지구상 모든 유기체의 생물학적 상호연결성을 추적하려는 것(이러한 기획은 전에도 여러 차례 있었다)이 아니라, 우리 인간이 매일매일 일상적으로 행하는 행동들의 뿌리가 일반적으로 우리가 아는 것보다 훨씬 더 오래되었음을 보여주려는 것이다.

우리는 흔히 행동을 마음의 도구로 여기지만 그렇지 않다. 물론 인간의 행동에는 의식적 마음의 의도와 욕구, 공포가 반영되기도 한다. 하지만 우리가 행동의 역사를 깊이 파고 들어가 보면, 단세포 생물에서든 혹은 일부 행동을 의식적으로 제어할 수 있는 복잡한 유기체에서든, 행동이 생존을 위한 최초이자 최우선의 도구라고 결론 내릴 수밖에 없다. 행동과 정신 활동을 연결시키는 것은, 마치 정신 활동 자체가 그런 것처럼, 진화론적 사후설명일 뿐이다.

우리의 뇌가 어떻게 우리를 지금의 우리로 만들 수 있었는지 진정으로 이해하기 위해서는 생존 전략, 즉 원시 단세포 유기체에 의해 구축되고, 원시 다세포 생물형태를 통해 보존되었으며, 초기 무척추동물에서 신경계가 발달한 이후에는 뉴런이라고 불리는 전문적인 세포가 전담하게 되었고, 척추동물의 무척추동물 조상의 신경계에 남아 있다가, 그 후 인간은 물론 (신체가 얼마나 단순하든 복잡하든 관계없이) 다른 모든 동물이 매일매일 사용한 그 생존 전략을 이해해야 한다.

진화 과정에서 유기체에 끊임없이 덧대어진, 그래서 결국 우리의 뇌를 탄생시키고 그 기능들을 구현하게 해준 독특한 특징들을 알아내는 일은 오직 지구 생명체들의 자연사를 조사함으로써만 가능하다. 그렇다고 해서 인간의 행동을 원시 생존반응들로 전부 설명할 수 있다는 의미는 아니다. 인간 행동 중 어떤 부분이 다양한 다른 유기체로부터 물려받은 프로세스와 관련이 있는지를 더 명확히 해야, 관련이 없는 것들을 더 잘 이해할 수 있다는 뜻이다.

CHAPTER

2

생명의 나무

19세기 후반까지 생명체들 간의 상호관계를 나타낼 때는 일반적으로 인간을 지구상의 다른 모든 생명체들보다 상위에 두는 경향이 있었다. '자연의 척도*scala naturae*' 또는 '생명의 사다리'라고 불리는 아리스토텔레스의 위계서열은 유기체에서 얼마나 복잡한 특징을 관찰할 수 있는지를 바탕으로 구성되었다. 인간은 가장 복잡한 존재로서 서열의 꼭대기 자리에 놓였다. 피의 유무는 지금 우리가 말하는 척추동물과 무척추동물을 나누는 기준이었고, 무척추동물 중에서도 껍질이 있는 종류(예를 들어 조개, 홍합, 굴)는 별개의 종으로서 동물과 식물의 중간쯤으로 여겨졌다. 중세 시대의 기독교 신학자들은 창세기의 창조설화와 아리스토텔레스의 척도를 발판으로 삼아 '완벽함'에 의거한 위계서열을 제시했다. 기독교 신에 근접할수록 더 완벽한 것이었다. 이러한 '존재의 대사슬'에서 인간은 신의 형상으로 만들어졌기에 지구상 모든 유기체 중 가장 완벽한 존재였다. 이 전통에서 특히 눈여겨봐야 할 것은 모든 생명은 거의 동시에 시작되었으며(대략 6000년 전 신은 인간, 사과, 뱀을 위시한 온갖 동식물로 에덴동산을 채웠다), 일단 창조되고 난 뒤 개별 유기체들은 수천 년간 변하지 않고 같은 형태로 쭉 존재해왔다는 개념이다.

19세기가 되어 앨프리드 러셀 월리스Alfred Russel Wallace와 찰스 다윈의 저작을 통해 새로운 관점이 출현하기 시작했다. 그중 다윈만이 역사의 스포트라이트를 받았으며, 우리가 여기서 초점을 맞출 대상도 다윈이다.

1859년 저서 《종의 기원》에서 다윈은 현재의 유기체가 이전 형태로부터 오랜 시간에 걸쳐—성경이 말하는 수천 년보다 훨씬 더 긴 시간 동안—진화한 것이라는 이론을 제시했다. 다윈은 이전 세대의 철학자와 과학자들이 자연에 대해 관찰한 것과 자신이 직접 관찰한 내용을 바탕으로 유기체들 사이의 관계는 계단이나 사다리로 비유되는 선형 척도보다는 가지가 있는 나무 즉 '생명의 나무'와 더 비슷하다고 주장했다. 다윈의 문장을 직접 인용하면, "새싹이 돋아나는 녹색 가지들은 현존하는 종을 나타내며, 그 이전에 생겨난 가지들은 오래전에 생겨났다가 지금은 멸종한 종들을 나타낸다."

줄기의 가장 밑부분에는 다윈이 '원시 형태primordial form'라고 부른 유기체가 있는데, 다른 모든 생명 형태는 이 원시 형태로부터 점진적으로 진화했고, 일부는 적응해 살아남고 일부는 멸종했다. 다윈은 각각의 유기체를 고유하고 독립적인 창조물로 여기던 유대-기독교의 전통과 결별하고, 모든 생명체는 이 공통 조상을 통해 서로 연결된다고 주장했다.

생명의 나무는 사다리나 척도보다 자연을 묘사하는 더 정확한 과

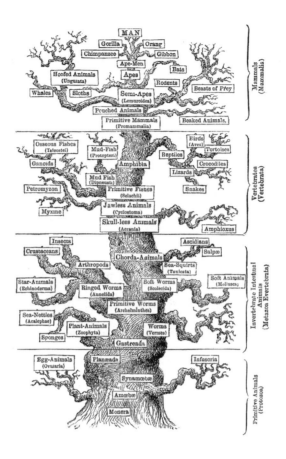

그림 2.1 헤켈의 인간의 계보도

학적 방식이지만, 그렇다고 해서 인간이 자연계에서 특별한 위치를 점한다는 결론을 언제나 피할 수 있는 것은 아니다. 예를 들어, 19세기 후반의 생물학자 에른스트 헤켈Ernst Haeckel은 여러 권의 저서에 삽화를 실어 다윈의 생명의 나무 개념을 대중화시켰다. 그중 '인간의 계보도Pedigree of Man'(그림 2.1)라고 불리는 그림이 유명한데, 가지 많은 나무를 묘사한 이 그림에서 주요 동물군은 나무 기둥을 따라 위로 차례차례 쌓여 있으며, 나무의 최상단은 인간이 차지하고 있다. 헤켈은 나름대로 많은 공헌을 한 선구적인 생물학자로서, 이 그림을 통해 생명의 일직선적인 진보의 결과로 인간이 나타났음을 암시하려고 한 것은 아닌 듯하다. 하지만 그의 의도와 상관없이 이 그림은 순진한 독자들에게 인간이 지구의 모든 생명체 중 '가장 높은' 존재이자 원시적 생명이 도달한 진보의 귀결점이라는 생각을 품게 만든다.

20세기 중반에도 생물학 교과서들에는 인간이 생명의 나무 꼭대기에 위치하는 것으로 표현된 삽화가 실렸다. 이는 부분적으로 인간의 뇌를 우리의 척추동물 조상들이 가졌던 뇌들의 혼성물로 보는 유명한 뇌 진화 이론의 영향을 받은 것이다. 이 이론에 따르면 가장 안쪽에 파충류의 뇌가 있고, 그 위에 초기 포유류의 뇌가 있으며, 다시 그 위에 영장류들이 가지는 '더 고등한' 후기 포유류의 뇌가 있으며, 그 모든 것의 정점에 인간의 뇌가 있다. 우리 인간이 수많은 진화의 정상에 있다는 전제는 뇌의 진화와 일부 기능에 대한 이론에 반영되었고, 더 나아가 인간 마음의 본성에 대한 관점과 윤리 및 도덕성의 영역에도 지속적인 영향을 끼쳤다. 우리가 특별한 존재이며 생명의 목적이라는 생각을 버리기란 인간에게 상당히 어려운 일이다.

많은 사람이 인간 '예외주의'를 의문의 여지가 없는 전제로 받아들였다. 종교인들에게 그것은 신이 내린 진실이었으며, 인본주의자들에게 그것은 사고와 감정이라는 인간만의 특별한 능력에 대한 찬양이었다. 하지만 변화를 통해 우리 종이 출현했듯이, 우리 또한 끊임없이 변화하고 있다. 아기가 한 명 새로 태어날 때마다 이전에 한 번도 존재한 적 없는 새로운 유전자 구성이 출현하는 것이다. 오늘날 특별하다고 간주되는 특징들도 먼 미래에 우리로부터 분화된 유기체의 관점에서는 그저 평범하게만 보일 것이다. 그들은 우리와는 구분되는 고유한 형질을 가지게 될 것이며, 따라서 그들의 관점에서 특별한 존재가 될 것이다.

어떤 의미에서 우리는 특별한 존재다. '특별함'이 다름을 의미한다면 말이다. 이런 맥락에서는 모든 유기체가 개별적인 생물 종으로서 특별하다고 간주될 수 있다. 물론, 우리가 다른 종과 얼마나 달라야 다른 종이 마땅히 가져야 할 특성을 인간 중심적 관점에서 부인하지 않고, 다른 종이 가질 리 없는 특성을 의인화시켜 그 종에 부여하지 않을지 정확히 집어내기란 어렵다.

우리가 각자의 가계도 즉 '가족의 나무'에 대해 말한다고 할 때, 그것은 생명의 나무에 돋아난 인간이란 가지에서도 가장 끝부분의, 잔가지 끝자락에 돋아난 작은 새순들을 지칭하는 것이다. 당신의 가계도는 바로 당신의 역사이기 때문에 당신이 관심을 가지는 것처럼, 우리 종의 진화사도 우리의 역사이기에 우리가 특별히 관심을 가지는 것이다. 하지만 우리 종은 생명이란 나무의 가지 하나에서 뻗어 나온 잔가지 하나에 불과하다. 우리는 이 가지에 특별한 관심이 있으며, 거기에서 생명의 역사를 바라본다. 하지만 그것은 우리가 자연의 질서에서 특별한 위치를 차지하기 때문은 아니다.

자연계의 시작

과학자들은 오랫동안 자연계를 분류하는 데 몰두해왔다. 그리스인들은 이러한 작업을 "자연에 마디를 내는 일"이라고 불렀다. 아리스토텔레스는 자연계를 식물, 동물, 인간의 세 가지 범주로 나누었다. 아리스토텔레스에 따르면 이들은 다음과 같은 차이점을 가지고 있다. 식물은 영양 및 생식 능력만 가지고 있는 반면, 동물은 감각과 운동 능력도 가지고 있다. 그리고 인간은 사고 또는 이성도 가진다는 점에서 단순한 동물과는 구별된다. 생물의 이러한 능력은 그들의 혼에도 반영되었는데, 식물은 식물혼vegetative soul, 동물은(아리스토텔레스의 표현대로라면 짐승은) 감각혼sensitive[sensory] soul, 인간은 이성혼rational soul을 가진다.*

이와 같은 작업의 결과로 나온 범주를 '계界, kingdom'라고 부르는데, 자연을 몇 개의 계로 구분할 수 있는지는 많은 논쟁을 불러일으켰다

---

* 　아리스토텔레스의 삼혼설에서는 식물의 혼을 생혼生魂, 동물의 혼을 각혼覺魂, 인간의 혼을 영혼靈魂으로 번역하지만, 여기서는 르두의 원문을 그대로 번역했다.(옮긴이)

표 3.1 생명계를 보는 관점의 진화

2계	3계	4계	5계	6계
식물계	식물계	모네라계	모네라계	박테리아
동물계	동물계	원생생물계	원생생물계	고세균
	광물계	식물계	식물계	원생생물계
		동물계	균계	식물계
			동물계	균계
				동물계

(표 3.1). 16세기의 저명한 분류학자 카를 린나이우스Carl Linnaeus는 아리
스토텔레스의 체계를 수정해 생명을 식물, (인간을 포함한) 동물, 광물로
나누었다. 17세기에 현미경이 발명되면서 맨눈으로는 볼 수 없는 단
세포 유기체, 미생물이 발견되었다. 에른스트 헤켈은 이 미생물에게
'원생생물protist'이라는 이름을 붙이고('최초'라는 뜻이다) 식물계Plantae와
동물계Animalia에 원생생물계Protista를 추가해 생명의 3계 체계를 만들
었다. 20세기에는 전자현미경의 발명으로 일부 미생물은 DNA가 격
리된 세포핵을 가지는 반면, 다른 미생물은 따로 핵을 가지지 않으며
세포 전체에 DNA가 퍼져 있다는 사실이 발견되었다. 핵이 있는 단세
포 유기체(예를 들어 아메바, 짚신벌레, 해조류)는 원생생물계에 그대로 남
았지만, 핵이 없는 단세포 생물(박테리아)은 모네라계Monera에 놓였다.
모네라계는 다시 박테리아와 원시세균Archaebacteria(일반적으로는 고세균
Archaea으로 알려져 있다)의 두 갈래로 나뉜다. 이후 다세포 집단에 균계
(버섯과 효모)가 추가되면서 생물계는 이제 여섯 갈래의 계로 나뉘었다.

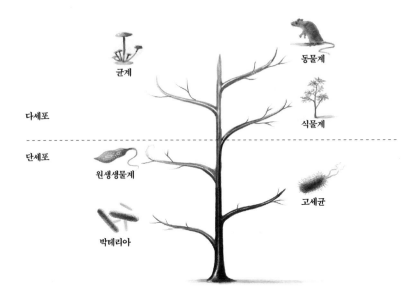

그림 3.1 생명의 나무에 나타낸 여섯 계

이것이 오늘날 가장 널리 받아들여지는 자연의 분류체계다.* 앞으로 보게 되겠지만, 핵이 없는 유기체(박테리아와 고세균)는 원핵생물이라 불리는 반면, 핵이 있는 세포를 가지는 유기체(원생생물, 식물, 균류, 동물)는 진핵생물이라 불린다.

현대 생물학자들도 계와 계 사이의 관계 그리고 계 내에서의 관계를 표현할 때 가지 많은 나무 비유를 여전히 이용하지만, 인간이 진화적 진보의 종점인 것처럼 보이지 않도록 하기 위해 상당히 주의를 기울인다. 이제는 생명의 나무를 그릴 때, 여섯 종류의 계 각각은 나무

• 일부에서는 7계 체계와 8계 체계를 주장하기도 하지만, 우리의 이야기에서는 이러한 논쟁은 건너뛰어도 될 것 같다.

의 주요한 가지로 표현되며, 각각의 유기체 집단들은 자신들이 속한 계의 가지에서 뻗어 나오는 작은 가지로 묘사된다(그림 3.1).

분류 작업은 계에서 끝나지 않는다. 계 내에도 수많은 생물들의 하위집단이 존재하기 때문이다. 린나이우스는 이러한 생물군을 계속해서 점점 제한적인 범주들로 정리할 수 있는 순위 체계를 마련하고자 했다. 린나이우스의 작업을 토대로 이제는 생물계 내의 유기체를 흔히 문門, Phylum, 강綱, Class, 목目, Order, 과科, Family, 속屬, Genus, 종種, Species 으로 분류한다. 이 분류체계에 따르면 우리 종은 동물계Animalia의 척삭동물문Chordata, 척추동물아문Vertebrata, 포유강Mammalia, 영장목Primate, 사람과Hominid, 사람속Homo, 사피엔스종sapiens이다.

분류체계가 마련되었다고 해서 서로 다른 유기체는 모두 고유한 새로운 창조물이라는 개념으로 회귀하는 것이 결코 아니다. 오히려 분류체계는 현재 살아있는 모든 유기체가 과거와 현재의 모든 자연계 구성원과 어떤 식으로든 관련을 맺고 있다고 한 다윈의 생각과 상당히 일치한다. 모든 생명 형태는 원시의 공통 조상으로부터 생겨났기 때문이다.

공통 조상

진화의 역사를 추적하는 방법은 크게 두 가지로 나눌 수 있다. 하나는 서로 다른 지층 또는 암석층에서 발견한 유기체의 화석을 이용하는 방법이다. 암석의 연대를 측정함으로써 그 유기체가 살았던 시기를 추산할 수 있다. 하지만 이 방법은 많은 유기체가 조직이 연해 화석이 되기 어렵다는 한계를 가진다. 다른 방법은 현대 유전학의 도구들을 이용해 역사를 재구축하는 것이다. 이 방법은 화석을 이용하는 방법보다 훨씬 더 정확한데, 한 유기체의 유전자는 그것의 진화사를 담은 기록이기 때문이다.

과학자들은 서로 다른 계에 속한 유기체들의 유전자를 비교하고 생명의 기원까지 거슬러 올라가는 공통된 유전자를 분리함으로써 다윈이 말한 원시 형태를 규명할 수 있었다. 닉 레인이 그의 책 《바이털 퀘스천 The Vital Question》에도 썼듯이, 지구상 모든 생명체의 조상은 지구가 형성되고 대략 5억 년이 지난 후인, 40억 년 전에서 38억 년 전 사이에 생겨난 세포 하나다. 레인이 말하길, 이 세포는 상당히 정교했고, 살아남은 덕분에 생존과 관련된 형질을 그 이후에 나타난 모든 세포—우리 몸을 구성하고 있는 모든 세포를 포함해—에 전달할 수 있었다. 모든 생명체의 어머니인 이 원시 유기체에는 이름(또는 별명)이 있으니, LUCA 즉 '모든 생물의 가장 최근 공통 조상last universal common ancestor of all of life', 생명의 나무의 근간으로 불린다.*

LUCA가 최초로 등장한 생명체일 리는 없다. 세포는 생명이라는 기계에서 매우 정교한 부품이므로, LUCA가 어느 날 갑자기 완전한 형태로 등장하지는 않았을 것이다. RNA, DNA, 단백질은 원시 지구의 바다에서 생명의 원시적 형태 즉 '원세포protocell'를 만들었다. 이러한 생물학적 사건들이 단속적으로 일어나다가 마침내 LUCA가 출현했다. 이제 LUCA는 더 이상 존재하지 않지만 그 첫번째 아이들—박테리아와 고세균—은 지금도 남아 있다. 그들은 우리와 같은 동물을 포함해, 이후의 모든 생명체의 진화에서 필수적인 연결고리가 된다.

공통 조상은 진화의 역사를 이해하는 데 핵심 개념이다. 공통 조상을 가지는 유기체 무리를 '분기군clade'이라고 부른다. 진화생물학자들은 화석이나 유전자 증거를 이용해 찾은 공통 조상을 보여주기 위해 보통 '분기도cladogram'를 이용한다. 그림 4.1은 LUCA로부터 진화한 생

• 이러한 설명은 너무 단순하다는 주장이 제기될 수도 있다. LUCA는 단일 세포나 심지어 한 종류의 세포가 아닌, 수많은 세포의 집합이기 때문이다. 예를 들어, 이 분야의 대가 중 한 명인 칼 워즈Carl Woese는 "그 조상은 특정한 유기체 또는 단일한 유기체적 계통일 수 없다. 그것은 다양한 원시 세포들이 서로 느슨하게 연결된 집합적 응집체가 하나의 단위로 진화한 것으로서, 결국에는 서로 구별되는 몇 개의 집합체로 분리되는 단계까지 발전한다"라고 지적했다. 그에 따르면, 이 집합체들은 이후 세 갈래의 주요한 단일 계통—박테리아, 고세균 그리고 진핵생물—이 된다. 이 책에서 우리는 LUCA의 개념을 계속 고수하겠지만, LUCA가 실제 세포나 세포형이 아니라 초기 세포 집합체를 은유하는 용어일 수 있다는 가능성을 열어둘 것이다.

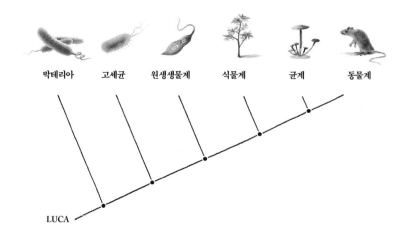

박테리아　고세균　원생생물계　식물계　균계　동물계

LUCA

그림 4.1 분기도로 나타낸 생명의 여섯 계

명의 여섯 계를 분기도로 나타낸 것이다. 분기도의 긴 대각선으로부터 나오는 분기점들은 공통 조상을 나타내는데, 그중 대부분은 현재 존재하지 않는다. 즉 지금까지 살았던 모든 종의 99%가 멸종했다. 분기점에서 뻗어 나온 선의 끝부분은 살아있는 유기체를 나타낸다.[•]

　분기도는 인간이 원숭이로부터 진화했다는 잘못된 생각을 해소하기에 딱 알맞은 도구다. 종교와 진화론이 맞붙은 유명한 '스콥스 원숭이 재판[•••]'은 부분적으로 이러한 잘못된 전제에서 출발했다. 인간은 호미니드로, 호미니드가 아닌 영장류 중 우리의 가장 가까운 친척은 침팬지다. 따라서 이름을 제대로 붙이려면 그것은 '침팬지 재판'이 되

[•]　그림 4.1의 분기도를 보면서 균계와 동물계가 식물계로부터 진화했다고 생각하게 될 수도 있다. 이것은 정확한 해석이 아니다. 식물계와 균계, 동물계는 제각각 고유한 원생생물 조상들을 가지며, 이들은 다시 훨씬 더 오래된 원생생물 공통 조상으로부터 진화한 것이다.

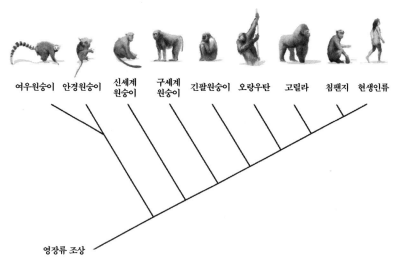

그림 4.2 영장류 진화의 분기도

었어야 했다. 하지만 우리는 침팬지로부터 진화한 것도 아니다. 정확히 표현하자면, 초기 호미니드들은 침팬지와 공통 조상을 가진다(그림 4.2).

　마찬가지로, 쥐와 인간은 둘 다 포유류로서 체모라든가 어린 개체를 보살피는 등의 공통된 특징을 가지지만, 우리가 과거에 쥐였던 적은 없다. 정확히 말하면, 쥐와 영장류는 이러한 특징들을 물려준 공통의 포유류 조상을 가지고 있다. 이 때문에 우리는 설치류의 뇌를 연구

●●　1925년 미국의 테네시 주에서 있었던, 생물교사 존 스콥스John Scopes에 대한 재판이다. 스콥스는 공립학교에서 진화를 가르치지 못하도록 한 버틀러 법Butler Act에 저항하기 위해 수업시간에 공공연히 진화론을 가르친 후 체포되었다. 이 재판에 거물급 인사들이 검사 및 변호사로 자원하면서 언론의 관심이 집중되었다. 재판 과정은 대서양을 건너 유럽까지 알려졌으며, 각 진영은 창조론과 진화론을 대변해 싸움을 벌였다. 결과적으로 스콥스는 100달러의 벌금형을 받았지만, 재판 과정에서 창조론자들은 그 내적 모순을 여실히 드러내 대중의 빈축을 샀다. 버틀러 법은 1968년에 폐지되었다.(옮긴이)

함으로써 인간의 뇌에 대한 중요한 사실들을 배울 수 있는 것이다. 하지만 그렇게 할 때 우리는 인간이 그저 더 고등한 쥐라거나 더 고등한 침팬지라고 가정하거나 암시하지 않도록 주의해야 한다. 이들 동물은 다른 분기군에 속하기 때문이다.

다윈은 공통 조상으로부터 분기군이 출현하는 방법이 바로 자연선택이라고 생각했다. 그의 이론에 따르면 한 개체군 내에는 다양한 형질이 나타날 수 있는데, 그중 생존에 유리한 형질은 개체군 내에서 빈도수가 증가한다. 그 형질을 가지고 있는 개체가 생존하고 번식할 가능성이 좀 더 높기 때문이다. 다시 말해, 유용한 형질은 선택되고 고정된다. 이후 유전자와 염색체를 통해 형질이 유전된다는 사실이 발견되면서 다윈의 이론은 강력한 증거를 확보하게 된다.

자연선택은 유기체들을 환경에 좀 더 적합하도록 끊임없이 몰고 가는 것처럼 보인다. 좋은 것처럼 들리지만, 옛말에 이르듯이 아무리 좋은 것이라도 지나치면 좋지 않다. 식량 부족이나 새로운 포식자의 출현으로 인해 다른 환경으로 이주를 해야 한다면 현재 환경에 너무 잘 적응한 집단은 오히려 생존이 불리할 수도 있다. 다른 형질들이 유용한 새로운 환경에 쉽게 적응할 수 있도록 유연함을 주는 형질들이 이미 제거됐을 수도 있기 때문이다.

진화에서는 선택 및 이주 외에도 중요한 요소가 더 있다. 유전적 돌연변이는 다양성을 만드는 중요한 원천이다. 일반적으로 돌연변이는 질병에서처럼 해로운 효과를 가져오는 것으로 더 많이 알려져 있지만, 때로는 생존에 유익한 형질을 만들어낼 수도 있고, 따라서 개체군에 고정될 수도 있다. 유전적 부동genetic drift―개체군 내에서 특정 유전자 빈도의 임의적 변화―또한 진화에 영향을 준다. 예를 들어, 한 고립된 섬에 허리케인이 통과한 결과 그 섬에 사는 수많은 동물이 목숨을 잃은 상황을 생각해보자. 그중 대다수가 특정 형질의 유전자를 가지고 있었다면, 향후 개체군 내에서 그 형질의 빈도는 감소할 것이다. 다른 형질이 더 우세해진다면 새로운 분기군이 출현할 수도 있다.

이 시점에서 공통 조상으로부터 파생된 형질을 가진 경우와 서로 다른 종이 공통 조상이 아닌 다른 이유로 비슷한 형질을 가지게 된 경우를 명확히 구분해야 할 것 같다. 모든 척추동물이 가지고 있는 척추는 모든 척추동물의 공통 조상으로부터 파생된 형질이며, 포유류가 가지는 체모는 모든 포유류의 털복숭이 공통 조상으로부터 계승된 것이다. 하지만 영장류와 판다의 '마주 보는 엄지손가락'은 이들의 포유류 공통 조상에게는 없는 형질이다. 즉 이 형질은 유사한 문제를 해결하기 위해 각각의 종에서 따로 진화한 것이다. 또한 박쥐와 조류를 연결하는 날개 달린 공통 조상은 없다. 실제로 박쥐의 날개는 날개가 없는 포유류 조상의 팔뚝 부위가 변형되어 진화한 것이다. 공통 조상으로부터 유래된 차이는 '상동相同'이라고 불리는 반면, 공통 조상으로부터 유래하지 않은 차이는 단지 '상사相似'라고 불린다.

살아있다는 것

생명의 나무를 만들고 계의 분류체계를 세우고 분기도를 그릴 때, 우리가 분류하는 것은 정확히 무엇인가? 간단히 답하면 우리는 유기체를 분류한다. 그런데 우리는 아직 '유기체'란 단어를 분명히 정의하지 않은 것 같다. 그렇다면 지금 한번 해보자. 유기체란 생명체 즉 생리적 단위로 기능하는 실체로서, 그 구성 요소들은 고도로 협동하고 갈등은 낮춤으로써 개체 전반의 안녕을 보장하고 생명 유지 및 번식을 도와 그 종이 존속할 수 있도록 한다.

유기체의 행동 양식은 단순하다. 영양분과 에너지를 획득해 성장이 일어나도록 하고 적어도 번식이 가능해지는 시점까지 생명을 유지하는 것이다. 유기체는 태어나 성숙하고 번식하며, 어떤 순간이 오면 생리적 단위로 존재하는 것을 멈춘다. 번식할 수 있을 때까지 살아남는 유기체만이 그들 종의 유전적 미래에 기여할 수 있는 기회를 가진다. 따라서 생존력(성장하고 존속할 수 있는 능력)과 생식력(번식할 수 있는 능력)은 유기체의 핵심 특성이다. 그리고 생존력과 생식력의 중심에는 신진대사, 즉 세포가 에너지를 생성하고 소비하는 화학 작용이 있다. 실제로 리처드 도킨스Richard Dawkins는 생물과 무생물의 차이점을 에너지의 관점에서 기술했다. 생명체—유기체—는 생존 과정에서 에너지를 생산 및 소비하는 반면 무생물은 에너지에 의해 작용을 받는다. 예컨대 사체는 부패하고, 물은 증발하고, 암석과 광물은 풍화된다.

LUCA 즉 모든 생명의 가장 최근의 공통 조상은 개별 유기체의 구성성분인 세포 또는 세포들의 기본 구조를 만드는 유전자를 물려주었다. 단세포 유기체에서 생존과 번식에 필요한 모든 도구는 하나의 세포에 전부 담겨 있다. 다세포 유기체에게 살아남기란 훨씬 까다로운 일이다. 수많은 종류의 세포들이 각각 하나의 단위로서 작용하는 조직, 기관, 계를 형성해야 하기 때문이다. 이 복잡한 다세포 유기체가 어떻게 단세포 생물로부터 진화할 수 있었는지 이해하는 것이 우리 이야기에서 가장 중요한 부분이다. 진화에서 한몫을 하는 행동 또한 마찬가지다.

생존과 행동

유기체의 행동

진화는 한 집단 내의 유기체의 특징이 자연선택에 의해 세대에 걸쳐 변화하는 과정이다. 이 과정의 밑바탕에는 개별 유기체와 그 주변 환경 사이의 적합성이 있다. 현재의 환경에서 유리한 형질을 가진 개체는 번식이 가능할 때까지 살아남아 후손에게 유전자를 물려줄 가능성이 더 높다. 유기체의 생존은 상당 부분 그들이 가진 형질들에 달려 있지만, 행동과학의 선구자 시어도어 슈네일라Theodore Schneirla가 지적했듯이, 행동은 "자연선택에서 결정적인 요인"이다.

또 다른 저명한 행동과학자 B. F. 스키너는 행동을 외부 세계와 교류하거나 이에 조작을 가하는 유기체의 기능의 한 부분이라고 정의했다. 일반적으로 행동은 신경계와 신경계에 의해 제어되는 근육 수축의 산물로 여겨지므로 신경계와 근육을 둘 다 가진 동물만이 행동을 할 수 있다고 보는 사람이 많다. 스키너 또한 동물을 대상으로 연구를 진행하긴 했지만, 그는 유기체 전반의 관점에서 행동을 정의하는 통찰력을 보여주었다. 다음에 이어질 여러 장에서도 보게 되겠지만, 행동은 신경계와 근육을 가지는 유기체만이 아니라 모든 유기체가 가지는 특성이다. 하지만 여기서는 일단 동물의 행동에서부터 시작하자.

동물에서 나타나는 가장 간단한 형태의 행동은 '반사'로, 감각 입력계와 근육이 신경에 의해 직접 연결되었을 때 일어나는 선천적인 자극-반응 작용을 반사라고 한다. 반사 활동은 특정 자극이 주어지는 것과 동시에 자동적으로 발현되며, 의지적 통제의 영향을 받지 않는다. 따라서 반사는 신생아에서 신경학적 기능 등의 요인들을 평가할 때 매우 유용하다. 선천적인 반사 행동은 신생아뿐만이 아니라 전 생애에 걸쳐 생존에 필수적인 요소다. 예를 들어 반사는 균형과 보행을 제어한다. 만일 날카로운 물체를 밟으면, 우리 발은 반사적으로 뒤로 물러선다. 갑자기 큰 소리가 나면 온몸이 움찔하면서 눈을 깜빡이고 목은 뻣뻣해지는 등 여러 종류의 반사 작용이 일어나는데, 이를 합쳐서 '놀람 반사startle reflex'라고 한다. 음식을 먹을 때 일어나는 씹기, 삼키기, 소화, 배설 작용에도 반사 활동이 내재되어 있다. 혈압이 상승하면 이를 안전한 범위 내에서 유지하기 위해 반사적으로 심장 박동이 느려진다.

통상적으로 반사 반응은 특정 근육군(입, 다리, 발, 눈)의 반응, 또는 신체 시스템 내에서의 일련의 반응(균형, 소화, 놀람 반사)을 포함한다. 하지만 동물은 전신의 조율을 포함한 운동 또한 행해야 하며, 그중 일부는 반사 작용과 마찬가지로 선천적이다. 콘라트 로렌츠와 니코 틴베르헌과 같은 선구적 동물행동학자들은 이와 같이 훨씬 더 복잡한 고정화된 반응을 '고정행동양식fixed action pattern'이라고 불렀다. 하지만 나는 '고정반응양식fixed reaction pattern'이라는 용어를 더 선호한다. 이런 행동들이 보이는 자동성을 더 잘 설명해주기 때문이다.

고정반응양식도 반사 작용처럼 특정 자극이 가해지면 자동적으로 발현된다. 하지만 반사와는 달리, 고정반응양식에서는 일련의 복잡한 행동들이 시간의 흐름에 따라 연속적으로 진행된다. 틴베르헌의 발견 중 가장 유명한 사례는 어미 거위가 알을 되찾는 행동이다. 어미 거위는 알이 둥지 바깥으로 굴러 나가는 것을 보면 목을 길게 뻗어 알을 굴려 둥지로 되돌린다. 조류에서 나타나는 또 다른 사례로는 어미새가 둥지 위에서 부리를 움직이면 이를 보고 새끼새들이 입을 벌리는 행동이 있다. 또한 큰가시고기 수컷은 다른 수컷의 배가 붉어진 것을 보면(침입자 수컷을 의미한다) 상대방을 공격하기 시작하는 반면, 암컷의 배가 부풀어 오른 것을 보면(짝을 찾고 있음을 의미한다) 짝짓기를 시도한다. 포유류는 먹이를 보거나 그 냄새를 맡으면 근처로 다가가는 반면, 포식자를 발견하거나 소리 및 냄새를 감지하면 포식자가 얼마나 가까이 다가왔는지에 따라 얼어붙거나 달아나거나 공격을 시도한다.

예상할 수 있다시피, 고정반응은 섭식, 수분 섭취, 방어, 번식 등의 보편적인 생존 행동의 밑바탕이 된다. 어떤 종에서는 양육이나 사회적 교류와 같은 행동에 영향을 주기도 한다. 하지만 이런 행동이 구체적으로 어떻게 나타나는지는 종에 따라 다르다. 다시 말해, 모든 동물은 방어하고, 먹고, 짝짓기를 하지만 이런 일들을 구체적으로 어떻게 실행하는지는 각자가 가진 신체의 종류에 따라 달라진다. 이런 이유로 고정반응양식은 종-전형적인 행동으로 여겨진다.

1950년대에 들어서는 이러한 고정 행동들이 정말로 선천적으로 타고나는 것인지에 대한 열띤 논쟁이 벌어졌다. 오늘날에는 그러한 반응에 종과 관련된 (선천적) 요소가 강하게 있지만 환경적 요인도 영향을 줄 수 있는 것으로 받아들이고 있다. 예를 들어, 일부 복잡한 행동 시퀀스는 과거의 경험에 영향을 받을 수도 있고, 또한 현재의 경험에 의해 유도되거나 조금씩 변경이 가해지기도 한다. 거위가 알을 굴리는 행동은 부분적으로 그 행동에 따른 감각 피드백에 의존한다. 그러한 피드백이 제거되면 반응의 정확성이 떨어지기 때문이다. 특정 짝짓기 행위는 오직 짝짓기 철에만 나타나는데, 이 기간이 되면 환경적 요인에 의해 생식 호르몬의 방출이 촉발되어 번식 행동이 일어나는 역치가 낮아지기 때문이다. 마찬가지로, 먹이 탐색과 섭취 행동은 에너지 공급이 부족할 때 몸과 뇌에서 일어나는 화학적 신호의 영향을 받는다.

인간의 경우는 선천적인 성향보다는 학습과 문화에 의존하는 경향이 더 크지만, 일부 행동은 그런 경향을 지닌다. 가령 우리는 높은 곳에 올라갔을 때나 뱀을 봤을 때, 주변에 위협적인 사람이 있는 것을 봤을 때, 아기가 우는 소리를 들었을 때 그리고 성적 자극을 느낄 때 특정한 방식으로 반응하는 경향이 있다. 이러한 자극에 대해 모두가 같은 정도로 반응하는 것은 아니지만, 최소한 대부분의 사람이 이에 반응하는 성향이 있다고 말할 수 있다.

반사 작용과 고정반응양식은 진화를 통해 특정 종류의 자극에 대한 반응으로 자리 잡았지만, 두 유형의 행동이 또한 학습을 통해 새로운 자극에 대한 반응으로 일어날 수도 있다. 예를 들어, 한동안 굶은 상태에서 맛있는 음식이 등장하는 광고, 가령 육즙이 흐르는 햄버거 광고를 본다면 아마도 당신의 입에는 침이 고이게 될 것이다. 이때 침이 고이는 이유는 음식 그 자체에 반응했기 때문이 아니라 그 음식을 나타내는 자극에 반응했기 때문이다. 이것은 이반 파블로프Ivan Pavlov

소리

침

먹이

침 수집기

그림 6.1 조건 반사—파블로프의 개

가 개를 데리고 시행한 유명한 연구의 실생활 사례다. 파블로프는 음식을 주기 전에 종을 울림으로써 개에게서 예상 침반사 반응을 이끌어냈다(그림 6.1). 이 반사 반응 자체는 선천적인 것으로서 변함이 없었지만(학습된 것이 아니지만) 그것을 야기하는 자극은 변했다(종소리라는 자극이 음식을 의미한다고 학습되었다). 이와 비슷하게, 보통 포식자를 발견하거나 그 냄새를 맡았을 때 발현되는 종-전형적 고정반응양식인 제자리에 얼어붙는 행동이 포식자의 접근을 예측하게 해주는 새로운 (의미는 없는) 자극에 의해서 발현될 수 있다. 연구자들은 실험실에서 소리, 시각 자극, 냄새를 전기 충격과 짝을 지어 파블로프 조건화를 시도했다. 전기 충격은 포식자에게 상처를 입었을 때 일어나는 감각을 모방한 것으로, 이러한 충격을 가하면 곧 조직에 염증이 생길 것이라고 예측하는 자극이 일어나, 포식자에게 공격당했을 때 보이는 전형적인 방어 행동을 비롯해 그러한 행동을 돕는 생리적 변화―심장 박동수 증가나 빨라진 호흡 등―도 나타나게 된다. 우리가 실생활에서 겪을 수 있는 예로, 이웃집 우편함 앞을 지나는데 그 집 강아지가 당신을 물었다고 생각해보자. 그런 일이 일어난 후 어느 날 집으로 걸어가다 무심코 이웃집 우편함을 보게 되면 아마도 당신은 순간적으로 얼어붙게 될 것이며 심장 박동도 빨라질 것이다. 파블로프 조건화는 동물계에서 보편적으로 나타나며, 심지어 단세포 유기체에서도 발견된다.

지금까지의 예는 새로운 자극이 어떻게 선천적인 행동 반응을 이끌어낼 수 있는지를 보여주는 것이다. 하지만 몇몇 동물은 학습을 통해 새로운 행동을 획득하기도 한다. 막대나 버튼을 누르는 것과 같은 임의적인 반응에 이로운 결과(강화인자)가 수반된다면, 향후에 비슷한 행동을 할 가능성이 높아진다. 이러한 현상은 19세기 후반 에드워드 손다이크Edward Thorndike에 의해 처음으로 기술되었다. 그는 밥을 굶은 고양이들을 실험 상자에 넣고 상자 밖에 먹이를 놓아두면 고양이들이 매우 부산해진다는 것을 발견했다. 고양이들은 임의적인 동작을 통해 겨우 상자 문을 열고 사료를 먹을 수 있었다(그림 6.2). 이러한 과정을 여러 번 반복하면, 고양이는 어떤 동작이 상자 문을 열리게 하는지 학습하게 된다. 이를 '도구적 학습'이라고 부른다. 그 행동을 도구로 삼아 강화인자를 산출하기 때문이다.

혐오와 관련된 도구적 조건화 실험으로는 대표적으로 회피 학습이 있다. 여기서 동물들은 위험(일반적으로 전기 충격)과 관련된 단서 자극(소리와 같은)을 특정 행동을 유도하기 위해 사용하는 방법을 학습한다. 처음에는 얼어붙는 행동이 나타난다. 그러나 일단 동물들이 특정 단서의 존재하에서는 위험을 피하는 행동을 할 수 있다는 것을 배우

그림 6.2 도구적 행동—손다이크의 고양이

게 되면, 그렇게 하는 데 성공한 경험은 회피 반응을 강화하게 된다.

　때때로 결과물(강화인자)을 통해 학습된 도구적 행동이 여러 번 반복되면 그 행동은 습관이 되어, 더 이상 결과물을 산출하지 않을 때도 그런 행동이 나타날 수 있다. 도구적 습관은 유용할 수도 있지만, 인간에게 다양한 적응 문제를 일으킬 수도 있다. 예를 들어, 중독성 약물이 가지는 바람직한 효과가 사라지고 난 후에도 이를 계속 사용하는 경우가 있다. 최근 연구에 따르면 결과의존적인 도구적 학습은 오직 포유류와 조류에게서만 나타나지만, 도구적 습관은 모든 척추동물은 물론이고 심지어 일부 무척추동물에서도 나타날 수 있다고 한다.

　생존 활동(방어, 음식물 및 수분 섭취, 번식)과 관련된 자극은 파블로프 조건화와 도구적 조건화의 근간이 되는 강화인자(결과물)들이다. 이런 이유로 도구적 조건화 실험에서는 보통 먹이나 물의 제공, 성과 관련된 자극, 또는 해로운 자극의 제거를 강화인자로 사용한다. 생존과 학습은 서로 밀접히 연결되어 있다.

일부 종은 인지 능력을 필요로 하는 훨씬 복잡한 형태의 행동을 보인다. 여기서 인지 능력이란 표상을 형성하고 그 표상을 이용해 행동을 유도하는 능력을 일컫는다. 머릿속으로 그린 공간 지도를 참조해 경로를 짜고 그 경로를 따라 목적지까지 운전해서 갈 때처럼 말이다. 앞으로 보게 되겠지만, 결과의존적 도구적 반응과 같은 기본적인 인지 능력은 포유류와 조류에서는 발견되었지만, 다른 종도 이러한 능력을 가지고 있는지는 입증되지 않았다. 내적 숙고(무엇을 할지 궁리하는 일)를 포함한 인지 능력은 포유류 중에서도 특히 영장류에게서 더 많이 발달했고, 그중에서도 인간은 가장 발달한 인지 능력을 가지고 있다. 이러한 정교한 인지 능력은 생존의 위협에 맞닥뜨렸을 때 반사 작용, 고정행동양식, 파블로프 반응 그리고 도구적 학습이 제공할 수 있는 것 이상의 새롭고 유연한 방법들을 제공한다. 예를 들어, 인간은 여러 가지 행동 대안들을 동시에 염두에 두고 숙고할 수 있으며, 그중 가장 바람직한 결과를 이끌어낼 것으로 예측되는 행동을 선택할 수 있다. 종의 인지 능력이 더 정교해질수록 그 구성원들의 생존 초월 능력은 더 강화된다. 즉 단지 살아남기 위해 행동하는 것을 넘어, 이제는 특정한 방식으로 살기 위해 행동할 수 있는 것이다. 행동에 대한 인지적 제어 능력이 이처럼 발달했다는 것이 인간에게서 고정행동양식의 역할이 왜 그토록 미미한지를 설명해준다. 그뿐만이 아니다. 발달된 인지적 역량으로 인해 인간은 자신의 생존에 해로울 수 있는 방식으로 행동할 수도 있다. 즉 인간은 과속 운전이나 암벽 등반, 스카이다이빙, 마약 복용과 같이 목숨을 위협하는 행동을 의도적으로 하기도 한다.

동물만 행동할 수 있을까?

19세기에 다윈이나 자크 러브Jacques Loeb 같은 생물학자들은 외부 광원이나 화학 물질에 대해 식물들이 보이는 행동 반응을 기술했다. 잘 알려져 있다시피 해바라기가 태양의 경로를 따라 굽는 능력이 그런 예다. 식물과 같은 비운동성 유기체가 보이는, 자극에 유도된 원시적인 행동을 '굴성trophism'이라고 한다. 식물이 보이는 '행동'에 대해서는 현재 활발히 연구가 진행되고 있다.

예를 들어, 대니얼 샤모비츠Daniel Chamovitz는 자신의 책《식물의 감각법 *What a Plant Knows*》에서 식물이 자극에 대한 반응으로 스스로의 움직임을 제어하기 위해 정교한 정보 처리 능력을 사용한다고 설명했다. 식물은 단지 태양을 향해 줄기를 구부리는 것뿐만 아니라, 빛에 대한 노출을 최대화하고 그에 따라 성장을 촉진시키기 위해 잎을 정렬하기도 한다. 실제로 일부 식물은 '기억'을 이용해 일출을 예측하기도 하며, 심지어 태양 신호를 받지 못할 때도 며칠 동안 이 정보를 유지한다. 스테파노 만쿠소Stefano Mancuso와 알레산드라 비올라Alessandra Viola는 그들의 책《매혹하는 식물의 뇌Brilliant Green》에서 식물이 단지 시각, 촉각, 후각, 청각만이 아니라 인간에게는 없는 다른 감각(무기질이나 습도, 자기 신호, 중력을 감지하는 능력 등)도 10여 가지 이상 가지고 있다고 썼다. 예를 들어 식물의 뿌리는 토양의 무기질과 수분 함량을 감지하고 그에 따라 생장 방향을 바꾼다. 어떤 식물은 먹이의 존재를 감지해 잡아 먹기도 한다. 가장 유명한 예가 파리지옥풀이다.

식물의 움직임을 행동이라 부르는 것을 꺼리는 사람들도 있다. 식물에는 신경과 근육이 없기 때문이다. 하지만 식물이 폐가 없이도 호흡할 수 있고 위장 없이도 영양분을 소화할 수 있는 것처럼, 신경과 근육 없이도 움직이는(행동하는) 능력을 가질 수 있다. 단지 동물의 것과 같은 행동을 일으키는 생리적 메커니즘이 결여되었다고 해서 그 유기체에 행동 능력이 없다고 일축해서는 안 된다.

분명 식물은 환경을 감지하고, 학습하고, 정보를 저장하고, 그 정보를 이용해 행동을 유도한다. 즉 식물은 행동한다. 이들의 행동에 일종의 '지능'이 있다고 말하는 사람도 있을 것 같다. 지능을 지적 능력 대신 외부 환경과의 행동적 상호 작용을 통해 문제를 해결하는 능력이라고 정의한다면 이는 사실이다.

행동에 대해 논의할 때 동물과 식물에서 그칠 필요는 없고, 그럴 수도 없다. 콘위 로이드 모건Conwy Lloyd Morgan이나 허버트 스펜서 제닝스Herbert Spencer Jennings와 같은 20세기로 접어들 무렵의 초기 행동 연구자들은 단세포 원생생물, 특히 짚신벌레(그림 7.1)라고 알려진 원생동물에 매우 관심이 많았다. 짚신벌레는 일상에서 부딪히는 유용한 자극과 해로운 자극에 대응하기 위해 '주성 행동taxic behavior'이라고 불리

그림 7.1 원생동물의 주성 행동

는 원시적인 접근 및 후퇴 반응을 이용하는 것으로 밝혀졌다. 예컨대, 모건은 이렇게 쓰고 있다. "외부 세계 또는 환경으로부터 영향(자극)을 수용하는 일의 주된 목적과 목표는…… 특정 행동을 시작하는 것이다. 이제 수용과 반응 모두가 하나의 동일한 세포에 의해 영향을 받는 단세포 유기체를 생각해보자. 이들이 보이는 활동은 대부분이 매우 단순하다. 하지만 원생동물 중에는 '상당히' 복잡한 반응을 보이는 것도 있다."(작은따옴표 강조는 필자) 20세기 초의 저명한 영국 철학자 버트런드 러셀Bertrand Russell도 비슷한 점을 지적했다. "원생동물부터 인간에 이르기까지, 구조적으로든 행동적으로든 어디에도 아주 넓은 간극은 없다." 로렌츠도 이에 동의하며 원생동물과 인간 사이에는 진화적 연속성이 있다고 말했다. 박테리아에 대해서도 비슷하게 말할 수 있을 것이다. 다음 장에서도 논의하겠지만, 이러한 원시 단세포 유기체들은 그들 주변 환경을 감지하고 반응하며, 심지어 학습하고 기억할 수도 있다.

앞에서 나는 인지를 내적 표상을 형성하고 행동을 유도하는 데 이를 이용하는 능력으로 정의했다. 일각에서는 인지 개념을 내적 표상을 이용해 행동을 유도하는 역할 이상으로 확장해 식물과 미생물도 인지적 생명체에 포함시키려 하기도 한다. 어떤 사람들은 인지를 정보 처리와 동일시함으로써 그렇게 한다. 모든 행동은 정보 처리를 수반하므로, 이 이론에 따르면 모든 행동은 인지와 관련된다. 또 다른이들은 다른 전략을 취해, 인지를 행위자의 생존력에 어떤 영향을 미치는지와 관련해서 그 행위자의 상태와 상호 작용에 대한 적응적 조절로 정의한다. 이 정의에 따르면 원생생물과 박테리아를 포함한 모든 유기체는 인지적 생명체다.

이러한 접근 방식은 인지를 보는 인간 중심적 관점을 바로잡기 위한 것이라고 한다. 하지만 현재의 인지과학자들은 인지가 인간만의 특수한 영역이라고 주장하지 않는다. 동물 인지도 현재 활발히 연구되고 있는 분야다. 인지에 대한 확장된 견해가 주류 이론이 된다면, 행동 유도를 위해 내적 표상을 이용하는 일의 기초가 되는 프로세스를 지칭할 새로운 용어를 고안해야 할 것이다. 인지는 그 역할에 아주적합한 용어다. 그 대신 필요한 것은 어쩌면 내적 표상의 제어를 받지않는 복잡한 행동들을 특징지을 수 있는 새로운 용어일지 모른다.

앞으로 나는 행동을 주성 반응, 굴성, 반사 작용, 고정행동, 습관,

결과의존적 도구적 행동, 인지의존적 반응으로 분류하고 이러한 분류 체계를 사용할 것이다. 단세포 유기체가 수많은 종류의 다세포 유기체로 변형되는 동안 이런 행동 특성들이 어떻게 출현했는지 추적하면서 각각의 용어들을 다시 한번 언급할 기회가 있을 것이다.

최초의 생존자

지구상 모든 생명의 가장 최근 공통 조상인 LUCA는 생존과 관련된 형질을 유전자의 형태로 후손에게 물려주었다. 자손들의 일부—아마도 대부분—는 존속하지 못했다. 하지만 한 집단은 살아남았다. 바로 35억 년 전 출현한 박테리아로, 지구상에서 가장 많은 개체수를 가진 유기체로서 오늘날까지 이어지고 있다.

박테리아는 뒤뜰 정원에 살든, 심해 열수공이나 극지방에 살든, 진흙 못이나 사막에 살든, 그랜드센트럴 역의 남자화장실에 살든, 혹은 당신의 대장에서 독소 작용을 하든 생균 작용을 하든, 이들 또한 인간이 건강한 삶을 유지하기 위해 하는 일과 다름없는 몇 가지 중요한 임무를 완수해야 한다. 위험을 회피하고, 영양소와 에너지원을 탐색해 흡수하고, 체액 및 전해질을 관리하는 일이 그것이다. 종의 존속을 위해서는 번식도 해야 한다. 우리처럼 박테리아도 생존 요구를 충족시키기 위해 부분적으로는 그들이 속한 환경에 관여하는 행동을 한다.

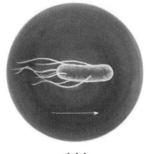

뒹굴기   달리기

그림 8.1 박테리아의 뒹굴기 운동과 달리기 운동

박테리아의 모든 본질적 특질은 하나의 세포에 전부 담겨 있다. 그
들은 감각 및 움직임을 제어하기 위한 별도의 감각 기관이나 근육, 신
경계를 구성하기 위해 필요한 다른 세포들을 가지지 않는다. 단세포
는 단수다. 혼자뿐이다.

많은 박테리아가 자력으로 움직일 수 있으며, 매일 살아남기 위
해 임의적인 움직임을 지속한다. 박테리아의 움직임은 '편모flagella'라
고 불리는 섬유성 부속물을 제어하는 분자 모터에 의해 이루어진다.
그들은 이동을 위해 두 가지 종류의 움직임을 이용하는데, '달리기'와
'뒹굴기'가 그것이다(그림 8.1). 모든 편모가 한 방향으로 회전하면 달
리기에 의해 방향성 운동이 나타나며, 회전 방향이 역전되면 뒹굴기
에 의해 방향이 바뀐다.

운동성은 비용과 편익을 둘 다 가진다. 운동을 위해서는 편모가 필
요한데, 편모 운동을 하려면 박테리아는 일일 에너지 예산 중 엄청난
양을 사용해야 한다. 긍정적인 측면에서 보면, 운동성은 식량 획득과

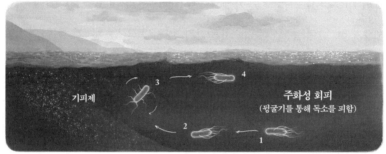

주광성 접근

유인제

(달리기를 통해 빛을 향해 감)

기피제

주화성 회피
(뒹굴기를 통해 독소를 피함)

그림 8.2 박테리아의 주성 행동

위험 회피를 위한 또 하나의 수단이 된다. 전술한 바와 같이, 박테리아의 원시적 움직임은 주성 행동이라고 부르는, 유익한 물질은 가까이하고 해로운 물질은 피하는 지향적 반응orientation response이다. 유익한 물질은 유인제attractant, 해로운 물질은 기피제repellent라고 부른다. 주성 행동은 오직 운동성이 있는 유기체에서만 일어나며, 따라서 정주형 식물의 줄기, 잎, 뿌리가 보이는 굴성과는 다르다. 주성 반응에서는 유기체 전체의 공간적 위치가 변화한다.

주성 행동은 수용기가 유인제 또는 기피제를 탐지했을 때 시작된다. 주변 환경의 화학 물질 농도에 민감한 수용기가 있는가 하면(화학 수용기), 빛에 민감한 수용기도 있다(광수용기). 화학 물질에 의해 유도되는 행동은 '주화성 반응chemotaxis response', 빛에 의해 유도되는 행동은 '주광성 반응phototaxic response'이라고 부른다(그림 8.2).

뒹굴기는 박테리아가 현재 어떤 상황에 처해 있는지에 달려 있다. 유인제가 감지되면 뒹굴기는 덜 일어나고, 결과적으로 박테리아는 그 물질에 가까워질 때까지 헤엄쳐 이동하게 된다. 만일 기피제가 나타나면 뒹굴기의 빈도가 증가해 움직임의 방향이 바뀌고, 그 결과 기피제로부터 멀어질 수 있다. 뒹굴기가 일어날지 달리기가 일어날지는 박테리아 수용기의 분자 출력 신호에 달려 있으며, 이 반응의 강도는 자극(화학 물질 또는 빛)의 농도에 의존한다.

또한 박테리아 세포는 건강을 유지하기 위해 세포 내에 적절한 양의 체액을 유지해야 한다. 만일 체액량이 너무 많으면 세포는 터져버릴 것이고, 너무 적으면 안으로 함몰될 것이다. 이 과정에는 전해질(소듐과 포타슘 등의 염분)과 물 사이의 복잡한 상호 작용이 포함된다. 만일 세포 외부의 염분 농도가 세포 내부보다 높으면, 체액과 염의 균형을 맞추고 세포 구조가 터져버리는 것을 막기 위해 수분이 세포 밖으로 빠져나가게 된다. 만일 세포 내에 염분이 너무 농축되어 있으면 안으로 붕괴되는 것을 막기 위해 수분이 유입된다.

동물에서도 유기체 내 다양한 세포의 체액 평형을 위해 비슷한 요인이 관여한다. 세포의 염분 농도가 너무 높으면, 우리는 물을 마셔서 세포로부터 염분을 배출하고 체액 평형을 회복한다. 구토, 설사, 또는 격렬한 운동으로 인해 수분이 손실되면 전해질이 고갈되어 세포 균형이 무너진다. 이때는 전해질과 수분을 보충해줘야 하는데, 예를 들자면 (이온음료와 같은) 전해질이 풍부한 음료수를 마시거나 심할 경우엔

정맥주사를 맞는다.

　많은 동물은 외부 온도의 변동에 영향을 받지 않고 일정한 체온을 유지하기 위한 생리적 과정을 가지고 있다. 체온의 변동이 크면 세포가 생존하기 위해 필요한 생리적 과정 및 화학반응에 지장을 줄 수 있기 때문이다. 동물은 행동을 통해 체온을 조절할 수도 있다―우리는 너무 더우면 옷을 벗거나 그늘을 찾고, 너무 추우면 옷을 여러 겹 껴입는다. 일부 포유류는 계절에 따라 털갈이를 하고, 새들은 이동한다. 하지만 박테리아는 내부 온도를 유지하기 위해 설정값에 맞추는 대신, 특정 생화학적 과정을 재구성함으로써 그들의 생리 과정이 외부 온도에 맞도록 조절한다. 이러한 능력은 초기 단세포 생명체들이 다양한 기후에서 살아남을 수 있었던 가장 중요한 이유였을지도 모른다. 하지만 박테리아는 또한 외부 세계에 적응하기 위한 일환으로 외부 온도를 감지하고 행동을 이용하기도 한다.

　모든 유기체와 마찬가지로, 박테리아 또한 오랜 시간 존속하기 위해서는 번식을 해야 한다. 인간 및 많은 동물에게 번식은 일반적으로 자신과 다른 유기체가 있어야 하는 활동이다. 하지만 박테리아에게 번식은 단순히 세포 분열의 문제일 뿐이다. 성은 단세포 원생생물의 세포 분열이 변형되어 생겨났다. 박테리아가 수십억 년 동안 번식을 위해 이용한 무성無性 해법이 없었다면 성은 존재하지 않았을 것이다.

　번식 그 자체는 박테리아에게 사회적 행동이 아니지만, 박테리아도 어떤 의미에서는 사회적 유기체다. 이들은 표면에 모여 문자 그대로 서로를 달라붙게 만드는 화학 물질을 내보낸다. 이렇게 형성된 집합층을 '바이오필름biofilm'이라고 부른다. 치아에 생긴 치석, 샤워실 벽이나 전동칫솔 주변에 생긴 찐득찐득한 물질, 그 밖에 자연에서 많이 볼 수 있는 버캐 같은 것들이 바이오필름의 사례들이다. 최근 연구에 따르면 이들 세포들은 그저 수동적으로 달라붙어 있는 것만이 아니라 실제로 전기신호를 생성해 소통하기도 하는데, 이를 통해 섭식과 번식을 조율하고 새로운 구성원을 개체군으로 끌어들이기도 한다. 더 복잡한 유기체가 보여주는 수많은 심리적 또는 사회적 상호 작용— 냄새에 따라 특정 장소 또는 물체에 이끌리거나 피하는 것과 같은— 도 사실 이와 비슷한 간단한 요인들로 설명할 수 있다.

박테리아 또한 그들의 세계에 대한 정보를 획득한 후 나중에 그 정보를 이용해 행동을 유도할 수 있다. 예를 들어 박테리아는 환경 조건(기온, 산소 농도)을 나타내는 내적 분자 표상을 형성해 이후 환경 조건을 예측할 때 이용함으로써 환경에 더 적절히 반응할 수 있고, 이를 보여주는 증거도 있다. 다시 말해, 앞에서도 말했지만, 박테리아도 학습하고 기억할 수 있다. 박테리아의 학습에 대한 증거는 대체로 이론적 모델에 기반을 두고 있지만, 단세포 원생생물에 대해서는 그들이 학습과 기억을 한다는 강력한 증거가 나와 있다. 즉 학습과 기억은 신경계를 필요로 하지 않는다.

우리는 보통 기억을 인간 중심적인 관점에서 해석해, 그것을 의식적으로 과거를 회상하는 능력과 같은 것으로 여긴다. 하지만 기억이란 무엇보다도, 단세포 유기체든 다세포 유기체든, 과거로부터 현재나 미래의 세포 기능에 대한 정보를 얻을 수 있게 함으로써 생존을 더 용이하게 만드는 세포 기능이다. 우리의 심리적 삶의 대부분 그리고 그러한 삶이 우리 의식 속에 만드는 표상들 또한 마찬가지다. 의식은 앞으로 논의할 여러 가지 측면에서 인간에게 유용하긴 하지만, 특히 수십억 년 전에 기원한 생존 메커니즘들에 대해서는 행동의 능동적 제어자라기보다는 수동적 관찰자에 더 가깝다. 우리가 생존이 걸린 상황에 처했을 때 공포와 기쁨, 그 밖의 감정들을 느끼는 것은 스스로의 활동을 의식적으로 인식하는 우리 두뇌가 가진 이 능력 덕분이다. 이 능력을 통해 우리는 심지어 자유의지를 발휘하여 다음에 할 일을 선택하기도 한다.

생존의 전략과 전술

원시 시대의 단세포 유기체는 삶을 영위하는 데 필요한 메커니즘들을 마련함으로써 생존을 위한 최초의 문제들을 해결했다. 더 복잡한 유기체들이 출현했을 때 생존의 바퀴를 재발명할 필요는 없었다. 그저 기존의 유기체를 약간 수정하기만 하면 되었다. 하지만 특정 종에 대해 그것이 구체적으로 어떻게 구현되었는가는 각 종이 생겨난 조건에 의해 결정되었다.

예를 들어, 서로 다른 동물은 서로 눈에 띄게 다른 종류의 몸을 가진다. 각 동물의 신체에는 그 종의 조상이 환경에 적응한 독특한 방법이 반영되어 있다. 결과적으로, 서로 다른 동물은 생존 상황에서 상이한 형태의 행동을 나타낸다. 가령 어떤 동물은 수영하고, 어떤 동물은 날아다니며, 또 다른 동물은 땅 위를 미끄러지며 이동하고, 또 다른 동물은 네 개의 다리 혹은 두 개의 다리로 걸어다닌다. 구체적으로 어떤 특성이 구현되는지는 그 동물이 가진 신체 구조에 따라 크게 달라진다.

진화생물학자들은 근접 설명과 궁극 설명을 구분한다. '왜' 행동이 존재하는가란 질문에 대한 답은 궁극 설명 또는 진화적 설명이며, 특정 상황에서 존재하는 유기체의 행동이 '어떻게' 나타나는가라는 질문에 대한 답은 근접 설명이다. 동물이 포식자로부터 달아나는 행동의 근접 원인은 그 동물의 뇌가 포식자에 대한 감각 신호를 받으면 도망침과 같은 보호 행위를 촉발하는 방식으로 그 신호를 처리하기 때문이다. 이 행동에 대한 궁극 원인은 그 동물이 위험으로부터 도망치도록 적응해 이러한 형질을 그들 후손에게 물려준 유기체의 계통에 속하기 때문이다.

생물학자 칼 니클라스는 새로운 종이 창조되는 과정에서 자연선택은 "형질을 만들어내는 과정이 아니라 기능적 형질 그 자체에 작용한다"라고 주장한다. 다시 말해, 보존 유전자conserved gene*는 한 유기체를 살아있게 하는 일반적인 기능으로 번역되지, 그 기능이 구체적으로 어떻게 구현되는지로 번역되는 것이 아니다. 한 종의 독특한 구현을 위해서는 새로운 메커니즘이 있어야 한다.

이 모든 것을 고려하기 위한 한 가지 방법은 전략과 전술의 관점에서 사고하는 것이다. 생존 전략에는 세포가 생명을 유지하기 위한 기본적인 요건이 반영되어 있으며, 따라서 보편적이다. 각각의 종이 가진 신체 체제에는 자연선택에 따라 각자의 환경에 맞도록 적응해가는 과정이 반영되어 있으므로 서로 다른 유기체는 서로 다른 신체 구조를 가지며, 생존 전략의 수행을 위해 이용되는 행동 도구 즉 전술

---

* 진화하는 동안 변화하지 않고 계속 남아 있는 유전자.(옮긴이)

또한 동물마다 다르다.

생명의 역사를 통틀어 생존 활동이 유지되도록 하는 가장 확실한 방법은 보존 유전자를 통해서였을지도 모른다. 현대 유전학은 이른바 '범용 툴킷 유전자'와 함께, 일군의 유전자 세트가 수많은 유기체에 편재하고 있다는 강력한 증거를 제시했다. 이러한 유전자 세트는 단세포 유기체와 다세포 유기체가 공유하고 있으며, 그중 일부는 LUCA에도 존재했다. 정말 놀라운 사실 아닌가. 모든 생물이 세포 생명체의 기원까지 거슬러 올라가는 유전자를 가지고 있는 것이다! 하지만 현 시점에서는 최초의 유기체로 하여금 에너지 공급을 유지하고 체액을 조절하며 위해로부터 스스로를 보호할 수 있도록 만든 유전자도 보존되었는지는 알지 못한다. 하지만 바로 이런 질문을 제기하고 답하기 위해 과학적 도구가 존재한다.

단세포 유기체의 단순한 행동으로부터 지금의 동물들이 보이는 복잡한 행동이 일어날 수 있다니 어쩐지 터무니없는 소리처럼 들린다. 하지만 대부분의 행동에 환경적 자극으로부터 멀어지거나 가까워지는 동작이 포함된다는 것을 고려하면 완전히 불가능한 일은 아닌 듯하다. 시어도어 슈네일라도 지적했듯이, 접근과 후퇴는 가장 근본적이고 보편적인 종류의 행동이다.

그런데 접근과 후퇴는 왜 보편적인가? 예컨대 두 개의 정주형 물체를 생각해보자. 한 물체가 움직이면 두 물체 사이의 거리는 가까워지거나 혹은 멀어진다. 그밖에 다른 가능성은 없다. 접근과 후퇴는 그것이 심리적 동기를 반영하기 때문이 아니라, 단순히 물리 법칙에 종속되어 있기 때문에 보편적으로 나타나는 것일지도 모른다.

또 다른 이유도 생각해볼 수 있다. 생존을 돕는 환경적 요소(유인제)에는 가까이 다가가고 생존에 해로운 요소(기피제)로부터는 멀어지는 데 더 능숙했던 유기체는 자연선택에서 이점을 누렸으며 자손에게 유리한 유전자를 물려줄 가능성이 더 높았을 것이다. 이때 후손에게 계승된 것은 접근과 회피의 물리적 경향이라기보다는, 생존 요구와 관련된 구체적인 생물학적 실행 방법이었다.

예를 들어, 동물은 신경계의 진화에 따라 접근과 후퇴에서 단세포 유기체의 단순한 주성 반응을 뛰어넘는 새로운 방법을 갖추게 되었다. 특히 특정 생존 요건을 만족시키는 데에서 신경 제어는 훨씬 정확한 방식으로 접근과 후퇴가 이루어질 수 있도록 했다. 동물과 그들의 신경계가 점점 복잡하고 정교해질수록, 그들의 행동 범주 또한 그렇게 되었다. 유기체가 에너지 및 영양, 체액 균형 그리고 보호와 관련된 구체적인 생존 요건을 만족시키게 될 때, 또는 유성생식을 할 때, 그들은 일반적으로 (가장 근본적인 의미의) 신경 회로를 이용해 그들의 신체 체제에 잘 어울리는 특정한 접근 및 후퇴 행동이 일어나도록 한다.

보통 우리는 심적 상태, 그중에서도 특히 감정을 생존과 결부된 행동으로 여긴다. 우리는 우리가 앞으로 벌어질 일에 공포를 느끼기 때문에 위험으로부터 물러선다고 말한다. 만일 후퇴에 실패하면 우리는 공포와 불안을 느낀다고 말한다. 이와 마찬가지로, 우리는 음식이나 성교에 접근하는 행위에 종종 욕구나 기대가 동반된다고 말한다. 접근 행위에 성공하면 우리는 만족 또는 쾌락을 경험하고, 실패하면 실망이나 좌절을 겪는다. 우리가 그러한 감정 상태를 겪는다는 것을 부인할 수는 없지만, 행동을 설명하기 위해 감정을 끌어들이는 것에는 신중할 필요가 있다. 이후에 더 논의하겠지만, 연구 결과에 따르면 인간에게서 접근과 후퇴 그리고 그 밖의 생존 행동을 필요로 하는 생존 요건들은 공포, 기쁨, 실망 등의 느낌을 일으키는 것과는 다른 신경 회로에 의해 매개된다.

우리는 다른 동물들의 감정에 대해서는 알지 못한다. 하지만 여기서 쟁점은 다른 동물들이 무엇을 경험하는지가 아니다. 우리의 생존 행동들이 어디서 연유했는지다. 그것은 LUCA의 자손들이 생존할 수 있도록 하고 궁극적으로는 신경계를 진화시켜 생존 활동을 할 수 있게 한 오랜 진화적 적응의 역사적 산물이다.

요약하면, 이 장의 핵심은 우리 인간과 다른 복잡한 유기체가 생존하기 위해서 하는 일들은 우리보다 훨씬 단순한 유기체들이 살아남기 위해 하는 행동과 별반 차이가 없다는 것이다. 하지만 이러한 결론의 함의를 과대 해석해서는 안 된다. 이는 그저 생명의 보편적이면서도 최소한의 필수 요건에 대한 진술일 뿐이다. 인간을 포함한 다른 동물들이 보이는 복잡하고도 정교한 행동들을 시시한 것으로 치부하려는 것이 아니다. 그보다는, 단순한 세포들 또한 정교한 생존 활동을 벌이고 있으며 오늘날 우리의 삶에도 이러한 원시적인 생존 활동이 이어지고 있음을 강조하기 위함이다.

행동을 재고하기

과학자와 그 밖의 일반인들은 보통 행동을 몸뿐만이 아니라 마음과도 연결된 특별한 종류의 반응으로 여긴다. 마음과 행동의 관계에 대한 이런 일반적인 관점을 통속심리학이라고 부른다. 이러한 관점은 우리가 일상적으로 쓰는 언어에도 반영되어 있다. 하지만 심리사학자 쿠르트 단치거Kurt Danziger도 지적했듯이, 일상 언어와 그것이 불러일으키는 정신적 개념들은 아주 오래전에 편의에 따라 다소 임의적으로 생겨난 것들로, 과학적 개념을 평가하기 위한 틀로서는 그다지 적합하지 않다. 단치거는 만일 고대인들이 우연히 우리의 뇌와 마음속에서 일어나는 일을 완벽하게 설명할 수 있는 방법을 발견했다면 그것이야말로 기적일 것이라고 말한다.

우리의 일상 언어는 우리가 다른 사람과 상호 작용할 때 우리 내면에 대한 담화를 가능하게 하기 때문에 생겨났고 존속되었다. 이러한 능력은 우리 종에게 엄청난 이점이 되었다. 언어가 없었다면 지금 우리가 살고 있는 인류 문명은 존재하지 않았을 것이다. 하지만 일상 언어가 우리의 일상적 삶에서 가지는 효과가 과학적 담론의 영역에도 그대로 이어지는 것은 아니다. 핵심 쟁점은 마음과 행동 그리고 뇌에 대한 과학적 발견을 이루어내는 과정에서 이러한 일상 언어가 언제 정확한 어휘를 제공하는가다.

우리 인간들은 행동과 심적 상태 사이에 어떠한 관련이 존재한다고 쉽게 확신해버리지만, 내 생각으로 그것은 편리한 환상일 뿐이다 (망상이라고 할 수는 없지만, 적어도 어느 정도는 착각이다). 앞에서도 언급했듯이, 공포의 의식적 느낌을 일으키는 뇌 회로와 위험에 처했을 때 행동을 일으키는 뇌 회로는 서로 다른 것으로 보인다. 공포가 우리 행동에 전혀 영향을 주지 않는다는 것이 아니다. 다만, 어떤 행동이 공포에 따른 결과로 보인다고 해서 그 행동이 그 사람이 겪고 있는 공포의 느낌 때문이라는 결론으로 필연적으로 이어지는 것은 아니다. 인간에서 조차 행동과 심적 상태 사이의 연결이 그리 단단하지 않다면, 다른 유기체에서는 훨씬 더 약할 것이다. 우리로서는 다른 동물이 어떠한 내면세계를 가지는지 확실하게 알 길이 없기 때문이다.

때때로 과학자들은 일상적인 단어를 도입해 간편히 과학적 실체를 가리키기도 한다. 물리학에서는 입자들을 WIMP*, GOD**, 쿼크quark***라고 부른다. 생물학에서는 특정 유전자 및 분자에 '얼간이dunce'와 '고슴도치hedgehog'라는 이름을 붙였다. 아무도 이런 이름을 문자 그

• '약하게 상호 작용하는 무거운 입자Weakly Interacting Massive Particle'의 준말로, wimp 자체는 '겁쟁이'를 지칭하는 일상 언어다.(옮긴이)
•• 힉스 보손Higgs Boson을 '신의 입자'로 부르기도 한다.(옮긴이)
••• 갈매기의 울음소리에서 따온 이름이다.(옮긴이)

대로 받아들이지는 않을 것이다. 하지만 신경과학자와 심리학자가 위험에 대한 행동 반응을 조절하는 뇌 회로에 '공포' 회로라는 이름을 붙이면, 일부 학자들(그리고 일반인들 대부분)은 이러한 회로가 공포 경험의 근원이라고 믿게 된다. 다시 말해, 과학자들이 행동을 제어하는 회로를 묘사하기 위해 심적 상태를 지칭하는 단어를 사용할 경우, 그 단어에 의해 명명된 심적 상태의 기능은 사실상 회로 그 자체에 귀속되어버린다. 단순히 그 회로를 지칭하는 간편한 이름이 필요해 공포라는 용어를 썼다 해도 말이다. 이에 따른 한 가지 결과는 시간의 흐름에 따라 이들 사이의 미묘한 구분이 점차 흐려져 과학자들조차 혼동하기 시작해, 행동을 제어하는 회로가 그 느낌이 일어나는 과정에도 관여하는 것으로 여겨져 실제로 공포의 주관적 경험을 일으키는 회로를 규명하려는 노력을 멈추게 되는 것이다.

20세기 초 심리학계에서는 마음과 의식에 대한 모든 논의를 배제하려는 움직임이 일어났다. 이 행동주의 반란은 그동안 과학자들이 왜 특정 행동이 일어나는지 설명하면서 동물에게 인간과 유사한 생각과 감정을 투영해왔던 다소 부주의한 방식에 대항하려는 의도로 일어난 것이다. 행동주의자들은 뛰어난 실험 기법(파블로프 조건화와 도구적 조건화 같은)을 발전시켰고 현재도 이 방법들이 쓰이고 있지만, '마음이 없는' 심리학이라는 이들의 급진적 사상은 그리 오래 버티지 못했다.

일부 철학자와 과학자는 결국에는 과학이 기묘한 통속심리학적 개념들을 대체하게 될 것이라고 여전히 주장하고 있다. 나는 행동에 대한 대부분의 통속심리학적 개념에 대해서는 그들이 옳지만, 생각이나 감정과 같은 심적 상태의 통속심리학에 대해서는 틀렸다고 생각한다. 해럴드 켈리Harold Kelley와 가스 플레처Garth Fletcher가 각각 주장했듯이, 일상의 통속심리학에는 어떤 목적이 있다. 그것은 항상 우리 내면의 주관적 경험을 이해하려는 심리적 활동의 한 부분이었다. 종종 통속심리학은 마음과 행동에 대한 과학적 연구의 출발점이 되기도 한다. 또한 통속심리학은 마음에 대한 우리의 일상 언어와 얽혀 있으므로, 우리는 심적 상태를 나타내는 단어들로 유의미한 경험들에 이름을 붙일 수 있다. 특정 범주의 경험에 대해서는 그 이름을 수정하거나 제거할 수도 있다. 하지만 이는 그 밑바탕이 되는 심리적 경험을 제거하는 것과는 다른 일이다.

주관적 경험은 실재하며 인간의 삶에서 중요한 역할을 한다. 따라서 주관적 경험을 과학적으로 기술하기 위해서는 이에 대한 타당한 용어가 필요하다. 하지만 이러한 작업을 개념적으로 엄밀하게 수행하기 위해서는 이 용어들의 사용이 주관적 상태에 제한되도록 주의해야 한다. 우리는 의식적 경험이 포함된 행동의 통제에서 주관적인 측면과 그렇지 않은 측면을 분리하는 데 좀 더 공을 들여야 한다.

행동은 주관적 마음을 위해 생겨난 것이 아니다. 그것은 적합도를 높이기 위해—유기체가 번식이 가능한 나이가 될 때까지 잘 살아남도록 하기 위해서—생겨났고 존속된다. 이런 관점에서 인간에서부터 박테리아까지 모든 유기체의 행동은 대등한 지위에 놓인다. 의식, 우리가 일상에서 사용하는 바로 그러한 의미의 의식의 역할은 생명의 역사 전반을 통틀어보면 지엽적인 수준에 그친다. 만일 대부분의 행동이 긴 진화의 과정 동안 버의식적 시스템에 의해 생겨났다고 가정한다면(매우 합리적인 가정이다), 그러한 행동은 심지어 인간의 행동이라 해도, 달리 증명되지 않는 한 비의식적으로 통제된다고 가정해야 한다. 그리고 바로 그럴 때 행동의 과학은 훨씬 더 순조롭게 발전할 것이다. 의식의 과학도 마찬가지다. 이것이 이 책의 나머지 부분에서 생명의 나무를 등정하는 동안 내가 취하려는 관점이다.

미생물의 삶

태초에*

약 137억 년 전 우주가 탄생했다. 그 후 우주는 급격히 팽창해 약 100억 년 전에는 은하와 별이, 46억 년쯤 전에는 태양과 지구를 비롯한 태양계가 형성되었다. 그리고 마침내 대략 38억 년 전 지구에서는 생명이 시작되었다(그림 11.1). 어떻게 이런 일이 가능했을까?

지금까지 나온 생명의 기원론은 대다수가 초기 지구의 물리화학적 상태에서 어떻게 생화학적 물질이 출현할 수 있었는지를 설명한다. 무생물에서 어떻게 갑자기 생명체가 생겨날 수 있었는지 말이다. 모든 것은 '빅뱅'으로부터 시작했다. 바로 이때 지구의 초기 화학적 구성이 결정된 것이다. 지구상에서 발견된 화학 원소들—다시 말해, 주기율표의 원소들—은 본질적으로 '빅뱅'과 그에 따른 초신성 폭발의

• 3부 전반에 대해 조언을 해준 타일러 볼크에게 감사의 말을 전한다. 볼크의 2017년 저서 《쿼크에서 문화로Quarks to Culture》는 물리학 및 생물학적 관점에서 생명에서부터 문화까지 그것들이 어떻게 생겨났는지 훌륭하게 요약하고 있다.

그림 11.1 빅뱅

결과로 방출된 우주먼지의 흔적이다. 우리가 마시는 공기, 딛고 서 있는 땅, 마시고 헤엄칠 수 있는 물, 우리가 먹거나 키우는 식물과 동물 그리고 우리가 이 모든 일을 하는 데 이용하는 몸과 뇌와 마음 등, 살아있든 그렇지 않든 자연의 모든 것은 문자 그대로 우주에서 온 화학물질로 이루어진 것이다.

처음에 지구는 뜨거운 용융된 덩어리였다. 하지만 42억 년 전 겉표면이 식으면서 딱딱한 지각이 형성되었고 그 주위로 이산화탄소, 수증기, 질소로 구성된 원시 대기가 조성되었다. 화산에서 분출된 증기와 우주에서 날아온 운석의 물이 모여 대양을 이루었다. 이 시점에서 아직 생명은 나타나지 않았지만, 생명이 생겨나기 위한 필수 조건들 중 일부는 마련되었다. 물과 탄소 그리고 화학반응을 일으킬 수 있는 열이 생겨난 것이다.

물은 화합물을 용해하고 재배열이 일어나도록 해 다른 화합물을 형성할 수 있게 하는 매개체로 작용했다. 예를 들어, 물에 소금을 한 스푼 넣어보면 소금이 금방 녹아버리는 것을 알 수 있다. 물의 산소 분자는 소듐을, 수소 분자는 염소를 끌어당겨 소금 분자를 분해하기 때문이다.

탄소는 크기가 작은 원소로서 다른 작은 원소들과 쉽게 상호 작용하여 (화학결합을 통해) 화합물을 형성할 수 있다. 이러한 탄소화합물은 생명체의 토대를 이루는 물질로, 상대적으로 안정적이고 물에 잘 용해되지 않는다. (우리는 물속에서 수영한다고 해서 분해되지 않는다.) 하지만 주변 온도가 상승하면 탄소화합물은 쉽게 부서진다. 지구와 같은 젊은 행성에서 열은 어디서나 찾아볼 수 있었다. 태양광과 화산, 지구 맨틀의 지하 마그마, 물 위로 내리친 번개가 그러한 열원이다. 열은 탄소화합물의 분해를 촉진하는데, 분해된 구성성분들은 이후 자유롭게 재결합한다.

다윈은 태초의 세상이 탄소계 분자들로 이루어져 있었다는 사실을 바탕으로 생명이 작은 원시 연못에서 발생했다는 가설을 제안했다. 무기물이 번개에 의해 분해되고 재결합하면서 생명체에서 전형적으로 나타나는 복잡한 구조의 화합물로 점차 변화되어갔다는 것이다. 생물학자 J. B. S. 홀데인Haldane은 다윈의 가설을 확장하고 대중화했는데, 이 가설은 생명의 기원에 관한 '원시 수프 이론'이라고 불린다.

하지만 탄소계 화합물이 생겨났다 해도 초기 지구의 물리화학적 조건에서는 다윈의 시나리오대로 생명이 발생하기 어려웠을 것으로 보인다. 이스라엘의 화학자 애디 프로스Addy Pross는 생명이 나타나려면 새로운 화학 법칙이 필요하다고 주장했다. 그는 전생물 시대(생명이 있기 이전의 세계)의 화학을 '표준 화학' 그리고 생명의 근간을 이루는 화학을 '복제 화학'이라고 불렀다.

표준 화학에서는 원자들의 결합을 통해 복잡한 탄소화합물이 합

표 11.1 생물학적 분자를 이루는 원소들

생물학적 분자	원소	예
탄수화물	C, H, O	포도당: $C_6H_{12}O_6$
지질	C, H, O	콜레스테롤: $C_{27}H_{45}OH$
핵산	C, H, O, N, P	DNA(A 염기): $C_{10}H_{12}O_6N_5P$
단백질	C, H, O, N, S	인슐린: $C_{257}H_{383}N_{65}O_{77}S_6$

성된다. 전생물 시대에는 주기율표의 118개 원소 중 오직 6개의 원소 (탄소, 수소, 질소, 산소, 인, 황)만 이용할 수 있었는데, 이 원소들만으로도 생명의 기본 단위인 세포에서 중요한 역할을 하는 탄소계 분자를 합성할 수 있었다. 이를테면 단백질, 지질, 탄수화물이 바로 그것이다(표 11.1). 단백질은 세포 기능의 기본을 이루는 물질로서, 유용한 화합물을 감지해 세포 내외부로 이동시키는 수용체나 대사 과정(세포의 에너지 생성 기능)의 화학반응을 조절하는 효소가 모두 단백질이다. 단백질은 세포의 형태를 유지하기 위한 내부 뼈대 역할도 한다. 탄수화물 또한 세포 구조를 지탱하는 데 사용되지만, 그보다 더 중요한 역할은 에너지 대사와 저장이다. 지질은 세포를 둘러싸는 막을 형성하여 세포의 안과 밖을 구분하는 역할을 한다. 에너지를 저장하고 열이 빠져나가지 못하도록 막는 단열 작용도 한다(지방을 생각해보라).

복제 화학도 탄소계 화합물 간의 상호 작용을 다루지만, 이 경우에는 뉴클레오티드 사이의 반응을 의미한다. 뉴클레오티드 사이의 반응에 이용되는 원소들은 표준 화학에서 이용되는 것들과 동일하다. 하지만 그 반응의 결과로 생성된 화합물은 매우 특별하다. 이 화합물은 핵산이라고 부르며, 여러분들도 알고 있는 DNA와 RNA를 말한다. 이 화합물들은 자기복제를 할 수 있다. 이제 우리는 자기복제란 무엇인지, 즉 복제 화학이 어떻게 생명을 가능하게 했는지 알아볼 단계에 이르렀다.

생명 그 자체

세포가 어느 날 갑자기 생명을 유지하고 복제하는 능력을 얻게 된 것은 아니다. 결국 세포가 스스로를 유지하고 복제할 수 있게 되기까지 수도 없이 많은 생물학적 실험이 이루어졌고, 그중 어떤 것은 처음부터 잘못된 길로 들어섰고 어떤 것은 막다른 골목에 부딪혔다.*

스스로 유지 가능한 세포가 어떻게 출현했는지 알아내기 위해 과학자들이 취한 방법 중 한 가지는 초기 연못 또는 바다의 화학적 상태를 시뮬레이션해보는 것이었다. 그중에서도 1950년대 해럴드 유리Harold Urey의 실험실에서 연구했던 스탠리 밀러Stanley Miller의 실험이 가장 유명하다. 밀러는 원시 대기에 존재했을 것으로 생각되는 화합물(수소, 암모니아, 메탄 가스)을 물에 녹이고 이 혼합물에 전기(번개를 모방한 것이다)를 통하게 했다. 전생물적 탄소계 화합물이 생물학적 화합물로

---

* BBC 웹사이트에서 마이클 마셜Michael Marshall이 생명의 기원론을 설득력 있게 요약한 기사를 읽을 수 있다(더 자세한 내용은 이 장에 대한 참고문헌에서 확인할 수 있다).

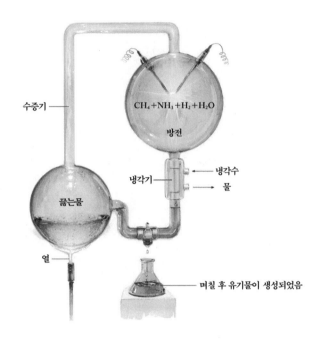

수증기

CH₄+NH₃+H₂+H₂O

방전

냉각기

냉각수

물

끓는물

열

며칠 후 유기물이 생성되었음

그림 12.1 밀러와 유리는 실험실에서 생명을 창조하는 실험을 진행했다.

변환되는 반응이 일어날 수 있는지 알아보려는 것이었다(그림 12.1). 며칠 후 밀러는 혼합물 속에서 아미노산을 발견했다. 아미노산은 단백질의 기본 구성물로, 생명의 핵심 요소다. 즉 열의 존재하에 무기물로부터 생물학적 화합물이 형성된 것이다. 후속 연구에 따르면 지구의 원시 대기는 밀러가 실험에서 이용한 것과는 다른 조성을 가진 것으로 나타났다. 하지만 이 실험은 전생물적 화학 상태로부터 어떻게 생화학이 출현할 수 있는지를 과학적으로 밝혀낼 수 있음을 보여줬다.

최근 과학자들은 생명의 발생에서 핵심이 되는 두 사건 중 어떤 것이 먼저 일어났는지를 두고 논쟁을 벌였다. 바로 물질대사(생명체가 존속하기 위해 필요한 에너지를 공급하는 일)와 복제(생명체가 그 자신을 복제 또는 재생산함으로써 개체로서의 삶을 초월하는 일)다. 복제 우선 이론에서는 자기복제가 가능한 전생물적 분자로부터 모든 것이 시작되었고, 이후 생물학적 복제가 가능해지면서 물질대사도 이루어졌다고 말한다. 복제가 일어나기 위해서 전생물적 분자가 해야 할 일은 그 자신이 분해되기 전에 새로운 복제품들을 생산하는 일이 전부다. 고분자 탄수화물(다당류)의 복제가 그러한 일을 일으킬 수도 있다. 당시 지구의 화학 상태로는 이러한 반응이 일어날 수 없지만 성간화학星間化學으로는 가능할지도 모른다. 즉 '우주에서 날아온 설탕'이 생물학적 복제를 일으키고 핵산의 형성을 촉발했다는 것이다.

오늘날 우리가 알고 있듯이, 생물학적 복제는 DNA에 의한 유전체의 코드화에 의존한다. 하지만 제럴드 조이스Gerald Joyce와 같은 생물학자들은 DNA가 발생하기 이전에는 RNA에 의해 복제가 일어났다고 생각한다(그림 12.2). RNA로도 생물학적 진화의 시동을 거는 데 충분했을 수 있다. 하지만 RNA는 그 자체로 불안정하며 큰 유전체를 코드화할 수 없으므로 생명을 유지할 수는 없었을 것이다. 반면에 DNA는 이러한 제약에서 자유롭다.

DNA는 RNA가 변형되어 발생한 것으로 여겨진다. 아마도 바이러스가 RNA 유전자를 DNA 유전자로 전환시켰을 것이다. 이러한 일이 가능하다는 것은 산성 수용액에서 RNA 바이러스와 DNA 바이러스 사이에 유전자 이동이 일어나는 것을 관찰한 연구를 통해 확인되었다. 이 연구는 생명이 처음 발생한 원시 해양과 유사한 조건인 산성 수용액에서 진행되었다.

복제 우선 이론에 따르면, 자기복제가 가능한 RNA와 DNA 분자

단백질

RNA   리보솜

H+C+N+O   RNA   단백질 합성   DNA   원세포   세포

전생물적 화학   전세포적 생화학   세포 생물학

그림 12.2 생명의 기원에 관한 RNA 우선 이론

는 처음에는 서로 섞인 채로 자유롭게 떠다니다가 이후에 구획화가 이루어졌다. 이에 따라 RNA와 DNA가 생산한 단백질은 그것을 수용할 수 있는 구조물에 꼭 들어맞는 형태를 가지게 되었고, 따라서 그 구조물에 의해서만 활용된다는 장점을 가지게 되었다.

최초의 구획화는 무생물에서 생물로 넘어가는 과도기에 있던 원세포에 의해 이루어졌을 수도 있다. 원세포는 아마도 암석의 기공에서 형성된 것으로 추측된다(뒷부분에서 좀 더 자세히 설명하겠다). 하지만 암석 기공에서 사는 원세포들은 설령 DNA를 가지고 있다고는 해도 복잡한 형태의 삶을 유지하지는 못했을 것이다. 진정한 의미의 세포가 진화하기 위해서는 그처럼 제한된 공간이 아닌, 특정 형태로 구획된 공간이 필요했다. 그 결과로 나온 해결책이 바로 지질로 둘러싸인 막으로, 이러한 막을 이용하면 RNA와 DNA 그리고 그들이 생산한 단백질을 격리시킬 수 있다. 이에 따라 세포들은 바다에서 자유롭게 떠다니면서도 자신을 복제하고, 분화(즉 진화)하며, 지금까지 존재했던 모든 유기체를 탄생시킬 수 있었다.

또 다른 이론인 물질대사 우선 이론에 따르면 핵산(RNA와/또는 DNA)을 이용한 복제는 생물체가 물질대사를 할 수 있게 된 이후에 등장했다. 귄터 베히터스호이저Günter Wächtershäuser가 제시한 이론에 따르면, 화산에서 나온 뜨거운 물이 광물질이 풍부한 암석 위로 흐르면서 단순한 탄소계 화합물들이 결합해 더 큰 화합물로 변화하는 화학반응이 촉발(촉매)되었다. 전생물 시대에는 아직 촉매 역할을 하는 효소 단백질이 존재하지 않았으므로, 암석에 함유되어 있는 광물질이 화학반응의 촉매제로 작용했다. 이 이론에서 핵심 단계는 최초의 화합물이 일련의 전생물적 반응을 겪다가 결국 자기 자신을 생산하는, 즉 재생산 주기가 형성되는 시점이다. 이러한 과정을 통해 복잡한 생물학적 분자(단백질, 뉴클레오티드, 지질, 탄수화물)가 합성될 수 있으며, 나아가 에너지를 생산하고 복제도 할 수 있는 단순한 원세포의 토대가 마련될 수 있다.

베히터스호이저의 이론은 화산에서 흘러나온 열기는 생물체가 존재하기엔 너무 뜨겁다는 점에서 비판을 받았다. 이 문제는 마이크 러셀Mike Russell과 빌 마틴Bill Martin이 제안한 알칼리성 열수분출공 이론에 의해 해결되었다(그림 12.3). 이 이론은 물질대사 우선 이론의 일종으로, 이후 닉 레인에 의해 확장되었다.*

열수분출공 이론은 매력적이지만 복잡한 이론으로, 간단히 요약해서 설명하면 다음과 같다. 일단 이 이론은 초기의 바다는 수온이 낮으

* 유용한 조언을 해준 닉 레인에게 감사의 말을 전한다. 특히 닉은 열수분출공 이론의 삽화를 그리는 데 큰 도움을 주었다. 만일 이 삽화가 열수분출공을 지나치게 단순하게 묘사했다면 그것은 전적으로 내 책임이다.

그림 12.3 **생명의 기원에 대한 열수분출공 이론**

며 양전하를 띠는 화학 물질을 다량 함유하고 있어 산성(낮은 pH)을 띤다는 널리 수용되는 전제로부터 시작한다. 차가운 산성 해수는 해저의 균열을 통해 지구의 맨틀로 스며들고, 맨틀에서 가열된 해수는 탄산염과 황철석으로 이루어진 열수공을 통해 바다로 재분출된다. 따뜻해진 해수는 열수공을 통과하면서 알칼리성(높은 pH, 즉 음전하로 하전된다)을 띠게 된다(위산으로 인해 속이 쓰릴 때 알카셀처 같은 제산제를 먹으면 이 약물에 들어 있는 탄산화합물의 작용으로 위의 pH가 높아지는 것과 비슷한 원리다). 이러한 알칼리성 액체는 열수공의 기공에 갇히고, 황화철로 이루어진 거품에 둘러싸여 양전하를 띠는 바닷물로부터 분리된다.

원세포를 형성하기 위해서는 몇 종류의 원소만 있으면 된다. 수소H와 이산화탄소CO_2 사이에 전생물적 화학반응이 일어나면 포름알데히드CH_2O나 아세테이트CH_3O_2와 같은 단순한 탄소계 분자가 합성될 수 있다. 하지만 수소가 이 반응에 참여하기 위해서는 특정 종류의 촉매가 있어야 한다. 다시 말하지만, 아직 단백질 기반의 효소 촉매는 존재하지 않는다. 하지만 다른 촉매들은 이용할 수 있다. 구체적으로 황화철은 훌륭한 전생물적 촉매로, 원세포의 거품 장벽을 이루는 물질로 추정되고 있으며, 지금도 세포의 대사 과정에서 이용되는 화합물이다. 베히터스호이저가 제안한 것과 같은 물질대사 주기가 마련되면 기공에 존재하는 원세포는 에너지를 저장해 단백질이나 지질, 복제 가능한 뉴클레오티드 등의 복잡한 생물학적 화합물을 합성할 수 있다. 그리고 마침내 원세포가 지질막을 얻게 되면, 세포는 기공을 떠나 바다로 가서 자기충족적 대사가 가능한, 복제 가능한 삶을 영위하게 된다.

복제가 먼저인지 물질대사가 먼저인지, 혹은 두 과정이 서로 맞물려 일어났는지는 아직 밝혀지지 않았다. 그렇지만 이 이론들은 왜 LUCA 이후 지질막으로 둘러싸인 모든 세포의 내부가 음전하로 하전되어 있는지(이 사실은 30억 년 후 초기 동물들에서 뉴런이 등장할 때 중요해진다), 에너지를 생산하고 저장하는 데 왜 물질대사 주기를 이용하는지, 왜 DNA의 지침에 따라 단백질을 생산하는 방식으로 자기복제를 하는지에 대한 타당한 설명을 제공한다.

최근 리로이 크로닌Leroy Cronin과 세라 이마리 워커Sara Imari Walker가 생명의 기원에 대한 대안 이론을 제시했다. 복제가 먼저냐 물질대사가 먼저냐를 두고 논쟁하는 사람들은 어느 쪽 이론을 지지하는지를 막론하고 공통적으로 생명이 나타나기 이전에 핵산에 의한 복제가 일어났다고 가정한다. 크로닌과 워커는 이를 위해서는 발생할 가능성이 낮은 복잡한 사건들이 일어나야 한다고 주장했다. 하지만 전생물적 원소들로부터 RNA와 DNA가 합성되었다는 가정 대신, 간단한 네트워크 속에 그 자신을 간단히 복제할 수 있는 정보가 출현했다고 가정해보자. 이때 표준 물리화학에서 정보를 처리하고 이용하는 방식에 갑자기 변화가 생기면 생명이 출현할 수 있다. 즉 RNA와 DNA는 생명의 시작점이 아니라, 생명이 정보 처리를 개선하는 과정에서 이후에 나타난 것일 수도 있다. 흥미로운 가설이긴 하지만, 여전히 주류 의견은 생명 이전에 RNA와 DNA가 존재했다는 이론이다. 우리가 생명의 나무에 올라 가지들을 탐험하는 동안 밑바탕으로 삼을 이론도 이 이론이다.

생존 기계

우리가 알기로 생명은 대략 38억 년 전 스스로를 복제할 수 있을 만큼 오랫동안 살아남은 세포, LUCA의 등장과 함께 시작되었다. 35억 년 전 LUCA의 후손 중 일부가 갈라져 나와 오늘날 우리가 아는 박테리아계를 형성했다. 그 다음으로 고세균이 갈라져 나와 두 번째 계를 형성했다. 박테리아와 고세균은 오랜 세월 동안 생명이 이룩해낸 모든 일을 함께하며 그 모든 것을 지켜본, 말하자면 생명의 역사의 산증인이다. 우리는 이 오래된 생존 기계들로부터 생명에 관해 많은 것을 배울 수 있다.

박테리아와 고세균이 오랫동안 살아남는 데 성공할 수 있었던 한 가지 이유는 이들이 다양한 기후 조건에서 생존할 수 있었기 때문이다. 박테리아는 땅과 바다, 심지어 대기까지 지구상 모든 곳에 존재한다. 우리 몸의 따뜻하고 축축한 후미진 곳에서도 번성하지만(실제로 우리 몸에는 세포보다 더 많은 수의 박테리아 세포가 살고 있다), 마그마로 가열된

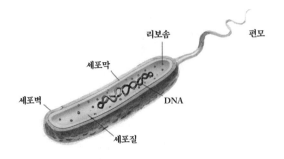

리보솜 편모

세포막

세포벽

DNA

세포질

그림 13.1 박테리아 세포의 내부

심해열수공의 뜨거운 해수 속에서도 살아남는다. 고세균의 경우는 더 놀라운데, 섭씨 90도가 넘는 환경에서도 살아남는 것은 물론, 일반적인 바다보다 염분이 10배 더 높은 물이나 심지어 산성 조건에서도 살수 있다. 이처럼 극단적인 환경에서도 견디는 세포들을 '극한미생물 extremophile'이라고 부른다.

세포의 내부는 액체로 가득 차 있는데, 이를 세포질이라고 부른다 (그림 13.1). 세포질은 세포의 정수로서, 세포막으로 둘러싸여 외부 환경과 분리된다. 초기 세포는 물질대사와 복제 과정을 구획하기 위해 지질막을 가지게 되었는데, 이때 진화한 지질막은 여전히 모든 세포가 사용하고 있다.

어떤 세포든 생존과 번성을 위해서는 세포막에 통로를 만들어 세포 바깥과 세포질 사이에 분자 교환이 원활히 이루어지도록 해야 한다. 세포막은 특정 분자만 선별하여 세포 내로 들어오게 한다. 어떤 분자가 세포막을 투과할 수 있을지는 세포막의 분자 조성에 따라 달라진다. 세포막은 두 개의 지질층과 그 사이의 작은 공간으로 이루어져 있는데, 이러한 구성으로 인해 물이나 영양소 같은 분자는 상대적으로 쉽게 세포 내로 들어올 수 있는 반면, 다른 분자들은 이른바 '수송 단백질'의 도움을 받아야만 세포 안팎을 오갈 수 있다.

외부에서 획득한 성분은 일단 세포질 내로 들어오면 여러 복잡한 화학반응에 관여한다. 이러한 반응에는 에너지 생성에 이용되는 효소나 다른 단백질의 합성, 체액과 이온 균형 유지, 내부 온도 조절, 영양소를 얻거나 위험으로부터 스스로를 보호하기 위한 세포 이동 조절 등이 있다. 대사 과정의 결과로 생성된 잔해물은 세포막 바깥으로 배출되어야 하는데, 이때도 보통 수송 단백질의 도움을 받는다.

박테리아와 고세균(그리고 식물)의 세포질은 세포벽이라는 보호층에 한 겹 더 둘러싸여 있다. 들어올 수 있는 물질을 선별하는 세포막과는 달리, 세포벽은 훨씬 많은 화학 물질을 자유롭게 통과시킬 수 있다. 단, 아주 큰 물질은 보통 독소인 경우가 많으므로 세포벽을 통과하지 못한다. 세포벽은 매우 단단한 구조를 가졌으므로 세포 안으로 물이 들어오거나 나갈 때 세포가 터지거나 함몰되는 것을 방지할 수 있다.

세포막의 반투과성은 세포 안과 밖의 전하 균형을 유지하는 데서도 중요한 기능을 한다. 태초에 생명이 바다에서 시작되었다는 것을 떠올려보자. 그 결과로 주변 환경은 산성인(양전하로 하전된) 것에 비해 세포의 내부는 음전하를 띠도록 구성되었다. 이러한 세포 내외부의 화학 균형은 세포가 물질대사를 유지하는 데 핵심적인 역할을 한다.

타일러 볼크는 세포를 언제나 항상 지속과 소멸 사이의 교점에 위치하며 스스로를 생성하는 동적 실체라고 역설한다. 세포는 물질대사를 이용함으로써 이 게임에서 승리하고 살아남았다. 세포는 물질대사로 인한 노폐물을 배출할 때 일정량의 분자를 잃는다. 이를 보충하기 위한 방편으로 세포는 또 다시 물질대사를 이용해 새로운 분자를 생성한다. 최소한 잃은 만큼의 분자를 보충할 수 있다면 세포는 현재의 형태를 그대로 유지할 수 있는 것이다. 만일 잃은 것보다 더 많은 분자를 생성하면 세포는 소멸의 위험에서 벗어나는 것을 너머 더욱 성장할 수 있다. 세포가 더 커지는 것이다. 하지만 큰 세포는 더 많은 영양소를 필요로 하기 때문에 세포는 그렇게 크게 자라지는 못한다. 물리학적 기본 원리의 제약도 받는다. 즉 구의 반경이 커지면 그 부피는 표면적이 늘어나는 정도보다 훨씬 더 많이 늘어난다. 다시 말해, 세포의 내부 부피가 늘어나면 이를 유지하기 위해서는 더 많은 영양소가 표면을 통해 유입되어야 하는데, 세포의 표면적은 이를 감당할 수 있을 만큼 늘어나지 않는 것이다. 그러면 세포는 어떻게 해야 할까? 이때 세포는 반으로 갈라진 후 적절한 크기에 도달할 때까지 모든 과정을 다시 시작한다. 이러한 과정을 통해 성장과 지속 사이에서 균형을 맞추는 것이다.

실제로도 박테리아와 고세균은 단순한 세포 분열을 통해 스스로를 복제한다. 이를 무성생식이라고 하는데, 오직 하나의 유기체—이 경우에는 하나의 세포—만이 생식에 참여하기 때문이다(이후 18장에서 무성생식과 유성생식의 차이점을 알아볼 것이다). 세포는 생애주기의 어느 시점에 도달하면 자신의 유전자 복사본을 만들고(복제), 그 결과로 생겨난 두 개의 완전한 유전체는 세포의 양쪽으로 분리된다. 그러면 세포는 반으로 나뉘어 동일한 유전자를 가지는 두 개의 딸세포가 형성된다. 이 과정을 유사분열mitosis(또는 체세포분열)이라고 한다. 어떤 의미에서 최초의 박테리아 세포는 영원히 죽지 않는다고 말할 수도 있다. 그

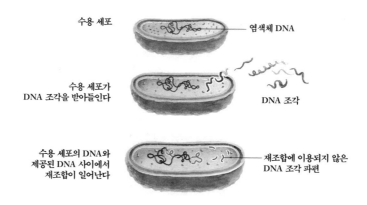

수용 세포 ──── 염색체 DNA

수용 세포가
DNA 조각을 받아들인다

DNA 조각

수용 세포의 DNA와
제공된 DNA 사이에서
재조합이 일어난다

재조합에 이용되지 않은
DNA 조각 파편

그림 13.2 박테리아에서 수평적 유전자 이동

것은 어쩌면 지금도 새로운 박테리아로 분열하고 있을지도 모른다.

부모에게서 자손으로 유전자를 전달하는 것을 '수직적 유전자 이동'이라고 한다. 유사분열의 결과로 생긴 두 개의 딸세포는 동일한 유전자를 가지는데, 그러면 이들은 일란성 쌍둥이로서 살아가게 될까? 사실, 박테리아와 고세균은 '수평적 유전자 이동'의 결과에 따라 상당한 유전적 개체성을 획득하게 된다. 수평적 유전자 이동이란 다른 유기체로부터 유전자를 얻는 과정을 말한다(그림 13.2). 예를 들어, 세포는 자신의 주변에 임의로 유전자를 배출하는데, 그러면 다른 세포가 그것을 가져갈 수 있다. 이러한 과정의 결과로, 같은 부모를 가진 세포들 사이에서도 유전적 다양성이 생긴다. 또한 박테리아와 고세균 세포는 다른 모든 세포와 마찬가지로 유익한 변이와 불리한 변이를 모두 겪을 수 있으며, 이 또한 유전적 다양성에 기여한다. 그리고 이러한 세포가 분열하면 그 세포가 부모로부터 수직적으로 물려받은 유전자는 물론 거기에 생긴 변이까지 모두 자손에게 전달된다.

박테리아는 기묘한 방법으로 역경을 이겨내고 살아남는다. 요즘 박테리아의 가장 큰 적은 항생제다. 항생제는 박테리아와 싸우기 위해 박테리아의 세포막을 무너뜨리는데, 그러면 세포 안과 밖의 균형도 무너져 박테리아의 생존에 필수적인 단백질과 기타 성분이 빠져나가고 결과적으로 세포는 사멸한다. 이에 대해 마이클 베임Michael Baym이 동영상을 만들었다(자세한 내용은 《월간 애틀랜틱Atlantic Monthly》의 요약 기사를 참고하라). 베임은 어마어마하게 큰 페트리접시를 만든 뒤, 그 위에 항생제를 동심원 고리 모양으로 배열했다. 원의 중심으로 갈수록 항생제 함량은 더 높아졌다. 그 후 페트리접시의 가장자리, 즉 항생제가 없는 부분에 박테리아를 배양하기 시작했고, 박테리아의 분열 과정을 수개월 동안 연속적으로 촬영했다(일반적으로 박테리아 세포는 시간당 서너 번 분열한다). 박테리아는 계속 분열하면서 항생제 고리가 있는 방향으로 움직였는데, 처음에는 항생제가 들어 있는 최외곽 고리를 피했다. 하지만 세포 분열이 계속 반복되면서 최외곽 항생제 고리에서 살아남을 수 있는 첫 번째 세대가 등장했다. 곧 두 번째 고리에서도 살아남을 수 있는 세대가 등장했고 이 과정은 계속되어 결국 페트리접시는 박테리아로 완전히 뒤덮였다. 이 실험은 박테리아가 어떻게 항생제 저항성을 얻게 되는지 실시간으로 보여주었다.

다시 말해, 박테리아는 생존에 매우 능하다. 비록 신경계는 없지만, 우리 인간의 신경계가 이들의 생존을 좌절시키기 위해 고안한 가장 영리한 장애물도 거뜬히 이겨낼 수 있다. 적어도 지금까지는 그렇다.

세포소기관의 탄생

생명의 여섯 계를 세 개의 권역domain으로 나누기도 한다(그림 14.1). 박테리아와 고세균 그리고 그 밖의 다른 유기체로 나누는 것이다. 이세 번째 권역은 박테리아와 고세균이 아닌 다른 모든 유기체 즉 원생생물계, 식물계, 균계, 동물계의 모든 생물이 포함되며, '진핵생물역Eukarya'이라고 부른다. 박테리아와 고세균은 단세포 유기체인 반면, 진핵생물은 단세포 생물(원생생물)과 다세포 생물(식물, 균, 동물)을 모두 포함한다.

박테리아와 고세균은 대략 35억 년 전에서 20억 년 전 사이에 지구상에 나타났다. 그런데 어느 날 갑자기 진핵생물이 나타나 자연계에 자리를 차지하기 시작했다. 첫 번째 진핵생물은 박테리아와 고세균과 마찬가지로 단세포 미생물이었다. 하지만 진핵생물은 그들의 조상과는 여러 측면에서 근본적인 차이가 있었다.

모든 세포는 세포막으로 둘러싸인 세포질을 가지며 그 안에는

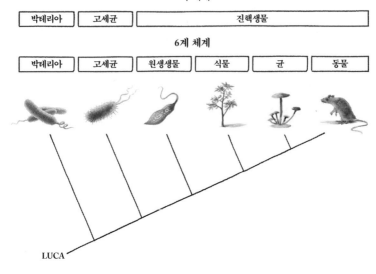

3역 체계

박테리아	고세균	진핵생물

6계 체계

박테리아	고세균	원생생물	식물	균	동물

LUCA

그림 14.1 생명의 3역 6계 분류체계

DNA가 있다. 박테리아와 고세균의 DNA는 세포 속을 자유롭게 떠다닌다. 하지만 진핵생물의 DNA는 세포질 한 귀퉁이에 격리되어 있다(그림 14.2). '진핵생물eukaryote'이란 단어는 문자 그대로 '진정한 핵심'(그리스어에서 유래한 단어로, 'eu'는 '진정한'이란 뜻이고 'karyo'는 '핵심'을 뜻한다) 또는 '칸막이'를 의미한다. DNA를 포함하는 부분을 '핵'이라고 부른다. 박테리아와 고세균은 '원핵생물prokaryote'이라 부르며, '핵심이 생기기 이전'이라는 뜻이다.

진핵세포의 핵도 막으로 둘러싸여 있는데 이 막을 '핵막'이라고 한다. 진핵생물의 세포질에는 이처럼 막으로 둘러싸인 조직이 여러 개 있는데, 이들을 '세포소기관organelle'이라고 부른다. 또 다른 종류의 세

104

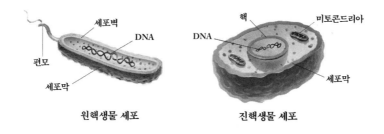

세포벽

DNA

편모

세포막

원핵생물 세포

핵

미토콘드리아

DNA

세포막

진핵생물 세포

그림 14.2 원핵생물과 진핵생물 세포의 비교

포소기관으로 미토콘드리아가 있다. 미토콘드리아는 에너지 생성기
관으로, 원핵생물보다 더 효율적으로 에너지를 만들어낸다. 진핵세
포의 세포질에는 소포체와 골지체도 있는데, 이들 소기관은 핵 속의
DNA가 내리는 지침에 따라 단백질을 만들고 제어하는 역할을 한다.

대부분의 진핵세포는 원핵생물과는 달리 세포벽이 없다. 그저 세
포막으로만 둘러싸여 있다(예외적으로 식물 세포는 세포벽과 세포막을 둘 다
가진다). 세포막은 세포벽과는 달리 그리 견고하지 않다. 따라서 대부
분의 진핵세포는 세포 형태를 유지하기 위해 다른 방법을 이용한다.
예컨대 진핵세포는 단백질로 이루어진 정교한 섬유계를 마련해 내부
비계를 형성하는데, 이를 '세포골격cytoskeleton'이라고 한다. 원핵세포도
세포골격을 가지고 있지만 진핵세포의 것만큼 정교하진 않다. 세포
형태를 유지해야 한다는 부담을 받지 않기 때문이다.

진핵세포의 세포골격에는 또 다른 중요한 기능이 있다. 세포골격
은 세포의 각 영역 사이에서 원활한 교류가 일어날 수 있도록 하는 화
학 수송체계를 이룬다. 이는 상당히 중요한 역할인데, 나중에 더 살펴
보겠지만, 진핵세포는 원핵세포보다 크기가 크기 때문에 세포 내부의

다양한 기관들 사이에 효율적인 소통이 일어나기 위해서는 화학적 소통 방식이 필요하다. 또한 진핵세포는 커진 부피를 감당하기 위해 물질대사 방식에도 변화를 줘야 했는데, 바로 이 부분이 미토콘드리아가 담당하는 역할이다.

진핵세포와 원핵세포의 또 다른 중요한 차이점은, 진핵세포는 거시적인(육안으로 보이는) 다세포 유기체(식물, 균류, 동물)를 발달시킬 수 있도록 진화했다는 점이다. 이는 원핵세포는 결코 도달하지 못한 위업이다. 물론, 단순히 개체수만 놓고 보면 원핵생물은 진핵생물을 월등히 앞선다. 현존하는 박테리아와 고세균의 수는 5×10^{30}개로 추정되며, 그 수를 세는 단위조차 마련되지 않았을 정도로 큰 숫자다.

마지막으로 한 가지 차이점에 대해 더 언급하겠다. 덜 중요한 차이라서 마지막에 언급하는 것은 결코 아니다. 원핵세포는 단순한 세포분열을 통해 번식하지만, 진핵세포는 유성생식을 창조했다. 유성생식을 위해서는 두 가지 교배형 또는 성별이 필요하며 그중 한쪽이 다른쪽을 수정시킨다. 진핵세포와 원핵세포의 차이점 중 몇 가지는 이번 부와 다음 부에서 좀 더 확장해 설명할 것이다.

LUCA의 자손들의 결혼

일반적으로 원핵생물에서 진핵생물로 진화가 이루어질 때 두 가지 핵심 변화가 수반된 것으로 여겨진다. 그중 첫 번째는 두말할 필요도 없이 세포핵의 등장이다. 이것은 고세균 세포에서 세포막이 '함입'되면서 생겨난 것으로 여겨진다. 세포막의 일부가 막으로부터 떨어져나와 유전자를 운반하는 염색체 주위를 둘러싸게 된 것이다. 결과적으로 세포핵은 세포의 중앙통제실이 되었다(DNA는 RNA를 이용해 단백질의 합성을 지시하고, 이렇게 합성된 단백질들은 세포의 모든 기능을 일으킨다).

핵의 등장은 진핵생물에게 그 이름을 부여한, 진화적으로 매우 중요한 사건임에 틀림없다. 하지만 진핵생물이 새로운 생명 형태로서 이 세상에 출현하기 위해서는 또 다른 사건이 일어나야 했다. 바로 '결혼'으로, LUCA의 자손들 사이에서 일종의 세포적 근친상간이 일어나야만 했다.

어떻게 보면 그것은 강제 결혼이었다. 고세균 세포가 박테리아 세

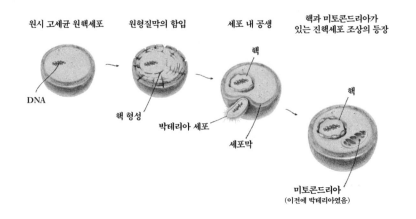

원시 고세균 원핵세포　　　원형질막의 함입　　　세포 내 공생　　　핵과 미토콘드리아가
　　　　　　　　　　　　　　　　　　　　　　　　　　　　　　　　　있는 진핵세포 조상의 등장

핵

DNA

핵 형성

박테리아 세포

세포막

핵

미토콘드리아
(이전에 박테리아였음)

그림 15.1 진핵세포의 기원에 대한 세포 내 공생설

포를 잡아먹는(정확히 말하면 삼키는) 방식이었기 때문이다(그림 15.1). 한 유기체가 다른 유기체를 잡아먹는 일은 자연계에서 그리 드문 일은 아니다(예컨대 우리도 식물과 다른 동물들을 잡아먹는다). 하지만 이 경우가 특별했던 까닭은 잡아먹힌 박테리아 세포가 고세균에게 소화되는 것을 피하는 데 성공했기 때문이다. 마치 장내 기생충이 숙주의 위장에서 소화되지 않고 그럭저럭 살아가는 데 성공한 것처럼 말이다. 고세균에게 잡아먹힌 박테리아는 처음에는 기생 생활을 했을지도 모른다. 하지만 이러한 관계는 장기적인 관점에서 서로에게 이익이 되는 것으로 드러났다. 공생 관계를 맺게 된 것이다. 다시 말해, 박테리아 세포는 고세균 세포에게 유용한 자산이 되었고, 두 세포는 새로운 방식으로 함께 살아갔다. 이 세포가 바로 최초의 진핵생물로, '모든 진핵생물의 가장 최근 공통 조상Last Eukaryotic Common Ancestor' 즉 LECA다.

박테리아와 공생을 시작한 것이 고세균에게는 어떤 이득이 되었을까? 닉 레인에 따르면 고세균 세포는 박테리아를 삼키기 이전엔 공기, 즉 수소와 이산화탄소를 먹고 살았다. 하지만 박테리아가 고세균 안에서 살기 시작한 이후에는 다른 방식으로 생명을 유지하는 것이 가능해졌다. 구체적으로 말하면, 고세균이 삼킨 박테리아는 세포 안에서 막으로 둘러싸인 세포소기관으로 기능하기 시작했다. 박테리아는 고세균의 부속물이 되는 과정에서 그 자신의 유전자를 상당 부분 잃었지만 일부는 남겨두어 생리적으로 자신의 세포막을 유지하고 특정 기능은 수행할 수 있었다. 앞 장에서 설명한 진핵세포의 미토콘드리아도 이러한 박테리아 소기관으로부터 기원했으며, 막으로 둘러싸여 있으며 에너지를 생산하는 구조를 지녔다. 미토콘드리아가 맡은 일은 세포에 에너지를 공급하는 것이다. 세포의 모든 기능에는 에너지가 필요하므로 에너지 생성에 특화된 기관을 가지는 것은 세포에게 큰 이득이 되었다.

진화에 대한 고전적인 다윈주의적 관점에서는 '분기divergence'—오랜 시간에 걸친 작은 변화의 축적으로 이전의 생명 형태가 서서히 새로운 형태로 변화함으로써 새로운 종이 탄생하는 것—를 강조한다. 반면에, 고세균과 박테리아의 공생으로 인해 진핵세포가 등장했다는 가설은 '수렴convergence'—기존의 생명 형태들이 서로 합쳐짐으로써 새로운 종이 탄생하는 것—을 강조함으로써 고전적인 다윈주의 관점에 배치된다.

진핵생물의 기원을 박테리아와 고세균의 융합에서 찾는 이론을 '세포 내 공생설endosymbiotic theory'이라고 한다. 이 가설을 지지하는 가장 대표적인 인물은 2011년에 작고한 생물학자 린 마굴리스Lynn Margulis로, 그는 진핵생물이 어떻게 등장했는지에 대한 이론의 판도를 완전히 바꾸었다. 마굴리스는 이후에도 많은 진핵생물이 공생을 통한 수렴 과정을 거쳐 (식물, 균류, 동물 등의 다세포 생물의 형태로) 진화했다고 주장했지만, 현재는 박테리아와 고세균의 공생에서 진화적 수렴은 오직 제한된 역할만 했다는 것이 가장 널리 받아들여지는 견해다. 하지만 마굴리스의 가설은 생명의 역사에서 가장 중요한 전환점 중 하나를 밝히는 데 엄청난 역할을 한 대단한 통찰이었다.

따라서 최초의 진핵생물은 막으로 둘러싸여 있으며 중요한 세포 기능을 수행하는 내부 조직 즉 세포소기관을 가지는 단세포 생물이었음을 알 수 있다. 세포소기관 중 하나인 핵은 유전물질의 대부분을 보관하는 역할을 하며, 또 다른 기관인 미토콘드리아는 에너지 공장의 역할을 한다. 이러한 세포들은 세포 전체에 화학 물질을 분배하기 위한 기관인 세포골격 수송체계도 가진다. 원생생물계를 일군 단세포 생물들은 육안으로 볼 수 있는 모든 복잡한 다세포 생물의 조상이다. 이런 복잡한 유기체들은 신체가 진핵세포로 구성되어 있으므로 식물, 균류, 동물도 모두 통틀어 진핵생물이다.

오래된 것들에 새 생명을 불어넣다

탄소계 화합물을 이용해 에너지를 생성하는 일이 생명과 생명이 세상에 자신을 드러내는 방식(예컨대, 행동)의 근본적인 특징이다. 유기체들은 제각기 서로 다른 방식으로 이 일을 해내며, 어떤 방식을 이용하는가에 따라 이들을 근본적으로 분류하는 것도 가능하다. 진핵생물 중에서도 식물과 동물, 균류는 서로 다른 방식으로 에너지를 생성한다. 이러한 차이는 고세균 세포가 박테리아를 삼켰을 때 일어난 일의 직접적인 결과로 발생했다.

동물은 다른 유기체(동물, 식물, 균류)를 먹고 소화함으로써 탄소계 화합물로부터 에너지를 얻는다. 균류 또한 다른 유기체로부터 에너지를 얻지만, 그 유기체를 있는 그대로 집어삼키지는 않는다. 대신 체외로 소화 물질을 분비한 후 그 산물을 섭취한다. 동물과 균류 모두 유기체를 섭취한 결과로 최종적으로 포도당을 얻는다. 포도당이 세포로 전달되어 분해되면, 미토콘드리아는 포도당이 분해되는 과정에서 생

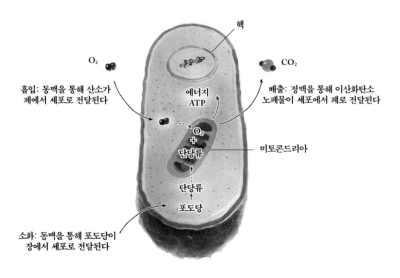

그림 16.1 세포 호흡에 의한 에너지 생성

긴 부산물과 산소를 이용해 에너지를 생성한다. 이 과정을 '세포 호흡'
이라고 한다(그림 16.1). 식물은 주로 엽록체를 이용해 햇빛을 흡수하
여 에너지를 만드는데, 이 과정을 '광합성'이라고 한다. 포도당은 뿌리
로 흡수한 물과 잎에서 얻은 이산화탄소로부터 획득하며, 녹말의 형
태로 저장되었다가 나중에 연료로 사용한다. 식물에도 미토콘드리아
가 있으며, 햇빛이 없을 때 에너지를 생성하는 용도로 활용한다.

이처럼 동물(및 균류)과 식물이 서로 다른 방식으로 에너지를 생성
하게 된 이유는 고세균이 박테리아를 잡아먹을 때 두 가지 종류의 진
핵생물이 출현했다는 사실과 관련이 있다. 일부 원시 박테리아 세포
는 산소를 흡수해 이를 유기화합물을 분해하는 데 사용함으로써 화학
적 에너지를 얻는 반면, 또 다른 박테리아는 이산화탄소를 흡수해 광
합성에 사용함으로써 화학적 에너지를 얻었다. 산소 의존 박테리아를

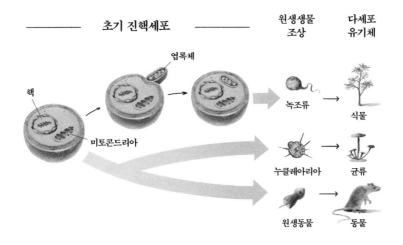

초기 진핵세포   원생생물 조상   다세포 유기체

엽록체

핵

미토콘드리아

녹조류 → 식물

누클레아리아 → 균류

원생동물 → 동물

그림 16.2 식물, 균류, 동물의 원생생물 조상

삼킨 고세균 세포는 산소 의존 대사기관인 미토콘드리아를 얻었다. 그런데 이러한 고세균 세포 중 일부는 광합성 의존 박테리아도 삼켰고 결국 엽록체도 얻었다. 엽록체는 대기 중 이산화탄소를 이용해 에너지를 생성하는 기관이 되었다. 이렇게 진핵세포는 두 갈래로 갈라졌고, 이 과정을 통해 모든 거시적인 생명 형태(식물, 균류, 동물)가 탄생했다(그림 16.2).

여기서 특별히 눈여겨봐야 할 점은 서로 다른 에너지 생성 방식을 가진 유기체들 사이에 공생이 시작되었다는 점이다. 먼저, 광합성의 부산물로 산소가 배출되기 시작했다. 광합성 의존 유기체가 번식을 시작하면서 그 수가 급격히 늘어나자 대기는 산소로 채워지기 시작했고, 이윽고 산소 의존 유기체가 번성하기에 충분할 정도가 되었다. 결국 미토콘드리아를 가진 세포의 수가 늘어나면서 이들 세포가 내뿜는 이산화탄소의 양도 증가했고, 이는 광합성 의존 유기체의 번성을 촉진했다. 즉 동물과 균류는 식물이 방출한 산소에 의지해 생존할 수 있었고, 식물은 동물과 균류가 방출한 이산화탄소에 의지해 생존할 수 있었다. 타일러 볼크의 계산에 따르면, 산소를 호흡하는 유기체와 광합성을 하는 유기체 사이에서 이산화탄소가 재사용됨에 따라 전 지구적 광합성량은 이산화탄소가 화산과 암석 풍화에 의해 공급될 때에 비해 200배 증가했다.

이 두 종류의 고성능 고세균이 바로 첫 번째 진핵생물이다. 이들은 원생생물계에 속하며, 앞서 언급했듯이 광범위한 단세포 유기체(짚신벌레, 아메바, 조류, 일부 기생충 그리고 그 밖의 다른 단세포 유기체들)가 여기에 포함된다. 하지만 원생생물은 또한 '다세포 집락colony'이라고 하는 단순한 다세포 생물의 조상이기도 하다. 다세포 집락은 단순한 유기체에서 복잡한 유기체로 이행하는 단계에 있는 생명 형태로 여겨지며, 이후에 좀 더 자세히 논의할 예정이다.* 그전에 먼저, 단세포 진핵생물이 원핵세포와 다른 두 가지 차이점에 대해 좀 더 자세히 알아볼 필요가 있다. 진핵생물은 어떻게 크기가 커졌고, 또한 어떻게 유성생식을 시작했을까?

---

* 다세포 유기체의 원생동물 조상을 더 깊이 이해할 수 있도록 도와준 이냐키 루이스-트리요에게 감사의 말을 전한다.

복잡성으로의 이행

크기가 중요하다

원핵생물은 최소한 35억 년 동안 지구상에 존재했음에도 불구하고 결코 복잡하고 맨눈으로 보이는 다세포 개체가 되는 길을 걷지 않았다. 오직 진핵생물만이 이러한 진화 과정을 거쳤다. 그리고 만일 이러한 일이 일어나지 않았다면 지구상의 모든 생명체는 여전히 미생물로 남아 있어 맨눈으로 보면 우리 행성에는 아무것도 살지 않는 것처럼 보였을 것이다. 육안으로 볼 수 있는 생명체가 출현하기 위해서는 진핵세포가 그 크기를 불리는 것이 핵심 단계였다.

20억 년 전 진핵생물이 등장하면서 지구상에 평화는 사라졌다. 그 거대한 몸집 때문에 진핵생물은 최초의 진정한 포식자로 군림했고 원핵생물은 그들의 먹이로 전락했다. 하지만 진핵생물은 다른 진핵생물도 먹었고, 결국 이들 사이에 진화적 군비경쟁(리처드 도킨스가 유행시킨 용어다)이 벌어졌다. 큰 덩치는 먹잇감을 잡는 데 유리할 뿐만 아니라 먹잇감으로 붙잡히지 않는 데도 유리하다. 따라서 자연선택은 진핵생물이 몸집을 점점 더 불려나가도록 했다.

그러면 왜 원핵세포는 더 이상 크기가 커지지 않았을까? 닉 레인이 계산하기로는, 원핵생물은 그들이 가진 유전적 재료만으로도 그 크기를 불리기에 충분했다. 그런데도 왜 원핵생물은 더 크고 더 복잡한 유기체가 되는 데 이 생물학적 자산을 사용할 수 없었을까?

생물학자들은 이에 대한 대답을 여러 개 내놓았는데, 그중에서도 레인이 옹호하는 이론이 가장 설득력 있는 것 같다. 이 이론에 따르면, 유전자당 생산할 수 있는 에너지의 양이 문제였다. 몸집이 커지면 더 많은 에너지가 필요하다. 레인이 계산한 바에 따르면, 진핵생물은 원핵생물에 비해 유전자당 20만 배가 넘는 에너지를 생성할 수 있다. 레인은 진핵생물이 이 풍부한 에너지를 이용해 몸집을 불려나갈 수 있었다고 한다. 반면에 원핵생물은 에너지 공급을 그만큼 끌어올릴 수 없었기에 영원히 미생물로 존재하게 된 것이다. 진핵생물이 어떻게 더 많은 에너지를 생성하고 어떻게 몸집이 더 커질 수 있었는지, 아마 여러분도 쉽게 짐작할 수 있을 것이다. 바로 진핵생물에게는 미토콘드리아가 있기 때문이었다. 미토콘드리아는 산소를 이용해 그 어떤 방식보다 더 효율적으로 에너지를 생성할 수 있다.

대략 20억 년 전쯤 지구 역사상 처음으로 산소의 농도가 급격히 증가하는 일이 벌어졌다. 진핵생물이 등장하기 바로 직전이다. 그리고 앞에서도 언급했듯이, 이것은 적어도 부분적으로는 산소를 방출하는 광합성 원핵생물이 증가한 일의 결과로 생각된다. 산소 농도가 두 번째로 증가한 것은 대략 8억 년 전으로, 그 증가폭은 첫 번째보다 훨씬 더 컸다. 이처럼 산소 농도가 다시 한번 증가한 결과, 더 크고 더 많은 에너지를 필요로 하는 다세포 유기체(동물, 식물, 균류)가 등장할 수 있었다. 산소의 증가는 이들의 분화도 이끌었다.

미토콘드리아가 얼마나 효율적인 에너지 기관인지를 보면 진핵생물이 어떻게 원핵생물보다 더 높은 유전자당 에너지를 생성할 수 있었는지 설명할 수 있다. 비록 산소에 의존해 에너지를 생성하는 원핵생물이 일부 존재하긴 하지만, 그들에게는 충분한 에너지를 만들 수 있는 자기만의 미토콘드리아가 없었고 따라서 몸집을 불릴 수도 없었다. 원핵생물이 그저 작은 크기의 몸집에 만족하고 산다면 에너지 생산 효율이 낮은 것은 크게 문제가 되지 않는다. 실제로 원핵생물은 작은 크기에 머무르기로 했다. 시험삼아 몸집을 더 키운 개체들은 성공적으로 살아남지 못했을 것이다. 세포의 부피를 증가시킨다 해도 그에 수반되는 에너지 수요를 따라가지 못한다면 비극적인 결과만이 기다리고 있을 뿐이다.

비록 큰 덩치가 진핵생물의 생리학적 생존력과 생식력에 긍정적인 기여를 했지만, 여기에 따르는 손실도 있었다. 세포가 커지면 커질수록 더 많은 에너지와 더 안정적인 구조 그리고 더 효율적인 물질 출입 방식이 필요하므로, 큰 세포를 잘 유지하기란 점점 더 어려워졌다. 미토콘드리아가 에너지 문제를 해결했고, 세포골격이 구조 문제를 그리고 수송 단백질이 물질 운반 문제를 해결했다.

박테리아와 고세균의 작은 크기를 안타까워할 필요는 없다. 그들이 생존력에서 눈부신 기록을 세웠다는 사실을 기억하라. 동물 종을 비롯한 많은 커다란 진핵생물이 재앙적인 격변이나 기후 변화를 견디지 못하고 멸종했지만, 박테리아와 고세균은 그 모든 역경을 이겨내고 자그마치 35억 년을 살아남았다. 원핵생물이 살아온 수십억 년의 시간에 비해, 동물 종들은 멸종할 때까지 평균적으로 고작 40만 년 정도 지속되었을 뿐이다.

　존 게르하트John Gerhart와 마크 커슈너Marc Kirschner는 원핵생물이 작은 크기에도 불구하고 성공적으로 살아남을 수 있었던 까닭은 이들이 생화학적으로 분화하기 때문에 구조적 변화를 겪을 필요 없이 환경 변화에 쉽게 적응할 수 있었기 때문이라고 주장했다. 이에 반해 진핵생물은 신체 구조를 빠르고 극적으로 변화시키는 전문가들로, 그 결과 생명은 이토록 다양해질 수 있었다.

성의 혁명

단세포 진핵생물이 '왜' 몸집을 불렸고 원핵생물은 왜 그렇게 하지 못 했는지 설명하는 것과, 이 커다란(하지만 여전히 현미경으로만 보이는) 세포 들이 '어떻게' 전문화된 육안으로 보이는 유기체로 가는 길을 열었는 지 설명하는 것은 전혀 별개의 문제다. 이들 큰 유기체에서 세포들은 날 때부터 서로 달라붙어 의사소통하며, 생존을 위해 서로를 의지하 는 각기 다른 세포 유형, 조직, 기관으로 분화한다. 과연 단세포 진핵 생물들은 어떻게 이러한 유기체로 진화할 수 있었을까? 여기서 핵심 요인은 진핵생물이 자손에게 유전자를 전달하는 획기적인 방법을 개 척했다는 것이다. 바로 유성생식이 그것이다.

원핵생물은 단순한 세포 분열을 통해 무성생식한다는 사실을 떠 올려보자. 각각의 딸세포는 부모로부터 완전한 유전자 세트를 물려받 으므로 무성생식에서는 유전적 다양성이 생기지 않는다. 하지만 유성 생식의 방법으로는 유전적 다양성을 증가시킬 수 있다(그림 18.1).

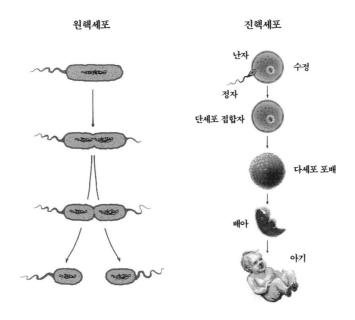

원핵세포   진핵세포

난자   수정

정자

단세포 접합자

다세포 포배

배아

아기

그림 18.1 원핵세포의 무성생식과 진핵세포의 유성생식

　유성생식은 두 종류의 서로 다른 교배형mating type 사이의 상호 작
용을 통해 일어난다. 일반적으로 우리가 '수컷'과 '암컷'이라고 부르는
것들은 성교(또는 교미)가 가능한 두 가지 형태의 신체 특징을 가진 복
잡한 유기체를 지칭하는 말로, 이러한 교미 행위를 통해 수컷의 정자
는 암컷의 난자를 수정시킬 수 있다. 사실 진핵생물들은 그러한 복잡
한 유기체가 생기기 훨씬 이전에도 유성생식을 할 수 있었다. 다시 말
해, 성은 단세포 원생생물에서 시작되었다. 본질적으로 모든 유기체
는 자유롭게 떠돌아다니는 정자 또는 난자였다는 얘기다. 난자와 정
자가 어떻게 출현하게 되었는지에 대해서는 유성생식에 대해 좀 더
자세히 알아본 후 논의하겠다.

성이 어떻게 출현했는지에 대한 전통적 시나리오에서는 진핵생물이 처음에는 그들의 원핵생물 조상들처럼 무성생식을 하다가 어느 날 새로운 번식법을 고안하게 되었다고 설명한다. 이 이론은 일부 원생생물은 유성생식을 하지 않으며, 유성생식을 하는 개체들이라 해도 주된 생식법은 무성생식이라는 기존 증거와 잘 부합한다. 하지만 유성생식에 관한 새로운 유전자 표지에 따르면 진핵생물은 성을 갖출 수 있는 유전적 능력을 보편적으로 보유하고 있으며, 이러한 기능은 LECA 이후에도 계속 존재했다. 특정 원생생물이 유성생식을 한다는 증거가 부족한 이유는 단순히 그토록 작은 생명체에서 성을 관찰하기 어렵기 때문일 수 있다. 물론 어떤 원생생물은 정말로 유성생식을 하지 않는데, 그들의 조상에게는 성 기능이 있었으나 시간이 흐름에 따라 이런 기능을 잃어버린 것일 수도 있다. (유성생식에는 편익만이 아니라 비용도 있다. 특정 생존 조건에서는 유성생식이 유리하기보다는 오히려 골칫거리가 되었을 수도 있다.)

난자와 정자가 만나면, 정자가 난자를 수정시키기 위해 둘은 물리적으로 결합한다. 단세포 진핵생물과 다세포 진핵생물 모두 이 메커니즘에 따라 수정이 일어난다. 정자와 난자가 가진 유전자는 자신의 부모로부터 각각 물려받은 것이므로, 난자가 수정되면 정자의 유전자와 난자의 유전자가 혼합된다. 이렇게 유전자가 뒤섞이는 과정을 '유전자 재조합'이라고 한다. 유전자 재조합의 결과 각각의 자손은 그들 부모와는 다른 고유한 유전자 조합을 가지게 된다. 유전자가 어떻게 조합되는지 그리고 배아 초기 단계에 그것이 어떻게 발현되는지에 따라 자손의 성별이 결정된다. 매번 세대가 지날 때마다 유전자는 또다시 뒤섞이므로, 그 결과 어떠한 두 유기체도 정확히 똑같은 유전자 세트를 가지지 않는다.

인간을 예로 들어 유성생식을 통한 유전의 본성에 대해 좀 더 깊이 알아보자. 정자와 난자는 '배우자配偶子'라고 부른다. 인간의 배우자는 각각 23개의 염색체를 가지며, 두 배우자가 결합하여 생긴 수정란(접합자)은 부모 각각으로부터 23개씩 염색체를 물려받아 총 46개의 염색체를 가진다(유명한 유전자 분석 업체 '23andMe'의 이름이 여기에서 나왔다).

다세포 유기체는 이 접합자 세포로부터 시작된다. 접합자는 두 개의 세포로 분열하는데, 각각의 세포는 그 자신을 복제한 것이므로 46개의 염색체를 모두 물려받는다. 이러한 종류의 세포 분열 과정을 '유사분열'이라고 하는데, 원핵생물에서 일어나는 세포 분열 과정과 상당히 비슷하다. 이렇게 새로 생겨난 세포들은 복제와 분열을 계속 반복한다. 그러다 특정 시점에 화학 신호가 분비되면 세포들은 신체의 다양한 조직과 기관(피부, 심장, 폐, 신장, 근육, 뇌 등)을 구성하는 특정 유형의 세포로 분화되기 시작한다. '체세포'라고 불리는 이 세포들은 신체가 형성되고 장기 및 기관이 발달하는 동안 그것이 있어야 할 위치로 이동한다(그림 18.2).

또 다른 중요한 세포로 생식세포가 있다. 생식세포가 하는 일은 오직 배우자를 형성하는 것뿐이다. 이들 세포는 신체 중에서도 생식 기관이나 생식기로 선택적으로 이동해 개체가 성적으로 성숙할 때까지, 즉 성교를 통해 정자가 난자를 수정시킬 수 있을 때까지 그대로 남아 있는다.

유성생식은 진핵생물에 유전적 다양성을 부여하는 주요 원천이긴 하지만, 돌연변이 또한 적합도를 높이거나 낮춤으로써 유전적 다양성에 유익한 방향으로 혹은 불리한 방향으로 기여할 수 있다. 체세포에

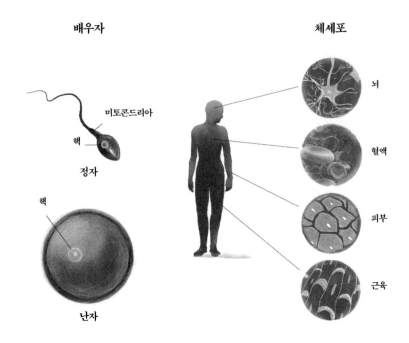

배우자   체세포

미토콘드리아

핵

정자

핵

난자

뇌

혈액

피부

근육

그림 18.2 체세포와 배우자

일어난 변이는 그 개체에만 영향을 줄 뿐 자손에게는 유전되지 않는
다. 그에 반해 생식세포에서 일어난 변이는 부모에서 자손으로 전달
될 수 있다(그림 18.3).

   원핵생물과 마찬가지로, 진핵생물에서도 수평적 유전자 이동이 일
어날 수 있지만 그 정도는 그리 심하지 않다. 유전자 변형 식품GMO이
가진 문제 중 하나는 식품에 주입된 유전자가 사람에게로 전달되어
인간 유전체의 특성을 변화시킬지도 모른다는 우려에서 기인한다.

   그렇다면 성은 왜 생겨났을까? 원핵생물은 수십억 년 동안 무성생
식만 하고도 잘 살아남았는데 말이다. 사실 자연선택이 그동안 수많

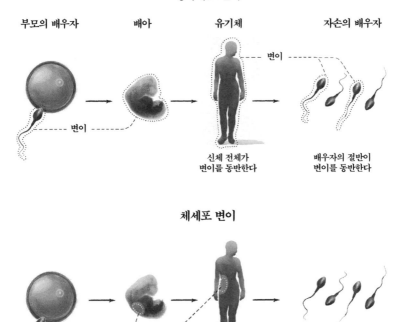

생식세포 변이

부모의 배우자   배아   유기체   자손의 배우자

변이

변이

신체 전체가
변이를 동반한다

배우자의 절반이
변이를 동반한다

체세포 변이

변이

일부 부위만
영향을 받는다

어떠한 배우자도
변이를 동반하지 않는다.

그림 18.3　체세포 변이와 생식세포 변이

은 실험을 해왔다는 것을 생각하면, 성의 출현은 그리 놀라운 일이 아
니다. 하지만 장기적으로 봤을 때 오직 적합도를 높이는 실험만이 개
체군을 안정화시킬 수 있다. 그리고 성의 경우에는 그것이 가진 이득
에 따라 선택되기 위해서 치러야 할 비용이 컸다.

예를 들어, 무성생식은 지속적이며 신속하다(앞에서도 말했듯이, 박테
리아는 시간당 서너 번 분열할 수 있다). 반면에 유성생식은 그리 자주 일어

나지 않으며 훨씬 적은 수의 자손을 남긴다. 이에 대한 설명 중 하나는, 유성생식이 일어나려면 일단 정자와 난자가 서로 만나야 하며, 번식을 할 때마다 이러한 일이 반복되어야 하기 때문이다. 유성생식은 또한 비효율적이다(복잡한 유기체는 매일 수백만 마리의 정자를 생성하지만 대부분이 수정되지 못한다). 많은 에너지를 필요로 하는 일이기도 하다(자손을 생성하는 과정에서 한 쌍의 유전자가 혼합되기 위해서는 복잡한 생물학적 과정이 이루어져야 한다).

그렇다면 유성생식의 이점은 대체 무엇인가? 종의(혹은 그보다 작은 교배군에서도) 생존은 그 집단이 현재 환경에 얼마나 잘 적응하는가는 물론, 환경이 변화했을 때 구성원들이 얼마나 잘 대응하는가에도 달려 있다. 두 유기체의 유전자가 합쳐지면 유전적 변이성도 더 커진다. 유전적 변이성이 더 높은 개체군일수록 새로운 환경에 적합한 유전자를 보유하고 있을 가능성이 더 높아진다. 무성생식하는 유기체에서 유전자는 그것이 좋은 것이든 나쁜 것이든 있는 그대로 자손에게 전달되며, 유전적 변이성은 그 이후에 돌연변이나 수평적 유전자 이동의 방법으로 생긴다. 반면에 유성생식을 하는 유기체는 생식세포에 암호화되어 있는 유전적 변이성이 정자와 난자가 수정되는 과정에서 접합자에 전달되므로 개체군에 더 높은 유전적 변이성을 부여할 수 있다. 이러한 개체군에서는 환경이 변화하는 동안 그 상황에 유용한 형질이 존재할 가능성이 증가하므로 개체군 전체가 더 잘 적응할 수 있다. 예를 들어, 지구가 나날이 뜨거워지고 있는 지금, 극지방의 만년설이 사라지는 상황에 더 잘 대처할 수 있는 형질을 지닌 북극곰은 그렇지 않은 개체보다 살아남을 가능성이 높으며, 생존한 개체군에서 이러한 형질의 빈도수가 증가할 것이다. 게다가 유성생식의 결과로 태어나는 새로운 유기체들은 각각 고유한 유전자 조합을 가지므로, 유전자의 구성은 계속해서 뒤섞이게 된다. 이는 개체의 생존을 위협하는 유해한 돌연변이는 개체군에 자리잡기 전에 퇴출된다는 것을 의미한다. (번식하기 전에 죽은 개체는 개체군의 유전자 풀에 아무런 기여도 하지 못한다.) 이에 반해, 개체가 번식할 수 있을 때까지 오래 살아남게 하는 유익한 돌연변이가 생식세포에 영향을 미치면 이 돌연변이는 자손에게 전달될 수 있으며, 만일 이러한 돌연변이를 지닌 개체가 충분히 늘어난다면 이 형질은 개체군 내에서 고정될 것이다.

우리 인간들에게 성행위는 중요한 심리적 경험과 결부되어 있기 때문에, 우리는 종종 (다른 생존 행동에 대해서도 그런 경향이 있지만) 다른 유기체의 성에 심리적 의미를 부과하곤 한다. 하지만 다른 동물들도 성행위를 할 때 당연히 우리와 같은 심리적 상태가 된다고 여겨서는 안 된다. 원생생물의 성이 심리적 동기에서 시작되지 않았다는 것은 분명하다. 그리고 그러한 심리적 경험을 하는 유기체와 그렇지 않은 유기체 사이에 어디에 선을 그을지 결정하기 위해서는 우리들이 경험하는 감정의 밑바탕에 무엇이 자리잡고 있는지 이해해야 한다. 이 주제에 대해서는 차후에 다시 논의하겠다.

미토콘드리아 이브, 제시 제임스 그리고 성의 기원

성은 진핵생물을 '진핵생물답게' 만드는 가장 근본적인 특성이다. 최초의 진핵생물인 단세포 원생생물도 아주 일찍부터 성을 가지고 있었던 것으로 드러났다. 앞 장에서는 성을 가지는 것이 어떤 면에서 유리한지, 왜 지속될 수 있었는지 살펴봤다. 그러면 이들은 어떻게 성을 획득하게 되었을까? 미토콘드리아는 진핵생물이 원핵생물보다 큰 몸집을 가지게 된 이유뿐만 아니라 어떻게 유성생식을 시작하게 되었는지에 대한 비밀을 풀 열쇠를 쥐고 있다.

진핵생물의 DNA는 대부분 핵 속에 들어 있지만 일부는 미토콘드리아가 가지고 있다. 부모가 가진 핵 DNA는 유성생식 과정 중에 서로 혼합되지만, 미토콘드리아 DNA는 주로 한쪽 부모의 것(보통 어미의 것)만 자손에게 전달된다. 자손은 수컷과 암컷 모두 모체의 난자가 가진 미토콘드리아 DNA를 얻게 되지만, 오직 암컷만이 이 유전자를 자신의 자손에게 물려줄 수 있다. 지금까지 존재했던 여성의 미토콘드

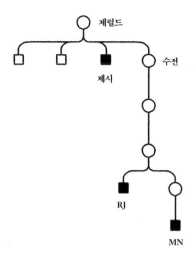

제럴드

제시   수전

RJ

MN

그림 19.1 제시의 여동생 수전의 자손들의 미토콘드리아 DNA로 제시의 유해를 확인했다.

리아 DNA는 모두 최초의 여성 즉 '미토콘드리아 이브Mitochondrial Eve'
로부터 물려받은 것이라고 말하는 이유가 바로 이 때문이다.

미토콘드리아 DNA가 한쪽 부모를 통해 유전된다는 사실을 이용
해 19세기의 악명 높은 은행 강도 제시 제임스가 실제로 그의 묘비가
세워진 무덤에 묻혔다는 사실이 입증되기도 했다. 그동안 그의 죽음
이 조작되었을지도 모른다는 의혹이 제기되어왔다. 진짜 제시 제임스
는 이름을 바꾼 뒤 법망의 추적을 피해 도망쳤고 그의 무덤에 묻힌 시
신은 가짜라는 것이다. 하지만 제시의 누이 수전의 후손들 중 두 명의
남성(검은 사각형)과 여성들(흰 동그라미)의 미토콘드리아 DNA를 제시
의 무덤에서 나온 머리카락과 치아의 DNA와 비교한 결과, 그 무덤은
제시의 것이 맞는 것으로 판명되었다(그림 19.1). 이 기법은 전쟁에서
죽은 군인의 신원을 확인할 때도 사용되고 있다.

미토콘드리아 DNA가 한쪽 부모를 통해서만 유전된다는 사실이 성의 출현과 어떠한 관련이 있는지 이해하기 위해, 박테리아 세포가 고세균 속으로 들어가 미토콘드리아가 된 그 특별한 순간으로 되돌아가 보자. 유전자는 세포의 기능을 모든 측면에서 통제하므로, 자신의 유전자를 온전히 가지고 있는 새로운 유기체가 도입되는 것(근본적으로 수평적 유전자 이동과 마찬가지 상황이라 볼 수 있다)은 숙주 세포에서 생리적 충돌을 야기할 수 있다. 박테리아가 고세균 세포에 침입했을 때도 같은 일이 벌어졌을 수 있다. 이러한 세포 간 충돌은 자유라디칼('세포 스트레스'를 야기하는 화학 물질)의 농도를 증가시키고, 그 결과 DNA 손상 및 돌연변이가 일어날 수 있다. (항산화제가 풍부한 식단이 몸에 좋다고 여겨지는 이유는 이들이 자유라디칼의 해로운 영향을 상쇄하는 것으로 추정되기 때문이다.) 만일 두 세포가 하나의 유기체로 재탄생하는 과정에서 그러한 충돌이 일어났다면 이 새로운 유기체는 박테리아를 전용 에너지 기관으로 활용해 생존하고 번식하며 공생의 조화 속에서 함께 살아가기 어려웠을 것이다. 오직 모체를 통해서만 미토콘드리아 DNA가 전달된다면 자손에게 전달되는 미토콘드리아 유전자도 절반으로 줄어들고, 심각한 생리적 충돌이 발생할 가능성도 줄어들어 두 유전자는 훨씬 평화롭게 공존할 수 있다.

또한 미토콘드리아 DNA는 정자가 난자보다 더 활발히 움직인다는 사실과도 관련이 있다. 활동성을 위해서는 에너지가 필요하다. 그런데 에너지를 만드는 과정에서는 부산물로 자유라디칼이 생성되므로 시간이 흐르면 미토콘드리아 DNA가 손상될 가능성이 있다. 난자는 덜 움직이므로 자유라디칼도 덜 생성된다. 따라서 한쪽 부모를 통해서만 미토콘드리아 DNA가 전달된다면 손상되지 않은 DNA를 물려받을 가능성이 커진다. 이는 두 유전자 사이에 생리적 충돌이 일어날 가능성을 더욱 떨어뜨리며 세포 스트레스도 완화한다.

성은 크고 복잡한 다세포 생물의 삶의 핵심이다. 그런데 유성생식을 하는 진핵세포들 모두가 육안으로 보이는 다세포 유기체로 진화한 것은 아니다. 다세포 유기체로 진화하기 위해서는 무엇이 더 필요했을까?

집락의 시대

살아있는 유기체는 두 가지 범주로 구분될 수 있다. 바로 큰 유기체와 작은 유기체다. 조금 더 전문적인 용어를 사용하자면, 작은 유기체는 단세포 생물이라 부르고 큰 유기체는 다세포 생물이라고 부른다.

누군가가 계산한 바에 따르면 다세포 유기체는 진화의 역사에서 무려 마흔여섯 번 생겨났다고 한다. 하지만 이 숫자는 단세포 유기체가 함께 모여 이른바 '집락colony'을 형성한 경우도 포함하고 있다. 집락은 진정한 다세포 유기체가 아니다. 그것을 이루는 세포들이 하나의 단일한 유기체를 구성한다고 볼 수 없기 때문이다. 하지만 특정 유형의 집락은 진정한 다세포 유기체가 출현하기 위한 발판이 되기도 했다.

집락이란 단세포 유기체가 서로 달라붙어 형성한 집단을 말한다

• 다세포성에 대해 의견을 나눠준 칼 니클라스에게 감사를 전한다.

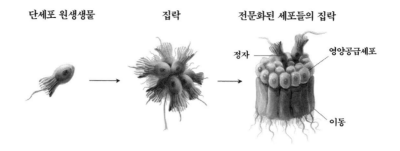

단세포 원생생물　　　집락　　　전문화된 세포들의 집락

정자　　　영양공급세포

이동

그림 20.1 단세포 유기체들이 모여 다세포 집락을 형성한다.

(그림 20.1). 이들은 화학 물질을 분비해 응집 상태를 유지하고(부착 물질) 서로 신호를 주고받는다(신호물질). 2부에서 설명한 박테리아 바이오필름도 원핵생물 집락의 한 예다. 하지만 다세포 생물의 기원을 이해하는 데 더 중요한 것은 진핵생물 집락이다.

여러분도 잘 아는 진핵생물 집락으로는 바닷가의 다시마와 해초 그리고 연못의 녹조 등이 있다. 아메바로 이루어진 점균류(수십억 마리의 아메바로 구성될 때도 있다)도 진핵생물 집락으로, 그 엄청난 크기 때문에 주목을 받고 있다. 텍사스에서 발견된 집락은 가로 길이가 자그마치 12미터가 넘는다. 점균류는 매우 효율적인 경로를 통해 대지를 가로질러 이동하는 불가사의한 능력을 가지고 있다. 고속도로 시스템을 설계하는 엔지니어들은 점균류의 이러한 능력을 이용하기 위해 특수 제작된 미로에 점균류를 놓아두고 이들이 어떻게 움직이는지 관찰하기도 했다.

단세포 유기체는 홀로 돌아다니는 것보다 집단을 이루는 것이 생존에 더 유리하므로 집락을 형성한다. 먼저, 수가 많으면 더 안전하다. 집락은 질량과 밀도가 크고 한 단위로서 움직이기 때문에 포식자로부터 보호를 받을 수 있다. 진핵생물이란 최초의 포식자가 등장하면서, 집락 생활은 특히 단세포 생물이 포식자로부터 스스로를 방어하는 훌륭한 방편이 되었다.

집락 형성의 또 다른 장점은 생존을 위해 해야 하는 잡다한 일들을 세포들끼리 나눠서 할 수 있다는 점이다. 혼자 있을 때 단세포 유기체들은 이동(회피와 접근을 포함해)에서 영양분 처리, 번식까지 모든 일을 홀로 처리해야만 했다(그림 20.1). 하지만 집락에서는 이런 작업을 세포들이 분담해서 진행할 수 있다. 각 세포는 모든 기능을 수행할 수 있는 잠재력을 가지고 있으므로, 이러한 기능 중 일부만 수행하고 다른 기능은 억제하면 특정 기능에 전문화된 세포가 생겨날 수 있다. 이는 각 세포가 서로 다른 기능을 하도록 유전자를 제어하는 화학 물질을 방출함으로써 이루어질 수 있다. 그 결과, 다른 기능은 모두 억제되고 집락 내에서 특정 기능만 수행하는 세포가 발생했다.

집락 생활의 이점은 모든 세포가 협동하고, 결과적으로 모든 세포가 그 혜택을 입을 때만 나타난다. 협동을 가로막는 걸림돌 중 하나는 집락 구성원들의 유전적 다양성으로 인한 생리적 충돌이다. 이탈자가 생기면 집락의 크기가 작아지고 포식자로부터의 방어도 어려워지므로 문제가 된다. 이탈자를 막는 한 가지 방법은 이들을 그냥 빈둥거리게 내버려 두는 것이다. 이 게으름쟁이들은 스스로의 필요를 충족시키기 위해 자원을 얻는 일을 하지 않는다(즉 에너지를 지출하지 않는다). 구성원이 그저 집락을 떠나버림으로써 이탈이 발생할 수도 있다. 환경이 변화하여 집단생활을 하는 것에 더 이상 이점이 없다면 세포들은 집락을 떠나 홀로 살아가게 된다. 집락에서 지내는 동안 전문화된 기능을 얻게 된 세포라 하더라도 말이다. 이들 세포는 살아남기 위한 모든 기능을 갖춘 채 태어났기 때문에, 유전자 발현을 억제하던 다른 세포들이 사라지면 잃어버린 기능은 다시 돌아온다. 그러나 비록 상황이 변화해 집단을 떠나는 것이 더 이득이라고 해도, 이렇게 집락을 떠난 이탈자들은 포식자에게 취약해진다.

그러면 집락과 다세포 유기체의 차이점은 무엇인가? 진정한 다세포 유기체는 그것을 구성하는 세포들이 전체적인 유전적 균질화를 이룸으로써 생리적 충돌과 세포 결함을 최소화한다는 점에서 집락과 차이를 보인다. 또한 다세포 유기체는 노동의 분업을 위해 각 세포를 특정 유형으로 분화시키는 유전 프로그램을 작동시켜, 분화된 세포들이 특정 기능을 가진 조직 및 기관을 형성하도록 한다. 즉 각 조직을 형성하는 세포들은 서로 의존하게 된다. 이들은 유기체 전체에서 분리되면 생존하지 못한다. 이제 개별 세포의 생존은 전체 유기체의 생존에 종속되고, 협동은 의무 사항이 된다.

이런 면에서 집락은 단세포 유기체가 다세포 유기체로 이행하는 과정에 있다고 볼 수 있다. 이들 또한 공동의 생존이란 목표를 위해 서로 응집해 소통하기 때문이다. 하지만 집락에도 두 가지 유형이 있는데, 그중 한 유형만 다세포 생물로 이행할 수 있었다(그림 20.2). 첫 번째 유형의 집락은 유전적으로 불균질적인 개별 세포들의 집합으로, 서로 다른 세포들이 세포 분열한 결과로 생긴 세포들이 어느 시점에 서로 응집된 것이다. 이에 반해 클론형 집락은 유전적으로 동일한 세포(클론)로 구성된다. 이 세포들은 모두 하나의 모세포로부터 나왔으며, 세포 분열 후 (개별적으로 지내기보다는) 서로 달라붙은 채 집락을 구성하게 되었다. 클론형 집락의 구성원들은 유전적으로 서로 비슷하기 때문에 생리적 갈등이나 세포 결함이 최소화된다.

응집형 집락

모세포 및 유전자가
서로 다른 단세포
유기체들

집락

클론형 집락

모세포가 같은
딸세포들끼리 서로
뭉쳐 있다

융합된 세포들의
세포 분열의 결과로
집락이 형성된다

그림 20.2 응집형 집락과 클론형 집락

칼 니클라스에 따르면, 진정한 다세포 유기체가 된 세 집단─식
물, 균류, 동물─은 그들 각각의 단세포 원생생물 조상들로 구성된 클
론형 집락의 단계를 거쳐왔다. 이 세 집단이 집락에서 다세포 유기체
로 도약하기까지는 두 단계의 자연선택을 더 거쳐야 했다. 바로 다음
장에서 이야기할 주제다.

두 단계의 선택 과정

이 책을 쓰기 이전에는 한 번도 궁금해한 적이 없던 사실이 하나 있다. 바로 왜 복잡한 유기체에는 오직 세 가지 형태밖에 없는지다(그중 하나는 균류로, 그들은 식료품 가게에서조차 그들만의 자리를 얻지 못했다). 식물과 균류, 동물은 구체적으로 어떻게 단세포 생물에서 다세포 유기체로 도약할 수 있었을까?●

다세포 생물이 되기 위한 두 가지 핵심 요건은 세포들끼리의 부착 그리고 세포 사이의 소통이다. 단세포 유기체도 이런 능력을 가지고 있었는데(집락을 형성해 하나의 단위로 기능할 수 있었다), 왜 집락이 다세포 유기체가 되는 일은 드물게 일어났을까? 칼 니클라스에 따르면, 대부분의 집락은 개별 세포들이 이탈하지 않도록(혹은 못하도록) 세포들 사이의 협동 관계를 유지하는 데 실패했고 바로 그것이 결정적 요인이

● 다세포성의 진화와 적합도 정렬 및 위임에 대해 유용한 조언을 해준 칼 니클라스에게 감사의 말을 전한다.

었다고 한다.

니클라스를 포함한 여러 연구자들은 단세포 유기체에서 진정한 다세포 유기체로의 이행이 일어나기 위해서는 두 단계의 진화 과정이 일어나야 했다고 말한다. 첫 번째 단계는 '적합도 정렬alignment-of-fitness' 단계로, 구성 세포들이 비슷한 유전적 특성을 가지게 함으로써 그들 사이의 충돌을 완화하고 협력을 강화하는 것이다. 적합도 정렬을 위해서는 '단세포 병목unicellular bottleneck'을 통과해야 한다. 이것은 다세포 유기체가 하나의 세포로부터 시작되었다는 것을 의미한다. 즉 이 하나의 세포로부터 다른 모든 세포가 생성되어야 하는 것이다. 동물의 기원이 된 세포는 두 부모로부터 유전자를 물려받은 수정란 즉 접합자였을 것이다. 클론형 군집은 하나의 모세포로부터 생성된 세포들로 구성되었으므로 이들은 단세포 병목을 통과할 수 있었고, 이제 다세포 유기체가 되기 위한 길을 절반쯤 지났다. 하지만 정말로 다세포 유기체가 되기 위해서는 두 번째 단계인 '적합도 위임export-of-fitness' 단계를 무사히 통과해야 한다.

적합도 위임 단계는 다세포 유기체가 되고자 하는 개체들에게는 상당한 고비다. 세포들로 하여금 서로 의지할 것을 요구하기 때문이다. 세포들은 생리적 갈등을 최소화하고 높은 수준의 협동을 달성함으로써 삶의 문제를 함께 해결해가야 한다. 이런 일이 일어나기 위해서는 개별 세포들의 적합도가 전체 유기체로 양도되어야 한다. 리처드 미초드Richard Michod의 표현을 빌리자면, "다세포 유기체로의 전이가 이루어지기 전에는 독립적으로 복제할 수 있던 개체들이, 전이가 이루어진 후에는 더 큰 개체의 부분으로서만 복제가 가능하다." 다시 말해, 적합도 위임은 개별 구성 세포들이 아니라 그 유기체 자체가 복제의 단위가 될 때 일어난다. 적합도 위임이 일어나면 서로 다른 기능을 수행하는 세포들 사이에 지속적인 상호의존성이 형성된다. 따라서 특정 기능을 수행하는 세포가 생존하기 위해서는 다른 기능을 수행하는 세포에 의존하게 된다. 집락에서는 그것을 구성하는 모든 세포가 잠재적으로 모든 기능을 수행할 수 있었던 반면, 진정한 다세포 유기체에서는 기능이 유전체 안에 프로그램되어 있다. 따라서 다세포 유기체에서는 이탈자가 생길 수 없다. 살기 위해서는 모든 세포가 서로를 의지해야 하며, 혼자서는 생존할 수 없기 때문이다. 이 모든 것은 진핵생물의 유성생식, 즉 정자에 의해 수정된 난자가 양 부모의 특성을 모두 가지는 새로운 다세포 유기체가 되는 방식에서 비롯된다.

다세포 유기체를 이루는 세포들이 다세포 집락에 비해 더 전문화된 기능을 가지게 된 것은 유성생식의 결과다. 앞에서 우리는 정자나 난자를 구성하는 생식세포가 나머지 신체를 구성하는 체세포와 어떤 차이점이 있는지 살펴봤다.

생식세포와 체세포가 서로 다를 뿐만 아니라 신체 내에서도 분리되어 있다는 사실은 다윈의 핵심 이론 중 하나와 잘 맞지 않는다. 다윈은 부모로부터 자손에게로 유전이 일어날 때 '제뮬gemmule' 또는 '점germ'이라는 작은 알갱이가 전달된다고 설명했다. 제뮬은 신체 각 부위에 있는 세포들로부터 유래한 것으로, 생식기에 모여 있다가 유성생식이 일어나는 동안 혼합된다. 제뮬이란 개념은 다윈이 어느 정도는 장 바티스트 라마르크Jean-Baptiste Lamarck의 이론을 수용했음을 시사한다. 라마르크는 각 개체가 살아가는 동안 얻은 형질이 그 후손에게 유전될 수 있다고 주장했다. 아우구스트 바이스만August Weismann은 라마르크의 이론에 이의를 제기하며, 생애 초기에 신체를 형성하는 세포와 나중에 유성생식을 통해 자손에게 형질을 물려줄 때 이용되는 세포는 서로 다르다는 이론을 제시했다. 바이스만의 개념에 따르면, 체세포가 학습이나 돌연변이를 통해 획득하는 형질은 유전되지 않는다. 오직 생식세포를 통해서만 세대 간에 유전정보가 전달되기 때문이다.

다윈과 바이스만은 둘 다 DNA의 존재를 몰랐지만, 그래도 바이스만은 올바른 길을 가고 있었다. 실제로 바이스만의 이론은 현재도 널리 수용되고 있다. 완전히 옳은 것은 아니지만 말이다. 예를 들어, 최근 연구에 따르면 아버지가 약물이나 스트레스에 과도하게 노출되면 그 자녀들 또한 약물 중독이나 기분불안장애에 취약해지는 경향이 있다고 한다. 이 과정은 분명 아버지에게서 나온 정자 세포의 유전자가 변했을 때 일어나는 일이다. 유전자에 대한 이러한 환경적 영향을 보통 '후성유전학적epigenetic 영향'이라고 칭한다. 라마르크가 완전히 틀린 것은 아닐지도 모른다.

하지만 대표적인 후성유전학자 중 한 사람인 에릭 네슬러에 따르면 유전적 영향과는 대조적으로, 행동이 후성학적으로 얼마나 유전될 수 있을지는 알 수 없다고 한다. 수정란에서 양 부모의 유전자가 혼합되고 배아기를 거쳐 마침내 출생해 뇌의 수십억 개의 뉴런에 배선되기까지의 과정에서 후성학적 유전정보가 어떻게 보존될 수 있는지는 불분명하다. 이 과정을 설명하기 위해 네슬러는 '유전적 각인genetic imprinting'이라는 시나리오를 제안했다. 유전적 각인 모델에 따르면 부모로부터 받은 유전자의 사본 하나는 영구히 억제되어 작동에 제약을 받도록 설정된다. 예컨대 네슬러는 다음과 같이 말했다. "만성 스트레스는 정자 세포와 관련된 특정 마이크로RNA의 수준을 증가시켜 수정된 접합자에서 유전자 발현에 영향을 미칠 수도 있다. 하지만 하나의 접합자 세포에서 변경된 유전자 발현이 어떻게 특정 뇌회로에서 변경된 유전자 발현으로 이어지는지는 전혀 알려진 바가 없다.*

논의가 갑자기 생식세포와 체세포로 흘러간 데에는 이유가 있다. 미초드에 따르면, 다세포 유기체가 적합도 위임에 성공한 것은 생식세포와 비생식세포(체세포) 사이의 지속적인 노동 분업에 의해서였다. 생식세포는 체세포와 물리적으로 구분될 뿐만 아니라 해부학적으로도 격리되어 있으므로, 그에 따라 생식 기능은 다른 신체 기능과 강제적이고 비가역적으로 분리된다. 이러한 노동 분업으로 말미암아 각 개체는 유기체의 더 큰 선을 위해 자신의 요구를 희생한다. 예를 들어, 성이 진화하기 이전에는 모든 세포가 자신을 복제하는 능력을 가지고 있었다. 하지만 세포로부터 유기체로 적합도 위임이 일어나면 체세포는 협동적 상호의존성을 얻는 대신, 자신의 생식권을 영원히 포기해야 한다.

유기체의 요구가 그 세포들의 요구를 능가하는 일이 어떻게 가능했을까? 이 과정에서 유성생식은 정확히 어떤 역할을 했을까? 니콜라스 버터필드Nicholas Butterfield는 무성생식으로는 이탈자를 막기에 역부족이었지만, 유성생식은 이 '체세포 기생충'을 성공적으로 제거할 수 있었다고 말한다. 게다가 유성생식에서는 유해한 체세포가 나타나더라도 이들이 집단에 고정되기 이전에 제거할 수 있다. 어떻게 이런 일이 일어날 수 있냐면, 유해한 유전적 변이를 가진 개체는 번식을 하기도 전에 죽어버리기 때문이다. 또한 유성생식에서 자손에게 전달되는 유전자는 서로 다른 두 유기체에서 온 유전자가 재정렬된 고유한 유

• 후성유전학에 대해 조언해준 에릭 네슬러에게 감사의 말을 전한다. 이 인용문은 2018년 9월 7일에 에릭에게 받은 이메일을 인용한 것이다.

전자로, 이런 일이 세대에 걸쳐 반복되면 유전자는 고루 잘 섞이게 되고 그중에 설령 유해한 유전자가 있다 해도 그 효과가 줄어든다. 마지막으로, 유기체가 성적으로 성숙하기 전에는 난자의 활동성이 낮으므로 에너지 사용이 높은 다른 세포(예를 들어 정자)에 비해 자유라디칼에 의해 미토콘드리아에 유전적 변이가 일어날 가능성이 낮아진다는 사실을 기억하자. 이 모든 요소가 종합된 결과, 유성생식하는 다세포 유기체에서 일어난 자연선택은 그 유기체를 구성하는 세포보다는 유기체 그 자체를 더 선호하게 된다.

미초드는 우리에게 큰 그림을 보여준다. 체세포 분열은 유기체의 생존에 필수적이지만(우리의 신체 조직은 일생 동안 여러 번 새로운 세포들로 교체된다), 유기체가 자손에게 유전자를 물려주는 과정에는 관여하지 않는다. 이에 반해, 생식세포는 번식(자손에게 유전자를 전달하는 일)에 필요한 배우자 세포를 생성하지만, 신체가 생존을 위해 벌이는 활동에는 거의 기여하지 않는다.

요약하면, 다세포 유기체가 일생 동안 세포들 사이의 협동을 유지하는 문제는 두 단계의 선택 과정을 거침으로써 해결할 수 있었다. 첫 번째 단계는 단세포 병목을 통해 유기체의 유전적 균질성을 확보하고 생리적 충돌을 최소화함으로써 유기체를 떠나는 이탈자나 무임승차자를 최소화하는 것이다. 이를 적합도 정렬 단계라고 한다. 이때 다세포 유기체를 구성하는 세포들은 기능이 다른 특정 조직에 속하며, 개별 세포의 생존은 물론 유기체 전체의 생존은 이러한 조직들 사이의 노동 분업에 의존한다. 예를 들어, 심장 근육을 이루는 심장 세포는 심장이 혈액을 내보내도록 하는 역할을 한다. 혈액 그리고 혈액이 흐르는 동맥 또한 제각각 다른 고유한 세포들로 이루어졌다. 혈액은 여러 신체 조직에 산소를 공급하는데, 그 세포들 각각에 있는 미토콘드리아는 산소를 이용해 에너지를 생성한다. 산소는 폐 조직 세포에 의해 여과된 공기로부터 나오며, 소화 기관의 세포들이 음식을 분해하여 얻은 포도당과 함께 사용된다. 이런 세포들 중 어느 하나라도 유기체에서 떨어져 나온다면, 이 세포는 다른 조직의 세포들로부터 어떠한 도움도 받지 못한 채 죽어버릴 것이다. 그리고 신체 기관 중 하나가 고장나면 다른 기관도 함께 고통을 겪게 된다.

편모로 헤엄쳐 좁은 문을 통과하다

진정한 다세포성을 이룬 세 그룹의 유기체 중 우리가 가장 관심을 가지는 집단은 단연 동물이다. 대략 8억 년 전 아직 완벽한 형태는 아니지만 미숙한 상태로나마 처음 동물이 출현한 것으로 보인다. 동물이 어떻게 출현했는지 설명하는 주류 이론은 '편모충 집락 가설'이다. 이 가설은 19세기에 에른스트 헤켈이 처음 제안한 것인데, 증거가 충분치 않아 학계의 신용을 받지는 못했다. 하지만 최근에 진행된 연구 결과는 헤켈의 근본 개념을 강력히 지지하는 것으로 나타났다.

식물과 균류, 동물은 각각 원생생물 조상을 가진다(그림 22.1). 동물의 원생생물 조상은 지금은 멸종한 원시 원생동물로, 이들의 후손으로 여겨지는 현존하는 원생동물이 있는데 바로 깃편모충류 choanoflagellate다. 다시 말해, 동물과 깃편모충류는 공통 조상을 공유하므로 자매계통으로 볼 수 있다. 우리는 오늘날 두 집단이 공유하는 형질을 조사함으로써 이들의 공통 조상이 어떤 특성을 가졌는지 밝히는

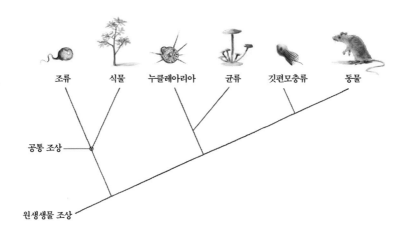

그림 22.1 식물, 균류, 동물의 원생동물 사촌

중요한 단서를 얻고, 나아가 동물의 오랜 역사를 추적해볼 수 있다.

깃편모충류의 이름은 유영 운동을 촉진하기 위해 사용하는 꼬리인 '편모'에서 나왔다(그림 22.2). 편모 운동에는 물결 모양으로 헤엄쳐 가는 파동 운동이 포함된다. 이와는 대조적으로, 일부 다른 진핵생물들은 '섬모cilia'라는 꼬리를 가지는데, 섬모는 편모보다 짧고 그 수도 많으며 파동 운동 대신 회전 운동을 한다. 편모는 원생생물이 동물로 이행하는 과정에서 중요한 위치를 차지한다. 섬모 또한 초기 동물의 신경계 진화에서 핵심적인 역할을 하는데, 이에 대해서는 나중에 더 살펴볼 것이다.

깃편모충류는 박테리아를 먹고 사는 포식자다. 박테리아 또한 편모를 이용해 움직일 수 있지만 깃편모충류는 편모의 움직임을 제어하는 데 박테리아보다 훨씬 능하다. 박테리아의 편모는 고정된 방향으로만 회전하므로, (영양분 쪽으로) 접근하거나 (위험으로부터) 후퇴하기 위

그림 22.2 깃편모충류: 동물의 가장 가까운 단세포 생물 사촌

해서는 무작위적인 움직임을 통해 방향을 조정해야 한다. 반면에 깃편모충류는 전기신호를 생성해 편모를 고동치듯 움직임으로써 이동 방향을 조정할 수 있다.

편모는 관다발로 이루어진 깃에 의해 세포체와 연결되어 있다. 깃편모충류는 편모의 움직임을 통해 물살을 일으키고, 이 물살에 끌려온 박테리아를 자신의 깃 속에 옭아맨다. 깃에 갇힌 박테리아는 곧 세포 속으로 흡수된다. 여기서 깃의 중요성을 짚고 넘어갈 필요가 있다. 나중에 다시 이야기하겠지만, 깃은 최초의 동물 즉 해면류와 깃편모충류 사이의 연결고리다.

니콜 킹Nicole King과 동료들은 깃편모충류의 생식을 생물학적·행동학적 측면에서 연구해, 깃편모충류가 유성생식과 무성생식을 모두 이용해 번식한다는 사실을 밝혀냈다. 깃편모충류는 보통 때는 무성생식을 하지만 특수한 상황에서는 유성생식도 한다. 예를 들어 먹이 공급이 부족해 세포의 생존이 위협을 받는 경우, 깃편모충류는 무성생식을 통해 일반적인 크기보다 크거나 작은 자손들을 만든다. 이 자손들은 배우자 즉 생식세포가 되는데, 큰 세포는 난자, 작은 세포는 정자가 된다. 정자와 난자가 만나서 결합하고 난자가 수정되면 그 자손은 양쪽 부모 모두에게서 유전자를 받는다. 박테리아 기생충에 감염되었을 때도 유성생식이 유발될 수 있다.

깃편모충류의 중요성을 이해하기 위해서는 그들에게 집락을 형성하는 성향이 있음을 알아야 한다. 예를 들어, 깃편모충류 중 '살핀고이카 로제타Salpingoeca rosetta' 종에 속하는 것들은 하나의 모세포가 세포 분열한 결과로 생겨난 세포들이 모여 클론형 집락을 형성한다. 앞에서도 논의했듯이, 클론형 집락은 유전적으로 균질한 세포들로 구성되므로 세포와 세포 사이의 충돌을 완화하고 이탈자를 최소화함으로써 다세포 생물의 출현을 가능하게 한다. 다른 집락도 마찬가지지만, 클론형 집락에서 인접한 세포들은 화학 물질에 의해 서로 달라붙게 되는데, 그러면 두 세포 사이에 신호물질을 주고받을 수 있는 분자 다리가 형성되어 세포들끼리 서로 소통할 수 있게 된다. 예전에는 오직 동물만이 이러한 화학접착물질이나 신호물질을 가지는 것으로 여겨졌다. 그러나 한때 동물에서만 발견된다고 여겨지던 유전자나 화학 물질이 깃편모충류에서도 발견되었다는 사실은 깃편모충류와 동물이 서로 연결되어 있음을 입증하는 강력한 증거로 볼 수 있다.

깃편모충류가 형성하는 집락 중 가장 단순한 형태는 세포들이 구의 형태로 뭉친 것이다. 좀 더 복잡한 구조로, 속이 빈 구 주위에 고리 모양의 집락이 형성되기도 한다. 이때 편모충의 편모는 바깥쪽으로 펼쳐져 있는데, 영양분을 발견하거나 해로운 물질을 만나 집락이 이동해야 하는 상황이 되면 세포체는 구 내부로 화학 물질을 방출해 편모가 다같이 조화를 이루며 파동 운동을 일으키게 하고, 그 결과 집락을 원하는 방향으로 이동시킬 수 있다. 집락을 구성하는 세포 중 일부가 영양분을 획득하면 이 영양분은 분자 다리를 통해 인접한 세포들에게 화학적으로 전달된다.

이러한 단순한 집락이 가지는 한 가지 문제점은, 세포들이 먹이 획득과 세포 분열을 동시에 할 수 없다는 것이다. 이 유기체들이 박테리아를 먹고 사는 포식자인 한, 생존을 위해서는 열심히 먹이를 찾아다녀야 한다. 이러한 갈등을 극복하기 위해 이들이 찾은 해답이 바로 세포 전문화다. 유전자 발현을 조절함으로써 먹이 공급과 이동의 업무는 다른 세포들에게 넘겨주고 스스로는 오직 번식에만 몰두하는 세포가 생겨난 것이다. 앞에서 설명했듯이 특정 상황에서는 유성생식이 선호되며, 세포 분열을 통해 난자 또는 정자가 될 수 있는 세포를 만든다. 먼저, 난자들이 구 내부로 들어간다. 그러면 정자들도 구 속으로 헤엄쳐 들어가 난자를 만나 수정시킨다. 그 결과로 자손들이 태어나면 이들은 구 밖으로 나와 집락의 일부가 되어 일상적인 기능을 수행한다.

다세포 집락은 세포 간 부착, 세포 간 소통, 유전자 발현의 조절을 통한 노동 분업 등 다세포 유기체의 기본적인 특성을 가지고 있다. 그 중에서도 깃편모충류 등이 형성하는 클론형 집락은 유전적 균일성도 가지고 있어 생리적 충돌을 완화하고 세포 이탈을 최소화할 수 있다. 이러한 클론형 집락은 다세포 유기체가 되기 위한 첫 번째 관문(적합도 정렬)은 통과했지만, 아직 두 번째 관문(적합도 위임)이 남아 있다. 이들은 다세포 유기체가 그런 것처럼, 서로 다른 기능을 수행하는 세포들 사이에 지속적인 상호의존성을 구축하는 한편 생존과 번식을 유기체에 위임하는 수준에는 아직 이르지 못했다. 유성생식을 이용해 수컷과 암컷 자손을 만드는 단계까지는 왔지만, 그 결과로 태어난 자손들도 여타 깃편모충류 세포와 다를 바 없이 집락의 일부를 구성하는 세포 하나에 지나지 않는다. 물론 복잡한 다세포 유기체가 유성생식을 통해 낳은 자손도 처음에는 그저 하나의 세포에 불과했다. 하지만 이 세포는 특별한 '유형'의 세포였다. 그 세포는 온전한 다세포 유기체를 만들어낼 수 있는 유전적 장치는 물론 그에 필요한 모든 부속품을 가지고 있었다.

칼 니클라스는 진정한 다세포 유기체의 진화는 한 걸음 한 걸음씩 천천히 진행되었다고 말한다. 원생동물에서 완전한 동물까지 단 한 번의 도약으로 껑충 뛰어오를 수는 없다. 동물의 진화와 관련해, 깃편모충류에 대해 주목해야 할 점이 하나 더 있다. 동물의 가장 소중한 자산인 뉴런과 신경계의 생리적·유전적·분자적 기반이 깃편모충류에서도 발견된다는 점이다. 원시 깃편모충류가 편모 운동을 제어하기 위해 전기신호를 사용하는 방식은 동물의 근육 수축과 유사하다. 또한 깃편모충류는 세포들끼리 소통하는 데도 전기신호를 사용했는데, 이것은 동물 뉴런이 가지는 핵심 특성이기도 하다. 게다가 깃편모충류는 특정 단백질을 생성하도록 지시하는 유전자를 가지고 있는데, 이 단백질은 동물이 시냅스를 형성하기 위해 사용하는 것으로 뉴런 간 소통을 위한 핵심 물질이다. 최초의 동물은 그들이 깃편모충류와 공유하는 공통 조상으로부터 이러한 형질을 물려받았을 것이다. 아마도 최초의 동물일 것으로 추정되는 해면류는 이렇게 물려받은 형질들을 이어 맞춰 신경계를 구성하기엔 아직 역부족이었다. 하지만 이들은 신경계의 재료가 될 수 있는 형질들을 모두 보유하고 있었고, 따라서 그 후손들이 최초의 신경계를 마련하기 위한 길을 열어줄 수 있었다.

……그리고 동물은 뉴런을 발명했다

동물이란 무엇인가?

동물계의 정식 명칭은 '후생동물Metazoa('동물에 관하여'라는 뜻이다)'이다. 동물은 다른 두 다세포 생물계와 구별하는 생물학적 차이를 통해 정의된다. 다시 말해, 동물이란 식물이나 균류가 아닌 다세포 유기체를 말한다. 앞 장에서도 언급했듯이, 이 다세포 유기체들은 각각 서로 다른 단세포 원생생물 조상들로부터 진화했다. 이들은 서로 조금씩 다른 방식으로 살아남았고 서로 조금씩 다른 유전자를 후손에게 물려주었다. 이 유전자들은 생존과 번식 문제에 저마다 다른 해결책을 가지는 독특한 개체들을 탄생시켰다. 제각각 고유한 진화 경로를 거치는 동안 이들은 서로 점점 달라져 결국 세 종류의 다세포 유기체로 분리된다. 이들은 특히 세 가지 측면에서 서로 다르다.

첫 번째는 에너지를 관리하는 방법이다. 앞에서도 보았듯이, 동물은 식물이나 균류 혹은 다른 동물 등 다른 유기체를 잡아먹고 소화시킴으로써 에너지를 얻는 반면, 균류는 다른 유기체를 체외에서 소화시킨 뒤 소화된 산물을 흡수한다. 식물은 거의 대부분의 일을 혼자서 해결한다. 다른 유기체를 잡아먹거나 흡수하는 대신 광합성을 통해 직접 에너지를 생산하는 것이다. 두 번째 중요한 차이점은 동물은 자신이 원하는 대로 움직일 수 있다는 것이다. 동물은 자신이 갈 수 있는 모든 곳을 누비고 다닌다. 그에 따라 많은 동물은 급격한 환경 변화에도 충분히 대응할 수 있었다. 이동 능력은 특히 움직이는 동물을 잡아먹을 때 유용할 뿐만 아니라, 그 자신이 포식자로부터 도망칠 때도 유용하다. 이로부터 동물 진화의 많은 부분이 포식자와 먹잇감 사이의 상호 작용으로부터 추진되었음을 쉽게 짐작할 수 있을 것이다. 동물의 빠르고 정확한 움직임은 세 번째 차이점으로 이어졌다. 오직 동물만이 신경계와 근육을 진화시킴으로써 가능한 행동방식의 수를 크게 늘렸다.

원생동물에서 동물이 출현하기까지의 진화 경로를 그림 23.1에 나타냈다. 세포의 수가 많아지면 필요한 에너지의 양도 늘어난다. 여기에는 산소도 필요하다. 흥미롭게도, 대기 중 산소 농도가 급격히 증가한 사건과 동물에 대한 가장 오래된 증거의 연대가 모두 대략 8억 년 전으로 서로 일치한다.

그렇다면 최초의 동물은 어떤 생물체였을까? '원생동물protozoa'이라는 이름은 문자 그대로 최초의 동물을 뜻한다. 하지만 이 이름은 다세포성의 관점에서 동물을 정의하기 훨씬 이전에 붙여진 것이다. 현재 일반적으로 수용되는 견해는 해면동물문Porifera에 속하는 해면류가 최초의 동물이라는 것이며, 이 책 또한 이 견해를 따를 것이다. 해면류로 보이는 가장 오래된 화석은 대략 6억 5000만 년 전으로 거슬러 올라가지만, 유전학적 증거에 따르면 이들이 출현한 시기는 그보

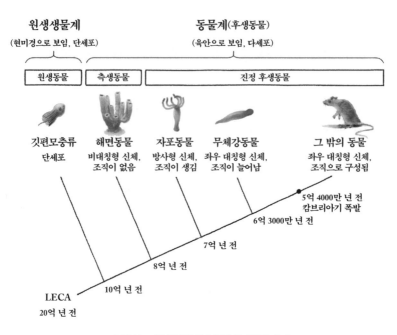

원생동물	측생동물	진정 후생동물

깃편모충류
단세포

해면동물
비대칭형 신체,
조직이 없음

자포동물
방사형 신체,
조직이 생김

무체강동물
좌우 대칭형 신체,
조직이 늘어남

그 밖의 동물
좌우 대칭형 신체,
조직으로 구성됨

5억 4000만 년 전
캄브리아기 폭발

6억 3000만 년 전

7억 년 전

8억 년 전

10억 년 전

LECA
20억 년 전

그림 23.1 원생동물에서 동물(후생동물)까지

다 훨씬 이전인 대략 8억 년 전인 것으로 나타났다. 1억 5000만 년 동안의 화석 증거가 부재한 데는 두 가지 요인이 작용했다. 그중 하나는 당시의 지질 조건 및 기상 조건이 화석을 형성하기에 그다지 적절하지 않았다는 것이다. 하지만 더 적절한 조건이 갖추어졌다 해도 해면류의 몸은 화석이 되기엔 너무 연질이라 화석이 많이 나오진 않았을 것이다.

해면류는 다세포 생물이긴 하지만 조직을 갖고 있지 않으므로 처음 한동안은 동물계의 일원으로 여겨지지 않았고, 원생동물과 진정한 동물 사이 중간쯤에 위치하는 것으로 여겨졌다. 그러나 오직 동물에서만 발견되는 유전자가 해면류에서도 발견됨에 따라 이들도 후생동

表 23.1 **동물(후생동물)의 아계**

측생동물	후생동물의 아계로서 세포가 많지 않으며 최소한의 조직만 가진다. 중요한 문으로는 해면동물문(해면류)이 있다.
진정 후생동물	세포 분화를 통해 조직, 기관, 체계를 형성하는 동물로 구성된 아계다. 해면류가 아닌 대부분의 동물이 진정 후생동물이다. 여기에는 방사대칭동물(히드라나 해파리 등의 자포동물, 빗해파리 등의 유즐동물)과 좌우 대칭 동물(그 밖의 모든 무척추동물과 모든 척추동물)이 포함된다.

물로서의 입지를 확고히 다질 수 있었다. 그럼에도 불구하고 해면류는 조직이 없기 때문에 여전히 원생동물과 진정한 동물의 중간 단계로 여겨지고 있다. 다음 장에서 계속 살펴보겠지만, 이런 이유로 해면류는 단세포 원생동물과 나머지 동물계를 잇는 핵심 연결고리로 간주된다.

해면류는 후생동물의 아계인 측생동물Parazoa(이름 그대로 '동물의 옆'이란 뜻이다)에 속하며, 측생동물에는 해면류 외에 오직 하나의 군만 더 포함되어 있는데 바로 판형동물Placazoa이다. 판형동물도 해면류처럼 조직이 없는 다세포 동물이다. 오늘날 해면류에는 수많은 아종이 존재하지만, 판형동물에는 오직 '털납작벌레Trichoprax'만이 현존하는 것으로 알려져 있다.

후생동물 중 조직을 가지고 있어 기관과 체계를 형성할 수 있는 모든 동물은 진정 후생동물Eumetazoa('진짜 동물')에 속한다(표 23.1). 진정 후생동물 중 가장 먼저 나타난 두 종류의 문은 유즐동물문Ctenophora(빗해파리)과 자포동물문Cnidaria(히드라, 해파리, 말미잘, 산호)이다. 측생동물은 유즐동물 및 자포동물과 더불어 동물의 생명의 나무 가장 밑부분에 위치하는 기초 후생동물군basal metazoan으로 여겨진다(그림 23.2).

① 해파리　　② 히드라　　③ 빗해파리　　④ 해면류　　⑤ 말미잘

그림 23.2 기초 후생동물

앞에서도 언급했듯이, 일반적으로 해면류는 최초의 동물로 받아들여지고 있다. 유즐동물과 해면류 중에서 무엇이 먼저 나타났는지에 대해서는 상당한 논란이 있었지만(그림 23.3) 해면류가 먼저 나타났다는 견해가 더 널리 받아들여지고 있으므로 여기서도 우리는 이 견해가 옳다고 가정할 것이다.*

기초 후생동물은 지난 5억 년 동안 크게 변하지 않았다고 한다. 하

---

* 해면류가 먼저 출현했다는 시나리오에 따르면, 해면류는 원생생물 조상으로부터 분기했으며 유즐동물과 자포동물은 각각 해면류로부터 진화한 자매군이다. 반면에 유즐동물이 먼저 출현했다는 시나리오에서는 유즐동물과 해면류는 원생생물 조상으로부터 각각 분리되어 분기했으며, 자포동물은 다른 모든 동물과 자매군이다. 하지만 유즐동물은 신경계를 가지므로, 이 시나리오에 따르면 해면류는 어느 시점에 신경계를 잃어버렸어야 하며, 해면류로부터 진화한 자포동물은 신경계를 되찾아야만 했을 것이다. 형질을 잃어버렸다가 되찾는 일은 진화사에서 종종 일어나는 일이므로, 이것이 유즐동물이 먼저 출현했다는 가설을 폐기해야 할 근거는 되지 않는다.

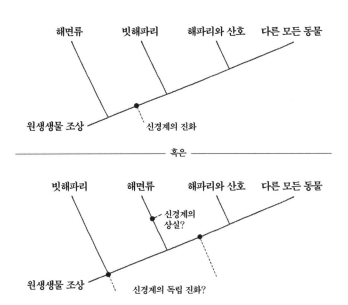

해면류　　　빗해파리　　　해파리와 산호　　다른 모든 동물

원생생물 조상　　　　　　신경계의 진화

─────────── 혹은 ───────────

빗해파리　　　해면류　　　해파리와 산호　　다른 모든 동물

신경계의
상실?

원생생물 조상　　　신경계의 독립 진화?

그림 23.3 기초 후생동물과 신경계의 기원에 대한 두 가지 시나리오

지만 이들이 다양한 동물군으로 처음 분기된 이후 지금처럼 상당히 견실한 '체제body plan'를 구축하고 안정화되기까지 꽤나 많은 실험이 수행되었을 것으로 짐작된다. 이런 이유로, 원시 후생동물의 진화사 연구의 수장인 앨런 콜린스Allen Collins는 오늘날의 해면류 및 해파리는 비록 그들의 멸종한 조상과 밀접히 연관되어 있긴 하지만 완전히 같지는 않으므로, 현존하는 동물을 예로 들어 기초 후생동물을 설명할 때는 주의가 필요하다고 말한다.* 그러나 비교적 단순한 기본 신체 설계는 지금까지 변하지 않고 남아 있다.

　동물들은 한 종의 일원으로 분류되고, 종들은 다시 문으로 분류될

* 　현존하는 모든 유기체와 그들의 멸종된 원시 조상의 관계를 설명할 때도 마찬가지로 주의해야 한다.

표 23.2 동물계의 체제

비대칭형 체제
해면동물(해면류)
방사형 체제
유즐동물(빗해파리)
자포동물(히드라, 산호, 말미잘, 해파리)
좌우 대칭형 체제
무척추동물(벌레, 절지동물, 연체동물, 불가사리, 창고기)
척추동물(어류, 양서류, 파충류, 조류, 포유류)

수 있다. 왜냐하면 한 종에 속한 일원들은 다른 종의 일원과 비교했을 때 서로 비슷한 신체 설계를 가지기 때문이다. 보통 동물의 신체 설계를 독일어로 '바우플란Bauplan'이라고 부른다. 수백만이 넘는 동물 종이 고유한 바우플란을 가진다. 하지만 이 모든 다양한 체제는 비대칭형, 방사형, 좌우 대칭형의 세 가지 범주로 나눌 수 있다(표 23.2).

측생동물(해면류)의 몸체는 비정형적 형태를 가졌는데, 이러한 형태의 몸을 보통 '비대칭형 체제'라고 말한다. 이에 반해 자포동물과 유즐동물은 정형화된 형태를 가졌으며, 반으로 자르면 양쪽이 똑같은 모양을 가진다. 해파리의 몸을 위에서 아래로 반으로 가르면 우산같이 생긴 둥근 머리 부분의 어디서 시작하든 잘려진 반쪽은 서로 대칭을 이룬다. 이러한 형태를 '방사형 대칭(원의 반지름을 중심으로 한 대칭)'이라고 한다(그림 23.4).

대략 6억 3000만 년 전, 자연은 새로운 체제를 만들기 위한 세 번째 실험을 시작했고, 그 결과 벌레가 나타났다. 벌레도 해파리처럼 위

비대칭형   방사형   좌우 대칭형

그림 23.4 비대칭형, 방사형, 좌우 대칭형 체제

아래가 구분되지만, 거기에 더해 정면과 후면도 명확히 구분된다. 이러한 유기체를 대칭이 되도록 자르는 유일한 방법은 앞뒤를 잇는 긴 축 방향으로 자르는 것이다. 이렇게 반으로 자르면 서로 상보적인 왼편과 오른편 반쪽을 얻을 수 있다. 이러한 동물을 좌우 대칭 동물이라고 부른다. 오늘날 지구상에 존재하는 모든 동물 중 99퍼센트 이상이 좌우 대칭형이다. 현존하는 좌우 대칭 동물의 조상격인 이 원시 벌레를 '좌우 대칭 동물의 가장 최근 공통 조상LCBA: Last Common Bilateral Ancestor'이라고 하는데, 모든 좌우 대칭 동물이 LCBA로부터 비롯된 것은 아니고 일부는 편형동물처럼 생긴 작은 해양생물인 무체강동물로부터 비롯되었다.*

무체강동물이 좌우 대칭형 몸체를 얻은 지 얼마 지나지 않아 이들

---

* 원시 동물의 본성을 정확히 말해주는 결정적인 증거를 얻기는 어렵다. 예를 들어, 해면류도 처음에는 좌우 대칭형 유기체에서 시작했지만 점차 이런 형상을 잃어간 것일 수도 있고, 심지어 뉴런을 포함하는 조직을 갖추고 있었지만 차후에 이런 기능을 잃어버린 것일 수도 있다. 이런 의문을 매듭지을 결정적인 증거가 없는 한, 우리는 통상적인 견해를 계속 따르기로 한다.

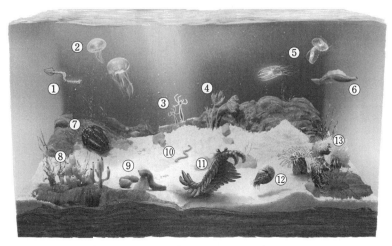

① 피카이아(두삭류)   ② 해파리(자포동물)   ③ 히드라(자포동물)   ④ 바다나리(극피동물)   ⑤ 빗해파리(유즐동물)   ⑥ 하이코우엘라(척추동물)   ⑦ 삼엽충(절지동물)   ⑧ 해면류(해면동물)   ⑨ 벌레(새예동물)   ⑩ 코노돈트(척추동물)   ⑪ 아노말로카리스(절지동물)   ⑫ 앵무조개(연체동물)   ⑬ 말미잘(절지동물)

그림 23.5 캄브리아기 폭발

은 다양한 좌우 대칭형 동물로 분화해 오늘날 존재하는 주요 동물군을 형성했다. 특히 약 5억 4000만 년 전부터 4억 8000만 년 전 사이 수많은 동물이 폭발적으로 생겨났는데, 좌우 대칭 동물이 급격히 증가한 이 시기를 '캄브리아기 폭발Cambrian Explosion'이라고 부른다(그림 23.1 참고). 캄브리아기 폭발이 끝날 즈음에는 오늘날 존재하는 주요 동물문이 모두 자리를 잡은 뒤였다(그림 23.5). 그렇다고 현존하는 모든 동물 종이 캄브리아기에 생겨났다는 의미는 아니다(이때 형성된 것은 동물문으로, 지금 우리가 볼 수 있는 많은 종은 그 이후에 출현한 것이다). 캄브리아기의 동물들은 모두 해저 동물로서, 육상으로의 진출은 아직 일어나지 않았다. 해수면 위가 소란스러워진 것은 좀 더 나중의 일이다.

좌우 대칭 동물과 그 확산에 대해서는 해야 할 이야기가 매우 많다. 하지만 지금은 기초 후생동물에 대해 좀 더 탐색해보고자 한다. 특히 단세포 원생동물로부터 어떻게 비대칭적이며 조직이 없는 동물인 해면동물이 생겨날 수 있었는지, 이 해면동물은 어떻게 조직을 갖춘 방사형 대칭동물인 자포동물이 탄생할 수 있는 길을 닦고, 마침내 좌우 대칭 동물이 등장하도록 이끌었는지 알아볼 것이다.

초라한 시작

해면류는 형체가 명확하지 않은 몸체를 가졌으며 조직이 없다. 그뿐
만이 아니다. 행동반경도 그리 넓지 않다. 해면류는 성체가 된 후 대
부분의 시간을 한 장소에 달라붙어 사는, 움직임이 거의 없는 고착성
동물이다.* 해면류는 가운데가 텅 빈 부드러운 몸체를 가졌는데, 이 빈
공간의 한쪽 끝은 입구(입)로 '배수공osculum'이라고 부르며, 다른 쪽 끝
은 보통 기층에 달라붙어 있다(그림 24.1).

　해면류는 조직이나 기관, 체계가 없고 서로 다른 유형의 세포들로
구성되어 있지만 그중 한 유형의 세포는 다세포성의 진화를 이해하는
데 각별히 중요하다. 바로 깃세포(동정세포)다. 깃세포는 깃과 편모를
가지고 있으며, 깃편모충류와 놀랄 만큼 비슷하다. 해면류의 몸체는
줄기 하나가 기층에 달라붙어 있는 깃편모충류 집락으로부터 만들어

---

* 　마야 아담스카는 해면류의 생리와 행동에 대해 유용한 정보를 전해주었다.

해면세포

변형세포

기공

깃세포

깃편모충류   깃편모충류의   해면류
                  클론형 집락

그림 24.1 깃세포는 단세포 깃편모충류와 해면류의 연결고리다.

진 것처럼 보인다(그림 24.1 참조). 깃세포는 그들의 원생동물 조상인 편모충으로부터 유전적 자산을 일부 물려받았지만, 그렇다고 깃세포를 단순히 서로 엉겨붙어 있는 단세포 편모충으로 볼 수는 없다.

진정한 다세포 유기체가 되기까지, 편모충 조상들은 적합도 정렬과 적합도 위임의 단계를 거치며 다세포 해면류로 이행하기 위한 특성들을 유전체에 새겨 넣는 데 성공했다. 그 결과 이들은 번식을 위해 접합자를 형성할 수 있게 되었고, 접합자 세포로부터 또 다른 기능을 가지는 세포들이 분화함으로써 결국 완전한 다세포 유기체로 거듭나게 되었다. 칼 닐슨Carl Nielsen에 따르면, 하나의 세포(수정란)에서 나온 깃세포들이 서로 달라붙어 인접한 세포들과 영양분을 공유하는 식의 좀 더 발전된 클론형 집락 형성 단계가 핵심이었다. 닐슨의 주장에 따르면, 바로 이 유기체가 최초의 후생동물로, 현존하는 해면류는 물론 이후에 나타난 다른 모든 동물의 조상이다.

해면류의 몸체는 내부가 텅 비어 있으며, 그 벽면은 일렬로 늘어선 깃세포들로 채워져 있다. 해면류의 바깥쪽 표면(표피)은 편평세포 pinacocyte라는 세포층으로 덮여 있는데, 이것은 인간의 피부처럼 신체를 보호하는 역할을 한다. 하지만 편평세포는 우리의 피부 세포만큼 서로 단단히 연결되어 있지 않으므로 진정한 피부 조직의 하나로 보기는 어렵다. 해면들 중 일부는 탄산칼슘으로 이루어진 외피를 발달시키기도 했는데, 이 또한 피부 조직으로 보기는 힘들다. 살아있는 세포가 아니라 무기 화합물로 만들어진 단순한 물리적 보호막일 뿐 생물학적 구성물은 아니기 때문이다.

해면류의 외피와 내부의 빈 공간 사이의 영역을 '엽육mesophyll'이라고 하는데, 이 영역은 해면질spongin이라는 잘 찌그러지는 물질로 이루어진 내골격을 가지고 있다. 해면질은 예전부터 가정용 수세미로 사용되던 물질이다(지금은 대부분 합성물질을 사용한다). 몇몇 해면은 탄화칼슘 조각이 석화된 더 단단한 내골격을 가지기도 한다.

해면류는 원래 잘 움직이지 않는 동물로서, 위험한 상황이 되면 도망치는 대신 주변에 유독한 화학 물질은 배출한다. 외부 표면에 석회로 이루어진 가시바늘이 돋아 있어 포식자가 잡아먹기도 어렵다. 그럼에도 불구하고 해면류는 생존을 위해서 좀 더 활동적인, 거의 행동에 가까운 활동을 해야만 했다. 다른 모든 동물처럼 해면류도 영양분이 필요하기 때문이다. 샐리 라이스Sally Leys와 동료들은 해면류가 내부의 빈 공간으로 물을 흘려보냄으로써 영양분을 획득한다는 사실을 발견했다(그림 24.2). 이는 원시적인 섭식 행동의 한 형태로 볼 수 있다.

내부 공동에서 깃세포가 편모를 요동치면 편평세포층의 기공을 통해 물이 들어온다. 깃세포는 물이 입구까지 솟구쳐 올라올 때까지 내부로 계속 물을 들여보낸다. 물이 기공을 통과하는 과정에서 큰 입

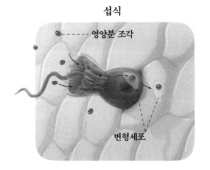

섭식

영양분 조각

변형세포

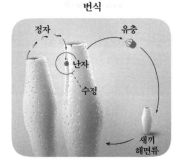

번식

정자

유충

난자

수정

새끼
해면류

그림 24.2 해면류의 섭식과 번식

자는 걸러지고 기공보다 작은 먹이들, 특히 박테리아ㅡ해면류의 주
요 먹잇감ㅡ가 공동 속으로 흘러들어온다. 박테리아는 연육 속 깃세
포의 깃에 포획된 후 변형세포에 의해 흡수 및 저장된다. 이렇게 저장
된 영양분은 인접 세포들에 영양을 공급하는 데 사용된다. 하지만 변
형세포는 움직일 수도 있으므로 연육을 돌아다니며 해면의 몸체를 이
루는 다른 세포들에 영양분을 전달하기도 한다.

배설물(이산화탄소와 암모니아)이나 함께 딸려온 모래 등은 물과 함
께 밖으로 배출된다. 해면류는 또한 원치 않는 물질을 뱉어내고 내부
빈 공간을 청소하기 위해 재채기에 가까운 전신 운동을 할 때도 있다.
먼저 몸을 부풀렸다가 움츠러들면서 물을 뱉어내는 것이다. 몸을 부
풀리는 동작은 '근세포myocyte'에 의해 제어된다. 근세포란 일반적으
로 근육을 이루는 세포를 일컫는 말인데, 사실 해면류의 근세포를 진
정한 근육 세포로 보긴 어렵다. 근세포는 신경에 의해 제어되는 반면
해면류는 신경이 없기 때문이다. 해면류의 근세포는 근육의 전구체인
수축세포contractile cell로 생각된다. 해면이 재채기를 할 때 일어나는 수

축 운동은 물결 모양으로 진행되고 몸 전체에 확산된 화학 물질에 의해 제어되며, 따라서 매우 느리다. 골격근의 빠른 움직임보다는 소화기 근육의 느릿한 연동운동과 더 비슷하다고 볼 수 있다.

깃편모충류처럼 해면류도 무성생식과 유성생식이 모두 가능하다. 유성생식은 깃세포가 해면의 내부에서 빠져나와 정자세포(정모세포)로 변형될 때 일어난다(그림 24.2 참조). 정자가 깃세포를 닮은 것은 우연이 아니다. 일부 해면은 자웅동체로, 자가수정할 수 있다. 또한 수컷 해면과 암컷 해면 사이에 유성생식이 일어날 수도 있으며, 이렇게 정자와 난자의 유전자가 혼합된 결과 고유한 유전체를 지닌 새로운 다세포 개체가 태어난다.

해면류는 한 가지 중요한 점에서 깃편모충류는 물론 이후에 등장하는 진정 후생동물들과도 다르다. 바로 이들은 최소한의 운동성만 보인다는 점이다. 하지만 해면류도 생애 초기에 유충 상태일 때는 자유롭게 움직일 수 있다. 이후에 더 살펴보겠지만, 해면 유충이 자유롭게 헤엄을 칠 수 있다는 사실은 다른 동물의 진화에서 중요한 역할을 했다.

깃편모충류는 적합도 정렬의 장애물을 모두 극복하고 마침내 다세포성을 획득했다. 그리고 해면류는 깃편모충류가 해낸 일은 물론 그들이 해내지 못한 일에도 성공했다. 적합도 정렬과 적합도 위임의 장애물을 모두 극복한 것이다. 해면류는 하나의 세포로 삶을 시작해 이윽고 완전한, 온전한 유기체가 된다. 이후 등장한 대부분의 동물과는 달리 해면류는 생식계열이 아직 분리되지 않았다. 즉 해면류를 이루는 많은 세포가 그 자신을 온전히 재생산할 수 있다.* 그럼에도 불

* 생식계열의 분리에 대해 의견을 전해준 세라 바필드에게 감사의 말을 전한다.

166

구하고 해면류는 이후에 등장할 동물이 가지는 두 가지 중요한 특성,
즉 생식계열 분리와 신경계 획득을 위한 문을 열어주었다.

동물이 형체를 갖추다

무정형이고 조직도 없는 해면류 같은 동물에서 어떻게 조직과 기관, 계통을 갖춘 복잡한 동물이 나올 수 있었을까? 이러한 일은 생명의 역사에서 왜 오직 한 번만 일어났을까? 그리고 여러 유기체들 중에 왜 깃편모충류 같은 원생동물이 해면류가 되었고, 왜 해면류가 자포동물로 진화했으며, 왜 자포동물이 좌우 대칭 무척추동물로 진화했고, 왜 좌우 대칭 무척추동물이 척추동물로 진화했을까? 대표적인 진화생물학자 중 한 사람인 토머스 캐벌리어-스미스Thomas Cavalier-Smith는 신경계가 등장하고 복잡한 동물이 출현하는 과정에서 영양분을 처리하는 새로운 방식의 진화가 중요한 역할을 했다는 가설을 제시했다.

깃편모충류와 같은 원생동물 조상은 작은 박테리아 세포를 먹고 사는 포식자였다. 하지만 이들은 단세포 생물이라 입이나 소화계는 가지고 있지 않았고, 대신 먹이를 흡수함으로써 에너지를 얻었다. 해면동물도 마찬가지였다. 하지만 해면동물은 이 과정에 좀 더 많은 종류의 세

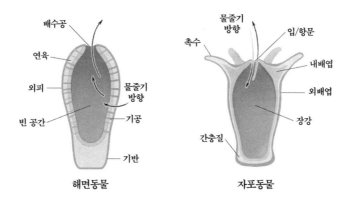

그림 25.1 해면동물에서 자포동물로

포를 이용했다. 앞 장에서도 보았듯이 두 종류의 세포가 에너지 획득에 관여했는데, 먹이를 포획하는 깃세포와 영양분을 흡수하는 변형세포가 그것이다. 하지만 앞으로 등장할 진정 후생동물은 소화 조직과 소화 기관, 소화계통을 형성하는 세포를 가지고 있다. 예를 들어, 해면동물의 후손인 자포동물은 소화계와 연결된 구강기관을 가지고 있다.

캐벌리어-스미스는 이렇게 좀 더 복잡한 소화 방식으로 가는 길을 터줄 수 있을 것으로 생각되는 유일한 동물이 바로 해면류라고 말한다. 이들은 원생동물 조상으로부터 물려받은 섭식 방식을 바꾸지 않고도 다세포성을 진화시킬 수 있었다. 하지만 일부 해면류는 새로운 체제를 획득하여 새로운 방식의 포식 행위를 시작함으로써 새로운 유형의 소화 방식이 나타나기 위한 길을 닦았다(그림 25.1). 이 특별한 해면은 뾰족한 가시가 있는 부속지(촉수)를 형성하는 전문 세포로부터 진화했다. 촉수에 잡힌 먹이는 입을 통과한 후 소화에 전문화된 내장기관 즉 장으로 전달된다. 장은 해면의 몸에 있던 기공이 막히면서 형

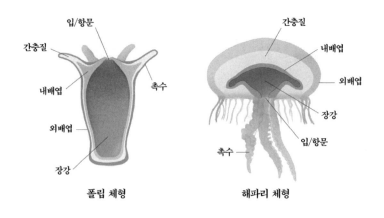

입/항문

간충질

내배엽

외배엽

촉수

장강

폴립 체형

간충질

내배엽

외배엽

장강

입/항문

촉수

해파리 체형

그림 25.2 자포동물의 두 가지 체형

성되었다. 입으로 들어간 먹이는 이제 새로운 구조물 속에서 소화된다. 이 혁명적인 해면동물이 바로 현존하는 자포동물의 조상으로, 그들이 개척한 새로운 먹이 획득 방식과 소화 기술은 인간을 포함해 이후에 등장하는 모든 동물이 가지는 소화 기관의 토대가 되었다.

자포동물은 산호, 말미잘, 해파리, 히드라 등 다양한 유형의 동물이 포함되는 큰 동물군이다. 그중에서도 해파리는 생애주기를 거치며 각 단계마다 몸의 형태가 변화한다. 유충에서 성체로 이행하는 동안 해파리의 몸체는 꽃병 모양의 '폴립polyp' 체형으로 변하며(해면류의 몸체와도 비슷하다) 얼마 뒤엔 우산처럼 생긴 '해파리' 체형으로 변화한다(그림 25.2). 이에 반해 다른 자포동물은 성체가 된 이후에도 계속 폴립 체형을 유지한다.

다른 모든 진정 후생동물과 마찬가지로 자포동물도 조직의 존재 유무에 의해 정의된다. 생애 초기, 자포동물의 배아는 층 구조로 조직화되어 이후 신체의 각기 다른 부분을 구성하는 조직으로 자라날 세포들을 생성한다. 자포동물은 일반적으로 두 개의 층으로 이루어진다. 외배엽의 세포들은 신체 바깥쪽 껍질을 형성하는 반면, 내배엽의 세포들은 내장을 형성하는 세포들을 생성한다. 이 두 종류의 조직은 두 개의 주머니를 형성한다. 즉 바깥쪽 조직은 몸 전체를 감싸고 보호하는 주머니인 피부를 형성하고, 안쪽 조직은 음식물과 노폐물을 처리하는 주머니인 내장을 형성한다. 안쪽 주머니에는 '입'이라고 부르는 구강구조가 있는데, 사실 자포동물에서 이 구조는 입과 항문 역할을 모두 수행한다.

피부와 내장 사이의 영역은 젤라틴과 같은 비조직 물질로 채워져 있는데, 이 영역을 '간충질mesoglea'이라고 한다. 해파리의 영어 이름 '젤리피시jellyfish'가 바로 이 젤라틴 성분에서 유래했다. 모든 자포동물이 내부에 젤라틴을 포함하고 있긴 하지만, 히드라와 같은 일부 자포동물의 간충질은 젤라틴으로 채워져 있다기보다는 내배엽과 외배엽을 연결하는 얇은 접착층에 더 가깝다. 산호 또한 석화된 탄산칼슘으로 이루어진 외골격 때문에 동물이라기보다는 돌에 더 가까워 보이지만, 그럼에도 불구하고 내배엽과 외배엽 사이에 간충질을 가진다.

자포동물은 일련의 감각 기능을 가진다. 예를 들어 해파리는 촉감, 중력, 화학 물질, 빛에 반응할 수 있다. 특히 해파리는 놀라운 감광 기능을 가지고 있는데, 일부 해파리는 우산 모양의 머리 주위로 무려 16개의 눈을 가지고 있어 360도 시야를 모두 조망할 수 있다.

성체 자포동물의 행동 능력은 단세포 미생물의 주성 행동을 훨씬 뛰어넘는다. 성체가 되면 한 곳에 고착해 꿈쩍도 않는 해면류는 비교도 되지 않는다. 예를 들어, 랠프 그린스펀은 해파리의 유영 행동을 두 가지 유형으로 분류했다. '느린 헤엄'은 먹이를 잡으러 갈 때의 행동 유형이다. 해파리는 우산을 주기적으로 접었다 펼침으로써 이곳저곳 움직여 다닐 수 있다. 그러다가 어느 순간 움직임을 멈춘 후, 먹이를 찾아 아래쪽으로 천천히 떠내려간다. 이에 반해 '빠른 헤엄'은 포식자로부터 도망치기 위해 몸을 추진시키기 위한 행동 유형이다. 해파리는 우산 부위에 무언가 물리적 접촉이 감지되면 우산을 주기적으로 반복 수축하는데, 이때의 수축 운동은 느릿하게 사냥을 다닐 때보다 훨씬 빠르고 강하게 일어난다. 그 결과 해파리는 몸 전체를 앞으로 튕겨나가도록 할 수 있다.

비록 해파리가 상당히 훌륭한 수영 선수이긴 하지만, 조수의 힘에는 상대가 되지 못하며 때로는 바닷물에 휩쓸려 가기도 한다. 해파리는 수심이 얕은 곳을 더 선호하므로 바다가 조금 잠잠해지면 해안가의 나무나 다른 표지물을 안내판으로 삼아 물가로 되돌아온다. (해파리가 사물을 정말로 '보는' 것은 아니다. 단순히 빛의 계조gradation를 감지하는 것뿐이다.)

촉수는 자포동물의 중요한 신체 특징 중 하나다. 해파리는 먹이 탐색을 위해 천천히 하강하며 헤엄치는 동안 촉수를 펴서 낚시 그물로 이용한다. 촉수는 수많은 자세포cnidocyte cell(또는 자포세포)로 이루어져 있으며, '자포동물'이라는 이름도 여기서 나왔다. 촉수가 다른 물체와 접촉하면 자세포가 활성화되는데, 이때 건드린 물체의 화학 성분이 잠재적 먹잇감을 나타내는 경우에만 활성화가 일어난다. 접촉한 물체가 먹을 수 있는 물질로 판명되면 가시를 펼쳐서 먹잇감에 찔러넣고 독성이 있는 화학 물질을 주입해 움직임을 마비시킨다. 먹이가 더 이상 움직이지 못하게 되면 촉수를 이용해 입으로 운반한 후 내장으로 보낸다. 내장에서는 위상피세포가 화학 물질을 분비해 먹이를 소화시키고 에너지를 생성한다. 자포동물에서 나타나는 이러한 행동은 동물들의 섭식이 어떻게 시작되었는지를 보여준다.

자포동물은 유성생식과 무성생식을 모두 이용해 번식한다. 촉수는 유성생식에서도 사용된다. 수컷의 촉수와 암컷의 촉수가 서로 접촉하면 수컷의 정자가 암컷에게로 전달되어 난자의 수정이 일어난다. 자포동물은 또한 자웅동체로서 자가수정으로 번식하기도 한다. 번식 방법이 어떻든 그 결과로 이후 복잡한 다세포 유기체로 발달할 수 있는 가능성을 지닌 단세포 수정란이 생겨난다. 즉 자포동물도 해면류처럼 단세포에서 시작되는 자손을 낳는 방식으로 적합도 위임의 벽을 넘었다. 하지만 자포동물은 여기서 조금 더 나아갔다. 생식계열을 분리함으로써 체세포에 일어난 변이가 자손에게 전달되지 않도록 한 것이다.

생식계열 분리는 이후에 후생동물의 몸집이 커지는 과정에서 특히 중요했다. 몸이 커지면 초기 발달 과정 동안 엄청나게 많은 수의 체세포 분열이 일어나야 한다. 그런데 체세포 분열은 한번 일어날 때마다 돌연변이가 나타날 가능성이 생긴다. 생식계열이 분리되면 체세포에서 일어난 변이는 축적되지 않고, 따라서 자손에게 전달되지도 않을 것이다. 자포동물에서 생식계열 분리가 일어나지 않았다면 오늘날 지구상에 존재하는 수많은 생명체의 형태는 지금과는 상당히 달랐을 것이다.

자포동물의 행동 레퍼토리는 해면류보다 훨씬 정교하다. 촉수와 몸체에서 복잡한 움직임이 일어나기 위해서는 생존 활동을 할 때 감각정보에 재빨리 반응할 수 있는 조직이 필요하다. 근육 조직이 그런 재빠른 움직임을 가능케 한다. 하지만 근육을 이용하기 위해서는 해면류가 그랬던 것처럼 몸 전체에 화학 물질이 천천히 확산되길 기다리기보다는 좀 더 빠른 무언가가 필요하다. 이런 목적으로 자포동물

은 뉴런을 발달시켰다. 사실, 뉴런과 근육은 자포동물에서 동시에 진
화했다. 이제 이 과정을 살펴보도록 하자.

뉴런의 마법

동물의 구조가 점점 복잡해지고 다양한 유형의 세포들이 계통을 구성하기 시작하면서 해결해야 할 문제가 하나 생겨났다. 바로 자기 보존단위로서 유기체의 통합성을 유지하는 일이다. 유기체는 전체 유기체의 생리적 생존을 위해 자신의 개체성을 희생한 부분들로 이루어져있기 때문이다. 이를 해결하기 위한 방안으로 신경계가 등장했다. 따라서 신경계가 어떻게 등장했는지는 우리 이야기에서 매우 중요한 부분을 차지한다.

신경계는 그것에 전문화된 세포 즉 뉴런으로 구성되어 있다. 뉴런은 먼 거리에 떨어진 뉴런과도 빠르게 소통할 수 있다. 해면류는 뉴런을 가지지 않았고 신경계의 흔적도 미미했지만, 해면류의 후손인 자포동물은 뉴런과 신경계를 모두 가지고 있었다. 다음 장에서 어떻게이러한 이행이 일어날 수 있었는지 자세히 살펴볼 것이다. 그전에 먼저 이번 장에서는 뉴런이 무엇인지 기초적인 사실들 몇 가지를 복습

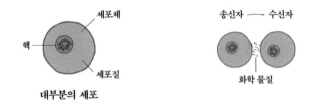

대부분의 세포는 가까운 거리에 있는 다른 세포와 화학 물질의 분비를 통해 소통한다.

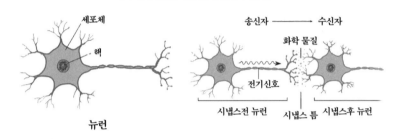

뉴런은 전기신호를 이용해 화학 물질을 분비함으로써 가까운 세포는 물론
멀리 떨어져 있는 세포와도 소통할 수 있다.

그림 26.1 뉴런과 다른 세포의 구조 비교

하고, 이들이 어떤 마법을 부려 소통에 걸리는 시간을 수십 배나 단축 시키고 공간적으로 멀리 떨어진 세포들 사이의 소통 문제를 해결할 수 있었는지 보일 것이다.

뉴런은 다른 모든 세포처럼 세포체를 가지지만 여기에 추가로 신경섬유도 가진다(그림 26.1). 그중 하나가 축색돌기(또는 축삭돌기)로, 세포체 밖으로 뻗어나와 있으며 멀리 떨어져 있는 다른 뉴런에 메시지를 전달하는 역할을 한다. 일반적으로 뉴런은 축색돌기를 하나만 가지지만 두 번째 종류의 신경섬유인 수상돌기는 여러 개 가지고 있다. 수상돌기는 마치 더듬이처럼 세포체로부터 뻗어나와 있는데, 축색돌기보다는 길이가 짧으며 다른 뉴런의 축색돌기로부터 전달된 메시지를 수신하는 역할을 한다. 축색돌기도 뉴런의 다른 부분과 연결될 수 있지만, 여기서는 수상돌기에 좀 더 초점을 맞춰 설명하겠다.

한 뉴런의 축색돌기로부터 다른 뉴런의 수상돌기로 정보가 들어오면, 정보를 받은 뉴런의 세포체는 전기 반응을 생성할 수 있다. 이렇게 발생한 활동전위는 축색돌기의 말단까지 빠르게 전달되고, 그러면 말단에 저장되어 있는 '신경 전달 물질'이라는 화학 물질 패킷이 말단 바깥 부분, 즉 다른 뉴런이 있는 영역으로 방출된다.

신경 전달 물질은 송신 뉴런과 수신 뉴런 사이의 공간에 확산된 후 수신 뉴런의 수용체와 결합한다. 수용체들은 특정한 신경 전달 물질과 화학적으로 연결되어 있다. 신경 전달 물질이 자물쇠를 여는 열쇠 기능을 하는 것이다. 이러한 방식은 다른 모든 세포들이 인접한 세포에 정보를 전달하는 일반적인 방식—화학 물질 분비—에 전기 전달 단계를 추가한 것이다. 이러한 방식에는 중요한 장점이 하나 있다. 멀리 떨어진 세포들 사이에서도 짧은 시간 내에 정보를 전달할 수 있다는 점이다.

정보를 송신하는 뉴런과 수신하는 뉴런 사이의 공간을 때때로 '시냅스'라고 부르기도 한다. 하지만 좀 더 정확하게 표현하면 시냅스란 두 뉴런 사이의 연결을 지칭한다. 시냅스는 세 가지 요소로 구성된다. 시냅스전 위치(신경 전달 물질을 저장하고 있는 송신 뉴런의 축색돌기 말단), 시냅스후 위치(수용체를 가진 송신 뉴런의 위치) 그리고 '시냅스 틈'이라고 부르는, 시냅스전 뉴런과 시냅스후 뉴런 사이의 좁은 공간이 그것이다.

신체의 다양한 뉴런들은 전체적으로 유기체의 신경계를 구성한다. 근본적으로 신경계는 감각-운동 통합 장치다. 신경계의 임무는 유기체의 생존에 필요한 물질 또는 해로운 물질을 식별하고 그에 적절히 반응할 수 있도록 함으로써 그 유기체가 속한 환경에서 생존하고 번성하며 번식할 수 있도록 돕는 것이다. 감각 수용체에 들어온 중요 자극들(빛, 소리, 촉감, 냄새, 맛)에 대한 정보가 뉴런에 입력되면 운동 반응기(근육)에서 출력된다.

따라서 신경계의 가장 기본적인 임무는 감각 수용기를 운동 반응기와 연결하는 것이라고 할 수 있다. 가장 간단한 방법은 수용기와 감지기를 직접 연결하는 방법일 것이다. 곧 살펴보겠지만, 자포동물의 단순한 산만 신경망diffuse nerve net이 바로 이 경우였다. 이보다 복잡한 동물들은 수십억 개의 뉴런과 이들을 연결하는 수조 개의 시냅스로 구성된 신경계를 이용한다. 하지만 이 경우에도 신경계의 가장 중요한 존재 목적은 감각정보를 받아들이고 운동 반응을 생성(때로는 억제)함으로써 유기체가 그것이 속한 환경에서 훌륭히 살아남고 번성하도록 돕는 것이다.

뉴런과 신경계는 어떻게 생겨났나

진화사에서 일어난 대부분의 주요 사건들과 마찬가지로, 뉴런도 어느날 갑자기 생겨난 것은 아니다. 뉴런은 해면류가 자포동물로 이행하는 동안 일어난 작은 변화들이 쌓여 단계적으로 형성되었다. 앞에서도 살펴봤듯이 해면의 성체는 고착성 동물로, 한 장소에 오랫동안 부착되어 거의 움직이지 않는다. 하지만 해면도 어릴 때는 자유롭게 헤엄치며 이곳저곳을 돌아다닐 수 있다. 해면 유충의 외부 표면은 섬모라고 하는 섬유로 덮여 있는데, 유충이 헤엄치는 데 이용된다. 이 섬유들은 각 세포에 한 가닥씩 부착되어 있다(섬모세포 하나당 한 올씩). 섬모들은 깃편모충류의 편모와도 유사하다.

　두 종류의 섬모세포가 해면 유충의 서로 다른 부위에서 발견되었다. 유충의 몸 대부분을 덮고 있는 '헤엄세포'는 짧은 길이의 섬모를 가진다. 이 섬모는 지속적으로 요동치며 무작위적이고 방향이 정해지지 않은 움직임을 만들어 유충이 이리저리 떠다니며 움직일 수 있도록 한다. '조종세포'는 긴 섬모를 가지며, 유충의 몸 한쪽 끝에 집중되어 있다. 조종세포는 빛을 감지하면 섬모를 휘어지게 만들어 유충이 광원을 향해 똑바로 나아갈 수 있도록 한다. 그러다 해면이 성체가 되면 이들 섬모는 사라진다.

가스파르 제클리Gaspar Jekely는 해면 유충의 섬모 운동이 어떻게 자포동물에서 뉴런의 출현을 이끌 수 있었는지에 대한 놀라운 가설을 제시했다. 제클리의 가설은 뉴런이 감각-운동 통합의 효율성을 향상시키기 위한 목적으로 처음 등장했다는 것이다. 해면류의 원생생물 조상과 가까웠던 깃편모충류가 단세포 생물이었음에도 불구하고 빛을 감지하고 헤엄치고 방향을 제어할 수 있었음을 기억하자(물론 섭식과 번식도 했다). 해면의 유충은 세포가 훨씬 많았으니, 유전자는 이 세포들에게 온갖 잡일을 분담시킬 수 있었을 것이다. 해면의 유충은 일반적인 운동 제어를 빛의 감지와 분리시킴으로써 감각 기능과 헤엄 기능을 분리했다. 하지만 여기에는 문제가 있었다. 감각세포가 헤엄세포에 신속하게 영향을 미칠 수 있는 방법이 없었다. 이 세포들은 신체 내에서 서로 상당히 멀리 떨어진 곳에 위치했고 화학적 소통 방식은 너무 느렸기 때문이다. 이에 대한 해결책은 짧은 섬모를 가진 헤엄세포는 유충을 무작위적으로 계속 움직이게 하고, 긴 섬모를 가진 감각세포는 헤엄보다 부담이 적은 조종도 책임지면서 자극 감지기로도 기능하게 하는 것이다.

하지만 이 방법은 뉴런의 작동 방식에 비하면 확실히 비효율적이다. 그렇다면 여기서 뉴런과 시냅스가 어떻게 발달했을까? 제클리는 단계적인 변화가 일어났다는 가설을 제시했다(그림 27.1). 그의 가설에 따르면 첫 번째 변형은 서로 다른 부위에 있는 세포들이 아니라(즉 빛

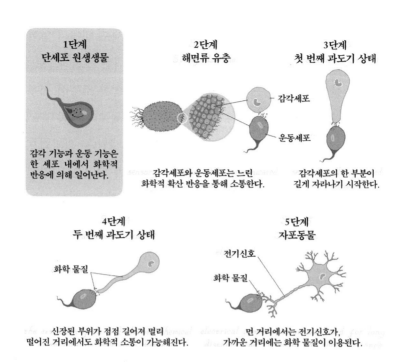

1단계
단세포 원생생물

감각 기능과 운동 기능은 한 세포 내에서 화학적 반응에 의해 일어난다.

2단계
해면류 유충

감각세포

운동세포

감각세포와 운동세포는 느린 화학적 확산 반응을 통해 소통한다.

3단계
첫 번째 과도기 상태

감각세포의 한 부분이 길게 자라나기 시작한다.

4단계
두 번째 과도기 상태

화학 물질

신장된 부위가 점점 길어져 멀리 떨어진 거리에서도 화학적 소통이 가능해진다.

5단계
자포동물

전기신호

화학 물질

먼 거리에서는 전기신호가, 가까운 거리에는 화학 물질이 이용된다.

그림 27.1 화학적 소통에서 신경 소통으로 진화하기까지의 단계

을 감지하는 조종세포들과 헤엄세포들이 아니라) 인접한 감각세포들끼리 그리고 인접한 운동세포들끼리 서로 뭉쳐 덩어리를 형성하는 과정이다. 감각세포 덩어리가 분비한 화학 물질은 인접한 운동세포 덩어리의 세포체로 확산되어 이들의 운동을 제어할 수 있다. 단거리에 적합한 소통 방식이다. 다음으로 감각세포 덩어리의 한 부분이 바깥 방향으로 길게 자라난다. 이에 따라 감각세포에서 분비된 화학 물질이 조금 멀리 떨어져 있는 운동세포에도 도달할 수 있게 되었다. 이는 세포 간 화학적 확산의 공간적 제약을 극복하는 데 조금이나마 도움을 준다. 하지만 감각세포에서 신장된 부위가 점차 길어짐에 따라 또 다른 문

제가 나타났다. 세포 간 소통 속도는 여전히 감각세포 내에서 일어나는 느린 화학적 확산에 의존한다는 점이다. 이에 대한 해결책으로, 감각세포의 신장 부위에서는 전기신호를 이용한 신속한 소통이 이루어지도록 한다(이 부위가 축색돌기가 된다). 그리고 감각세포와 운동세포 사이의 짧은 거리는 느린 화학적 소통을 통해 연결시킨다. 결과적으로 감각세포와 운동세포 사이의 거리는 사소한 문제가 되었고, 신경계의 한 부분을 이루는 세포들은 신체 다른 곳에 있는 세포들과 얼마나 멀리 떨어져 있든 상관없이 소통할 수 있게 되었다.

진화를 성체의 몸이 어떻게 변화했는지의 관점에서 생각하는 것은 굉장히 자연스러운 일이다. 하지만 그런 방식으로는 해면류에서 어떻게 히드라나 해파리가 나올 수 있었는지 상상하기 어렵다. 그런데 해면류와 자포동물이 모두 섬모가 있는 유충 단계와 꽃병처럼 생긴 폴립 단계를 거친다는 사실(그림 27.2)을 알게 되면 이 동물들을 연결할 수 있는 가능성이 보이기 시작할 것이다. 다시 말해, 해면류의 발달 과정에서 유전적 변형이 일어남으로써 (자연선택을 통해) 새로운 폴립 형태를 발달시킨 유충을 만들어냈고, 이것이 이후 자포동물의 근간이 되었을 수 있다.

일반적으로 생애 초기 단계의 개체(유체)들은 성체보다 그들의 진화적 조상과의 연관 관계를 조금 더 분명히 나타낸다. 이는 발달 과정 동안 유전자가 유기체를 만들어가는 방식을 자연선택이 변화시키기 때문이다. 발달 과정에서 일어난 돌연변이가 개체에 유리하다면 이러한 변이는 개체군에서 더 자주 일어날 것이다. 또한 이런 변이가 일어난 개체가 충분히 많아지면 새로운 종이나 심지어 새로운 문이 등장하기에 충분할 만큼 '바우플란'도 변화할 것이다. 초기 발달과 진화의

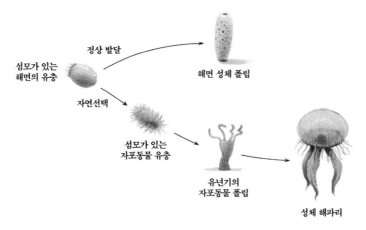

정상 발달

섬모가 있는
해면의 유충

해면 성체 폴립

자연선택

섬모가 있는
자포동물 유충

유년기의
자포동물 폴립

성체 해파리

그림 27.2 해면류 유충이 해파리가 되기까지

밀접한 관련성은 '이보디보evo-devo(진화evolution와 발달development)'라는 귀여운 이름의 연구 분야를 이끄는 주제 중 하나이기도 하다.

해면류가 동물에게 어떻게 신경계를 선사할 수 있었는지 이해하기 위해 짚고 넘어가야 할 중요한 부분이 하나 더 있다. 비록 해면류는 뉴런은 가지고 있지 않지만 세스 그랜트가 '원시시냅스protosynapse 구성 요소'라고 이름 지은 무언가를 가지고 있다. 구체적으로 말해, 해면류는 이후에 등장할 동물들의 시냅스전 위치와 관련된 유전자(예를 들어, 시냅스 틈으로 신경 전달 물질을 분비하기 전, 이 물질을 머금고 있는 구조의 토대가 되는 단백질에 대한 유전자), 시냅스후 위치 관련 유전자(예를 들어, 분비된 신경 전달 물질과 결합하는 수용체에 대한 유전자) 그리고 시냅스 연결이 이루어진 후 이를 안정화하는 데 사용되는 세포 부착 물질을 만드는 유전자를 가지고 있다.

이런 중요한 재료들을 모두 가지고 있었으면서 왜 해면류는 시냅스를 만들지 않았을까? 사실 해면류는 초기 발달 과정 동안 유전자 발현을 조율할 수 있는 분자 신호가 없었으므로 신경계도 형성할 수 없었던 것으로 나타났다. 해면류의 유전자에는 발달 과정 동안 시냅스전 요소와 시냅스후 요소를 연결하도록 지시하는 프로그램이 암호화되어 있지 않았으므로, 감각정보에 대한 반응으로 행동을 정교하게 제어하는 일이 어려웠다. 동물의 뇌가 형성되기 위해서는 서로 가까운 세포가 융합하고 달라붙는 것만으로는 충분하지 않다. 시냅스가 시각·촉각·미각 정보를 전달하고, 신체의 특정 부위나 신체 전체를 특정 자극을 향해 다가가거나 자극으로부터 달아나는 쪽으로 움직이기 위해서는 세포 사이의 연결을 정확히 배선해야 한다.

특히 흥미로운 점은 이러한 원시 시냅스 구성 요소 중 일부가 깃편모충류에서도 발견된다는 사실이다. 이들 원생생물과 해면류는 시냅스 구성 요소들을 언젠가 뉴런과 시냅스를 만드는 데 이용될 때까지 그저 방치해두지만은 않았고 다른 목적을 위해 이용했다. 그러다 서로 떨어져 있는 신체 부위 사이의 소통 문제를 해결하기 위해 뉴런 사이에 시냅스란 다리를 놓아야 할 시점이 되자 기존에 가지고 있던 구성 요소들을 활용해 이 문제를 해결한 것이다. 그리고 일단 자포동물이 이 요소들을 채택하자 이후 등장하는 다른 모든 동물도 같은 방식을 따르게 되었다.

자포동물의 신경계는 상당 부분 초보적이고 단순한 신경망으로 구성되어 있다. 뉴런은 외부의 피부 같은 조직층에 퍼져 산만한 망 구조를 이룬다(그림 27.3). (흥미로운 사실 하나: 피부와 뉴런의 관계는 인간과 같은 척추동물에도 여전히 이어져 내려오고 있다. 뉴런과 피부 세포는 둘 다 배아가 발달하는 단계에서 외배엽으로부터 생겨난다.) 이후에 등장한 모든 신경계와 마

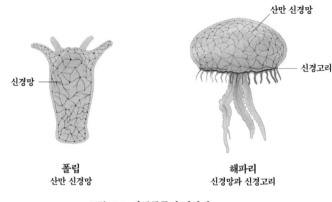

신경망

산만 신경망

신경고리

폴립
산만 신경망

해파리
신경망과 신경고리

그림 27.3 자포동물의 신경계

찬가지로, 자포동물의 신경망도 근본적으로는 세 가지 기본 업무를
수행하는 감각-운동 통합체계다. 먼저, 신경계는 빛, 촉감, 중력, 화학
물질을 감지하는 감각 수용체로부터 정보를 얻는다. 둘째, 수신한 감
각정보를 선별 처리한다. 셋째, 근육의 움직임을 제어하는 운동 명령
을 내린다. 이런 방식으로 신체의 각기 다른 부분들은 하나의 유기체
단위로서 반응하게 된다. 하지만 신경망에서는 반응을 국지화하는 것
이 쉽지 않다. 결국 히드라는 신체 어느 부위에 자극이 주어지든 똑같
은 방식으로 반응할 수밖에 없다.

히드라와 같은 폴립형 자포동물은 주로 산만 신경망을 가지는 반
면, 해파리는 뉴런이 밀집되어 있는 부위도 추가로 가지고 있다. 예를
들어 해파리의 몸체 주위로는 뉴런이 고리 모양으로 밀집되어 신경
고리를 형성하는데, 이 신경고리는 빠른 수영을 제어하기 위해 이용
된다. 또한 촉수에도 뉴런이 밀집되어 있는데, 이 부분은 느린 수영의
제어와 먹이 포획 그리고 유성생식 때 정자를 전달하는 용도로 이용

된다. 이처럼 국지적 영역에 뉴런이 밀집해 있으면 단지 신경망만 가지는 것보다 주어진 자극에 더 정확히 반응할 수 있다.

데트레브 아렌트Detlev Arendt와 동료들은 자포동물의 후손인 좌우대칭 동물의 복잡한 체제와 뇌가 해파리의 우산 및 입 부위에 집중된 뉴런들로부터 진화했음을 보이는 유전 증거를 찾았다고 발표했다. 우산 부위에 밀집해 있는 뉴런들은 대부분의 후생동물의 머리 부위에 존재하는 뉴런 집합의 전구체(즉 우리가 '뇌'라고 부르는 것의 전구체)인 것으로 보인다. 또한 입과 촉수 주위에 밀집한 뉴런들은 이후 길이가 길어져 뇌와 다른 신체 부위를 연결하는 신경삭(척추동물의 경우에는 척수)이 된 것으로 나타났다.

여기서 기술한 과정을 볼 때, 뉴런은 근본적으로 감각세포와 운동세포 사이의 소통을 위해 등장한 것임을 알 수 있다. 앞에서 우리는 신경계를 근본적으로 감각-운동 연결 장치라고 정의했다. 이제는 본 정의를 확장해서 신경계를 신체의 감각세포와 운동세포 사이를 연결해 감각정보에 대한 반응으로 근육운동을 제어하는 세포들의 집합이라고 정의할 수 있다. 몇몇 유기체는 (자포동물의 신경망처럼) 상대적으로 단순한 신경 매개체를 가지는 반면, 극단적으로 복잡한 신경망을 가지는 동물도 있다(예를 들면 척추동물의 뇌). 신경과학의 위대한 선구자인 찰스 스콧 셰링턴Charles Scott Sherrington 경은 다음과 같이 표현했다. "뇌는 움직이는 동물로 나아가기 위한 신경 작용의 주요 통행로인 것으로 보인다."

물론 신경계가 단순히 정보를 이곳에서 저곳으로 전달하는 역할만 했다면, 행동 또한 단순한 선천적인 반응에 그쳤을 것이다. 신경계의 획득으로 동물이 누린 가장 큰 이득 중 하나는 환경과 상호 작용함에 따라 쉽게 변화할 수 있는 뉴런을 얻었다는 사실이다. '시냅스 가소성'이라고 부르는 이 능력은 학습의 기반을 이룬다.

캄브리아기 폭발 당시 수많은 신체 형태의 동물들이 등장하게 된 배경에는 신경계 기반의 학습이 핵심적인 역할을 했다는 주장이 제기되었다. 신경계가 없는 유기체도 학습을 할 수 있다(단세포 미생물도 학습능력을 가지고 있음을 상기해보자). 하지만 신경계를 갖춘 유기체는 훨씬 정교하고 유연한 학습이 가능하다. 그리고 이러한 생존 도구를 개조하는 과정에서 수많은 체제가 분기해 나왔을 수 있다. 예를 들어, 신경 학습은 새로운 생존 적소를 개발하는 능력을 향상시켰고, 그에 따라 체제도 생존에 필요한 특성을 갖추도록 변화했을 것이다. 또한 포식자와 먹잇감 모두가 학습이 가능해지면서 둘 사이의 진화적 군비경쟁도 가속화되고, 그 결과 신체 체형에 유례없는 변화가 일어났을 것이다. 생존에서 학습의 중요성은 시간이 갈수록 중요해졌고, 또한 다양한 바우플란이 나타나도록 이끌었다.

후생동물이 바다에 뿌린 흔적들

정면을 바라보다

대략 6억 5000만 년 전, 동물계는 원시 체형(비대칭형 또는 방사형)의 수생동물이 지배하고 있었다. 이런 동물들은 신경계가 아예 없거나(해면류) 혹은 아주 단순한 신경계만 갖추고 있었다(자포동물과 유즐동물). 그러다 대략 6억 3000만 년 전쯤 새로운 신체 양식인 좌우 대칭 체형이 나타났다. 좌우 대칭 동물은 좀 더 성능이 향상된 신경계를 얻는 단계로 넘어갔다. 뉴런은 머리 부위에 밀집되는 방향으로 진화해 뇌를 형성했고, 그 결과 동물은 이전보다 훨씬 더 복잡한 방식으로 환경을 평가하고 행동할 수 있게 되었다. 대략 5억 4300만 년 전부터 4억 8000만 년 전 사이에 있었던 캄브리아기 폭발 동안 바다 밑에서는 뇌가 있는 좌우 대칭 동물이 급격히 늘어났고 다양한 체제가 생겨났다. 4억 년 전쯤에는 일부 좌우 대칭 무척추동물, 특히 노래기류의 육지 침공이 시작되었고, 3억 5000만 년 전쯤에는 대기 중 산소를 호흡하며 사는 첫 번째 척추동물, 양서류가 그 대열에 합류했다. 진화는 물

그림 28.1 자포동물의 방사형 체제

밑과 물 위 양쪽 모두에서 계속되었고, 그 결과 우리는 오늘날 엄청나게 다양한 동물들과 함께 살아가고 있다. 좌우 대칭형 바우플란에는 뭔가 특별한 것이 있음이 분명하다. 처음 출현하자마자 동물계를 장악한 주된 체제가 된 것을 보면 말이다. 초기 좌우 대칭형 수생생물이 남긴 흔적을 따라가 보면 LUCA에서 인류가 등장하기까지의 여정에 대한 중요한 단서를 얻을 수 있을 것이다.

앞에서도 살펴봤듯이, 자포동물은 중심축이 소화기 입구(입)로부터 체강 반대편 끝까지 이어져 있는 방사형 체형을 가졌다. 입구가 폴립형에서는 윗부분에, 해파리형에서는 바닥 부분에 있다. 폴립형과 해파리형 모두 관 모양으로 생겼으므로(그림 28.1) 앞뒤 방향의 축은 없다. 이러한 바우플란은 자포동물처럼 움직임이 상대적으로 덜한 생활 방식에서는 문제없이 작동했다. 정주형 폴립 체형의 자포동물은 촉수로 수평 방향으로 떠다니는 먹잇감을 잡아 폴립 위쪽의 입으로 가져간다. 해파리 체형의 자포동물도 마찬가지로 해류를 따라 이리저리 떠다니는 먹잇감을 먹고 사는데, 이 경우에는 모든 방향으로 떠다니는

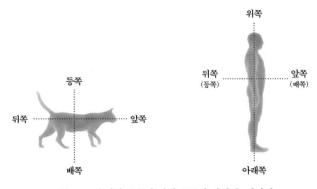

그림 28.2 수평형 동물과 직립 동물의 신체 축 명명법

먹잇감을 잡을 수 있고 몸체 아랫부분에 입이 있다. 해파리형 동물들
은 '사냥'을 하는 동안에는 천천히 수영을 하기도 하고 위험을 피해 도
망치기도 하지만 대부분의 경우에는 별로 움직이고 싶어하지 않는다.

이에 반해 좌우 대칭 동물은 운동성이 매우 높으며 선호하는 이동
방향이 있다. 이들은 움직일 때 양옆이나 뒤로 가기보다는 앞으로 나
아간다. 그런데 앞쪽이란 어딜까? 앞쪽은 좌우 대칭 체형의 형태가 생
겨난 방향이다.

좌우 대칭 동물에게는 두 개의 주요 축이 있다는 사실을 기억하고
있는가? 바로 앞뒤 방향의 축과 위아래 방향의 축이다. 이를 좀 더 공
식적으로는 전후축anterior-posterior axis과 등배축dorsal-ventral axis이라고 부
른다(그림 28.2). 대부분의 동물에서는 몸 방향으로 긴 축을 전후축이
라고 하는데, 일반적으로 수평 방향이며(땅과 평행하다) 앞쪽 끝을 머리
라고 한다. 반면에 등배축의 방향은 등과 배의 관계에 의해 정해진다.
등은 하늘과 가까운 쪽, 배는 땅과 가까운 쪽이다. 직립 동물(인간)은
예외로, 그림 28.2에서도 볼 수 있듯이 축의 배치 및 이름이 약간 달라

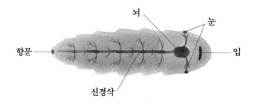

그림 28.3 원시 좌우 대칭 동물의 뇌와 신경삭

진다. 좌우 대칭 동물은 머리를 가지는 최초의 동물이다. 머리가 향하는 방향이 앞쪽인데, 이는 좌우 대칭 동물의 일반적인 이동 방향이기도 하다. 머리는 또한 중요한 감각 기관(눈, 귀, 코)이 많이 모여 있는 곳으로, 이러한 감각 기관들은 먹이, 물, 은신처, 또는 짝짓기 상대를 찾아 다가가거나 위험을 감지해 도망칠 때의 전진 행동을 안내한다. 특히 포식자가 정해놓은 먹잇감을 뒤쫓아가고 먹잇감은 그런 포식자를 피해 도망치는 지향적 추격과 도망이 시작되면서 좌우 대칭 동물의 복잡성은 급격히 증가했다.

좌우 대칭 동물의 머리는 또한 뇌가 있는 곳이기도 하다. 뇌는 감각정보를 취합해 처리하고 서로 떨어져 있는 신체 부위들 사이의 행동 반응을 조정한다. 입도 머리 앞쪽에 위치하므로 음식과 물을 섭취하는 자리를 바꿀 필요는 없었다. 뇌는 전후축을 따라 종방향으로 나 있는 신경삭에 연결되어 있으며, 신경삭에서 나온 신경줄기는 온몸 구석구석에 퍼져 있다. 이에 따라 뇌는 신체 모든 부위에 있는 근육의 수축 운동을 제어할 수 있다. 원시 좌우 대칭 동물의 뇌와 신경삭을 그림 28.3에 나타냈다.

좌우 대칭 동물의 출현에 대한 가장 잘 알려진 이론에서는 생존 활동을 수행하는 데 전방을 향하는 신체가 이동에 더 유리했기 때문에 좌우 대칭 동물이 출현했다고 말한다. 일각에서는 좌우 대칭 동물이 최초에 어떻게 출현했는지에 대해 다른 이론을 제시하기도 했지만, 대부분의 학자는 좌우 대칭 체제가 그토록 오랜 기간 동안 동물의 기본 체형으로서 지속된 이유를 이동의 편의성으로 설명하는 데 동의한다. 이동은 수많은 생존 활동의 핵심이기 때문이다.

좌우 대칭 동물이 방사형 동물로부터 진화했다는 사실을 생각해 볼 때, 하나의 축만 가지는 신체로부터 어떻게 두 개의 축을 가지는 신체가 출현할 수 있었는가 하는 중요한 질문이 제기될 수 있다. 호메오박스Homeobox 유전자는 후생동물의 바우플란이 형성될 때 중요한 역할을 했다. 호메오박스 유전자 중에서도 특히 좌우 대칭 동물에게 중요한 유전자 세트가 있었는데 이를 '혹스 유전자hox gene'라고 부른다. 좌우 대칭이 아닌 동물은 혹스 유전자를 거의 가지지 않는다. 혹스 유전자는 좌우 대칭 체제를 형성하는 데 놀라운 능력을 발휘하는데, 신체가 전후축을 따라 대칭으로 형성되도록 한 뒤 신체의 다른 부분들도 이 축을 따라 발달하도록 지시한다. 이 과정을 '전후축 패턴 형성 과정'이라고 한다. 혹스 유전자는 척추동물의 진화를 논의할 때 또 한 번 등장할 것이다.

조직의 문제

여러분도 기억하겠지만, 진정 후생동물은 조직을 가진 동물로 정의되며 방사형 동물과 좌우 대칭 동물이 모두 여기 포함된다. 조직은 세포의 기능 분화 과정에서 생겨난다. 수정란의 딸세포들은 각각 분열을 거듭하여 동일한 세포들을 계속 만들어내는데, 이 세포들은 모여서 가운데가 빈 구 모양의 껍질층을 형성한다. 이 구를 '포배'라고 부른다. 그후 포배는 안쪽으로 접혀 '낭배'라는 구조를 형성하는데, 그 결과 배세포로 이루어진 층이 한 겹 더 생긴다. 이로부터 동물의 다양한 조직과 장기를 형성하는 모든 전문 세포가 만들어진다. 이때 배우자 세포는 제외다(체세포와 생식세포의 차이점을 떠올려보자).

방사형 동물은 두 겹의 배세포층을 가지므로 2배엽성인 반면, 좌우 대칭 동물은 3배엽성으로 배세포층도 세 겹이다(그림 29.1). 자포동물과 같은 방사형 진정 후생동물이 가지는 두 겹의 배세포층을 각각 외배엽ectoderm과 내배엽endoderm이라고 한다. 외배엽과 내배엽은 신체

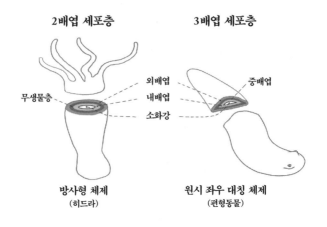

무생물층

외배엽
내배엽
소화강

중배엽

방사형 체제
(히드라)

원시 좌우 대칭 체제
(편형동물)

그림 29.1 방사형 동물과 좌우 대칭 동물의 조직층

에 주머니와 비슷한 두 개의 구획된 공간을 만든다. 바로 외피(또는 피
부)와 내장이다(이러한 신체층도 세포층과 마찬가지로 외배엽 및 내배엽이라고
부른다). 방사형 동물은 간충질이라는 세 번째 주머니도 가지지만, 간
충질은 살아있는 조직으로 이루어져 있지 않다.

좌우 대칭 동물도 방사형 동물처럼 외피(피부)를 구성하는 세포층
인 외배엽과 내장을 형성하는 세포층인 내배엽을 가진다. 하지만 좌
우 대칭 동물에겐 중배엽mesoderm이라는 세 번째 배세포층이 있다. 중
배엽은 외배엽과 내배엽 사이에 위치하며 세포를 추가로 생성하는 역
할을 한다. 중배엽은 체강coelom을 형성하는 기능을 하는데, 체강이란
내장 및 다른 장기들이 들어 있는 체내 빈 공간으로 방사형 동물에서
는 발견되지 않지만 대부분의 좌우 대칭 동물은 가지고 있는 조직 구
조다.*

몇몇 특수한 조직은 좌우 대칭 동물과 방사형 동물을 구분할 때

표 29.1 대표적인 좌우 대칭 동물의 특성 정의

두 개의 신체 축(앞뒤 방향의 축과 위아래 방향의 축)
앞뒤 방향 축을 기준으로 대칭 구조를 가진다
3배엽층(외배엽, 중배엽, 내배엽)
내장에 입과 항문이 있다
내장과 신체 벽 사이에 빈 공간(체강)이 있다
국지화된 감각 기관. 대부분은 머리에 있다
중앙 통제 장치(뇌)를 갖춘 신경계

특히 더 중요하다. 방사형 동물의 내장에는 입과 항문 역할을 동시에 하는 구멍이 있다. 하지만 방사형 동물에서 진화한 좌우 대칭 진정 후 생동물은 입구와 출구를 분리함으로써 한쪽 끝에는 입이, 다른 쪽 끝에는 항문이 있는 내장을 가진다. 두 번째는 앞에서도 언급했듯이 오직 좌우 대칭 동물만이 내장 기관을 보호하기 위한 체강을 가지고 있다. 방사형 동물과 좌우 대칭 동물을 구분하는 세 번째 조직은 신경계다. 앞에서도 살펴봤지만 자포동물의 신경계는 상대적으로 원시적이며 몸 전체의 움직임을 제어하는 중앙통제 기능이 미비하거나 아예 없다. 운동을 일부 제어하기도 하지만 본부에서 내려온 명령을 따르는 방식은 아니다. 반면에 대부분의 좌우 대칭 동물은 '뇌'라는 중앙 통제 장치를 가지고 있어, 신체 일부 또는 신체 전체가 관여하는 복잡

● 좌우 대칭 동물이 가지는 세 개의 배세포층 각각은 수많은 종류의 세포와 조직을 만들어내야 한다. 예를 들어, 척추동물에서 외배엽은 피부뿐만 아니라 두개골과 치아도 형성한다. 외배엽 중에서도 신경외배엽이라고 부르는 특별한 부위는 신경계를 구성하는 뉴런을 만들어낸다. 내배엽도 단지 내장벽만 만드는 것이 아니라 간이나 폐와 같은 내부 장기들을 만들어낸다. 중배엽은 체강을 비롯해 골격 골세포, 연골, 근육, 생식선, 신장, 심장, 혈액, 림프계 등을 만든다.

한 움직임을 일으키기 위해 눈 등의 감각 기관으로부터 받은 정보를 통합하고 특정 신체 부위의 움직임을 유도한다.

과학자들은 '모든 좌우 대칭 동물의 가장 최근 공통 조상'(LCBA)에 대한 단서를 얻기 위해 좌우 대칭 동물의 특성을 설명할 수 있는 화석 증거와 분자생물학 증거를 조사했다. 그 결과 LCBA는 대략 6억 3000만 년 전에 처음 출현한 것으로 밝혀졌다. 분자생물학 증거를 봤을 때 가장 유력한 가설은 좌우 대칭 체제를 가지는 원시 수중 벌레가 LCBA라는 것이다. LCBA 이후에 등장한 좌우 대칭 동물들은 전방 끝 부위에 감각 기관과 뇌 그리고 전방 구강 입구와 후방 항문 및 체강이 있는 내장 기관을 가지고 있었지만, 화석 증거를 봤을 때 LCBA가 이러한 특성을 전부 가지고 있었던 것 같지는 않다. LCBA의 신경계는 한 곳에 집중되었다기보다는 산만한 편이었고 내장도 완전히 형성되지 않았으며 체강도 없었다. 하지만 이후에 등장한 후손들은 이러한 특성을 재빨리 획득할 수 있었다.*

이러한 동물이 과연 어떻게 생겼을지 재구성해본 결과를 그림 29.2에 나타냈다. 이러한 종류의 생명체가 어떻게 등장할 수 있었는지 이해하기 위해 과학자들은 다시 유충들을 조사하기 시작했다. 유영이 가능했던 자포동물의 유충들은 어느 정도는 좌우 대칭형 구조를 가졌으며, 이후 좌우 대칭 동물의 신체 발달을 지시하는 데 사용되는 유전자를 상당 부분 보유하고 있었다.** 이는 자포동물 유충의 신체가 변형을 겪은 결과로 LCBA가 등장했음을 시사한다. 산만신경계와 불완전한 내장도 자포동물로부터 물려받았을 것이다. LCBA는 완전히 발

---

* 현존하는 좌우 대칭 동물 중 일부는 진정한 체강이나 뇌가 없다. 선조 대에 이러한 특성을 잃어버린 것으로 보인다.

광수용체

입

그림 29.2 '모든 좌우 대칭 동물의 가장 최근 공통 조상(LCBA)'의 재구성

달된 좌우 대칭 동물로 보긴 어렵겠지만 그 일종으로 보는 것은 무방할 정도로 자포동물과 차이가 난다. 해면류의 유충 덕분에 자포동물이 출현할 수 있었던 것처럼, 자포동물의 유충 덕분에 생명의 나무에는 좌우 대칭 동물이라는 가지가 생겨났다. 현재 우리와 함께 살아가는 대부분의 동물들이 등장할 수 있었던 것도 자포동물의 유충 덕분이다.

•• 일각에서는 자포동물 유충이 좌우 대칭형 구조를 가지고 있으므로 자포동물도 좌우 대칭 동물의 한 아군으로 봐야 한다는 주장이 나오기도 했다. 하지만 이 주장은 큰 지지를 받지 못했다. 이 벌레처럼 생긴 생명체가 최초의 좌우 대칭 동물인지 아닌지가 인간 본성으로 향하는 우리의 여정을 크게 변화시키지 않는 한, 나는 기존의 견해를 계속 고수하고자 한다.

입으로, 아니면 항문으로?

좌우 대칭 동물을 분류하는 가장 일반적인 방법은 그 동물에 등뼈 즉
척추가 있는지 보는 것이다. 척추동물은 척추가 있고, 무척추동물은
척추가 없다. 이러한 구분은 우리 책에서도 매우 중요한 부분이긴 하
지만, '모든 좌우 대칭 동물의 가장 최근 공통 조상'에서 척추동물로
진화하는 과정을 설명하는 좀 더 근본적인 차이점이 하나 더 있다.

　해파리와 같은 방사형 후생동물의 소화기는 구멍이 하나뿐이라 입
구와 출구 역할을 모두 한다는 사실을 떠올려보자. 좌우 대칭 동물은
이와 반대로 입과 항문이 소화기의 서로 반대쪽 끝부분에 위치한다.
그리고 배가 발달하는 동안 이 두 개의 구멍이 어떻게 형성되는지를
바탕으로 좌우 대칭 동물을 가장 근본적인 측면에서 구분할 수 있다.

　좌우 대칭 동물의 생애 초기, 포배가 안으로 접히며 낭배를 형성
할 때 포배가 접힌 자리에는 이후에 소화관이 될 구멍이 생긴다(그림
30.1). 어떤 동물에서는 포배가 접힌 자리에 처음 생겨난 구멍이 입(소

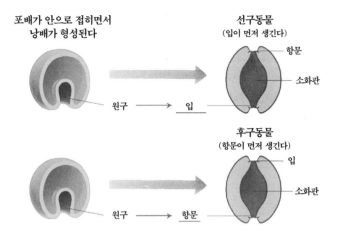

포배가 안으로 접히면서
낭배가 형성된다

선구동물
(입이 먼저 생긴다)

항문

소화관

원구 ⟶ 입

후구동물
(항문이 먼저 생긴다)

입

소화관

원구 ⟶ 항문

그림 30.1 선구동물과 후구동물의 소화관 형성 과정

화기의 구강부 말단)이 된다. 이러한 동물들을 '선구동물protostome(그리스어로 "입이 먼저"라는 뜻이다)'이라고 한다.

곤충(파리, 벌), 거미류, 갑각류(게, 바닷가재), 연체동물(달팽이, 민달팽이, 조개, 오징어, 문어) 그리고 다양한 벌레 등 대부분의 무척추동물은 이렇게 입이 먼저 생기는 동물에 포함된다. 그밖에 다른 좌우 대칭 동물의 경우에는 처음 생기는 구멍이 항문이 된다. 이처럼 항문이 먼저 생기는 동물을 '후구동물deuterostome(문자 그대로 "입은 두 번째로"라는 뜻이다)'이라고 한다. 항문이 먼저 생기는 유기체 중에 한 독특한 무척추동물군이 이후 척추동물의 조상이 된다(그림 30.2). 선구동물과 무척추 후구동물에서 나타나는 이와 같은 발생학적 차이를 통해 우리는 척추동물과 그들의 조상이 된 무척추동물 사이의 연결고리를 찾고, 나아가 생명의 오랜 역사를 이해할 수 있다.

선구동물과 후구동물은 모두 5억 8000만 년 전쯤에 처음 생겨났

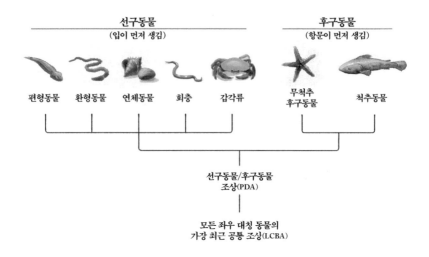

선구동물
(입이 먼저 생김)

후구동물
(항문이 먼저 생김)

편형동물 환형동물 연체동물 회충 갑각류 무척추
후구동물 척추동물

선구동물/후구동물
조상(PDA)

모든 좌우 대칭 동물의
가장 최근 공통 조상(LCBA)

그림 30.2 선구동물과 후구동물의 공통 기원

다. 오랫동안 '선구동물과 후구동물의 공통 조상protostome-deuterostome
ancestor(PDA)'이 바로 LCBA인 것으로 여겨졌다. 하지만 지난 장에서 살
펴봤듯이, 대략 6억 3000만 년 전 방사형 체제에서 벗어나 새로운 체
제를 선보인 LCBA는 가장 최근의 좌우 대칭 동물과 오직 몇 가지 공
통점만 공유한다. 따라서 PDA는 LCBA 이후에 등장했고, 그 다음으
로 선구동물과 후구동물이 분리된 것으로 보인다. LCBA와 PDA는
둘다 초기(또는 기초) 좌우 대칭 동물로 간주된다(그림 30.2를 참고하라).
PDA의 정확한 본성은 알려지지 않았지만 네프로조아Nephrozoa라고 부
르는 군에 속하는 것으로 보인다. 네프로조아 분기군은 체강이 처음
나타난 군으로 모든 선구동물과 후구동물, 즉 존재하는 거의 모든 동
물이 여기에 포함된다.

물론 우리는 후구동물과 많은 유전자를 공유하고 있지만, 선구동

물과 공유하는 유전자도 꽤 많다. 두 그룹 모두 생존과 관련된 핵심 유전자를 PDA로부터 받았기 때문이다. 바로 이런 이유로 초파리, 벌레, 바다 민달팽이류 같은 선구동물에 대한 연구로부터 인간에 관한 중요한 사실이 밝혀지기도 한다. 그뿐만 아니라 암, 심장병, 당뇨병, 기억 장애와 같은 신경학적 질환 등 인간이 걸리는 질병을 이해하고 치료법을 개발하는 데 이러한 연구가 이용되기도 한다. 예를 들어, 에릭 캔델은 바다 민달팽이류 연구를 통해 장기 기억 형성 과정의 분자 메커니즘을 발견한 공로로 노벨상을 수상했다. 그의 연구는 선구동물에 대한 사실이 인간을 비롯한 포유류에도 적용될 수 있음을 보여준다.

선구동물은 두 무리로 나눌 수 있는데 한 무리에는 편형동물, 환형동물(분절이 있는 벌레), 연체동물(조개, 굴)이 포함되고, 다른 무리에는 절지동물(곤충, 거미, 갑각류)과 선형동물이 포함된다. 두 무리로 나누는 기준은 그 동물의 몸이 연속적으로 계속 성장하는지, 아니면 생애 어느 시점에 이전의 몸을 버리고(탈피) 새로운 몸으로 시작하는지다. 유전학적 분석에 따르면 환형동물과 연체동물은 절지동물 및 회충보다 후구동물과 공유하는 유전자가 더 많다고 한다. 이는 인간의 특성과 질병을 이해하기 위한 모델 시스템으로는 환형동물과 연체동물이 더 유리하다는 것을 시사한다. 비록 곤충류(초파리)와 선형동물(예쁜꼬마선충)도 실용적인 이유로 유전학 연구의 실험동물로 특히 인기가 많긴 하지만 말이다.

심해의 후구동물은
우리를 과거와 연결시킨다

나는 언젠가 내 아이들이 해변가에서 불가사리를 발견하곤 엄청나게 흥분했던 것을 기억하고 있다. 반쯤 모래에 파묻힌 채 꿈쩍도 하지 않던 이 생명체는 조개껍데기와 그 밖의 다른 바다 잔해들과 함께 해안선까지 떠내려온 것으로 보였다. 아이들은 이 놀라운 생명체를 집어든 후 촉수가 꿈틀거리는 것을 보고서는 처음에는 놀랐으나 곧 전율했다.

대체로 동그란(방사형) 몸 주위로 이리저리 뻗어 나가는 촉수를 볼 때, 불가사리는 아마도 해파리나 히드라를 납작하게 편 생물체의 일종인 것처럼 보이기도 한다. 하지만 실제로 불가사리는 후구동물이다. 후구동물이 좌우 대칭 동물이란 점을 생각하면 불가사리 성체가 그런 특성을 가지지 않는다는 점이 조금 이상할 수도 있을 것이다. 불가사리도 생애 초기 유충일 때는 좌우 대칭형 신체를 가지지만 자라면서 이러한 특성을 잃어버린다(그림 31.1). 앞에서도 살펴봤듯이, 유충

좌우 대칭형 불가사리 유충　　　　　방사형 불가사리 성체

그림 31.1 불가사리도 생애 초기에는 좌우 대칭형 신체를 가진다.

은 성체보다 그 유기체의 진화사와 좀 더 직접적으로 관련되어 있는 경우가 많다.

후구동물에는 다섯 개의 문이 있으며 이는 다시 두 개의 초상위문으로 분류할 수 있다(그림 31.2). 그중 하나는 보대동물Ambulacraria로, 불가사리가 포함되는 극피동물문Echinodermata, 별벌레아재비가 포함되는 반삭동물문Hemichordata으로 구성된다. 나머지 세 개의 문은 두 번째 초상위문인 척삭동물Chordata을 구성한다.* 그중 두 개의 문은 무척추 후구동물로, 대표적인 동물로 멍게가 있는 미삭동물문Urochordata과 창고기로 잘 알려진 두삭동물문Cephalochordata이 있다. 세 번째 척삭동물문이 바로 척추동물문Vertebrata으로 어류, 양서류, 파충류, 조류 그리고 인간을 포함하는 포유류가 여기에 속한다.

한때는 보대동물이 먼저 등장한 후구동물이며 척삭동물은 여기서 진화한 것으로 생각되기도 했다. 척추동물은 척삭동물문에 속하므로, 이 시나리오에 따르면 원시 불가사리는 인간과 그 밖의 다른 척

•　최근까지 척삭동물은 하나의 문으로 여겨졌고 여기에 속한 세 개의 문은 아문으로 간주되었다. 여기서 나는 새로운 구분에 따라 척삭동물을 세 개의 문으로 이루어진 초상위문으로 다루고자 한다.

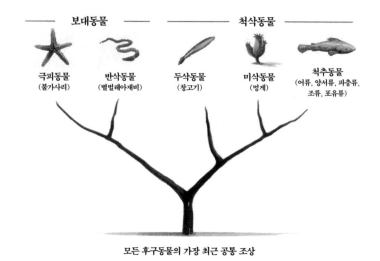

보대동물   척삭동물

극피동물
(불가사리)

반삭동물
(별벌레아재비)

두삭동물
(창고기)

미삭동물
(멍게)

척추동물
(어류, 양서류, 파충류,
조류, 포유류)

모든 후구동물의 가장 최근 공통 조상

그림 31.2 후구동물의 두 개의 초상위문

추동물의 조상이었을지도 모른다. 하지만 좀 더 최근에 발견된 증거에 따르면 보대동물과 척삭동물은 서로 자매계통으로, 캄브리아기 폭발 동안 '모든 후구동물의 가장 최근 공통 조상last common deuterostome ancestor(LCDA)'으로부터 분리된 계통을 따라 진화한 것으로 보인다. 비록 불가사리는 우리의 직계 혈통은 아니지만 후구동물로서 여전히 우리의 가까운 친척 동물이다.

어떤 의미에서, 우리는 무척추 척삭동물의 기원(선구동물과 후구동물이 분리된 결과로 출현한 기초 후구동물로부터 진화했다)과 함께 척추동물의 기원(무척추 척삭동물로부터 진화했다)에 대한 물음에도 이미 답했다. 하지만 무척추 척삭동물에는 두 개의 문이 있다. 최초의 척추동물은 이 두 개의 문과 어떤 관련을 맺고 있을까?

간단히 답하자면, 피낭동물로도 알려져 있는 미삭동물은 척추동물과 자매군이며, 두삭동물은 이 두 문 모두의 자매군이다. 즉 두삭동물보다는 미삭동물이 척추동물에 조금 더 가까우므로, 창고기보다는 오늘날의 멍게가 척추동물의 진화에 대해 더 많은 것을 알려줄 것으로 생각할 수 있다. 하지만 진화신경생물학자 린다 홀랜드가 지적하듯이, 척추동물과 두삭동물의 기본적인 툴킷 유전자는 이들이 5억 년 전에 분기된 이후 천천히 진화한 반면, 미삭동물의 유전체는 훨씬 극적인 변화를 겪었다. 이런 이유로, 현존하는 두삭동물은 미삭동물보다 원시 척삭동물의 역사를 더욱 잘 보여주며 척추동물의 기원에 대해서도 더 나은 설명을 제공한다.

따라서 다음 장에서는 지렁이와 비슷하게 생긴 조그마한 두삭동물인 창고기에 대해 다루고자 한다. 창고기는 물속에서 아무런 제약 없이 자유롭게 수영할 수 있지만, 그들 대부분이 대양 밑바닥에서 살며 정주형 생활 방식을 유지할 수 있는 장소를 찾기 위해 또는 포식자로부터 도망치기 위해 헤엄쳐 다닌다. 그 자신도 포식자지만 헤엄치는 동안에는 사냥을 하거나 먹이를 잡아먹지 않는다. 이들은 여과 섭식자filter feeder로서, 해저의 모래와 자갈에 파묻힌 채 입만 삐죽 내밀고 바닷물을 빨아들여 영양분을 추출하는 방식으로 먹이를 얻는다. 이러한 무척추 척삭동물이 척추동물의 진화에 그토록 중요한 이유는 이들이 가진 특이한 구조의 등 때문이다. 척추동물을 정의하는 특성인 척추가 바로 이 구조로부터 진화했다.

두 척삭 이야기

다른 어떤 유기체도 가지고 있지 않는 척삭동물의 특이한 특징 중 하나는 척삭notochord이다. '척삭동물'이란 이름도 여기서 나왔다. '척脊, noto'은 '등'이란 의미로, 척삭 그 자체는 등뼈를 따라 몸의 긴 축을 지나는, 연골로 이루어진 유연하고 속이 빈 막대다. 척삭은 원시 골격으로서 중력 반대 방향으로 신체를 지탱하는 역할을 한다. 기둥형 옷걸이에 옷이 걸려 있는 것처럼 피부와 일부 신체 장기도 척삭에 걸려 있다. 그 중심부의 빈 공간은 젤라틴 같은 물질로 채워져 있어 신체에 유연성을 더해주며 파동 형태로 수영하는 것도 가능하게 한다.

다른 형질들의 진화와 마찬가지로, 척삭도 기존에 존재하던 구조가 변형되어 등장한 것으로 보인다. 유전 증거에 따르면, 척삭은 LCBA나 그와 근연 관계에 있는 원시 벌레의 장축을 따라 형성되어 있던 근육성 피막이 변화한 것이라고 한다.

앞에서도 살펴봤듯이, 선구동물과 후구동물은 모두 PDA로부터 유래했으며, PDA는 LCBA의 후손이다. 그런데 초기 선구동물의 조상인 환형동물에 대한 연구 결과, 현존하는 척삭동물과 선구동물 사이에 흥미로운 연결고리가 발견되었다. 환형동물에는 '축삭axochord'이라고 하는 세로근이 있는데, 이는 척삭동물의 척삭과 비슷한 유전 특성 및 형태학적 특성을 가지고 있었다. 생물학자들은 이러한 유사성을 근거로 척삭동물의 척삭과 초기 선구동물의 축삭이 공통된 기원을 가진다고 주장했다. 앞에서 살펴본 LCBA의 긴 근육성 피막이 바로 그 기원이라는 것이다.

LCBA(또는 그것의 초기 후손들)와 관련해 짚고 넘어가야 할 또 다른 사항은, 그것이 머리 앞쪽에 종신경삭들이 분화해서 이루어진 기관(뇌)을 가지는 것으로 생각된다는 것이다. 따라서 척삭동물과 선구동물 모두 이러한 초기 좌우 대칭 동물로부터 신경삭과 뇌를 물려받았다는 시나리오도 생각해봄직하다. 하지만 이러한 결론을 도출하기에는 잠재적으로 문제가 될 수 있는 사실이 몇 가지 있다.

그중 하나는 척삭동물의 신경삭은 척삭 위쪽(등쪽)에 위치하며, 내장은 신경삭과 척삭 아래에 위치한다는 것이다(그림 32.1). 이에 반해, 선구동물의 신경삭은 축삭 아래쪽에 있으며, 신경삭과 축삭 모두 내장 아래에 있다. 척삭동물과 선구동물의 신경삭은 서로 아무런 관련이 없을지도 모른다. 하지만 린다 홀랜드는 이에 동의하지 않는다.* 그는 선구동물의 배쪽 신경삭과 척삭동물의 등쪽 신경삭 사이의 깊은 연관성을 보여주는 혹스 유전자 및 기타 유전자들을 포함한 광범위하고도 설득력 있는 증거를 제시하면서, 선구동물과 후구동물의 공통

• 이 주제에 대해 이메일로 의견을 나눠준 린다 홀랜드에게 감사의 말을 전한다.

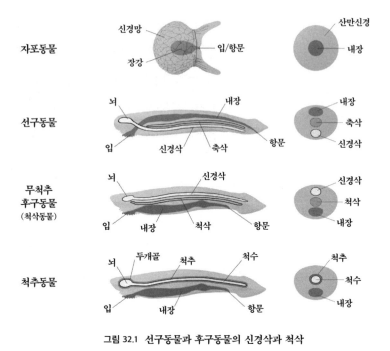

그림 32.1 선구동물과 후구동물의 신경삭과 척삭

조상 즉 PDA에서는 배쪽에 신경삭이 있었으며 PDA로부터 선구동물이 분기되었을 때는 신경삭이 계속 아래에 머물렀지만 척삭동물이 진화하면서 위쪽으로 올라갔다고 결론지었다. 무리한 주장은 아니다. 자연선택 과정에서 체제가 적응하는 중 내부기관이 이리저리 이동하는 것은 자연스러운 일이다.

척삭동물이 PDA로부터 중추 신경계를 물려받았다는 주장의 또 다른 잠재적 문제점은 무척추 후구동물이 가지는 신경계의 본성과 관련되어 있다. 예를 들어, 두삭동물인 창고기는 등쪽 신경삭을 가지지만 그리 발달된 뇌는 가지지 않았다. 신경삭의 앞쪽 말단이 조금 팽창해 있긴 하지만 크기가 크진 않다. 따라서 창고기는 보통 뇌가 없는 것으로 간주되었다. 그럼에도 불구하고, 최근 들어 창고기에도 미미하지만 진정한 뇌로 볼 수 있는 신경이 존재한다는 형태학적 증거가 제시되었다. 창고기 유생의 특정 세포 구조를 척추동물의 것과 비교한 연구에 따르면, 창고기 유생은 척추동물 뇌의 아래쪽 부분에 상응하는 부분을 가지고 있는 것으로 밝혀졌다. 이러한 결론은 척추동물의 신경 구조에 존재하는 혹스 유전자 및 기타 유전자가 창고기에서도 발견되었다는 또 다른 연구에 의해 힘을 얻고 있다. 이러한 유전자 중 일부는 선구동물의 뇌에서도 발견되는데, 이는 선구동물과 후구동물 모두 PDA로부터 이 신경 유전자를 물려받았음을 시사한다(PDA는 이 유전자들을 아마도 LCBA/PDA로부터 얻었을 것이다). 앞 장에서도 설명했듯이, 미삭동물은 두삭동물보다 척추동물에 좀 더 가깝지만 시간의 흐름에 따라 급격한 분화를 겪고 엄청나게 다양해졌으므로 두삭동물만큼 척추동물의 초기 척삭동물 기원을 잘 설명하지는 못한다.

이 모든 사실을 종합해보면, 선구동물과 두삭 후구동물은 모두 그들의 공통 조상(PDA)으로부터 뇌와 신경계 그리고 그 구조적 지지물(선구동물에서는 축삭, 척삭동물에서는 척삭)로 이루어진 중추 신경계를 물려받은 것으로 결론지을 수 있다. 척추동물이 진화함에 따라 척삭은 척추(등뼈)에 그 자리를 내주었고, 등쪽 신경삭은 척수가 되었다. 창고기에서 관찰된 신경삭 앞부분의 작은 팽창은 척추동물에서도 중요한 구조적 특성으로 그대로 유지되며, 이를 제어하는 유전자도 후구동물 조상이 간직하고 있던 것을 물려받은 것이다. 이처럼 척추동물의 뇌는 척삭동물의 뇌와 그리고 심지어 선구동물의 뇌와도 서로 일치하는 부분이 놀랄 만큼 많음에도 불구하고, 이 책의 뒷부분에서 계속 논의하겠지만, 생명의 역사에서 견줄 데 없는 발전을 이루어냈다.

그런데 척삭동물을 정의하는 핵심 특성인 척삭이 척추동물에서는 척수로 완전히 교체되었다면, 척추동물은 왜 여전히 척삭동물로 간주될까? 완전히 분리된 분류군을 형성해야 하지 않을까? 모든 척추동물은 배아기 때 등쪽에 척삭을 가진다. 이후 배아가 성숙함에 따라 척삭은 척추로 교체된다. 척삭 내부를 채우고 있던 젤라틴 같은 물질은 척추골 사이의 척추 원반(디스크)을 채우는 연질의 물질로 바뀐다. 척추 원반이 원래 위치에서 이탈해 그 속의 물질이 새어나오면 척추 원반에 의한 완충 효과도 손실되어 신경에 염증이 생기거나 압박될 수 있다. 이는 좌골신경통과 요통으로 이어진다. 또한 인간을 포함한 모든 척삭동물은 인두굽이(목 부위에 올록볼록하게 솟아나 있는 부분)를 가진다. 인두굽이는 무척추 척삭동물(창고기)과 수중 척추동물(어류)을 포함해 해양에서 사는 유기체들에서는 아가미로 자란다. 반면에 육상 척추동물은 폐를 이용해 대기 중 산소를 얻을 수 있으므로 아가미가 필요없다. 따라서 생애 초기에 인두굽이의 목적이 변경되어 턱과 내이(속귀)의 일부로 자란다. 이제 척추동물에 대해 알아볼 준비가 다 되었다.

척추동물의 도래

척추동물의 바우플란

어떻게 계산하는가에 따라 다르긴 할 테지만, 좌우 대칭 동물문에는 서로 다른 바우플란이 대략 28가지가 있다. 그중 27개는 무척추동물 문으로, 23개는 선구동물, 나머지 4개는 후구동물이다. 하지만 척추동 물에는 오직 하나의 문만 존재한다.* 즉 무척추동물은 수많은 바우플 란을 가지는 데 비해 척추동물은 특이하게도 오직 하나의 바우플란만 가진다(표 33.1).

척추동물의 신체가 매우 독특하긴 하지만 그 또한 무척추 척삭동 물의 바우플란으로부터 진화한 것이다. 또한 척삭동물의 이름이 척삭 에서 온 것처럼, 척추동물의 이름도 등뼈(즉 척추 또는 척주)를 형성하는 작은 뼈인 척추골에서 왔다.

창고기는 유연한 연골질의 척삭을 가진 덕분에 파동 형태로 천천

• 31장에서 우리는 (척삭동물을 문으로, 척추동물을 하위문으로 여기는 대신) 척삭동물을 초상위문으로, 척추동물을 문으로 간주하는 새로운 구분을 받아들이기로 했음을 상기하라.

표 33.1 척추동물의 바우플란 특성 정의

성체의 특성
등뼈
등뼈에 고정되어 있는 내골격
등뼈의 앞쪽 끝에 고정되어 있는, 뇌가 들어 있는 두개골
잘 발달된 뇌
척삭동물의 유산을 반영하는 생애 초기의 특성
신체의 등쪽 아래에 위치한 빈 신경삭
신경삭의 아래쪽 그리고 내장의 등쪽에 위치하는 척삭
인두새열
항문후방의 꼬리

히 수영할 수 있었다. 이러한 형태는 주변을 돌아다니는 데는 별 문제가 없었지만 수영하면서 먹잇감을 잡기엔 그리 적합하지 않았다. 창고기는 포식자다. 하지만 앞 장에서도 언급했듯이 창고기는 헤엄치는 동안에는 사냥을 하지 않고, 해저에 파묻혀 물을 빨아들이는 방식으로 섭식한다. 바닷물 속에서 사냥을 다니기 위해서는 먹이를 잡는 것뿐만 아니라 그 자신이 잡아먹히기 전에 도망칠 수도 있어야 하므로 빠른 속도로 민첩하게 움직일 필요가 있다. 척추동물의 신체를 지탱하는 뼈대는 각각 움직일 수 있는 독립된 부분(척추골)으로 구성되어 있으므로 한결 더 유연한 움직임을 가능하게 한다.

척추가 감싸고 있는 척수는 무척추 척삭동물의 목에서 꼬리까지 길이 방향으로 나 있는 신경삭의 일종이다. 척수의 목 부분 끝은 뇌와 연결되는데, 뇌는 두개골의 일부로 척추의 연장선에 있는 뇌머리뼈 안에 감싸져 있다. 척추에는 그 밖의 나머지 뼈들(꼬리뼈, 갈비뼈, 팔다리뼈 포함)이 단단히 고정되어 있으며, 무척추 척삭동물의 척삭과 마찬가지로 근육 및 내장 기관이 매달려 있을 수 있는 틀을 제공한다. 여러분도 생선뼈를 발라보면 이러한 특성들 중 상당수를 확인할 수 있을 것이다. 생선의 갈비뼈 속에 들어 있는 내장을 제거하고 생선을 조리한 다음, 꼬리뼈를 들어올리고 척추뼈를 잡아당기면서 머리뼈까지 제거하면 생선의 뼈와 살을 분리할 수 있다.

모든 척추동물은 표 33.1에 나열한 핵심 특성을 공통적으로 가지고 있다. 하지만 척추동물의 다섯 강은 서로 매우 다르다. 사실 척추동물문은 엄청나게 다양한 군들로 구성되어 있다. 이들은 물속에서 시작되었지만, 그중 일부는 육지 위에서 살고 이동하기 위한 바우플란을 진화시켰다. 심지어는 대기 중에서도 산다. 척추동물의 바우플란이 다양하다는 것은 그들이 얼마나 가지각색의 골격을 가졌는지만 봐도 분명히 알 수 있다(그림 33.1). 척추동물은 다양한 신체와 유연한 행동 패턴을 가짐으로써 지구 어디서든 그리고 어떤 기후에서든 살아남을 수 있었다.

한 동물의 바우플란은 생애 초기 동안 유전자의 제어를 받으며 서서히 발달한다. 앞에서도 언급했듯이, 호메오박스 유전자라 부르는 유전자군은 신체 형성에서 주된 역할을 한다. 이들은 아주 오래전부터, 식물과 균류, 동물을 포함한 모든 다세포 유기체의 신체 설계에 기여해왔다. 그중에서도 혹스 유전자라고 부르는 하위군은 앞에서도 논의했듯이 좌우 대칭형 신체를 형성하는 데 중요한 역할을 한다.

혹스 유전자는 모든 선구동물과 후구동물, 즉 전후축을 중심으로 대칭인 모든 좌우 대칭 동물의 기본적인 구조적 특성을 형성하도록 지시한다. 즉 혹스 유전자는 배아일 때 팔다리 등의 특정 구조가 특정

216

그림 33.1 **척추동물의 골격은 그들의 바우플란이 얼마나 다양한지 보여준다.**

시기에 신체 축을 따라 위아래로 형성되도록 촉발하는 다른 유전자들을 제어함으로써 이 일을 해낸다. 또한 혹스 유전자는 내부 기관들의 형성에도 관여할 뿐만 아니라 서로 다른 신체 부위의 크기를 조절하는 일까지 맡고 있다. 지난 장에서도 살펴봤듯이, 이들은 신경계의 형성에도 중요하게 관여하고 있다.

모든 좌우 대칭 동물이 공통된 바우플란을 공유하는 것도 혹스 유전자가 전체 문에 걸쳐 보존되고 있기 때문이다. 따라서 서로 다른 유기체군의 유사점을 규명하는 작업은 이들의 진화적 관계를 밝히는 데 도움이 된다. 예를 들어, 과학자들은 혹스 유전자의 유사성을 통해 척추동물과 창고기가 서로 어떻게 연결되는지, 그 다음으로 창고기와 그들의 조상인 후구동물이 어떻게 연결되는지, 선구동물과는 또 어떻게 연결되는지, 그리고 선구동물과 후구동물이 LCBA와 어떻게 연결되는지를 밝혀냈다.

유전자 발현에서 생기는 차이는 서로 다른 문이 고유한 신체 설계를 가지는 데 기여한다. 특히 눈여겨봐야 할 점은 척추동물은 네 세트의 혹스 유전자를 가지는 반면, 선구동물과 무척추 후구동물은 오직 한 세트만 가진다는 사실이다. 다시 말해, 무척추 척삭동물로부터 척추동물이 진화하는 동안 혹스 유전자는 여러 차례에 걸쳐 중복되었다. 이런 종류의 유전자 중복은 척추동물의 바우플란을 더 복잡하게 만드는 중요한 방식이다.*

---

* 척추동물의 신체가 무척추동물에 비해 복잡하다는 사실은 유전자 중복과 분명히 관련되어 있지만, 그렇다고 혹스 유전자의 복잡성과 신체 복잡성이 일대일로 대응되는 것은 아니다. 예를 들어, 덜 복잡한 초기 척추동물(어류) 중 일부는 그 이후에 출연한 더 복잡한 척추동물(포유류)보다 약간 더 많은 혹스 유전자를 가진다.

바다에서의 삶

척추동물은 해양에서 처음 출현했다. 보통 어류는 최초의 척추동물로 간주되며 실제로도 현존하는 가장 오래된 척추동물이긴 하지만, 어류 이전에 무척추 척삭동물과 어류 사이의 중간 형태쯤 되는 생물이 먼저 등장한 바 있다. 약 5억 3000만 년 전의 것으로 추정되는 화석을 통해 정체가 밝혀진 이 생명체는 화석이 발견된 중국의 지명을 따라 '하이커우엘라*Haikouella*'라고 명명되었다. 이 화석은 척삭에서 원시 척추로 이행하는 단계의 구조, 즉 분절이 있는 척삭을 가지고 있음이 밝혀졌다. 하이커우엘라는 표 33.1에 있는 척추동물의 모든 특징을 가지고 있진 않다. 하지만 척삭동물의 기본 특성과는 상당히 멀리 떨어져 있으므로 척추동물로 봐도 무방하다. 따라서 척추동물은 하이커우엘라로부터 시작되었다고 볼 수 있다(그림 34.1).

어류는 대략 5억 2000만 년 전에 캄브리아기 폭발 동안 처음 등장했다. 처음으로 등장한 어류는 뼈가 없는 대신 연골로 이루어진 골격

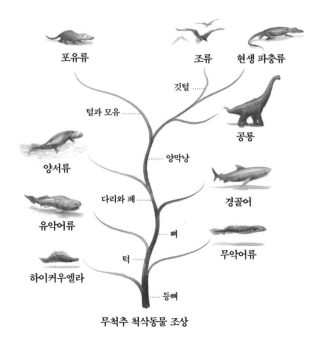

포유류

조류   현생 파충류

깃털

털과 모유

공룡

양서류

양막낭

경골어

다리와 폐

유악어류

뼈

무악어류

턱

하이커우엘라

등뼈

무척추 척삭동물 조상

그림 34.1 척추동물의 가계도

을 가지고 있었다. 따라서 이 하위군을 연골어류라고 부른다.

연골어류는 처음에는 턱이 없었다. 그래서 항상 입을 벌리고 있었으며, 고정된 원시 치아가 여과 기능을 했다. 수동적인 여과 섭식자였던 창고기와는 달리, 이 턱 없는 생명체들은 활발한 포식자였다. 이들은 전방을 향해 헤엄치며 바닷물 속에 함유되어 있는 유기물 잔해를 치아 사이로 빨아들이거나, 해저 퇴적물 방향으로 잠수해 내려가 유기물질로 가득 차 있는 모래를 빨아들이거나, 또는 좀 더 큰 먹잇감에 입을 부착한 후 영양분을 빨아들이는 방식으로 섭식 행동을 했다. 또한 이들은 초기 척삭동물들처럼 아가미를 통해 호흡함으로써 물에서 산소를 얻었다. 대표적인 연골어류인 칠성장어와 먹장어는 수백만 년

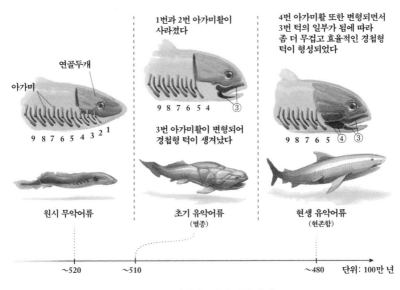

1번과 2번 아가미활이
사라졌다

4번 아가미활 또한 변형되면서
3번 턱의 일부가 됨에 따라
좀 더 무겁고 효율적인 경첩형
턱이 형성되었다

연골두개

아가미

9 8 7 6 5 4 3 2 1

9 8 7 6 5 4   ③

3번 아가미활이 변형되어
경첩형 턱이 생겨났다

9 8 7 6 5 ④ ③

원시 무악어류

초기 유악어류
(멸종)

현생 유악어류
(현존함)

~520   ~510   ~480   단위: 100만 년

그림 34.2 아가미로부터 턱의 진화

간 생존해오면서 거의 변하지 않았다.•

대략 5억 1000만 년 전, 초기 척추동물의 바우플란에 중요한 변화
가 일어났다. 연골어류의 아가미 중 일부가 강력한 근육과 치아를 가
진 턱으로 변한 것이다(그림 34.2). 턱이 있는 연골어류 중 일부는 가오
리나 홍어처럼 이빨이 편평해 먹잇감을 으스러뜨릴 수 있었다. 먹잇
감을 소화시키기 전에 먼저 이빨로 죽여서 으깨는 것이 가능해진 것

• 2017년 11월, 나는 스톡홀름 카롤린스카 연구소의 스텐 그릴너를 방문했다. 그의 빛나는 업적
중 상당 부분은 칠성장어 연구에서 나왔다. 내가 스텐에게 칠성장어를 볼 수 있는지 묻자 그는 흔
쾌히 수락했다. 수조는 비어 있는 것처럼 보였다. 하지만 스텐의 동료가 그물로 모랫바닥을 휘젓
자, 웬 생명체가 쏜살같이 튀어나와 빠르게 요동치며 수조 내부를 날쌔게 헤엄쳐 다녔다. 이 원시
바다의 제왕이 살아 움직이는 것을 본 일은 유쾌한 경험으로서, 척추동물의 초기 기원에 대한 나의
연구에 꼭 어울리는 결말이었다.

이다. 또 다른 부류는 상어처럼 턱에 날카로운 이빨을 많이 가지고 있어서 좀 더 효율적이고 흉폭한 포식자가 될 수 있었다. 이들 포식자의 명성은 오늘날까지도 이어지고 있다.·

어류 중 규모가 가장 큰 군은 단연코 유악어류 중 골격이 뼈로 이루어진 하위 집단이다. 이들 경골어는 대략 4억 8000만 년 전에 처음 등장했다. 육식성 포식자인 연골어류와는 달리 경골어는 좀 더 다양한 식성을 가져서 일부는 육식성이지만 초식성이나 잡식성도 있다. 초기 경골어는 두 집단으로 분화되었는데, 그중 한 집단은 오늘날 우리가 물고기라고 부르는 대부분의 동물(몇 가지 예를 들자면 농어, 배스, 연어, 고등어, 피라니아, 창꼬치 등)을 포함하며 정식 명칭은 '조기어류ray-finned fish'다. 이들의 지느러미는 부채꼴 또는 빗살형이고, 수많은 작은 뼈들로 이루어져 있으며 얇은 피부층으로 덮여 있다.

어류는 아가미를 이용해 물에서 산소를 추출함으로써 호흡한다. 앞에서도 살펴봤듯이, 아가미는 척추동물 배아에서 보편적으로 나타나는 특성이다. 그런데 유악어류는 아가미를 호흡에만 이용하는 것이 아니라 부레를 공기로 채워 부력을 얻는 데도 이용한다. 이를 통해 물고기는 움직이지 않을 때도 물에 떠 있을 수 있다. 경골어는 멈춰 있는 상태에서도 호흡할 수 있는 반면, 상어와 같은 연골어류는 아가미로 물을 통과시켜 산소를 얻으려면 계속해서 움직여야만 한다. 이들

· 유악어류 중 초기에 멸종한 원시어류인 판피어류placoderm는 목과 머리에 갑옷처럼 단단한 판피를 두른 것으로 유명했다. 이러한 판피는 보호를 위해 진화한 것으로 생각된다. 당시 동물이 급격히 분화하면서 상어처럼 날렵하고 효율적인 포식자가 수도 없이 등장했고 이들로부터 살아남아야 했기 때문이다. 또한 판피어도 상어처럼 연골로 된 골격을 가졌다. 이들의 머리는 판피로 잘 보호되었지만 몸체는 일부 비늘을 제외하고는 거의 무방비 상태와 마찬가지였고, 따라서 당대의 다른 포식자들과 상대가 되지 않았다. 결국 상어는 여전히 존재하지만 판피어류는 과거의 유산이 되고 말았다.

은 부레가 없기 때문에 헤엄을 치지 않으면 가라앉아 버린다. 이런 강제적인 과다 활동 때문에 상어는 절대 잠을 자지 않는다는 말도 있다. 하지만 일부 상어는 해저에 가만히 머무른 채 움직이는 물살을 정면으로 맞으며 휴식을 취하기도 한다.

경골어의 또 다른 집단은 '육기어류lobe-finned fish'라고 부른다. 이들은 대략 4억 4000만 년 전에 조기어류로부터 분리되어 나왔고 현재는 대부분 멸종했다. 그럼에도 이들 어류는 과학계로부터 대단히 큰 관심을 받고 있는데, 왜냐하면 이후에 등장할 척추동물이 바로 이들로부터 진화했기 때문이다. 육기어류의 주요 특징은 지느러미가 근육조직으로 둘러싸인 단일 뼈로 이루어져 있어서 '잎사귀'처럼 보인다는 사실이다(다음 장의 그림을 참고하라). 육기어류는 이러한 지느러미를 배쪽(아래쪽)에 두 쌍 가지고 있으며(한 쌍은 뒤쪽에, 다른 한 쌍은 앞쪽에), 마치 죽마를 탄 것처럼 해저를 가로질러 걸어다니거나 조류의 흐름에 맞서 한 자리에 버티기 위해 이용한다. 이러한 구조적 변형은 육기어류가 수중 무척추동물(홍합, 작은 새우, 오징어), 심지어 다른 물고기를 사냥하는 데 도움을 주었다. 육기어류의 잎 모양 지느러미는 앞으로 등장하는 모든 척추동물이 가지고 있는 근육질의 관절 사지(팔과 다리)의 전구체로서, 이후 생명이 육지로 진출하는 데 중요한 역할을 했다.

육지에서

대략 3억 7500만 년 전, 어류에서 우리와 관련된 중요한 일이 일어났다. 바로, 육지에서 살 수 있는 새로운 종류의 척추동물이 분화되기 시작한 것이다. 이 과정의 첫 번째 단계는 닐 슈빈Neil Shubin이 그의 책 《내 안의 물고기Your Inner Fish》에서 묘사한 것처럼, '발이 있는 물고기' 즉 피셔포드fishapod의 등장이다(그림 35.1). 현재는 멸종된 생물인 피셔포드는 어류에서 사지동물로 이행하는 단계의 전이종으로, 네 개의 다리를 가진 동물 즉 양서류와 파충류, 조류, 포유류의 출현을 예고한다.

　피셔포드는 근본적으로는 육기어류지만 뭔가 새로운 바우플란 장비를 갖추고 있었다. 죽마를 닮은 잎 모양 사지에 관절이 생김으로써 해저 위를 부드럽게 걷는 것이 가능해진 것이다. 또한 이들은 아가미는 물론 원시 폐도 가지고 있었으므로 대기 중의 산소를 호흡할 수 있었고, 따라서 산소 함유량이 낮은 얕고 따뜻한 바다를 독차지할 수 있었다. 어떤 의미에서 볼 때, 육지로 그 세력 범위를 넓히고 그 결과 최

육기어류　　　피셔포드
(틱타알릭)　　　초기 양서류

~420　　　　　　~375　　　　　~345 단위: 100만 년

그림 35.1 피셔포드

초의 육상 사지동물이 되는 것은 피셔포드의 후손인 양서류에게는 식은 죽 먹기였을 수도 있다.

그 이름이 암시하듯, 양서류는 수륙 양생이다. 즉 물에서도 살 수 있고 땅에서도 살 수 있다. 우리에게 친숙한 양서류로 개구리, 두꺼비, 도룡뇽 등이 있다. 이들의 삶은 올챙이에서 시작된다. 이때는 아직 물속에 살며 초식성에, 산소를 얻기 위해 아가미를 이용한다. 그 후 성체가 되어감에 따라 폐가 발달하고 육식성이 된다. 하지만 양서류가 바다를 떠나 뭍에서 살기 위해서는 다른 다세포 유기체의 도움이 필요했다. 양서류보다 먼저 다른 생물이 육지로 진출해 대기 중에 충분한 양의 산소를 방출해야 했던 것이다.

식물은 양서류가 뭍으로 걸어나오기 대략 5억 년 전부터 광합성의 부산물로서 산소를 육지에 내뿜고 있었다. 이를 통해 동물들 또한 육지에서 호흡하고 그에 따른 물질대사를 할 수 있게 되었다. 식물은 다른 이유로도 중요했다. 초식동물의 먹잇감이기 때문이다. 물론 양서류는 육식성 포식자지만, 그들의 먹잇감 중 일부는 초식성이었다.

육지에 진출한 최초의 동물은 육식성 사지동물이 아니라 무척추 선구동물, 정확히는 노래기류로, 바위에 낀 이끼와 같은 초기 식물을 먹고 사는 초식동물이었다. 노래기류는 절지동물문에 속하는데, 이들은 원시 수중 환형동물 및 연체동물과 공통 조상을 공유한다. 식물은 이러한 선구동물의 포식 행위에 대항하여 다양한 종류로 분화해야만 했는데, 이는 동물들의 호흡으로 대기 중 이산화탄소 농도가 증가했기에 가능했던 일이다. 여러 종류의 식물이 생겨남에 따라 육상 선구동물은 다양한 식물을 섭취할 수 있었고, 결과적으로 그들 또한 곤충이나 거미 등 다양한 형태로 분화하기 시작했다. 양서류가 육지에 진출했을 때 거기에는 아직 다른 동물이 없었기 때문에 양서류는 아무 경쟁 없이 마음껏 선구동물을 포식하면서 육지 먹이사슬의 정상에 오를 수 있었다. 이후 육상 척추동물이 분화됨에 따라 육식 섭취의 기회도 열렸지만, 다른 동물을 잡아먹을 수 있다는 것은 곧 자신도 잡아먹힐 수 있음을 의미했다.

양서류는 물속과 물 밖 모두에서 살 수 있지만 호수나 연못 등 물과 가까운 곳에 머물러야 한다. 이들은 물고기처럼 교미 행위 없이 유성생식을 한다. 어류와 양서류는 물속에서 젤리 같은 막으로 감싸여 있는 알을 낳는다(일부 양서류는 축축한 흙 속에 알을 낳기도 한다). 그러면 수컷이 와서 그 위에 정자를 배출한다. 이러한 과정을 체외수정이라고 한다. 배아는 부드러운 젤리 껍질 속에서 발달해 곧 세상 밖으로 나온다.

대략 3억 3000만 년 전, 새로운 강의 사지동물이 출현했다. 바로 양막류amniota다. 이들의 태아는 체내의, 유체로 차 있는 양막낭 안에서 발달한다. 물 대신 공기 중에서 산소를 추출할 수 있는 폐도 가지고 있다. 이로써 척추동물—사실, 동물—은 처음으로 물 밖에서 새끼를 낳게 되었다. 배아가 어미의 몸 안에서 성숙하기 때문이다. 새끼를 배고 있는 동안 양막낭은 단단한 껍질로 변하고, 어미는 이렇게 껍질이 단단해진 알을 '낳는다'. 그러면 배아는 부화할 때까지 계속 알 속에서 자라난다. 하지만 이런 일이 일어나기 위해서는 암컷의 몸 안에서 알을 수정시킬 수 있는 방법이 필요하다. 다시 말해, 교미를 가능하게 하는 조직인 외부 생식기가 필요하다. 생식기를 가진 양막류에는 이후에 등장하는 모든 척추동물—파충류, 조류, 포유류—이 포함된다.

그중 파충류가 제일 먼저 등장했다. 이들은 사지가 길어서 양서류보다 육지에서 더 활발히 이동할 수 있었다. 이후 파충류는 두 갈래로 나뉘는데, 한쪽은 조류로 진화하고 다른 쪽은 포유류로 진화한다. 조류와 포유류 모두 사냥할 수 있는 공간적 범위가 크게 확장되면서, 이와 관련된 어려움을 해결하기 위해 큰 뇌를 가지도록 선택압을 받았다.

단궁류Synapsid는 대략 3억 1000만 년 전 기초 양막류에서 최초로 분기되어 나온 파충류다. 이들은 포유류형 파충류로 알려져 있으며, 실제로도 포유류의 조상이 되었다. 단궁류 중에는 수백만 년 동안 지구를 호령한 사나운 포식자도 있지만 초식동물도 있었다. 일부는 매우 크고 등에 지느러미가 있거나 골편으로 이루어진 갑주를 두르기도 했고, 일부는 검치가 나기도 했다. 이 중 후자가 수백만 년 뒤 양막류로부터 분리되어 나왔다. 이들 초기 석형류(또는 용궁류sauropsid)는 크기가 작은 편이었으며 당시의 단궁류에게는 전혀 상대가 되지 않았다. 그러다 대략 2억 5000만 년 전 지구가 뜨거워지면서 대멸종이 일어났고, 육지와 바다에 사는 많은 동식물이 사라졌다.

대멸종에서 살아남은 종들에게 새로운 기회가 찾아왔다. 마이클 벤튼Michael Benton이 언급했듯이, 일부 단궁류와 석형류는 이 기회

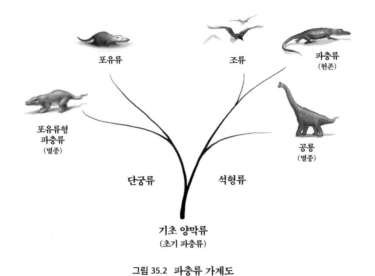

그림 35.2 **파충류 가계도**

를 잘 이용했다. 멸종을 이겨낸 단궁류 중 가장 중요한 동물은 견치류 cynodont다. 이들은 커다란 개 정도의 크기였고, 턱의 변화라든가 눈구멍, 귀, 골격, 털 그리고 체내 온도 조절 등 후대에 와서 돌이켜보면 포유류로 이행하는 단계임을 암시하는 특징들을 여럿 가지고 있었다. (이들은 사실 최초의 온혈동물이기도 했다.) 견치류는 초식동물과 육식동물로 나뉘었으며, 다양한 생태적소 및 기후로 활동 영역을 넓혀갔다. 그러다 대략 2억 1000만 년 전, 진정한 포유류가 출현했다.

이와는 반대로, 살아남은 석형류는 2억 3000만 년 전쯤 공룡이 출현하기 전까지는 생명의 역사 전면에 드러나지 않은 채 뒤로 물러나 있었다. 바다는 석형류에게 좀 더 적합한 환경이었고, 여기서 이들은 거대한 포식자로 변해갔다. 그러다 결국 일부 석형류는 육지로 귀환해 가장 지배적인 육상 포식자가 되었다. 전성기에는 살아있는 대부분의 대형 동물이 석형류이기도 했다. 이들은 널리 퍼져 나가 현존하는 파충류(앨리게이터[미시시피 악어], 크로커다일[나일 악어], 도마뱀, 뱀)는 물론 조류의 조상이 되었다. 기본적으로 조류는 깃털이 있고 날 수 있는 파충류다. 단단한 껍질의 알을 낳는다는 사실로부터도 그들의 출신을 알 수 있다.

민첩한 육식 공룡들은 포유류를 잡아먹고 살았는데, 크기로든 완력으로든 당시의 포유류는 공룡에게 상대가 되지 않았다. 그런데 공룡은 낮에만 활동하므로 포유류는 밤에 더 활발히 활동하게 되었고, 적은 양의 먹이로도 생존할 수 있도록 크기도 작아져야 했다. 초기 포유류는 30그램에서 60그램 정도밖에 나가지 않는 작고 날렵한 동물로서, 공룡이 뚫고 들어오기 힘든 울창한 숲속에 살았다.

대략 6500만 년 전, 또 한 번의 대멸종이 일어나 대략 50파운드(23킬로그램)가 넘는 동물들이 모조리 사라지는 사건이 벌어졌다. 다시 말해, 대부분의 공룡이 사라진 것이다. 무엇이 대멸종을 일으켰는지는 아직 정확히 밝혀지지 않았지만, 큰 운석이 지구에 충돌하면서 태양빛을 차단할 정도의 거대한 먼지구름이 일어나 식물의 광합성을 방해하고 먹이사슬이 깨졌다는 것이 가장 유력한 이론이다. 이때 작은 파충류나 조류, 포유류는 영향을 덜 받았는데, 아마도 이들은 적은 먹이를 먹고도 생존할 수 있었기 때문으로 여겨진다.

크리스틴 재니스Christine Janis에 따르면, 포유류는 공룡과의 경쟁에서 지면서 크기가 작아졌는데 바로 그 작은 크기 때문에 대멸종에서 살아남을 수 있었다고 한다. "작은 동물은 적응력이 뛰어나다. 이들은 필요에 따라 물에서 헤엄치기, 높은 곳 오르기, 땅파기, 달리기, 뛰어오르기 등을 할 수 있다. 반면에 커다란 동물들은 전문화되어야만 했다. 그리고 더 전문화될수록 환경 변화에 맞춰 체제를 변경하기가 더 어려웠다."

공룡 시대 초기에는 아직 대륙 이동이 일어나지 않아 모든 육지는 한 덩어리로 이어져 있었다. 따라서 당시 동물들은 태어난 장소에서 다른 지역으로 이주하면서 점차 세력 범위를 넓혀갈 수 있었다. 그러나 공룡이 멸종한 후 대륙이 갈라지기 시작하면서 육지의 서로 다른 영역에 살고 있던 포유류들은 이제 분리되어 진화하기 시작했고, 그 결과 엄청나게 다양한 포유류가 생겨났다. 아시아와 북아메리카 대륙에 남아 있던 육교를 통해 일부 동물들 사이에 추가 교잡이 일어나면서 포유류의 종류는 더 늘어났다.

오늘날 포유류는 지구상에서 가장 큰 동물(대왕고래는 무게가 거의 200톤가량이며 몸길이는 30야드[27.4미터]에 달한다)과 매우 작은 동물(에트루리아 뾰족뒤지는 몸길이가 5센티미터 정도이고 무게는 2그램이 채 되지 않는다)을 포함한다. 대부분은 다리를 이용해 육지 위를 이동하지만, 일부는 지느러미로 헤엄을 치고, 심지어 날아다니는 동물도 있다. 포유류 중 일부는 초식성이지만, 육식 생활을 하는 동물도 있고, 잡식 동물도 있다. 단공류monotreme라는 군은 알을 낳지만(예를 들어, 오리너구리) 그 밖의 다른 동물들은 모두 새끼를 낳는다. 새끼를 낳는 포유류도 두 종류로 나뉜다. 유대류(캥거루)는 새끼를 주머니에 담고 다닌다. 태반 포유류에서 태아는 태반(파충류의 양막이 변화한 것)에 담겨 있다. 그러다 태반이 터지면 양수가 흘러나오는데, 이는 출산이 임박했다는 신호다. 대부분의 포유류는 태반 포유류로, 여기에는 설치류(쥐, 생쥐), 고양잇과 동물(고양이), 갯과동물(개, 늑대), 가축(말, 소, 염소, 양, 돼지), 비행 능력이 있는 포유류(박쥐), 해양 포유류(고래, 돌고래, 바다코끼리, 바다표범) 그리고

로라시아상목
(고양이, 개, 바다표범, 바다코끼리, 돼지, 소,
사슴, 양, 기린, 라마, 낙타, 박쥐)

영장상목
(나무두더지, 설치류, 토끼, 영장류)

아프로테리아상목
(코끼리, 듀공, 땃쥐)

빈치상목
(나무늘보, 개미핥기, 아르마딜로)

유대류
(캥거루, 주머니쥐)

태반동물

단공류
(오리너구리)

단궁류 공통 조상

그림 35.3 포유류 가계도

영장류(원숭이, 유인원, 인간)가 포함된다. 태반 포유류는 네 부류로 나눌
수 있다. 포유류의 가계도(그림 35.3)에서도 볼 수 있듯이, 각각은 서로
다른 태반동물을 공통 조상으로 가진다.

젖길을 따라

포유류는 그들의 바우플란을 규정하고 다른 척추동물과 구분시켜주는 몇 가지 특징을 가진다. 그중 가장 잘 알려진 특징이 수유로, 포유류는 젖샘에서 생산한 모유로 새끼들을 양육한다. '포유류'란 이름도 이런 특징에서 나왔다. 포유류의 견치류 조상을 포함해서 파충류들은 계속해서 치아를 교체한다. 반면에 포유류는 치아가 거의 없거나 아예 없이 태어나서 특정 시점이 되어서야 치아가 자라난다. 이 치아들은 생애 중 단 한 번만 교체된다. 이런 조건에서는 갓 태어난 포유류 아기들이 음식을 씹을 수 없으므로 이 아이들에게 영양을 공급할 방법이 필요하다. 어미의 몸에서 음식(젖)을 만들어 아기에게 직접 수유하는 방식은 실용적인 해결책이었다. 이제는 어미가 아기를 떠나 음식을 찾으러 다닐 필요 없이 한 곳에서 젖먹이를 양육하고 보호할 수 있게 되었다는 추가적인 장점도 있었다.

　포유동물의 또 다른 특징 중 일부는 이들의 견치류 조상, 즉 포유류형 파충류 조상이 이미 가지고 있던 것들이다. 예를 들어, 견치류의 골격은 사지동물의 것이 변형된 것으로, 다리가 몸의 양옆이 아니라 아래쪽에 위치했다. 이런 구조로 인해 견치류는 파충류에 비해 달릴 때 호흡이 더 용이했으며, 대사와 체온 유지에 더 많은 산소를 이용할 수 있었다. 이들은 최초의 온혈동물로, 외부 환경의 온도가 변할 때도 (어느 정도까지는) 안정적인 체온을 유지할 수 있었다. 아마도 견치류는 털도 가지고 있어서 기온이 낮을 때 대사 과정에서 생기는 부하를 일부 완화할 수 있었을 것이다. 또한 견치류는 세 개의 방으로 이루어진 파충류의 심장이 변형된 네 개의 방 구조의 심장을 가져 에너지 생성에 필요한 산소를 더 원활히 전달할 수 있는 체계를 갖추었다. 내부 체온 조절 기능으로 인해 견치류는 냉혈동물인 공룡에 비해 지구 한랭화 기간 동안 더 잘 생존할 수 있었다. 온혈동물은 외부 온도가 변화해도 안정성을 유지할 수 있기 때문이다. (조류는 독립적으로 온혈 기능을 얻었는데, 이로써 조류도 지구 한랭화 기간 동안 잘 살아남을 수 있었다.) 또한 견치류는 이중 관절턱을 가지고 있어서 독특한 청각 능력을 발달시킬 수 있었다(뒤에서 더 자세히 설명하겠다). 이러한 특성들은 모두 포유류의 바우플란에 포함되어 있다.

초기 포유류는 야행성이었으므로 색상을 감지할 필요가 크지 않았다. 사실, 이들은 다른 척추동물이 가지고 있는 색상 감지 기능을 일부 포기하고 야간 시력으로 대체한 것으로 보인다. 이런 일이 일어나려면 생물학적으로 색 수용체(원추세포)를 명암 수용체(간상세포)로 바꿔치기해야 한다. 포유류 중에서 오직 영장류만이 복잡한 색상 감지 능력을 되찾았다.

초기 포유류는 또한 코로 산소를 들이쉬게 되면서 더 발달된 후각 기능을 가지게 되었고, 음향 처리 기능 또한 개선되었다. 파충류와 양서류는 주로 저주파수만 듣는 반면, 포유류는 고주파수도 들을 수 있다. 이러한 변화는 앞에서도 언급했듯이, 턱의 일부가 고막과 중이골을 갖춘 정교한 귀로 변화하면서 소리를 신경신호로 변환해 뇌로 보낼 수 있게 됨에 따라 가능해졌다. 왜 일부의 사람들이 이를 꽉 깨물 때 이명耳鳴을 겪는지 이제 이해할 수 있을 것이다.

이러한 특징 중 일부는 직접적으로든 간접적으로든 뇌의 변화를 수반한다. 예를 들어, 외부 기온을 처리해 열을 생성하거나 줄이도록 하려면 HVAC 시스템*을 고안할 필요가 있다. 포식자를 감지하고 반응하기 위한 시스템과 어미와 젖먹이 사이의 유대감 형성을 위한 메커니즘도 필요하다. 초기 포유류에서는 시각 기능에 비해 후각 및 청각 기능의 중요성이 커졌으므로 이들 감각을 처리하기 위한 시스템에 변화가 일어났고, 시각 시스템은 야간 시각에 전문화되어야 했다.

하지만 여기서 초점을 두어야 하는 내용은 포유류 자체가 어떻게 진화했는지에 대한 완전한 역사가 아니라 우리 인간이 어떻게 진화했는지의 역사다. 즉 우리가 알고 싶은 것은 색깔도 제대로 감지하지 못하는, 그래서 더 크고 강한 동물에게 잡아먹히기나 하는 작은 야행성 포유류가 어떻게 두 다리로 우뚝 서서 사고와 추론을 통해 문제를 해결하는 뇌를 갖추고 발화를 통해 다른 뇌와 소통할 수 있는 동물이 될 수 있었는지다. 이 과정에는 태반 포유류로부터 분기한, 곤충을 먹고 사는 작은 식충동물(나무두더지)이 포함되는데, 이 식충동물로부터 영장류가 진화했다(그림 36.1).**

* 특정 공간에서 그 공간을 최적의 상태로 만들기 위해 온도, 습도, 환기 따위를 자동으로 조절하는 시스템(옮긴이)

현생인류

고릴라

침팬지

긴팔원숭이

오랑우탄

구세계원숭이

신세계원숭이

안경원숭이

여우원숭이

비영장류 포유류인 식충동물

그림 36.1 영장류: 식충동물에서 인간이 되기까지

영장류는 대략 7000만 년 전에 출현했다. 이들은 잎사귀와 꽃, 견과류, 과일을 먹었는데, 손과 발로 무언가를 쥘 수 있었으므로 나뭇가지를 타고 나무에 올라 높은 곳에 있는 먹이를 먹을 수 있었고 육식성 포식자로부터 도망칠 수도 있었다. 눈은 얼굴의 정면으로 이동했는데, 이를 통해 영장류는 양쪽 눈으로 사물을 볼 수 있었고(양안시[binocular vision]) 원근감도 감지할 수 있었다. 이는 높은 곳으로 뛰어오

•• 이 부분은 엘리자베스 머리Elisabeth Murray, 스티븐 와이즈Steven Wise, 킴 그레이엄Kim Graham 의 저서 《기억 체계의 진화The Evolution of Memory System》를 참고했다.

르거나 물체를 쥘 때 중요한 기술이다. 영장류는 보통 다리를 이용해 걸었는데, 네 개 전부를 걷는 데 이용하진 않았으므로 팔은 사물을 쥐거나 조작하는 데 사용할 수 있었다. 한 팔은 몸의 무게 중심을 잡는 데 쓰고 다른 팔은 음식을 쥐고 입으로 가져가는 데 썼다.

이러한 초기 영장류들을 '원원류prosimian'라고 하며 여기에는 여우원숭이, 안경원숭이 등이 포함된다. 다른 두 집단으로 유인원과 anthropoid(원숭이와 유인원)와 사람과hominid(인류)가 있다. 유인원과가 출현하면서 신체와 생활 방식에도 변화가 일어났다. 망막에서 원추세포가 집중되어 있는 영역인 중심와fovea가 발달함에 따라 고감도로 색을 감지할 수 있게 되면서 밤 대신 낮 시간에 수렵 활동을 하기 시작했다. 낮 동안에 돌아다니는 행위는 여전히 잡아먹힐 위험을 안고 있었다. 하지만 시력이 향상되면서 포식자를 감지하는 능력도 개선되었다. 사실 시각은 유인원과에게 가장 중요한 감각이었는데, 거의 대부분의 시간을 무언가를 보는 데 사용하기 때문이다. 유인원과는 분화하면서 몸집이 점점 커지자 다리 네 개를 모두 걷는 데 이용하는 방식으로 되돌아가야만 했다. 그런데 이 방식은 에너지를 더 많이 필요로한다. 따라서 이들은 잎사귀보다 영양가가 더 높은 과일에 의존하기 시작했다. 하지만 과일은 언제 얻을 수 있을지 예측하기 어려웠으며 다른 개체들과 과일을 두고 경쟁도 해야 했다. 이러한 선택압으로 인해 뇌가 점점 더 커졌다. 뇌에 새로운 영역이 추가될수록 인지 기능이 향상되었다. 이윽고 그들은 생존을 위해 근력만큼이나 지능에도 의존하게 되었다. 이처럼 여러 능력을 얻었음에도 불구하고 유인원과는 아직 지구의 지배자와는 거리가 멀었다.

여기에 인류가 등장한 것은 대략 600만 년 전이다. 인류는 다른 영장류는 물론 다른 포유류와도 생존 경쟁을 벌이며 상당한 분화를 겪었다. 유발 노아 하라리Yuval Noah Harari가 베스트셀러가 된 그의 책《사피언스Sapiens》에서 지적했듯이, 초기 인류는 비록 두 다리로 똑바로 설 수 있었지만 고릴라, 원숭이, 사자, 호랑이, 새, 물고기, 곤충과 다를 바 없는 그저 또 다른 짐승에 불과했다. 먹이사슬에서 인류는 중간쯤의 위치를 차지했다. 작은 동물을 잡아먹고 사는 포식자이면서 큰 동물에게 잡아먹히는 먹잇감이었던 것이다. 호모 속Homo에는 우리 사피엔스뿐만 아니라 호모 에르가스테르Homo ergaster, 호모 네안데르탈렌시스Homo Neanderthalensis, 호모 에렉투스Homo erectus 등의 여러 종이 있었다. 대략 1만 년 전 무렵, 다른 인간 종은 멸종하고 오직 호모 사피엔스만이 남아 더 크고 빠르고 강한 동물들을 지배하기 시작했다.

하라리는 약 7만 년 전에서 3만 년 전 사이에 무작위적이고 아마도 갑작스러운 유전자 변이가 일어나 사피엔스의 뇌가 재배선되기 시작했고 그 결과 새로운 종류의 인지 능력—추상적 사고와 언어 능력—이 등장했다고 말한다. 최근에 나온 증거에 따르면 네안데르탈인도 사피엔스처럼 추상적 사고 능력과 언어 능력을 가지고 있었던 듯하다. 이는 하라리가 말한 핵심 변이(또는 변이들)가 두 종의 공통 조상에서 일어났음을 시사한다.

척추동물의 뇌를 향한
사다리와 나무

척추동물의 신경-바우플란

진화의 관점에서 보면 척추동물은 비교적 최근에 와서야 생명계의 한 가족이 되었다. 척추동물은 다른 후생동물과 구별되는 독특한 특징을 여럿 가지고 있지만, 이들 또한 매일매일을 살아가기 위해서는 다른 모든 동물 조상들처럼—사실, 다른 모든 유기체 조상들처럼—생존의 기본 요건을 갖추어야만 했다. 생명체는 위험으로부터 스스로를 보호하고, 에너지 공급 및 노폐물을 관리하고, 체액의 균형을 맞추며, 번식해야 한다. 앞에서도 살펴본 것처럼, 특정 동물이 이런 과제를 해결하는 방식은 그들이 가진 바우플란의 유형에 따라 달라진다.

한 동물의 바우플란은 그것의 다양한 조직과 장기, 계통을 구성하는 하위 바우플란들의 조합으로 볼 수 있는데, 그 각각은 유기체의 생존 가능성에 기여한다. 이러한 하위 바우플란 중에서도 신경계는 개체의 생존방식에 특히 중요한 기여를 한다. 신경계는 신체의 다양한 반응 시스템을 조정함으로써 유기체가 건강히 잘 살아갈 수 있도록 한다. 다윈도 말했듯이, "인간의 신체를 구성하는 재료도 다른 포유동물을 구성하는 재료와 다를 바 없는 유형 또는 모형으로 만들어졌다. 우리 골격을 구성하는 모든 뼈는 원숭이와 박쥐, 바다표범의 뼈와 견줄 만하다. 근육, 신경, 혈관, 내장도 마찬가지다. 그 모든 것 중 가장 중요한 기관인 뇌도 이 법칙에서 예외일 수는 없다."

다윈의 생각은 옳았다. 하지만 그는 이 생각을 충분히 심화시키지 않았다. 비단 포유류뿐만이 아니라, 나중에 더 살펴보겠지만, 모든 척추동물의 일반적인 전체 바우플란은 그 바탕에 신경계가 자리잡고 있다. 시간이 흐르고 새로운 종이 도래함에 따라 척추동물의 바우플란에는 몇 가지 특성이 더 추가되긴 했지만, 그것이 원래의 바우플란을 크게 바꾸지는 않았다. 척추동물의 신경-바우플란은 무척추 척삭동물로부터 분기한 원시 척추동물에서 시작된 이래 수억 년 동안 일반적인 형태를 고수해왔다.

표준적인 척추동물 신경계는 중추 신경계와 말초 신경계의 두 요소로 구성된다. 중추 신경계CNS: Central Nervous System는 뇌와 척수로 이루어진다. 말초 신경계는 뇌와 척수를 그 밖의 다른 신체 부위의 조직과 연결하는 신경망으로서, 중추 신경계의 뉴런이 외부 세계와 상호 작용하는 것을 돕는다. 연결은 양방향으로 진행되어 CNS는 정보를 받아들이는 한편 내보내기도 한다. 즉 감각 기관(눈, 귀, 코, 입, 피부)에 위치한 신경은 외부 환경에 대한 정보를 수집해 CNS로 전달하며, 이러한 정보를 받은 CNS는 신체의 반응을 제어하는 명령을 내보내 신경을 따라 신체 조직 말단으로 전달한다. 행동은 그러한 신체 반응의 한 가지 유형으로, 가로무늬근의 산물이다. 호흡계, 소화계, 순환계와 같은 내부 체계의 생리적 반응에는 평활근과 심근이 관여한다. 비

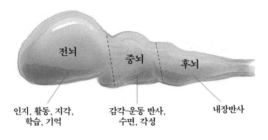

전뇌   중뇌   후뇌

인지, 활동, 지각,   감각-운동 반사,   내장반사
학습, 기억   수면, 각성

그림 37.1 척추동물 뇌의 세 영역과 기본 기능

록 각각의 척추동물강과 그 속에 포함된 종들의 감각 기관 및 운동기
관은 그 동물이 처한 구체적인 생존 요건에 맞춰 전문화되지만, 이렇
게 형성된 고유한 특성들도 결국은 일반적인 척추동물의 감각-운동
바우플란에 약간의 변이가 가해진 것일 뿐이다.

앞으로 진행될 논의와 특히 관련이 깊은 부분은 척추동물 뇌의 바
우플란이다. 뇌는 좌우 대칭 구조로, 상보적인 반쪽 뇌 한 쌍으로 이
루어져 있다. 반쪽 뇌 각각은 주로 반대편에 있는 신체의 말초 감각
기능 및 운동 기능을 담당한다(완전히 전담하는 것은 아니다). 모든 척추동
물의 뇌 반쪽은 후뇌(능뇌), 중뇌, 전뇌의 세 부분으로 나눌 수 있다(그
림 37.1). 각 영역은 더 세분화해서 특정 기능을 수행하는 뉴런이 저장되
어 있는 장소에 따라 나눌 수 있다. 과도한 단순화의 위험을 무릅쓰고
세 영역의 전반적인 기능을 요약해보면 다음과 같이 설명할 수 있다.

후뇌 부위의 뉴런은 생존을 위해 필요한 식물성 기능을 담당한다.
식물성 기능이란 순환, 소화, 호흡 활동에 기여하는 생체기능으로, 평
활근과 심근에 의해 실현된다. 중뇌와 이곳에 위치하는 뉴런들은 원
시적인 감각-운동 행동 반사의 제어에 관여한다. 이러한 활동은 골격
근에 의해 일어난다. 전뇌에 위치한 뉴런은 선천적으로 배선된 행동

과 학습 그리고 인지적 숙고와 의사 결정에 관여하는 좀 더 복잡한 골격운동을 담당한다. 일부 종의 경우에는 의식적 감정을 포함해 의식 활동이 일어나기도 한다.

엄밀히 말해서, 각각의 뇌 영역이 이러한 기능들을 일으키는 것은 아니다. 그 영역의 뉴런들이 일으키는 것도 아니다. 그 영역의 뉴런 앙상블로 구성된 신경 회로가 일으키는 것이다. 각 영역의 뉴런 앙상블은 신경섬유나 축색돌기(축삭)로 서로 연결되어 기능적 네트워크를 이룬다. 다른 특성들과 마찬가지로, 감각계와 운동계의 배선 패턴도 척추동물의 진화 과정에서 줄곧 보존되어왔다.

행동 기능을 포함해, 감각 처리 및 운동 제어와 관련된 모든 기능은 중추 신경계와 말초 신경계 모두를 아우르는 신경망을 필요로 한다. 한 예로, 동물이 갑자기 소리가 난 방향으로 머리를 돌리는 단순 반사 행동이 어떻게 일어나는지 알아보자. 귀에 도달한 청각 자극은 말초 청신경다발을 따라 뇌로 전달된다. 그런 다음, 청신경에서 나온 축색돌기는 후뇌의 청각 처리 영역에 위치한 뉴런과 시냅스를 형성한다. 이 뉴런들은 중뇌까지 신경섬유를 뻗치고 있으며, 여기서 청각 처리 회로와 연결된다. 중뇌 회로에서 나온 신경은 목 근육을 제어하는 상부 척수의 회로와 연결되어 있다. 이러한 반사 행동을 중뇌의 기능이라고 말하는 이유는 이 행동에 관여하는 뇌 부위 중 중뇌가 가장 상위 부분이기 때문이다. 다시 말해서, 이 반사 행동을 일으키는 데 중뇌는 필수적이지만 중뇌만으로는 충분치 않다. 마찬가지로, 좀 더 복잡한 행동들 즉 방어, 섭식, 번식을 일으키기 위해서는 전뇌가 필요하지만 전뇌만으로는 충분하지 않다. 근육을 제어하는 말초 신경과 중추 신경계 영역을 연결하기 위해서는 중뇌와 후뇌 그리고 척수 또한 필요하기 때문이다.

호메오박스 유전자는 신체가 전후축을 중심으로 좌우 대칭이 되게끔 제어하는 것과 같은 방식으로 뇌와 그 회로도 전후축을 따라 대칭이 되도록 제어한다. 예를 들어, 후뇌 및 척수의 발달은 호메오박스의 혹스 유전자에 의해, 중뇌와 전뇌의 발달은 호메오박스 유전자 중 그 밖의 다른 유전자 세트에 의해 제어된다. 초파리나 벌, 바퀴벌레와 같은 선구동물도 크게 세 영역으로 나눌 수 있는 뇌 및 중추 신경계를 가지며, 이 또한 혹스 유전자에 의해 전후축을 중심으로 대칭이 되도록 패턴화된다. 이러한 유사성을 볼 때, 선구동물과 후구동물이 공통으로 가지는 신경 구조는 PDA와 LCBA로부터 물려받은 유산인 것으로 보인다.

루트비히의 사다리

19세기 후반 다윈의 사상이 널리 전파된 이후, 생물학자들은 인간의 진화적 기원을 더 잘 이해하기 위한 방편으로 여러 동물의 신체를 비교하기 시작했다. 그 결과, 20세기 초반쯤에는 수많은 척추동물의 신체에 대한 정보가 상당히 수집되었다. 하지만 이 모든 정보를 연결시킬 수 있는 그림은 아직 나오지 않았다. 새로운 발견들의 종합이 절실히 필요했다. 독일의 해부학자 루트비히 에딩거Ludwig Edinger가 뇌를 대상으로 한 일이 바로 이것이다.*

에딩거의 관찰은 20세기 동안 척추동물의 뇌가 어떻게 진화했는지에 대한 이론의 형성에 큰 영향을 끼쳤다. 그는 서로 다른 척추동물들 간에 후뇌와 중뇌는 놀라우리만큼 비슷하지만, 전뇌는 어류에서 포유류로 진행함에 따라 그 크기와 복잡성이 달라진다는 사실을 발

---

* 에딩거의 이론에 대한 논의는 《뇌 진화의 원리Principles of Brain Evolution》에서 게오르크 슈트리터Georg Striedter가 요약한 내용을 바탕으로 했다.

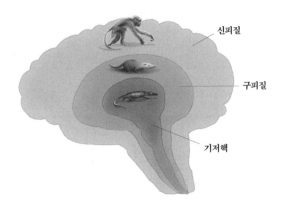

신피질

구피질

기저핵

그림 38.1 전뇌의 진화에 대한 에딩거의 모델

견했다. 이를 설명하기 위해 에딩거는 양서류로부터 파충류가 분기하고 파충류로부터 포유류가 분기하는 동안 전뇌에 새로운 구조층이 한 겹씩 새로 생기면서 뇌가 순차적으로 팽창했기 때문이라고 제안했다. 이러한 변화는 포유류에서도 계속되었는데, 그 결과 가장 크고 가장 복잡한 뇌, 즉 인간의 뇌가 출현했다.

에딩거의 모델에서 인간의 전뇌는 간단히 말해 여러 원시 척추동물의 뇌가 합쳐진 것으로, 파충류의 뇌 위에 초기 포유류의 뇌가, 그리고 그 위에 새로운 종류의 포유류 뇌가 한 겹씩 쌓여 올라간 것이다 (그림 38.1)

전뇌는 두 가지 다른 유형의 뇌 조직으로 이루어져 있는데, 이들 조직을 일반적으로 피질과 피질 하부라고 부른다. 에딩거의 모델에서 핵심은 척추동물이 진화하는 과정에서 피질과 피질 하부에 다양한 세부 영역들이 순차적으로 더해졌다는 점이다. 그의 전제에 따르면 어류와 양서류, 파충류의 전뇌는 주로 '기저핵basal ganglia'이라고 알려져

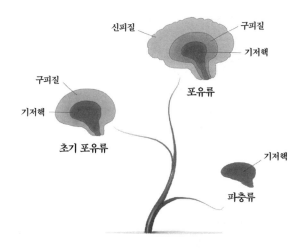

신피질　　　　　구피질

기저핵

포유류

구피질

기저핵

초기 포유류

기저핵

파충류

그림 38.2 척추동물이 진화하는 동안 전뇌에 일어난 변화에 대한 에딩거의 제안

있는 피질 하부 영역으로 이루어져 있으며, 다른 피질 하부 영역과 피질 영역은 이후 포유류 단계에 이르러서야 생겨났다(그림 38.2).

　구체적으로 설명하면, 에딩거는 파충류의 진화와 함께 '줄무늬체 striatum(또는 선조체)'라고 하는 새로운 하부 영역이 추가되면서 기저핵의 크기가 커졌다고 제안한다. 그리고 초기 포유류가 진화하는 동안 줄무늬체에는 또 다른 영역이 추가되었다. 제안된 진화 순서와 일치하도록 기저핵에서 가장 오래된 파충류뇌 부분은 '옛paleo'이라는 접두어가 붙었고(즉 옛줄무늬체[또는 구선조체]란 '오래된 줄무늬체'를 의미한다), 포유류 단계에서 추가된 부분은 '새neo'라는 접두어가 붙었다(새줄무늬체 또는 신선조체). 포유류는 계속해서 새로운 피질 하부 영역을 얻었는데, 가장 중요한 예로 편도체amygdala가 있다. 하지만 그보다 더 중요한 사실은 최초로 대뇌 피질이 등장했다는 것이다.

　종합해볼 때, 뇌에 다양한 영역이 더해짐에 따라 포유류의 전뇌는

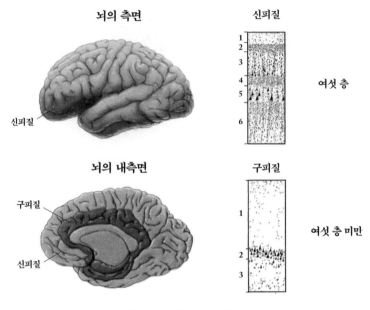

그림 38.3 신피질과 구피질

파충류에 비해 크기가 상당히 커졌다. 그리고 시간의 흐름에 따라 포유류가 계속 분기하면서 뇌에는 더 많은 변화가 일어났다. 특히, 신피질neocortex이라고 부르는 매우 복잡한 유형의 피질이 더해졌다. 신피질은 팽창적이었고, 포유류의 전뇌는 훨씬 더 커졌다. 이제 오래된 피질 부분은 '구피질paleocortex'이라고 부르게 되었다. 신피질은 뇌 그림에서 종종 묘사되는 것처럼 주름이 많은 덩어리다. 반면에 구피질은 뇌의 안쪽에 위치하며, 뇌의 두 반구를 반으로 가르지 않는 이상 보이지 않는다(그림 38.3).

1970년대부터는 뇌를 연구하는 새로운 기법이 발달하기 시작하며 신경진화 연구에 신선한 바람이 불었다. 에딩거의 순차적 형성 이론은 하비 카튼Harvey Karten과 글렌 노스컷Glenn Northcutt 등이 수집한 증거에 의해 기본 전제부터 흔들리기 시작했다. 그중 가장 충격적인 사실은 신피질의 상동기관이 현존하는 동물 중 초기 포유류에 대응하는 포유류(오직 구피질만 가지고 있어야 한다)에서는 물론 파충류와 조류(포유류가 아니므로 신피질은 물론 구피질도 가지고 있지 않아야 한다)에서도 발견되었다는 것이다.

순차적 형성 이론의 또 다른 핵심 전제도 틀린 것으로 밝혀졌다. 에딩거는 양서류와 어류가 기저핵만 가지고 있을 뿐 줄무늬체는 가지지 않으며, 줄무늬체는 오직 파충류 이후에 등장한다고 주장했다. 하지만 최근에 발견된 증거에 따르면 어류와 양서류 또한 줄무늬체를 가진다. 게다가 파충류의 기저핵은 에딩거가 생각했던 만큼 전뇌 앞쪽 부분을 완전히 장악하고 있지 않았다. 에딩거는 구피질과 편도체 그리고 격막이 포유류에 이르러서야 생겨났다고 생각했지만 실제로는 파충류도 전뇌에 이들 조직을 모두 갖추고 있었다. 앞 장에서도 설명한 것처럼, 오늘날 모든 척추동물의 뇌는 공통된 일반적인 바우플란을 따르고 있는 것으로 생각된다. 비록 정도의 차이는 있으나 유형별 차이는 크지 않다.

에딩거는 다윈주의 관점에서 뇌 진화를 설명하기 위해 노력했다. 그의 모델은 다윈 이론의 정신을 따르기 위해 충실했지만 그것을 문자 그대로 철저하게 따른 것은 아니었다. 2장에서도 언급했듯이, 다윈은 생명의 역사를 묘사하기 위해서는 사다리—아리스토텔레스에서 기원하여 기독교 신학에서 확장된, 선형으로 진행되는 '자연의 척도' 개념—보다는 가지를 뻗는 나무로 비유하는 것이 더 정확하다고 주장했다. 척추동물에서 완전히 새로운 바우플란(신체)이 나타나고 뒤이어 하위 바우플란(신경계와 그 기능 조직들)이 순차적으로 등장해 결국 인간의 뇌에서 정점을 이룬다는 생각은 사다리 비유에 더 가깝다.

'새로운 것(신)'과 '오래된 것(구)'을 구별해 이름을 붙이는 것*은 사다리 모델에서는 그것들이 단지 연령에서만 차이가 나는 것이 아니라 질적으로도 차이가 있음을 암시하게 된다. 오래된 부분은 덜 진화한 것으로 간주되므로, 더 새로운 조직일수록 오래된 조직보다 더 우수한 것으로 생각되는 것이다. 하지만 앤 버틀러Ann Butler와 윌리엄 호도스William Hodos가 지적했듯이, 진화는 우수한 또는 열등한 기관이나 조직을 만들어내는 것이 아니다. 분기를 통해(형질의 축적을 통해서가 아니라) 다양성을 만드는 작업이다. 주어진 환경 조건에서 어떤 형질이 더 적합한가는 자연선택에 의해 결정된다. 하지만 환경이 변화하거나 개체군이 새로운 생태적소로 이동하면 새로운 형질이 중요해지고 이전에 유용했던 형질은 도리어 해가 될 수도 있다.

따라서 척추동물의 진화 과정 동안 뇌에서 일어난 변화가 우리의 행동과 정신 능력에 어떤 영향을 끼쳤는지 이해하려면, 우리는 에딩거의 사다리 대신 척추동물의 생명의 나무를 올라가야 한다. 그 과정에서 우리가 발견하게 될 차이점을 지나치게 과대 해석하지 않도록 주의할 필요도 있다. 우리는 새롭고 독특한 종류의 포유류일지는 몰라도 더 뛰어난 포유류는 아니다. 앞에서도 지적했듯이, 우리는 다른 동물을 이해할 때 인간 중심적인 경향은 물론 의인화하여 해석하려는

• 현대의 신경과학자들 중 일부는 신경진화론적 의미를 암시하지 않기 위해 '신neo'과 '구paleo'라는 용어를 사용하지 않으려 한다. 예를 들어, 이들은 6층으로 이루어진 피질을 '동형 피질isocortex'로, 구피질은 '이형 피질allocortex'로 지칭한다. 나 또한 이들의 견해를 지지하지만, 이 책에서는 감정의 언어에 관한 의미론적 투쟁을 개시하기보다는 관례적인 용어를 계속 사용하기로 했다.

경향도 경계해야 한다. 다시 말해, 우리는 때때로 다른 동물에게, 때로는 우리 자신에게 너무 많은 특성을 귀속시킨다. 우리는 올바른 균형을 찾아야 한다. 내가 다음 장에서 하려는 일이 바로 이것이다.

삼위일체의 유혹

초기 뇌 연구에서 가장 영향력 있는 발전 중 하나는 폴 매클레인Paul MacLean이 1950년대에 수행된 감정에 관한 뇌 진화 연구를 집대성한 일이다. 에딩거에 대한 반발이 일어나려면 아직 20년이나 더 기다려야 했고, 당대의 대부분의 과학자들은 물론 매클레인도 에딩거의 위계적 피질 3중 구조 이론을 타당한 것으로 받아들이고 있었다.

매클레인은 심신증(당시에는 고혈압과 위궤양 같은 질환도 심신증에 포함되었다)에 매료되어 괴로운 생각이나 고민―근본적으로 말해, 스트레스와 불안―이 어떻게 신체장애를 야기할 수 있는지 알아내려고 노력했다. 1920년대에 생리학자 월터 캐넌Walter Cannon은 배고픔과 갈증, 분노와 관련된 신체 기능을 조절하는 데 시상하부가 중요한 역할을 한다는 것을 보여주었다. 매클레인은 피질에서 일어나는 정신 상태가 모종의 방식으로 시상하부의 신체 생리 조절 기능을 방해하는 것일지도 모른다고 추측했다. 문제는 정신 상태가 신피질의 산물로 여겨지지만 신피질은 시상하부와 연결되어 있지 않다는 점이다. 이에 반해 당시엔 그 기능이 충분히 밝혀지지 않았던 구피질은 시상하부와 직접적으로 연결되어 있었다. 구피질은 또한 편도체나 격막 같은 피질 하부 전뇌 영역을 통해서도 시상하부와 연결될 수 있다. 따라서 매클레인은 구피질에 희망을 걸어보기로 했다.

매클레인은 에딩거의 이론을 충실히 따르며 포유류의 전뇌를 진화적으로 보존된 세 개의 영역으로 나눌 수 있다고 설명했다. 파충류뇌 부분, 구포유류뇌 부분, 신포유류뇌 부분이 그것이다. 그는 '삼부뇌triune brain'라는 어딘가 시적인 용어를 고안했고, 각 부위는 진화적으로 전문화된 기능을 가지고 있다고 설명했다. 여기서 그는 에딩거가 뇌 구조의 진화를 설명하기 위해 했던 방식을 그대로 이용해 뇌 기능(행동)의 진화에 대해서도 설명하려 했다.

매클레인의 삼부 뇌 이론에서 파충류뇌 부분(본질적으로는 기저핵으로서, 중뇌 및 후뇌가 일부 확장된 것이다)은 원시적인 종-전형적 행동을 일으킨다. 공격, 지배, 텃세 부리기 등 자동적으로 촉발되는 날것의 본능적인 동물 반응이 그것이다.

이와는 대조적으로, 구포유류뇌 부분은 조금 오래된 피질(구피질)과 상호연결된 피질 하부 전뇌 영역(편도체, 격막)으로 구성되어 있다. 구피질의 핵심 영역은 해마hippocampus와 대상 피질cingulate cortex이다. 몇 세기 전에 이 피질 부위는 반구의 내측벽 가장자리(변연)를 형성하는 것으로 알려졌다. 이런 이유로 매클레인은 구피질에 '변연 피질limbic cortex'이라는 이름을 지어주었고, 구포유류뇌 부위 전체를 '변연계limbic system'라고 불렀다(그림 39.1).

매클레인은 구포유류뇌에 의해 최초로 '감정'이 생겨났다는 가설을

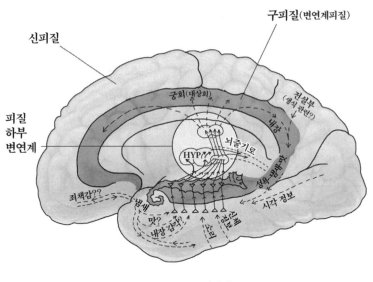

신피질

구피질 (변연계피질)

피질
하부
변연계

궁회 (대상회)

천설부
(생식/판단?)

내장

HYP??

뇌출기로

죄책감??

반례

맛?

내장 감각?

성욕-냄새-맛

시각 정보

그림 39.1 변연계

제기했다. 감정과 같은 내적 의식 상태는 섭식, 방어, 번식 등의 소위 감정적 행동과 관계가 있다. 감정은 긍정적이거나 부정적인 영향력을 가지고 있기 때문에 일상생활에서 감정이 발현되면 생존 활동을 수행할 때 일어나는 새로운 반응의 학습을 강화할 수 있다. 포유류는 이러한 강화 학습을 통해 파충류의 경직되고 전례를 따르며 본능과 결부되어 있는 반응에 비해 훨씬 유연하게 행동할 수 있게 되었다.

이 유례없는 새로운 기능은 시상하부와 연결되어 있는 구피질 덕분에 생겨날 수 있었다. 구피질과 시상하부는 직접적으로 그리고 편도체와 격막을 통해 간접적으로 연결되어 있으므로, 감정은 변연계의 피질 및 피질 하부 중심에서 형성되어 신체의 행동 및 내장 기능을 통제한다.

당시에는 프로이트의 무의식적 감정 이론이 엄청나게 유행하고 있었다. 사실 프로이트는 처음에는 마음과 뇌를 연결하려 시도했다. 하지만 그런 연구를 수행하기에는 뇌에 대한 이해가 불충분하다고 판단해, 그 대신 심리학적 모델을 발달시키기 시작했다. 매클레인은 프로이트 심리학을 뇌과학과 통합해 변연계가 바로 무의식적 감정이 흘러나오는 곳, 즉 프로이트가 말한 '이드id'의 집이며, 심신증과 같은 여러 정신 질환의 병리학적 근원이라는 가설을 제시했다.

매클레인에 따르면 구포유류뇌의 변연계는 강화를 통해 자극과 반응을 연결시킬 수 있지만, 그것을 분석하고 성찰하는 능력에는 한계가 있었다. 이러한 능력은 이후에 신포유류뇌를 진화시킨 포유류가 등장하고 나서야 가능해졌다고 한다. 매클레인의 이론에 따르면 신포유류뇌가 바로 신피질로서, 후기 포유류가 생각하고 기억하고 계획을 세우고 결정을 내리며 특히 인간의 경우 언어를 사용하는 등 복잡한 인지적 능력을 가지게 된 것은 바로 신피질 덕분이다. 이드가 변연계에 자리를 잡고 있는 것과 같이, 에고ego는 말하고 생각하는 신피질의 한 부분이다.

변연계/삼부 뇌 이론은 과학계에 아직까지도 큰 영향력을 가지고 있다. 하지만 이 이론은 여전히 문젯거리를 안고 있다. 먼저, 이 이론은 에딩거 모델이 가지고 있는 해부학적 문제를 모두 물려받았다. 즉 '신피질'은 후기 포유류에서 처음 나타난 것이 아니며, '구피질'과 피질 하부 변연계 영역도 초기 포유류에서 처음 나타나지 않았고, 기저핵은 파충류에서 나타나지 않았다. 둘째, 행동 능력이 등장한 순서는 매클레인이 제안한 방식대로 일어나지 않았다. 예를 들어, 매클레인은 에딩거가 추정한 기저핵과 변연계의 연대에 근거해 이러한 해부학적 차이로부터 어떻게 동물이 감정을 가지게 되었는지 본인 나름의 심리학적 이론을 세운 후, 이를 바탕으로 본능적 행동과 감정적 행동을 구분했다. 하지만 그가 본능이라 부른 행동(공격, 지배, 텃세권과 관련된 행동)과 감정적 행동이라 부른 행동(섭식, 방어, 번식과 관련된 행동)은 포유류에서만이 아니라 파충류와 조류에서도 일어난다. 이러한 종-전형적 생존 행동은 유기체가 살아있도록 하기 위해 존재하는 것이다. 몇몇 동물 종, 특히 인간에서 이런 유형의 행동들이 특정 감정과 관련되어 있다고 해서 이 감정들이 선천적 행동을 통제하기 위해 생겨났다는 것을 의미하지는 않는다.

마지막으로, 변연계 이론은 인간의 뇌 기능에 관해 서로 관련이 있는 두 가지 잘못된 전제를 바탕으로 한다. 첫째, 변연계는 인지 작용이 아닌 감정을 관장한다는 것이고, 둘째, 신피질은 감정이 아니라 인지 작용을 관장한다는 것이다. 둘 다 틀렸다. 구피질에서 해마와 대상피질과 같은 변연계 영역은 기억이나 주의 집중 등의 인지 기능에 중요한 방식으로 기여한다. 신피질 영역 또한 감정적 경험에 광범위하게 기여한다.

에딩거와 매클레인은 모두 선구적인 사상가이자 연구자로서, 당시에 알려진 사실들을 바탕으로 놀라운 업적을 일구어냈다. 이들의 이론에 고무된 학자들은 엄청난 양의 연구를 쏟아냈다. 비록 진화는 완벽함을 목표로 진전하는 것이 아니지만, 과학은 질문에 대한 완벽한 해답에 더 가까워지는 것을 목표로 한 걸음씩 나아간다. 과거에 한 분야를 이끌던 이론일지라도 그 이론이 직관적으로 얼마나 큰 설득력을 가지는가와는 상관없이, 새로운 사실이 밝혀지면 한쪽으로 밀려나야만 할 때도 있다.

다윈의 혼란스러운 감정 심리학

감정은 우리의 정신생활에서 핵심적인 위치를 차지한다. 따라서 많은
사람들이 우리 뇌에서 감정이 어떻게 작용하는지 이해하는 데 큰 관
심을 가진다. 또한 심적 고통에서 감정이 차지하는 역할 때문에 이를
중요한 연구 목표로 삼는 연구자도 많다. 하지만 특정 심리적 과정이
뇌에서 어떻게 일어나는지 이해할 수 있다는 것은 그 심리적 과정 자
체를 이해한다는 것과 전혀 다르지 않다. 다시 말해, 우리가 무언가를
발견하기 위해서는 일단 지금 찾는 것이 무엇인지 정확하게 알아야
한다. 나는 많은 뇌 연구자들이 감정이 무엇인지 잘못 이해하고 엉뚱
한 방식으로 뇌에서 감정을 찾고 있다고 생각한다. 앞에서 살펴본 뇌
진화에 대한 에딩거의 이론은 생명의 역사가 사다리보다는 가지를 뻗
는 나무와 비슷하다고 본 다윈의 생물학적 통찰을 간과했기에 잘못된
길로 나아갔다. 하지만 감정과 감정적 뇌에 대한 이론은 이와는 반대
로 다윈의 심리학적 이론을 수용했기에 그만 잘못된 길로 접어들었다.

당대의 많은 학자들과 마찬가지로 다윈 또한 17세기의 철학자 르네 데카르트의 영향을 강하게 받아 '마음' '정신' 같은 용어가 의식을 지칭한다고 전제했다. 데카르트는 동물을 생각이 없는 짐승, 즉 일상에서 주어지는 자극에 끌려다니며 단순히 주변 환경에 반응하기만 하는 짐승 기계로 생각한 반면, 인간은 의식적 마음을 가지고 있어 내적 상태를 경험하는 것이 가능하고, 이러한 경험을 이용해 행동을 통제할 수 있는 것으로 여겼다.

다윈의 등장으로 인해 우리는 처음으로 인류를 다른 동물의 연장선상에서 볼 수 있게 되었다. 데스먼드 모리스Desmond Morris의 유명한 표현을 인용하면, 우리는 "벌거벗은 유인원"이다. 하지만 다윈의 심리학적 개념은 동물의 특성을 기초로 인간의 자질을 설명하기보다는 인간의 심리학적 특징, 특히 감정과 같은 심적 상태들로 다른 동물의 행동을 설명하려 한다. 엘리자베스 놀Elizabeth Knoll은 다윈이 이런 접근법을 택한 이유는 빅토리아 여왕 시대의 영국 사회에서 연속성에 대한 그의 사상이 수용될 수 있기를 바랐기 때문이라고 주장한다. 당시는 상류 중산층 사이에서 의인관에 바탕을 둔 감성이 크게 유행하던 시대였다. 다윈 스스로 인간에게 동물과 비슷한 형질이 있다고 말하는 것보다 동물에게 인간과 유사한 형질이 있다고 말하는 것이 동물-인간 연속성을 주장하는 좀 더 '유쾌한' 방식이라고 기록하고 있다.*

특히 많은 주목을 받은 다윈의 견해는 1872년에 출간된 책《인간과 동물의 감정표현》이라는 책에 잘 나타나 있다. 이 책에서 그는 감

---

* 당시는 동물이 화자가 되어 인간의 잔혹함 등에 대한 자신의 이야기를 들려주는 '동물 자서전'이라는 문학 장르가 크게 유행하고 있었다. 학대받는 말하는 말의 이야기《블랙 뷰티Black Beauty》는 당대의 베스트셀러 소설이었다.

정이란 인간이 포유류 조상으로부터 물려받은 마음의 상태라고 말하며, 우리가 감정을 물려받은 이유는 이러한 정신 상태가 우리의 조상들이 적응하고, 생존하고, 번식하는 데 도움을 주었기 때문이라고 설명한다. 다윈은 우리에게 동물의 마음을 알려주는 직접적인 정보가 없다는 사실을 알고 있었지만, 행동 반응은 동물(인간을 포함한)이 무엇을 느끼는지 직접적으로 반영하고 있다고 가정했다. 만일 원숭이나 강아지에게 위협을 가했을 때 이들이 인간이 하는 방식대로 반응한다면 이 동물들은 인간들처럼 공포를 느끼는 것이 분명하다는 것이다. 사실, 공포는 행동의 원인이다. 이 책은 인간과 다른 포유동물의 표정과 신체 자세가 얼마나 비슷한지 보여주는 삽화들로 가득 차 있다. 또한 다윈은 이 반응들을 일으킨 정신적 토대에 대해 자유롭게 기술했다. 그의 제자인 조지 로메인스George Romanes는 행동을 "마음의 사절使節"이라고 부르고 이런 개념을 동물과 인간의 마음에 똑같이 적용함으로써 다윈의 발자취를 이어갔다. 그밖에도 많은 학자가 다윈과 로메인스의 선례를 따라 동물도 인간이 경험하는 것에 비견될 수 있는 의식 상태를 가진다는 관점에서 동물의 행동을 자유롭게 해석했다. 20세기 초, 이러한 무절제함에 대항하는 움직임이 시작되었다. 심리학에서 행동주의자들이 반란을 일으킨 것이다.

다윈을 변호해보자면, 당시에는 마음이 의식적 마음의 눈에 비치는 것 이상이라는 사상이 아직 등장하지 않았다. 비의식적 심적 과정은 수십 년 동안 과학적 담론에서 배제되었다가 프로이트의 저술에서 처음으로 언급되기 시작했고, 이후 인지과학의 도래(이에 대해서는 다음 부에서 더 알아볼 것이다)를 통해 과학적 담론에 포섭되었다. 만일 다윈이 이러한 비의식적 과정에 대해 알고 있었더라면 인간과 다른 동물들 사이의 심리적 연속성의 본질에 대해 다른 방향에서 접근했을지도 모를 일이다. 또한 이후에 행해진 감정 연구들 또한 완전히 다른 방향으로 나아갔을 것이다. 하지만 다윈은 그가 밟아온 길대로 나아갔고, 우리는 그 결과로 빚어진 감정 연구 속에서 살아가고 있다.

기본 감정은 얼마나 기본적인가?*

미국 심리학의 아버지 윌리엄 제임스William James는 다윈의 사상 전반
에 깊이 심취해 있었지만, 다윈이 그토록 중요하다고 여겼던 감정에
대한 상식적인 접근법에는 거리를 뒀다. 제임스는 "우리가 감정에 대
해 취할 수 있는 가장 자연스러운 사고방식은…… 어떤 사실에 대한
심적 인식에 의해 동요되는 심적 정서가 바로 감정이고, 이러한 후자
의 심적 상태가 육체적인 표현을 불러일으킨다는 것이다"라고 말한
것으로 유명하다. 그러고 나서 그는 감정 또는 느낌이 우리로 하여금
특정 방식으로 행동하게 만드는 심적 상태라는 생각을 계속해서 거부
했다. 우리가 공포를 느끼기 때문에 곰에게서 도망치는 것이 아니라
우리가 도망치기 때문에 공포를 느끼는 것이라고 그는 설명한다. 위

• 이 제목은 앤드루 오토니Andrew Ortony와 테런스 J. 터너Terence J. Turner의 의견에 동의한다는
의미에서, 이들의 논문 〈기본 감정의 무엇이 기본적인가?What's Basic About Basic Emotions?〉를 참고한
것이다.

험에 반응하는 행위가 공포로 해석되는 생리적 신호를 발생시킨다는 것이다. 우리가 공포 때문에 곰에게서 도망친다는 생각을 제임스가 거부했다는 사실은 공포가 어디서 오는지에 대한 그의 설명에 가려 빛을 잃고 말았다. 다시 말해, 제임스는 우리가 왜 도망치는지에 대해서보다는 우리가 무엇을 느끼는지에 좀 더 관심이 있었고, 그러한 감정을 유발하는 데 신체 반응이 어떤 역할을 하는지 강조하고자 했다.

제임스의 업적을 바탕으로 새로운 심리학 분야가 확립되었고, 데카르트가 제기한 의식의 문제를 해결하기 위해 실험적 기법을 사용하려는 시도가 등장했다. 하지만 심리학 분야에서 의식에 대한 관심은 그리 오래가지 않았다. 곧 행동주의자들이 이 분야를 장악한 후 상당히 강경한 태도로 정신과 관련된 모든 것을 제거해버렸기 때문이다.

같은 기간 동안 생리학 분야에서는 감정에 대한 연구가 한창 번성하고 있었다. 생리학과는 보통 의과대학에 소속되어 있어서 행동주의의 영향을 거의 받지 않았기 때문이다. 감정 연구의 초기 개척자들은 다윈의 의인적 관점을 그대로 계승하여 뇌의 어느 영역이 실험 동물에게 행동 반응을 일으키는지 설명하기 위해 공포와 분노, 배고픔, 쾌락 등의 내적 경험을 아무 제약 없이 불러냈다. 이들이 발견한 사실과 결론은 제2차 세계대전 이후 매클레인의 변연계 이론이 출현할 수 있었던 지적 토양이 되었다. 매클레인이 동물의 행동 반응은 변연계에 부호화되어 있는 감정 상태를 드러낸다고 가정한 것도 지극히 당연한 일이었다.

1960년대가 되자 심리학에서 행동주의자들의 영향력도 수그러들고, 인지 혁명과 더불어 심적 상태로서의 감정에 대한 새로운 관심이 고조되었다. 새로운 물결의 조류를 탄 일부 학자들은 느낌을 생성하는 과정에서 인지의 역할을 강조했다. 즉 공포와 같은 감정은 자신이 위험한 상황에 처해 있다고 해석한 결과라는 것이다(이러한 해석은 나중에 살펴볼 논의에서 두드러지게 나타날 것이다). 이에 반해, 다윈주의적 사상을 부활시켜 감정의 선천성을 주장한 학자들도 있었다.

예를 들어, 실번 톰킨스Silvan Tomkins는 인간의 뇌는 동물 조상으로부터 물려받은 생물학적으로 기본적인 감정 몇 가지를 가지고 있으며, 이것은 우리의 얼굴 표정과 다른 신체 반응으로 표현된다고 주장했다. 이러한 '기본 감정'에는 공포, 고통, 수치심, 역겨움, 분노, 즐거움, 호기심, 놀람이 포함되어 있다. 로버트 플러치크Robert Plutchik, 캐럴 이자드Carroll Izard, 폴 에크먼Paul Ekman과 같은 심리학자들은 감정을 나타내는 표정이 전 세계에서 보편적으로 나타난다는 사실을 근거로 기본 감정 이론을 받아들였다. 에크먼의 이론은 특히 심리학과 신경과학에 심대한 영향을 끼쳤으며, 과학의 테두리를 벗어나 더 멀리 확산되었다. 예컨대 그의 이론은 유명 영화 〈인사이드 아웃Inside Out〉의 바탕이 되었다.

기본 감정 지지자들은 각각의 감정이 특정 '정서 프로그램affect program'과 결합되어 있다고 말한다. 정서 프로그램이란 적절한 자극이 주어지면 활성화되어 행동 반응 및 생리적 반응 그리고 그에 대응하는 느낌을 유발하는 가설적인 신경 모듈이다(그림 41.1).• 이 이론가들은 서로 구별되는 다양한 정서 프로그램이 뇌에서 각각 어떻게 구현되는지에 대해서는 할 수 있는 말이 별로 없었다. 만일 그들이 뇌를

• 이 연구자들은 대체로 주관적 경험보다는 선천적 신체 반응에 좀 더 관심을 가졌다. 그렇지만 이들은 감정 반응의 이론이 아니라 감정 이론을 상정했으며, 감정을 주관적 경험 또한 정서 프로그램의 산물인 것으로 여겼다.

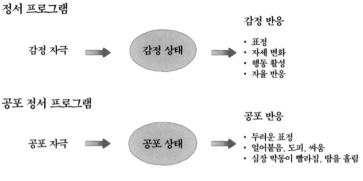

정서 프로그램

감정 자극 → 감정 상태 →
감정 반응
- 표정
- 자세 변화
- 행동 활성
- 자율 반응

공포 정서 프로그램

공포 자극 → 공포 상태 →
공포 반응
- 두려운 표정
- 얼어붙음, 도피, 싸움
- 심장 박동이 빨라짐, 땀을 흘림

그림 41.1 기본 감정 이론의 정서 프로그램

언급한다면 그것은 대부분 변연계를 의미했다. 당시에는 변연계가 감정을 관장한다고 보는 견해가 지배적이었기 때문이다.

매클레인 또한 특정 감정이 어떻게 생겨나는지에 대해서는 별로 언급하지 않았다. 그의 연구는 감정 일반을 관장하는 회로인 변연계에 초점이 맞춰져 있었기 때문이다. 이후 신경과학자 야크 판크세프 Jaak Panksepp는 매클레인이 떠난 자리에서부터 시작해 뇌의 기본 감정 이론을 발전시켰다.

판크세프는 쥐의 변연계를 자극해 그가 '감정 행동'이라고 이름 붙인 행동들을 유도해냄으로써 각각의 감정 회로들을 규명했다. 판크세프는 이를 '감정 운영체계'라고 불렀다. 정서 프로그램의 또 다른 이름이다. 판크세프에 따르면, 각각의 감정 운영체계는 진화 과정에서 할당된 감정의 특징적 행동 반응과 핵심 정서를 모두 일으킨다. 그에 따르면, 실험실에서 뇌를 자극하는 실험을 할 때와는 달리 실제 삶에서 위험에 맞닥뜨렸을 때 '공포'가 일어나게 하는 회로는 또한 얼어붙기나 도망치기 등의 소위 공포 반응도 통제한다고 한다. 이러한 운영체계들은 포유동물 전반에 걸쳐 보존되며 느낌과 행동 모두를 관장하므로, 판크세프는 다른 동물의 감정적 행동을 제어하는 회로를 규명한다면 인간의 감정적 느낌을 관장하는 회로도 찾아낼 수 있으리라고 가정했다.

여기서 판크세프는 그가 '피질 하부 운영체계'라고 부르는 영역이 실제로 하는 일을 잘못 기술한 것으로 보인다. 예를 들어, 판크세프의 공포 운영체계는 편도체와 그것에 연결된 다른 피질 하부 영역을 포함하고 있다. 나와 다른 연구자들이 조사한 바에 따르면, 실제로 편도체는 위험 감지 및 반응에 관련되어 있다. 예를 들어 쥐나 생쥐, 고양이, 원숭이 그리고 인간은 편도체에 손상을 입으면 그들의 생존을 위협하는 사건이 일어났을 때 전형적으로 표출되는 행동과 생리적 반응이 나타나지 않는다. 또한 동물 또는 인간은 위협적인 자극에 노출되면 편도체의 뉴런이 활성화된다. 하지만 이런 사실들이 편도체가 공포의 '느낌'을 관장한다는 것을 의미하는가? 판크세프는 바로 그렇다고 주장할 것이다. 하지만 그가 제시한 증거는 전적으로 행동 증거에 불과하다. 그는 다윈주의 논리를 따른다. 즉 인간이 특정 방식으로 행동할 때 어떤 감정을 경험하는 것처럼, 동물도 이런 방식으로 행동하면 인간이 느끼는 것과 같은 느낌을 받는다는 것이다. 따라서 동물의 행동을 측정해보면 동물 및 인간의 뇌의 어느 부분에 느낌이 있는지 알아낼 수 있을 것이다. 하지만 잠시 생각해보자.

인간을 대상으로 한 실험에서 위협 요소가 식역識閾하의 강도*로 제시되면 실험 대상자의 심장 박동은 빨라지고 손바닥은 땀으로 젖으

•　대상에게 감각이나 반응을 일으키는 강도 이하의 자극(옮긴이)

며 근육은 긴장되지만 대상자는 자극을 인식하지 못하며 공포도 느끼지 않는다. 이와는 반대로, 편도체가 손상된 사람은 위험에 대한 신체 반응을 이끌어낼 수 없음에도 불구하고 실제로는 공포를 느낀다고 보고한다. 이러한 결과들은 편도체가 무의식적으로 위험을 감지하고 그에 대한 반응을 개시하는 일을 관장한다는 모델에 좀 더 부합한다. 하지만 그와 동시적으로 발생하는 의식적인 공포의 느낌까지 편도체가 직접 관장하는 것은 아니다. 의식적 반응과 무의식적 반응의 본질적 차이에 대해서는 책의 마지막 부분에서 감정의 본성에 대한 최신 연구들을 살펴볼 때 좀 더 자세히 논의할 것이다.

위의 논의를 두고 공포를 일으키는 과정에서 편도체가 아무런 역할도 하지 않는다는 것으로 받아들여서는 안 된다. 편도체의 활성에 의해 신체에 촉발되는 행동 반응 및 생리적 반응은 뇌에 되먹임 신호를 보내어, 실제로 우리가 위험한 상황을 어떤 식으로 경험하는지에 영향을 미친다. 예를 들어, 신체에서 방출된 호르몬은 혈류를 타고 이동해 뇌로 들어가 주의 집중을 돕고 우리의 경험을 증폭시킨다. 하지만 우리는 또한 얼어붙거나 도망칠 때 그리고 심장이 고동칠 때를 인지적으로 알아차릴 수 있다. 그리고 이러한 자기관찰은 그 상황에서 우리가 경험하는 것에도 영향을 미친다. 게다가 편도체는 뇌의 다른 영역들과 수없이 많이 연결되어 있으므로 뇌에서의 정보 처리에 상당한 영향을 끼친다. 필자가 세운 가설에 따르면 편도체는 공포에 대한 실제 의식적 경험을 조합하는 과정에서도 중요한 역할을 한다. 이와 비슷한 시나리오를 섭식이나 체액 균형, 체온 조절, 번식 등 생존 유지와 관련된 다른 행동을 제어하는 회로에도 적용할 수 있다. 이 행동들은 배고픔, 갈증, 쾌락 등 실제 느낌을 일으키는 원천은 아니지만 그러한 감정 경험에 중요한 기여를 한다.

따라서 동물이 감정 경험을 하는지의 문제는 선천적 행동이 감정을 측정하는 방법, 뇌에서 감정을 찾는 방법이 될 수 있는지의 문제와 결합한다. 감정 경험이 어떻게 생겨나는지, 그러한 경험에 생존 유지를 위한 회로들이 어떤 역할을 하는지는 다음 부들 중 의식의 본성을 탐구할 때 다시 한번 논의할 것이다.

기본 감정 접근법은 피질 하부 회로가 선천적 반응을 제어하는 데 기여하며 이러한 작용은 종에 걸쳐 공유된다는 사실을 분명히 밝혔다. 인간들 사이에 얼굴 표정과 같은 반응이 얼마나 비슷한지 밝히는 데도 공을 세웠다. 하지만 필자가 판단하기로는 기본 감정 접근법은 인간의 감정을 설명하기에는 한계가 있다. 흥미롭게도, 인간 기본 감정 연구의 수장인 폴 에크먼은 감정보다는 얼굴 표정에 훨씬 더 관심이 많았으며 느낌을 일으키는 과정에서 정서 프로그램이 어떤 역할을 하는지에 대해서는 특별한 언급을 하지 않았다. 그러나 다른 많은 학자들은 마치 느낌이 이 선천적 회로를 만든 생산자라고 믿는다는 듯이 책을 쓰고 강연을 한다.

최근 기본 감정 이론가인 안드레아 스카란티노Andrea Scarantino는 내가 가진 것과 유사한 견해를 기본 감정 이론에 통합하려고 시도했다. 하지만 그는 공포가 의식적 요소와 비의식적 요소를 모두 가지고 있다는 전제는 그대로 남겨두었는데, 내 생각에 이는 계속해서 문제가 될 것 같다.

의인화 접근법을 진심으로 받아들여 동물도 인간이 경험하는 것에 상응하는 감정 및 의식 상태를 가진다고 주장하는 학자들이 늘어남에 따라, 우리가 단어들을 사용하는 방식의 문제점이 뚜렷해지기 시작했다. 대표적인 학자들로는 판크세프 외에도 프란스 드 발Frans de Waal, 고든 버크하트Gordon Burkhardt, 마크 베코프Marc Bekoff가 있다. 이들은 '과학적 의인화'를 주장하며 '비판적 의인화' '생물 중심 의인화' '동물 중심 의인화' '동물화' 등의 용어를 사용해왔다.

많은 학자가 이 주장에 이의를 제기했다. 의인화에 과학적인 것처럼 들리는 이름을 붙인다고 해서 행동에 대한 엄격한 과학적 접근법으로서의 자격을 갖추게 되는 것은 아니라면서 말이다. 예를 들어 세실리아 헤이스는 이들이 너무 자주 일화나 인간 행동과의 단순한 유추에 근거해 주장을 펼친다고 지적했다. 특정 상황에서 동물이 인간이 하는 것과 비슷한 방식으로 행동하면 동물 또한 인간과 같은 느낌을 가지는 것이 틀림없다고 주장하는 것이다. 동물의 행동을 비의식적인 것으로 해석하는 대안 가설을 배제할 수 없다면, 의식에 대한 주장은 보류되어야 한다.

흥미롭게도, 프란스 드 발은 "불필요한 의인화는 분명히 쓸모가 없다"라고 말했다. 이는 중요한 단서 조건이다. 하지만 그는 "숙련된 관찰자"가 동물의 감정에 대해 내린 추측은 신뢰할 수 있어야 한다고 덧붙인다. 내 견해로는 아무리 숙련된 관찰자라 하더라도 단순히 행동을 관찰하는 것만으로는 비의식적 설명을 배제할 방법이 없다. 추측까지는 괜찮다. 하지만 공감이나 기쁨, 사랑과 같은 감정까지도 사실이라고 말하면 필연적으로 '불필요한 의인화'가 발생한다. 의인화에 관해서는 책 뒷부분에서 더 이야기할 것이다.

기본 감정에 관한 최근 연구 동향을 살펴보면 이전보다 덜 제한적인 방식으로 감정에 기여하는 정서 프로그램이 제안되었다. 예를 들어, 제임스 코언James Coan은 감정을 단순히 주관적 경험이 아니라 편도체의 활성과 행동 반응 및 생리적 반응에서 오는 피드백 그리고 주관적 경험이 포함된 창발적 상태로 여겼다. 다시 말해, 경험은 그 자체로 감정인 것이 아니라 그 감정에 기여하는 한 요인인 것이다. 흥미로운 접근이다. 하지만 나는 코언의 주장처럼 주관적 경험이 감정을 만드는 여러 요소들의 혼합물 속에 포함된 또 다른 요인에 불과하다는 의견에는 동의하지 않는다.

필자에게는 주관적 경험―느낌―이 바로 감정이다. 감정은 자연선택에 의해 피질 하부에 배선되도록 프로그램된 회로가 아니라, 현재 상황이 개인의 번영에 영향을 끼치는지에 대한 인지적 평가다. 즉 감정은 복잡한 인지 과정과 자기 인식을 필요로 한다. 이 책의 나머지 부분에서는 주로 인간 인지 및 의식의 뿌리와 기원을 다룰 것이다. 이 과정을 발판으로 삼아. 책의 마지막 부분에서 감정에 대한 나의 인지적 관점―의식적 경험으로서의 감정―을 소개하고자 한다.

인지의 시작

인지 능력

우리 인간은 더 커지거나 날렵해지거나 강해지는 것 대신, 더 영리해지는 것을 선택함으로써 생존하고 번성할 수 있었다. 우리는 다른 많은 유기체처럼 세상이 변하면 단순히 그에 맞춰 우리의 바우플란을 변화시키는 방식으로 진화하지 않았다. 대신 우리는 세상을 변화시키기 위해 우리의 인지 능력을 사용했다. 우리는 우리의 신체와 삶의 방식에 이득이 된다고 생각되는 행동을 한다. 때로는 단순히 자연을 조금씩 고쳐나가는 것이 재밌어 보여서 그렇게 하기도 한다. 그 어떤 동물도, 심지어 우리의 가장 가까운 친척인 영장류조차도 고층 건물을 짓거나 질병에 대한 치료법을 찾거나 오페라를 작곡하거나 소설을 쓸 생각을 할 수 없었고, 이런 일을 동료들에게 설명하거나 실행 계획을 세우거나 완수할 수 없었다. 인간이 고유한 인지 능력을 가졌다고 해서 우리가 우리의 선조들이나 현재 우리와 지구상에서 함께 살아가는 다른 동물들보다 더 우수하다거나 남다른 특권을 가졌다는 의미는 아니다. 그저 우리는 다른 동물과 다르다는 것을 의미할 뿐이다.

인간의 인지는 인간만의 고유한 능력이긴 하지만, 그 또한 우리의 포유류 조상들이 가지고 있던 인지 기능을 바탕으로 출현한 것이다. 우리의 인지 능력이 어디서부터 온 건지 이해하려면 먼저 인지 기능이란 무엇인지부터 구체적으로 살펴봐야 한다.

일반적으로 인지는 사고와 추론, 계획, 결정과 같은 일에 이용된다. 인지는 고대 그리스 때부터 인간 본성의 철학적 이해에서 핵심적인 부분을 차지해왔다. 하지만 데카르트는 인지를 내성적 의식 또는 사고 경험에서 필수 부분인 자기 자신에 대한 내면적 인식과 동일시했다. 이는 유명한 언명, 코기토 에르고 숨Cogito ergo sum, 즉 "나는 생각한다, 고로 존재한다"에도 잘 드러난다. 데카르트에 따르면 의식은 인간을 인간답게 만드는 특성이며, 따라서 동물이란 앞에서도 살펴본 것과 같이 마음이 없는 반사적 기계에 불과했다.

수세기 후 다윈은 짐승 기계에게 인간적인 생각과 감정을 부여했고, 앞에서도 언급했듯이 이러한 의인화는 결국 심리학에서 행동주의 혁명으로 이어졌다. 행동주의자들의 목표는 다윈과 마찬가지로 인간과 동물 사이의 심리적 차이를 좁히는 것이었지만 이들은 다윈과는 전혀 다른 접근 방식을 취해 인간과 동물의 행동 모두에서 의식을 제거했다. 이러한 정서를 말해주듯, 행동주의 철학자 길버트 라일Gilbert Ryle은 오만하게도 의식을 '기계 속의 유령'이라고 불렀다.

행동주의자들은 인간과 다른 동물 사이에 나타나는 행동의 연속성을 극단적으로 몰고 가 아예 동등한 것으로 여겼다. 그들은 행동의 원리가 보편적이라고 주장했다. 즉 언어 및 사상을 포함하여 인간의 행동에 대해 과학적으로 알아야 하는 모든 사실이 실험실에서의 동물

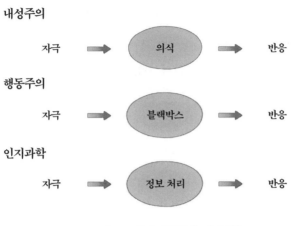

내성주의

자극 ➡ 의식 ➡ 반응

행동주의

자극 ➡ 블랙박스 ➡ 반응

인지과학

자극 ➡ 정보 처리 ➡ 반응

그림 42.1 내성, 행동주의, 인지과학

연구로 밝혀질 수 있다고 생각했다. 머리는 그저 블랙박스로 여겨졌고, 그 속에 들어 있는 그 무엇도, 심지어 뇌조차도 행동과는 아무 관련이 없다고 생각했다(그림 42.1).

20세기 중엽, 인간의 사고방식과 컴퓨터의 정보 처리 방식 사이에 나타나는 명백한 유사점을 바탕으로 심리학에 대한 새로운 접근법이 등장했다. 바로 '인지과학'이다. 인지과학 또한 행동주의와 마찬가지로 행동 반응에 초점을 맞춘 엄격한 접근법을 취했다. 인지과학에서도 행동을 이용해 내적 상태를 측정했지만, 처음에는 의식의 문제를 회피함으로써 내적 상태에 다가갔다. 인지적 마음은 정보 처리 시스템으로 간주되었다. 그리고 인지 처리가 때때로 의식 경험을 야기할 수 있지만 인지과학자들이 초점을 맞춰 연구한 부분은 사실상 비의식적인(즉 무의식적인) 활동으로 취급되는 처리 과정이었다. 결국, 인지과학은 마음을 심리학에게 돌려주었지만 그 마음은 행동주의자들이 제

274

거해버린 의식적인 마음은 아니었다.

지그문트 프로이트는 인지과학이 출현하기 훨씬 이전에 무의식이란 개념을 대중화했다. 프로이트의 무의식은 불안의 감정이 일어나는 것을 막기 위해 괴로운 의식적 생각과 기억들을 따로 모아 머무르게 한 장소였다. 하지만 인지과학은 다른 견해를 제시했다. 비의식적인 인지 과정의 존재가 알려진 것처럼, 소위 인지적 무의식은 정보를 억누르기 때문에 무의식적인 것이 아니라, 그것이 조직되는 과정에서 정보 처리가 의식의 영역 밖에서 이루어지기 때문에 무의식적이라는 것이다.

예를 들어, 목적지를 향해 걸어간다고 할 때(가령, 사무실 건너편 카페에 커피를 마시러 가는 경우), 일단 그런 결정을 내렸다면 어떻게 그곳에 갈 것인지 생각할 필요가 없다. 그냥 가기만 하면 된다. 마찬가지로, 우리가 말을 할 때도 우리는 용어를 어떻게 배치할지 의식적인 구상 과정을 거칠 필요 없이 문법적으로 문제없는 문장을 만들어 구사할 수 있다. 이를 통해 우리는 막후에서 일상적인 작업이 수행되는 동안 다른 일에 대해 의식적으로 사고할 수 있다. 하지만 이러한 자동 조종 장치에 뭔가 문제가 발생하면(카페에 가는 길에 장애물이 있거나 제대로 된 문장이 떠오르지 않을 때) 이 장치는 우리에게 주의를 준다. 다시 말해, 예상치 못한 또는 달갑지 않은 사건은 우리의 주의를 끌면서 그 사건의 발생을 우리가 의식적 내용으로 인지하도록 하며, 당시에 우리가 생각하고 있던 것들은 외부로 몰아낸다. 따라서 인지적 무의식의 통제 프로세스는 우리가 의식적으로 경험하는 정보 내용의 기저에 깔려 있을뿐만 아니라 환경과의 직접적인 행동 상호 작용도 뒷받침한다는 것을 알 수 있다. 나는 이러한 인지를 프로이트의 무의식 개념과 구분하기 위해 '비의식nonconscious'이라는 용어를 사용하는 것을 선호한다.

진화적 관점에서 인지 작용을 탐구하기 위해서는 먼저 그것이 무엇인지 정확히 정의해야 한다. 우리 책에서 '인지cognition'는 지식 습득의 밑바탕이 되는 프로세스로서, 외부 사건에 대한 내적 표상을 만들고 이를 기억으로 저장함으로써 이후 사고, 회상, 숙고, 행동에 사용할 수 있도록 하는 과정을 의미한다. 인지 과정은 표상의 외적 지시물이 없을 때에도 사물 또는 사건의 내적 표상에 의존한다는 점에서 비인지적 정보 처리와 차이가 난다. 이러한 정의를 고려할 때, 주어진 자극에 즉각적인 행동 반응을 일으키는 과정은 엄밀히 말해 인지적 통제를 거치지 않음을 알 수 있다. 오직 내적 표상에 의존하는 반응만이 인지 과정을 거친다. 앞으로 더 살펴보겠지만, 인지과학은 그러한 차이를 구별해낼 수 있었기에 성장할 수 있었다.

인공지능AI 분야는 인지과학의 한 갈래로서, 인지과학이 컴퓨터과학과 일찍이 연결되었던 분야이기도 하다. 어떤 사람들은 '강한 AI'라는 개념을 주장하며 인공 시스템의 정보 표상 과정을 통해 인지, 심지어 의식이 발생할 수 있다고 말한다. 하지만 나는 좀 더 약한 버전을 채택하고자 한다. 이 관점에서는 인간의 인지 과정과 인공 시스템에서의 정보 처리 과정이 어떤 점에서 유사한지 밝혀 이를 인간 인지를 이해하는 데 활용한다. 즉 전자기기에서 전자가 어떻게 흐르는지 밝히는 것은 인지 과정을 규명하기 위한 길에 빛을 밝혀줄 수는 있지만 그것만으로는 인지를 창조해내기 충분하지 않다는 것이다.

인지는 생물학적 진화의 산물이며, 따라서 생물학적 정보 처리가 필요하다. 하지만 모든 생물학적 정보 처리 과정이 중요한 것은 아니다. 예를 들어, 모든 세포는 그것이 생존해 있는 모든 순간에 생물학

정보 처리의 종류		사례
무생물적 과정		자동온도조절기, 컴퓨터
생물학적 과정		살아있는 유기체
신경학적 과정		동물
내적 표상 처리		조류, 포유류

그림 42.2 다양한 정보 처리 과정

적 정보 처리에 관여한다. 일부 과학자는 인지를 오직 행동의 토대가 되는 생물학적 정보 처리로만 제한하기도 한다. 이런 관점에 따르면 식물이나 균류, 심지어 단세포 미생물이 보여주는 행동에도 초보적인 인지 능력이 반영되어 있다. 아서 레버는 그의 책《최초의 마음》에서 박테리아가 광주성 반응을 보이는 것을 볼 때 이들 또한 인지적 마음을 가지고 있는 것으로 보인다고 주장하기도 했다. 내 견해로는, 인지 능력을 주변 환경으로부터 주어진 자극에 반응하는 능력과 동일시하는 것은 용어의 의미를 너무 확장시켜 아예 무의미하게 만들어버리는 것으로 보인다.

이 책에서 나는 인지가 신경계로 인해 가능해진 생물학적 프로세스의 산물이라고 보는 견해를 따를 것이다(그림 42.2). 이 관점에 따르면, 인지 기능은 오직 동물에서만 진화했고, 동물 중에서도 일부의 동물에서만 진화한 특징이다. 따라서 어떤 동물이 인지 기능을 가지고 어떤 동물은 가지지 않는지 결정하는 일은 어떤 동물이 신경계를 가

지고 내적 표상을 형성하고 저장하며 사용할 수 있는지 결정하는 일
과 다름없다고 할 수 있다.

행동주의자들의 구역에서 인지 찾기

철학자 임마누엘 칸트는 과학이 다른 모든 것은 측정할 수 있어도 마음만큼은 결코 측정할 수 없을 것이라고 주장했다. 그러나 수백 년 후 마음을 측정하는 일을 연구하는 분야가 생겨났으니, 바로 인지과학이다. 인지과학자들은 비단 인간뿐만 아니라 동물의 마음까지 측정할 수 있는 방법을 찾기 위해 애쓰고 있다.

인지를 측정하려면 먼저 행동을 측정해야 하며, 지금까지 살펴본 바와 같이, 인지적 행동 제어와 비인지적 행동 제어를 구분할 수 있어야 한다. 이를 위해 인지과학자들은 행동주의자들이 확립한 엄격한 접근법을 확장했다.

앞서 제2부에서도 살펴본 바와 같이 동물의 행동을 측정하는 데 중추적인 역할을 한 것은 파블로프 조건화와 도구적 조건화다. 존 왓슨John Watson은 파블로프 과정에 따라 행동주의를 확립했지만 그의 후계자 B. F. 스키너는 인간의 복잡한 행동을 설명하기에 파블로프 조건화는 너무 제한적이라고 생각했고, 그 대신 에드워드 손다이크의 도구적 조건화로 방향을 돌렸다.

행동주의자들은 조건 반응을 설명하기 위해 시험 대상자에게 특정 자극을 가했을 때 어떤 반응을 보이는지 그 이력을 조사했다. 파블로프 조건화는 둘 이상의 자극이 인접하여 일어날 때 이 자극들 사이에 형성되는 연합을 통해, 도구적 조건화는 반응과 그것이 만든 강화 자극의 결과가 인접하여 일어날 때 형성되는 연합을 통해 설명할 수 있다. 이러한 인접 관계를 '단순 연합mere association'이라고 부르는데,* 이는 '연합'이라는 용어가 내적인 심적 과정을 지칭하지 않는다는 점을 명확히 하기 위해서다. 표 43.1에 파블로프 단순 연합 과정을 나타냈다.

파블로프 조건화는 동물들 사이에 널리 나타나는 능력으로, 모든 종류의 척추동물뿐만 아니라 후구동물(척삭동물과 극피동물)과 선구동물(곤충, 연체동물, 절지동물)을 포함한 수많은 좌우 대칭 무척추동물 그리고 심지어 방사형 자포동물(해파리)에서도 나타난다. 식물이나 원생동물, 심지어 박테리아 또한 파블로프 조건화 능력을 가진다는 증거도 있다. 하지만 이들 유기체는 동물과는 달리 뉴런이나 신경계가 없으므로 연합을 형성하기 위해 뉴런 사이의 시냅스 가소성을 이용하지 못한다. 대신 이들은 세포(또는 세포들) 내의 분자 변화를 이용해 연합을 저장한다.

1960년대 초에 단순 연합으로는 설명할 수 없는 발견이 나타나기 시작했다. 그중 첫 번째는 냉전이 최고조에 달하고 핵전쟁의 위협이

* 이 표현에서 17세기 철학자 데이비드 흄이 행동주의자들에게 미친 영향을 찾아볼 수 있다. 흄은 학습에서 '단순 연접mere contiguity'의 역할에 대해 기술했다.

표 43.1 파블로프 단순 연합(CS와 US가 인접하여 발생)

파블로프 훈련		약어	
CS(빛) + US(먹이)		CS	조건화 자극
파블로프 시험		US	무조건화 자극
CS(빛) → CR(먹이에 접근)		CR	조건 반응

점점 커지고 있던 무렵 심리학자 존 가르시아John Garcia가 시행한 방사선이 행동에 미치는 영향 연구다. 그는 쥐가 방사선에 노출된 방에서는 물병의 물을 마시지 않는다는 것을 알아차린 후 그 이유를 알아내기 위한 실험을 고안했다. 가르시아는 실험쥐가 일반 수돗물에 비해 사카린이 들어 있는 단물을 더 선호한다는 사실을 이용하기로 했다. 그런데 가르시아가 단물을 마신 쥐들을 방사선에 노출시키자 쥐들은 이제 단물을 피하기 시작했다. 그는 쥐들이 단맛을 피하게 된 이유가 방사선을 쬠으로써 야기된 메스꺼운 감각과 단맛을 연관시키게 되었기 때문이라는 가설을 세웠다. 그런 다음 그는 방사선 대신 메스꺼움을 일으키는 화학 물질을 사용하여 동일 연구를 진행함으로써 이 가설을 입증했다.

조건화 미각 혐오라고도 부르는 '가르시아 효과Garcia Effect'는 학습의 연구에서 새로운 패러다임이 되었고 이 분야를 변화시켰다. 조건화 자극(맛)이 가해진 후 화학 물질에 의해 무조건화 자극(메스꺼움 감각)이 유발되기 전까지는 수 시간이 걸렸으므로 두 자극은 인접한 것으로 볼 수 없었다. 쥐는 메스꺼움 감각과 그것이 일어나기 전에 섭취한 음식 맛의 기억 표상을 연합하는 것을 학습했던 것이다. 이러한 연합을 기억함으로써 쥐는 위험을 피할 수 있었다.

표 43.2 파블로프 인지(가르시아 효과 또는 조건화 미각 혐오로도 부른다)

1. 파블로프 훈련	약어	
CS(맛) + 지연된 US(메스꺼움)	**CS**	조건화 자극
2 . 파블로프 시험	**US**	무조건화 자극
CS(맛) → CR(CS 회피)	**CR**	조건 반응

*CS와 US는 시간상 따로 일어나며, 연합은 CS의 기억에 의존한다.

　기억은 행동주의자들이 설명을 금지한 내적 과정 중 하나였다. 그
들은 기억된 내적 상태보다 학습된 행동에 대해 이야기하기를 더 좋
아했다. 가르시아의 실험은 행동주의자들에게 큰 파란을 일으켰는데,
어떤 상황에서는 파블로프 조건화가 인지 즉 내적 표상에 의존할 수
있다는 것을 보여주었기 때문이다(표 43.2).

　이보다 수십 년 전, 에드워드 톨먼Edward Tolman은 '목적적 행동주
의purposive behaviorism'라는 이론을 제안했다. 그는 동물과 인간이 행동할
때 '간섭 변수'라고 하는 유기적인 내적 요인들이 자극과 반응을 매개
한다고 설명했다(그림 43.1). 이러한 변수들은 심리적 요소로 간주되었
지만 반드시 의식적 상태일 필요는 없었으므로, 유기체는 내적 목적
을 가질 수 있게 된 것과 동시에 라일의 '기계 속의 유령'도 피할 수
있었다. 특히 톨먼은 '인지 지도'라는 급진적인 개념을 제시했는데, 인
지 지도는 유기체가 행동을 유도하기 위해 사용하는, 세계에 대한 심
리적 모델이다. 그러나 톨먼은 인지 혁명을 일으킨 중요한 선구자로
인식될 때까지 수십 년 동안 심리학의 변방에 머물러야 했다.

　1970년대에 존 오키프John O'Keefe는 인지 지도의 부흥에 핵심적인
역할을 한 사실을 발견했다. 그는 해마(뇌의 기억 시스템의 핵심 부분)에

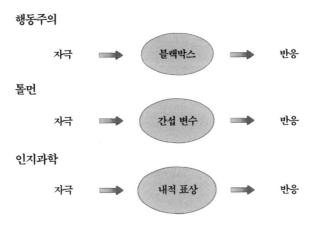

행동주의

자극 ➡ 블랙박스 ➡ 반응

톨먼

자극 ➡ 간섭 변수 ➡ 반응

인지과학

자극 ➡ 내적 표상 ➡ 반응

그림 43.1 톨먼의 간섭 변수 이론은 인지과학의 도래를 예견했다.

존재하는 세포들이 방향 닻 역할을 하는 여러 고정된 신호들 사이의 관계를 바탕으로 공간 환경의 표상(즉 인지 지도)을 생성하는 것을 관찰했다. 오키프는 이 세포를 '장소세포place cell'라고 불렀으며, 동물이 주변을 돌아다니며 음식과 짝을 찾고 위험을 피하는 동안 이 세포들은 톨먼이 제안한 것과 비슷한 인지 지도를 형성하는 데 사용된다고 말했다. 이 선구적인 연구로 오키프는 2016년 노벨상을 공동 수상했다.

우리에게 중요한 문제는 파블로프 조건화에서 내적 표상을 사용하기에 충분한 인지 능력을 가지고 있는 동물에는 과연 어떤 동물이 있는지다. 지금까지 나온 증거들로 볼 때 단세포 유기체와 방사형 동물은 단순 연합만 가능한 것으로 보인다. 그러나 선구동물과 여러 척추동물은 단순 연접과 간단한 내적 표상을 이용함으로써 파블로프 연합을 형성할 수 있는 것으로 여겨진다(그림 43.2).

척추동물과 선구동물이 이러한 기능을 공유하는 까닭은 이들이

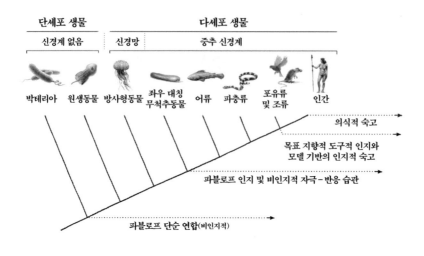

그림 43.2 인지와 생명

공통 조상으로부터 이 기능을 물려받았기 때문일까? 이러한 가능성은 파블로프 조건화를 일으키는 분자 메커니즘이(심지어 유전자도) 선구동물(환형동물, 연체동물, 파리)과 척추동물(생쥐, 쥐)에 매우 잘 보존되어 있다는 사실에 의해 뒷받침된다.

좀 더 정교한 종류의 인지는 도구적 조건화에서 일어난다. 파블로프 조건화에서 조건 반응은 보통 새로운 자극의 통제하에서 일어나는 선천적인 반응이다. 그러나 도구적 조건화에서 새로운 반응은 강화의 결과로서 얻어진다. 앞에서 살펴본 것처럼, 일반적인 조건화 실험은 적당히 굶은 동물을 레버가 있는 방에 가두는 것에서 시작한다. 동물이 무작위로 움직이다가 무심코 레버를 건드리면 방 안으로 먹이가 배달된다. 시간이 지나면 그들은 레버를 누름으로써 먹이를 얻는 방법을 배우게 된다.

앤서니 디킨슨Anthony Dickinson은 도구적 반응에는 두 가지 종류의 반응, 즉 습관과 목표 지향적 행동이 있음을 밝혔다. 이 반응들은 행동적으로 동일해 보이며 특수 테스트로만 구분할 수 있다. 예를 들어 한동안 쥐를 굶긴 후 표시등이 깜박이는 동안 쥐가 레버를 누르면 먹이를 공급했다고 하자. 그러면 쥐는 이러한 자극이 나타나면 레버를 누르기 시작할 것이다. 이때 먹이의 가치는 동물이 얼마나 배가 고픈지의 정도(배가 부를 때보다 배가 고플 때 먹이의 가치는 더 상승한다) 또는 먹이와 관련된 이력(최근에 그 동물을 아프게 만든 먹이는 가치가 낮다)을 통제함으로써 조작할 수 있다. 만약 먹이의 가치가 낮아졌는데도 쥐가 레버를 누른다면 그 행동은 습관일 가능성이 높다. 그리고 만일 동물에게 더 가치 있는 음식(맹물 대신 단물)을 줬을 때 레버를 더 많이 누른다면 그 행동은 목표 지향적 행동이다. 습관은 반응과 음식 강화자 사이에 단순 연합만 일어나면 된다. 즉 반응에 강화자가 각인되어 있으므로, 이후에 비슷한 상황에 처하면 동물은 이 반응을 반복한다. 그러나 목표 지향적 반응이 일어나려면 그 반응이 일어난 제일 처음 순간에 결과물이 어떤 가치를 가졌는지의 기억을 가지고 있어야 한다(표 43.3).

그렇다면 어떤 동물이 도구적 학습이라는 인지 방식을 취할까? 파블로프 조건화처럼 도구적 조건화도 척추동물 전반에 걸쳐 널리 나타난다(그림 43.2 참고). 하지만 초기 척추동물(파충류, 양서류, 어류)에서 목표 지향적 도구적 행동이 일어났음을 알려주는 확실한 증거는 없다. 무척추동물이 목표 지향적 도구적 학습을 할 수 있음을 보여준 연구도 있긴 하지만, 이들이 학습한 것은 대부분 선천적 행동을 수정한 것일 뿐 학습의 결과로 얻는 가치에 근거해 완전히 새로운 행동을 학습

표 43.3 두 종류의 도구적 행동 구분: 습관 대 목표 지향적 행동

1. 도구적 훈련
표시등이 깜박이는 동안(CS) 레버 누름(CR) → 먹이(US)
2 . 도구적 시험
표시등 불빛(CS) → 레버 누름(CR)
3. US 가치 절하
음식 맛(CS) + 메스꺼움(US)
4. 조건 반응 시험

약어	
CS	조건화 자극
US	무조건화 자극
CR	조건 반응

- 먹이의 가치가 낮아졌을 때도 레버 누르기 반응(CR)이 일어난다면 이 반응은 먹이의 현재 가치에 의존하지 않으므로 자극-반응 습관이다.
- 먹이의 가치가 낮아진 후 레버 누르기 반응(CR)이 일어나지 않는다면 이 반응은 먹이의 현재 가치에 의존하므로 목표 지향적 반응이다.

한 것은 아니다. 목표 지향적 행동에 대한 설득력 있는 증거는 실제로 포유류와 조류에서만 발견되었다.

그렇다고 언젠가 무척추 선구동물에서 특정한 인지 형태가 발견될 가능성을 완전히 배제할 수 있는 것은 아니다. 하지만 설사 무척추동물이 인지 활동을 할 수 있다 해도 그것은 척추동물의 인지와는 관련이 없을 가능성이 높다. 적어도 지금까지는 오직 포유류와 일부 조류만 목표의 내적 표상을 형성해 변화하는 환경에 유연하게 대응할 수 있는 것으로 보이기 때문이다. 만일 이 능력이 선구동물에는 존재하지만 어류, 양서류, 파충류에서는 발견되지 않는다면, 선구동물에서 발견된 것이 무엇이든 간에 그것이 포유류와 조류가 보이는 행동적 유연성의 근간이 되었을 가능성은 거의 없다.

왜 어떤 동물은 두 가지 종류의 도구적 반응을 모두 가지고 있을까? 다시 말해, 환경에 유연하게 대응할 수 있는 능력을 진화시킨 이후에도 습관을 형성하는 이유는 무엇일까? 습관은 우리를 원시적이고 경직된 반응으로 돌아가게 해 오히려 문제만 일으키게 되지 않을까? 엘리자베스 머리, 스티븐 와이즈, 킴 그레이엄은《기억 시스템의 진화》라는 책에서 두 행동이 실제로 서로를 보완한다는 것을 보여주었다. 습관은 환경과 자원이 안정적일 때 잘 작동한다. 그러나 환경이 끊임없이 변화하고 자원에 대한 접근 가능성을 예측하기 어려운 경우에는 최근 비슷한 상황에서는 어떤 방식이 유용했는지 그리고 현재 필요한 것을 충족시키기 위해 어떤 기회를 활용할 수 있는지 판단하여 유연하게 대처할 수 있는 능력이 매우 유용하다.

동물이 일상생활에서 도구적 학습을 통해 형성한 내적 표상을 사용하는 주요 방법 중 하나는 사물 인식object recognition이다. 의미 있는 자극을 지각하기 위해서는 주어진 감각정보를 기억에 저장된 템플릿을 기반으로 해석할 수 있어야 한다. 이러한 기억 템플릿은 자극의 강화 결과로 형성되며, 먹이나 물을 찾아 나설 때 또는 위험을 피할 때 발동된다.

습관 대 행동 이야기는 동물 인지에 관한 다른 주장들을 검토할 때 매우 유익하다. 예를 들어, 일각에서는 무척추동물의 고차 인지에 대한 대규모 연구가 진행되고 있다. 그중에서도 특히 인상적인 한 연구는 무척추동물이 개념을 형성하고 행동적 선택을 하는 데 이러한 개념을 사용할 수 있음을 시사한다. 하지만 꿀벌의 개념 학습에 대한 중요한 연구를 진행했던 학자 마틴 기어파Martin Giurfa는 이후 더 간단한 방식(단순 연합)으로도 그러한 행동을 설명할 수 있다고 말했다. 이러한 결론에 부합하는 또 다른 연구로, 무척추동물과 같은 유기체에서 높은 수준의 인지적 학습을 일으키는 것으로 추정되는 회로가 단순 연합에 기반한 간단하고 비인지적인 학습을 일으키는 회로와 같다는 것을 보여준 연구도 있다.

이 모든 것을 종합할 때, 다음과 같은 결론을 내릴 수 있을 것 같다. 파블로프 인지는 많은 동물에서 관찰되는 반면, 변화하는 환경에 유연하게 대응하기 위해 목표의 내적 표상을 사용하는 능력은 훨씬 제한적으로 나타나며, 오직 포유류만이(그리고 일정 정도는 조류도) 명확히 이런 능력을 가지고 있는 것으로 보인다. 만일 이 결론이 옳다면, 이는 척추동물의 뇌가 어떻게 진화했는지 그 과정을 이해하는 데 중요한 함의를 가질 것이다.

행동적 유연성의 진화

목표 지향적 도구적 학습은 때때로 개체 수준에서의 자연선택이란 관점에서 이야기된다. 다시 말해, 자연선택이 적응적 신체 형질에 대한 유전적 선택을 통해 종의 적합도를 높이는 것처럼, 시행착오를 통한 학습은 한 개체에서 적응적 행동을 선택함으로써 적합도를 높인다.

동물은 새로운 상황에 처했을 때 그 상황에서 유익한 결과를 내는 행동을 학습한다. 에너지 또는 체액 공급이 부족해서 먹이나 물을 섭취해야 하는 상황이나 위험에 직면해 고통이나 다른 위해를 피하려는 상황이 그런 예다. 이러한 행동들이 자의적일 수 있다는 사실(즉 목표와 특별한 관계가 없다는 사실)이 행동 유연성의 핵심이다.

특정 목표를 달성하기 위한 행동이 학습되는 이유에 대해 일반적으로 그러한 행동은 감정적 결과를 가지기 때문이라고 설명한다. 다윈 또한 비슷한 이야기를 한 적이 있다. 그는 생존이 걸린 상황에서는 마음의 정서적 상태가 변화해 동물들로 하여금 그 상황에서 살아남기

표 44.1 쾌락주의(쾌락) 및 비쾌락주의(강화) 비교
도구적 조건화의 메커니즘과 도파민의 역할

쾌락주의 가설	약어	
CS(케이크를 봄) + US(맛) → 쾌락 → 케이크 먹기 반복	**CS**	조건화 자극
도파민 → 쾌락	**US**	무조건화 자극
CS(케이크를 봄) + US(맛) → 도파민 → 쾌락 → 케이크 먹기 반복	**CR**	조건 반응
비쾌락주의 가설		
CS(케이크를 봄) + US(맛) → 강화 → 케이크 먹기 반복		
도파민 → 강화		
CS(케이크를 봄) + US(맛) → 도파민 → 강화 → 케이크 먹기 반복		

위해서는 어떤 행위가 유용한지 파악하도록 돕는다고 설명했다. 손다이크는 이를 학습의 공식적인 원리로 삼고 '결과의 법칙law of effect(또는 효과의 법칙)'이라고 불렀다. 만족스러운(유쾌한) 결과로 이어지는 행동은 반복되는 반면 불만족스러운(고통스러운) 결과를 가져오는 행동은 반복되지 않는다는 것이다.

다윈과 손다이크는 고대 쾌락주의 사상에 의지한다. 행동을 이끄는 주된 원동력은 쾌락의 획득과 고통의 회피라는 것이다. 결과의 법칙에 따르면 유쾌한 자극은 보상, 고통스런 자극은 처벌이 된다. 하지만 이러한 용어는 주관적 감정을 함축하고 있는 듯한 어감을 지니고 있으므로, 행동주의자들은 '강화자reinforcer'라는 용어를 도입했다. 강화자는 미래의 유사한 상황에서 그 행동이 반복될 가능성을 높이는 객관적 사건을 의미한다(표 44.1).

다윈은 감정이 진화하기 위해서는 자연선택의 효과가 뇌에 도달해야 한다는 사실을 깨달았다. 이러한 발상은 에딩거의 뇌 진화 모델에 매클레인의 삼부 뇌 이론이 더해진 이후에야 구체화되었다. 매클레인은 포유류가 변연계의 진화에 의해 비로소 감정을 느낄 수 있게 되었으며, 또한 이러한 감정과 연합된 반응을 학습할 수 있게 되었다고 주장했다.

매클레인이 변연계를 도입한 지 얼마 지나지 않아, 제임스 올즈 James Olds와 피터 밀너Peter Milner는 쥐가 레버를 누르는 것과 같은 임의의 동작을 학습할 때 특정 뇌 영역, 즉 변연계(편도체, 시상하부)의 많은 영역과 이 영역에 도파민 등의 화학 물질을 전달하는 뇌 경로에 전기 신호가 가해지는 것을 발견했다.

처음에 그들은 이 발견이 행동주의의 기본 원리인 강화의 생리적 기초를 규명한 것이라고 기술했다. 하지만 올즈는 곧 다른 방향으로 나아갔다. 행동주의가 쇠락해가는 시점에 올즈는 〈두뇌의 쾌락 중추Pleasure Centers of the Brain〉라는 논문을 발표했다. 여기서 그는 강화자를 쾌락에 따른 보상으로 변모시켰다. 이제 쾌락은 다시 행동적 유연성을 설명하는 원리가 되었다. 그 후 로이 와이즈Roy Wise는 도파민이 쾌락의 근간으로서, 쾌락과 강화 모두 도파민과 관련된다는 이론을 제시했다(표 44.1 참조).

순수한 형태의 쾌락 상태는 특정한 종류의 자극을 감지하는 감각 수용기와 연결되어 있다. 예를 들어 피부 내 수용체에 조직의 자극이나 손상이 감지되면 우리는 통증을 느낀다. 또 다른 피부 수용기는 등이나 팔, 목, 성기에 가해지는 부드러운 촉감 등 쾌락적 감각으로 여겨지는 자극을 감지한다. 입과 코에 있는 수용기는 좋은 맛/나쁜 맛 또는 좋은 향/나쁜 냄새로 경험되는 화학 물질을 감지한다.

쾌락과 고통은 종종 감정으로 여겨지곤 하지만, 실제로는 그렇지 않다. 공포, 분노, 슬픔, 기쁨 또는 기타 감정을 감지하는 감각 수용체는 없다. 이들이 어떤 감정으로 여겨지게 될지는 뇌에서 결정된다. 자극은 감정적 경험의 계기가 되는 것일 뿐 그것을 정의하는 것은 아니다.

한 가지 유념해두어야 할 것은, 특정 수용기가 활성화되었을 때 인간이 경험하는 고통이나 쾌락의 의식적 느낌은 감각 신호가 뇌에 도달했을 때 발생할 수 있는 수많은 결과 중 하나일 뿐이라는 점이다. 반사 반응 등의 선천적 반응이 일어날 수도 있고, 뇌를 더 들뜨게 만들어 도구적 행동을 촉진하고 강화 학습을 일으키기도 한다. 의식적 느낌을 포함해 이러한 결과를 일으키는 신경 회로는 제각각 분리되어 있다. 따라서 비의식적 행동 중 하나가 관찰되었다고 해서 고통이나 쾌락 등의 의식적 느낌이 발생했다고 가정해서는 안 된다. 동물의 행동에서 우리가 측정할 수 있는 것은 그 행동의 결과다. 의식적 발현을 측정하는 것은 훨씬 더 어려운 작업으로, 이 주제에 대해서는 이후에 좀 더 자세히 다룰 것이다.

쾌락적 상태가 무엇인지 논의할 때는 좀 더 신중할 필요가 있음을 잘 보여주는 현상이 있다. 바로 만성 통증이 있는 사람이 우스운 농담에 정신이 팔리면 적어도 웃는 동안에는 통증을 느끼지 않는다는 것이다. 통각수용기는 여전히 반응하지만 주관적인 통증이 나타나지 않는다. (이때 환자들이 농담에 주의를 뺏긴 상황이었다는 사실은 이러한 환자에게 최면이 유용한 이유 또한 설명할 수 있다.) 중독성 약물에 대한 연구도 우리에게 시사하는 바가 있다. 이러한 약물을 강박적으로 사용하게 되는 이유는 처음 이 약물을 사용했을 때 느꼈던 쾌락 때문이 아니라 이 약물이 뇌에 있는 습관 회로를 장악하기 때문이다.

쾌락 감정이 유연한 도구적 학습을 가능하게 만든다는 발상은 우리가 일상적으로 겪는 경험과 일치한다. 즉 우리는 보상을 받으면 기분이 좋아지고 처벌을 받으면 기분이 나빠진다. 여기서 문제는 이러한 감정들이 우리가 음식을 얻거나 위험을 회피하는 등의 목표를 달성하기 위한 행동을 습득하고 반복하는 실제 이유를 설명할 수 있는가 하는 것이다. 나는 쾌락이라는 느낌에 의존하지 않는 다른 설명이 있다고 생각한다.

행동주의에서 강화자는 (파블로프 조건화에서) 다른 자극의 가치를 변화시키거나 (도구적 조건화에서) 반응의 가치를 변화시키는 자극이다. 예를 들어, 파블로프 조건화에서 무조건화 자극이 강화되면 조건화 자극이 그것에 시냅스로 연결되어 있는 뉴런을 활성화시키는 능력에 변화가 일어난다. 또한 도구적 조건화에서 무조건화 자극이 강화되면 자극과 반응을 처리하는 뉴런들 사이에 연결이 생겨, 자극이 주어지면 반응이 일어날 가능성이 더 높아진다. 만약 그 반응이 그 순간 가치를 지니는 결과로서 무조건화 자극에 의존한다면 그 반응은 목표 지향적 반응이며, 그렇지 않다면 습관이다. 도파민과 같은 화학 물질은 이 과정을 제어함으로써 강화 학습에서 중요한 역할을 한다. 하지만 이는 이 물질이 뉴런에 신경생물학적 작용을 일으키기 때문이지, 쾌락이나 통증 또는 다른 쾌락 상태들이 개입하기 때문은 아니다. 올즈가 쾌락 중추 이론에 의문을 제기했던 것처럼, 와이즈 또한 도파민 쾌락 원리를 철회했다.

포유류와 조류만이 유연한 목표 지향적 학습을 할 수 있으며 이들 종이 각각 서로 다른 파충류 조상으로부터 유래했다는 점을 생각해볼 때, 이들 집단은 독립적으로 이 능력을 진화시켰을 가능성이 높다. 우리가 가진 지식들을 종합해 그 역사를 추적해보자.

초기 척추동물은 생존을 위한 필수 행동 도구들을 장착하고 있었다. 이들은 무의미한 자극과 의미 있는 자극들 사이에 단순 연합을 형성할 수 있었으며, 또한 저장된 내적 (인지) 표상을 사용하여 좀 더 복잡한 종류의 파블로프 연합을 학습할 수도 있었다. 유용한 결과를 낳는 도구적 반응도 학습할 수 있었지만, 오직 경직되고 습관적인 방법으로만 학습할 수 있었다. 이들은 포유류와 조류가 그랬던 것처럼 어떤 행동을 했을 때 그 결과가 지니는 가치의 표상을 저장하고 이를 바탕으로 다음 번에는 새로운 반응을 이끌어내는 유연한 학습의 단계로는 나아가지 못했다. 습관은 보통 목표 지향적 행동이 여러 번 반복될 때 습득되는 경우가 많지만, 포유류는 목표 지향적 단계를 거치지 않고도 습관을 습득할 수 있다. 하지만 초기 척추동물에서는 이러한 직접적인 습관 학습이 도구적 행동을 얻기 위한 유일한 길이었던 것 같다.

유연한 도구적 행동이 어떻게 진화했는지에 대해서, 보통 변연계의 진화로 인해 감정을 획득한 포유류가 그들에게 유익한 상황과 불리한 상황을 평가하기 위해 감정을 이용하게 되었다고 설명한다. 나는 이런 설명이 틀렸다고 생각하며, 여기서 다른 가설을 제시하고자 한다.*

공룡이 멸종한 이후 포유류들은 잡아먹힐 공포를 덜 느끼며 자유로이 먹이를 찾고 새로운 생태적소를 개척할 수 있었다. 이러한 유목적 생활 방식으로 인해 포유류의 뇌에는 새로운 선택압이 부과되었다. 그 결과, 파블로프 조건화에서 인지적 표상을 사용하는 능력과 도구적 학습능력 사이에 결합이 일어났다. 이를 보여주는 증거로는 어

---

* 진화론적 과거에서 어떤 일이 일어났는지를 이야기할 때는 수많은 추측이 개입된다는 점을 명심하자.

떤 것이 있을까?

오늘날의 파충류는 파블로프 조건화를 통해 해로운 먹이의 내적 표상을 저장하고 미래에 사용할 수 있는 능력을 가진 것으로 알려져 있다. 만일 포유류의 파충류 조상들도 이러한 능력을 가지고 있었다면, 그것은 적절한 선택압 아래 포유류에서 목표 지향적 행동이 출현하는 기반이 되었을 수 있다. 자극-반응 습관에 기반한 경직된 학습이 행동 결과에 근거한 학습으로 변화한 것이다. 이로 인해 포유류는 과거에 나간 사냥이나 채집에서 성공했거나 실패했던 기억을 보유할 수 있게 되었다. 여기에는 이전에 음식물을 발견한 장소에 대한 정보, 서로 다른 장소에서 획득한 음식물 각각의 가치 정보 그리고 다른 경로를 이용했을 때의 효율성과 위험성도 포함된다.

피터 다얀Peter Dayan은 행동이 그 결과에 의해 학습되는 과정을 얼마나 간단히 설명할 수 있는지 보여주었다. 그는 '강화 학습'이라는 분야를 연구하는 학자로, 이 분야는 인공 시스템이 어떻게 결과를 바탕으로 행동을 최적화하는 방법을 학습할 수 있는지를 주로 연구한다. 결과에 의한 학습이 일어나기 위해서는 한 가지 조건이 만족되어야 하는데, 바로 학습 행위자가 자신이 행한 마지막 행동, 그 행동을 선택했을 때의 상태 그리고 그에 따른 보상(결과물의 가치)에 대한 표상을 만들어낼 방법을 가지고 있어야 한다는 것이다. 여기서 말하는 가치는 감정이나 느낌 같은 것이 아니라 단순히 보상의 정량적 표상을 말한다.

인공 시스템의 행위자들은 계산을 위해 방정식을 이용한다. 반면에 동물은 신경계의 세포, 시냅스, 회로, 분자를 이용한다. 신경계에서의 가치 계산에서 핵심적인 역할을 하는 요소는 도파민이다. 도파민은 자극과 자극, 자극과 반응 사이에 연합을 형성하는 뉴런으로 방출되어 이러한 연결을 더욱 강화한다. 도파민이 가치 계산에 미치는 영향은 쾌락과는 아무런 관련이 없고, 그저 뉴런의 세포 반응을 약간 조정하는 것뿐이다. 그 과정에서 쾌락이 일어난다 해도 그것은 학습의 근본적인 원인이 아니라 상관물일 뿐이다.

일부 유기체, 특히 인간의 경우에는 쾌락이 강화 학습에 기여할 수 있다. 하지만 다른 유기체가 어떤 내적 경험을 하는지 우리에게 알려져 있지 않은 한, 우리의 내적 경험을 일반화하여 그 유기체의 행동을 설명해서는 안 된다. 특히 비의식적 설명으로도 충분할 때는 더욱 그렇다.

켄트 베리지Kent Berridge와 모튼 크링겔바흐Morten Kringelbach와 같은 쾌락 연구의 대가들이 주장하는 바에 따르면, 동물의 쾌락 상태를 확인하기 위해 주로 사용되는 행동들은 그 신경 기반이 매우 기초적이고 생존에 필수적인 메커니즘을 반영하고 있으므로 이러한 행동은 인간에게 의식적 느낌을 일으키는 메커니즘이 추가로 생겨나기 훨씬 이전에 진화했을 수도 있다고 한다. 달리 말하면, 행동을 제어하는 쾌락 상태는 근본적으로 비의식적 상태라는 것이다. 나중에 더 살펴보겠지만, 어떤 유기체에서는 그러한 비의식적인 상태가 의식적으로 경험되는 방식을 통해 의식 시스템에 의해 재표상될 수도 있다. 그러나 나는 그러한 의식적 느낌이 행동적 유연성을 가능하게 한 것이라고 생각하지 않는다.

나는 기존의 담론과는 달리 새로운 인지 능력의 진화, 즉 도구적 학습에 내적 표상을 사용하게 된 것이 행동적 유연성을 가능하게 했다는 가설을 제안한다. 이 같은 숙고deliberation 능력 덕분에 우리는 과거의 경험에서 목표가 가진 가치를 저장한 후 이를 미래에 더 새롭고 효과적인 방식으로 행동하는 데 이용할 수 있게 되었다.

사고를 통한 생존과 번성

심사숙고

내적 표상을 도구적 학습과 함께 사용하는 능력을 얻은 이후, 동물의 행동 툴킷에는 중요한 변화가 일어났다. 동물에게 놀라운 재능이 하나 생겼는데, 바로 과거에 시행한 시행착오 학습 중 그 결과가 성공적이었던 기억을 바탕으로 현재의 반응을 이끌어낼 수 있게 된 것이다. 이러한 능력을 가진 동물이 태어나서 처음 겪는 문제에 처하게 된 상황을 생각해보자. 문제를 해결하는 가장 좋은 방법은 새로 시행착오 학습을 시작하는 것일 테다. 그러나 생존이 위태로운 상황이라면 성공 확률이 검증되지 않은 방법을 무작위로 시행해보는 것은 실패할 확률이 높으며 때로는 치명적인 결과를 초래할 수도 있다. 결국 포유류가 진화하는 동안 어느 시점에 내적 숙고 능력이 나타났다(표 45.1).•

• 이 장은 부분적으로 내가 너새니얼 도와 공동 저술한 논문 〈생존 위협: 신경 회로와 방어적 행동의 새로운 분류체계가 가지는 계산적 영향Surviving Threats: Neural Circuit and Computational Implications of a New Taxonomy of Defensive Behavior〉에 바탕을 두고 있다.

표 45.1 목표 지향적 숙고와 도구적 학습은 어떻게 다른가?

목표 지향적 도구적 학습
- 회고적: 현재의 행동은 과거에 이루어진 시행착오 학습의 결과를 바탕으로 한다. - 새로운 상황에서 비효율적이다.

목표 지향적 숙고
- 향후 예측: 현재의 행동은 향후 결과에 대한 예측을 기반으로 한다. - 새로운 문제에 대한 창의적인 해결책을 제공한다.

숙고를 통해 우리는 머릿속으로 가능한 반응 선택지들을 나열한 후 기억 속에 저장된 실용적 지식을 사용해 이를 평가한 뒤 가장 유용한 결과를 낼 수 있을 것으로 보이는 반응을 선택할 수 있다. 또한 우리는 숙고 과정에서 여러 단계의 추론을 거치면서 서로 다른 정보 조각들을 조합하고 신속하게 결론에 도달할 수 있다. 결과 기반 강화를 통해 새로운 반응을 학습하기 위해서는 시행착오 행동을 여러 번 반복해야 하는데, 가능한 선택지들이 가져올 잠재적 결과를 마음속으로 시뮬레이션하면 이러한 반복을 압축할 수 있다.

예를 들어, 강둑에서 곰을 만났다고 해보자. 이전에 이런 상황에 처해본 적이 없을 테니 끌어낼 수 있는 도구적 반응도 없다. 그러나 당신은 그런 상황에 대한 일반적인 지식을 바탕으로 실현 가능한 추론을 내려 무엇이 가장 효과적인 방법일지에 대한 새로운 가설을 만들 수 있다. 어쩌면 당신은 과거 다른 종류의 위험에 처했을 때 그 자리에서 달려서 도망침으로써 성공적으로 빠져나왔던 일을 기억해내고, 그 경험을 일반화해 현재에도 적용할 수 있다. 하지만 당신은 곰이 달리기가 정말 빠르다는 사실을 기억해낸 뒤 달려서 도망치는 건 별로 좋은 방법이 아니라는 결론을 내릴 수도 있다. 그 다음으로 당신은 수영이나 암벽타기를 떠올리고, 이러한 선택지에 대해 당신의 능력과 곰의 능력을 비교한 뒤 더 바람직한 결과로 이어질 가능성이 높다고 판단한 선택지를 고를 것이다.

어떤 행동이 목표 지향적 행동인지를 결정하기 위해서는 그것이 자극-반응 습관일 가능성을 배제해야 하는 것처럼, 어떤 행동이 숙고적 인지에서 나온 것인지 결정하기 위해서는 그 행동이 목표 지향적 도구적 반응이나 습관으로 설명되지 않음을 밝혀야 한다. 습관의 기반을 이루는 프로세스들이 대체로 자동적인 것과는 반대로, 숙고적 인지는 노력을 요한다. 심사숙고 행위는 유연하고 목표 지향적 행동이란 점에서 결과의존적 행동과도 관련이 있다. 그러나 숙고 과정을 거쳐 선택된 반응은 이전에 특정 반응을 직접 경험한 사례와 그것의 물리적 결과 사이의 시간적 관계에 기초하지 않는다. 그 대신, 숙고적 인지 과정에서는 어떤 목표를 달성하기 위한 계획 및 전략을 세우면서 그러한 계획에 따라 얻어질 미래의 결과물을 머릿속으로 시뮬레이션한다. 실제로 새로운 행동을 취하려면 이전에 학습된 행동이나 습관은 억제되어야 한다.

숙고 과정에는 심적 모델이 이용된다고 한다. 아마도 공간 지도는 가장 잘 연구된 심적 모델 중 하나일 것이다. 공간 지도는 주요 지형물들 간의 관계에 대해 축적된 지식을 바탕으로 만들어진다. 꿀벌, 새, 포유류를 포함한 많은 동물은 이 지도에 따라 먹이를 찾고 위험을 피하며 때로는 그저 주변을 돌아다니기도 한다. 그러나 숙고적 인지에서는 이 지도를 수동적으로 따르는 데 그치지 않는다. 선택지를 만들어내 비교하는 데도 지도가 사용된다. 예를 들어, 우리는 숙고를 통해 가장 효율적인 동시에 가장 안전한 방법을 머릿속으로 시뮬레이션한 뒤 경로를 짤 수 있다. 포유류 중에서도 영장류만이 숙고 능력을 가졌다. 그중에서도 인간은 뇌가 더 정교하게 진화하는 동안 얻은 여러 이점들 덕분에, 특히 언어를 갖게 되면서 뇌의 인지 능력이 급격히 향상된 까닭에 다른 영장류들보다 한 차원 더 높은 수준의 숙고 능력을 갖추게 되었다.

46

숙고적 인지 엔진

인간의 숙고적 인지 과정은 앨런 바델리Alan Baddeley가 '작업 기억working
memory'이라고 지칭한 것에 의존한다고 설명되곤 한다(그림 46.1). 장기
기억과 달리, 작업 기억은 심적 작업에 사용하기 위한 작업 관련 표상
을 저장하는 단기 기억을 포함한다. 숙고 과정 동안 머릿속에 일시적
으로 어떤 정보를 떠올릴 수 있는 것도 작업 기억의 이른바 집행 제어
기능executive control function(또는 실행제어기능)을 통해서다.

집행 기능은 외부 환경 또는 신체 내부에서 얻은 감각 자극을 선별
하여 여기에 주의를 모으고 관련 기억을 검색해, 선택된 감각정보 및
기억이 일시적인 활성 상태로 유지되도록 전 과정을 조율하는 기능이
다. 그 결과 이러한 정보를 평가하고 다른 정보와 통합해 새로운 표상
을 형성함으로써 이를 사고, 추론, 계획 및 결정에 사용할 수 있다.

집행 기능은 미래와 관련된다. 즉 목표를 달성하는 과정에서 미래
에 주변 세계는 어떤 상태가 될지 숙고를 통해 예측하는 일이다. 그러

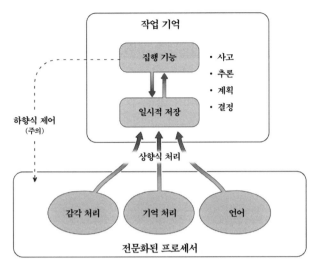

그림 46.1 작업 기억

나 목표를 달성하기 위해서는 여러 단계의 인지 활동이 수반되며 시간이 지남에 따라 그 범위도 필연적으로 확장된다. 이러한 작업은 정보를 선택 및 통합하고 목표 진행 상황에 따라 어떤 과정이 처리되고 있는지 지속적으로 갱신하며, 예기치 못한 장애물이 발생할 경우 이를 조정하는 일을 포함한다.

이와 같이 작업 기억의 두 가지 주요 기능은 일시적으로 표상을 유지하는 기능과 다양한 종류의 표상을 통합하여 새로운 통일된 표상을 만드는 기능으로 나눌 수 있다. 작업 기억에서 정보가 일시적으로 유지됨에 따라 우리는 누군가를 소개받았을 때 그 사람의 이름을 기억하고, 이름을 그 사람의 외모 및 목소리와 통합하여 통일된 표상, 즉 그 사람의 모델을 생성하여 나중에 그를 만났을 때 그의 외모나 목소리 또는 그의 이름을 기억함으로써 그를 인식할 수 있다.

작업 기억의 또 다른 중요한 특징은 그 용량이 제한적이라는 점이다. 대부분의 사람은 4개에서 7개의 개별 항목을 머릿속에 담아둘 수 있다. 숫자가 증가함에 따라 작업 기억의 용량은 감소한다. 미국 전화번호는 10개의 숫자로 구성되어 있는데 이 모든 숫자를 기억하는 것은 매우 어려운 일이다. 특히 전화번호를 건네받았을 때 다른 대화를 하던 중이었다면 작업 기억에는 또 다른 명령이 부과되어 있으므로 번호를 외우기가 더욱 힘들다.

새로 제시된 견해에 따르면 작업 기억은 항목의 수 자체에만 제한되는 것이 아니라 항목들에 분산되어 있는 정보의 양에 의해서도 제한된다고 한다. 이러한 관점에 따르면 작업 기억의 용량 제한을 만드는 것은 표상의 양이 아니라 질인 것으로 보인다.

용량 제한을 극복하는 한 가지 방법은 일정량의 정보를 한데 묶어 의미를 지니는 단위로 만드는 것이다. 예를 들어 전화번호는 각기 세 개 또는 네 개의 숫자로 구성되는 세 개의 그룹(지역 코드, 시내 교환 번호, 기타 번호)으로 나눌 수 있다. 지역 코드에 익숙하다면 우리는 다른 번호를 외우는 데 집중함으로써 작업을 간소화할 수 있다. 지역 코드에 해당하는 숫자들을 외우지 않아도 되는 이유는 그 숫자들은 이미 저장된 지식의 일부이기 때문이다.

관련된 항목들에 관한 저장된 정보(기억)의 묶음을 '스키마schema(또는 도식)'라고 한다. 이 용어를 심리학에 처음 도입한 사람은 프레더릭 바틀릿Frederic Bartlett 경으로, 그는 스키마를 이용해 기존의 지식이 새롭고 낯선 정보를 획득하는 데 어떤 영향을 주는지, 그 정보가 기억되는 방식에 어떤 영향을 미치는지 설명하고자 했다. 그 후 발달심리학자 장 피아제Jean Piaget는 스키마 개념을 이용해 어린아이들이 어떻

최초의 '새 스키마':

최초의 새 범주는 잉꼬 같은 애완동물에 근거해 날 수
있는 작은 동물로 구성된다.

조절:

박쥐도 날 수 있는 작은 동물이므로 새의 범주에 추가된
다. 하지만 박쥐가 새들이 가지는 깃털 대신 가죽을 가
진다는 사실을 알게 되면 새의 범주에서 제외시킨다.

동화:

깃털이 있고 날 수 있는 동물인 거위가 새의 범주에 추
가된다. 하지만 거위는 애완동물에 비해 크기가 훨씬 크
므로, 새를 구분하는 기준에서 몸의 크기를 삭제한다.

그림 46.2 동화와 조절을 통한 스키마 수정

게 세상에 대한 이해를 종합하고 이를 처리하는 능력을 발달시키는
지 그 심적 과정을 단계별로 설명했다. 그는 어린아이가 관련 경험을
기억의 형태로 축적하면 스키마는 훨씬 정교한 형태로 갱신된다고 말
하며, 이 과정을 '동화assimilation'라고 불렀다. 만일 이후의 경험이 스키
마의 주요 내용과 모순된다면 보통 스키마를 수정하거나 혹은 모순
되는 경험을 스키마에 맞춰 재해석한다. 이 과정을 '스키마 조절schema
accommodation'이라고 부른다(그림 46.2). 또 다른 중요한 발달심리학자인
존 보울비John Bowlby도 지식의 형성, 특히 어머니와 자식 사이의 애착
관계와 감정을 형성하는 과정에서 스키마의 역할을 강조했다.

스키마는 바로 앞 장에서 소개한 심적 모델 개념과 밀접한 관련이
있다. 인공지능 연구의 선구자 마빈 민스키Marvin Minsky는 스키마 개념
이 인지과학에 도입되는 데 중요한 역할을 했는데, 그는 인간이 정보
처리 과정에서 사용하는 하향식 인지 효과를 모사하는 컴퓨터 모델을

만드는 데 스키마(또는 인지틀)가 이용될 수 있다고 제안했다. 실제로 우리는 스키마를 이용해 주어진 상황에 대한 예측을 내린다. 스키마는 사고, 추론 및 의사 결정을 가능하게 하여 서로 다른 선택지 각각의 기회 및 위험을 평가할 수 있도록 한다.

일상생활에서 많은 유형의 스키마가 형성되고 사용된다. 스키마 중에는 우리가 세상에서 접하는 자극의 특징(사과나 망치 같은 시각적 물체의 색이나 형태, 사과나 망치로 할 수 있는 동작)에 관한 것도 있지만, 상황(일, 파티, 휴가), 사람(부모, 직원, 민주당원), 심리 상태(감정, 사고, 신념, 욕망), 자기 자신(자기 자신에 대한 견해 그리고 특정 상황에서의 행동방식이나 사물에 대한 일반적인 사고방식에 대한 자신의 견해) 등 좀 더 개념적인 대상에 관련된 것도 있다. 연령, 성별, 인종, 민족에 대한 고정관념 또한 심적 모델/스키마로서, 특정 배경을 가진 사람들과 상호 작용하는 방식에 영향을 미친다. 인지 이론의 아버지 애런 벡Aaron Beck은 정신병리학의 맥락에서, 우울증과 같은 정신 질환을 겪는 사람들은 슬픔에 빠진 사람이나 걱정이 과도한 사람이라는 심적 모델 또는 스키마를 발전시키고 자아에 대한 부정적인 생각에 몰입하게 된다고 말한다. 제프리 영Jeffery Young과 로버트 레히Robert Leahy는 스키마에 기반한 인지 치료를 소개하기도 했다.

스키마는 인지의 구성 요소로 여겨진다. 스키마는 과거 경험을 바탕으로 새로운 정보를 개념화하고 더 효율적으로 저장 및 기억할 수 있도록 한다. 작업 기억의 집행 제어 기능은 범주화 및 수정, 저장 과정에서 핵심적인 역할을 하며 미래에 관련된 상황에서 정보를 꺼내볼 수 있도록 한다(그림 46.3).

스키마는 뇌가 부분적인 정보로부터 완전한 패턴을 만드는 능력,

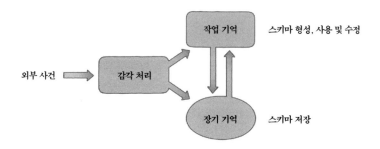

그림 46.3 작업 기억은 장기 기억에 저장된 스키마를 업데이트한다.

즉 '패턴 완성pattern completion'이라고 하는 기능을 이용해 놀라운 일들을 해낸다. 예를 들어, 우리는 노래의 첫 소절만 들어도 그 노래가 무슨 노래인지, 그 노래의 장르는 무엇인지, 그 노래를 부른 가수가 누구고, 어디서 그 노래를 처음 들었는지 등을 충분히 떠올릴 수 있다. 또한 우리는 밝은 주홍색을 띠는 둥근 물체의 일부분만 봐도 그것이 오렌지라고 부르는 과일임을 쉽게 알아차릴 수 있다. 우리가 식품점의 과일 코너에 서 있는 상황이라면 더욱 그렇다. 놀랄 것도 없이, 작업 기억에 관여하는 뇌 회로는 스키마의 패턴 완성에도 관여한다.

'패턴 분리pattern separation'는 패턴 완성 기능을 보완한다. 즉 어떤 것이 '무엇인지' 알기 위해서는 그것이 '무엇이 아닌지'도 알아야 한다. 고양이와 개는 모두 네 다리로 걷고 털이 있는 포유류지만 쥐나 박쥐 같은 다른 강의 포유류와는 상당히 다른 모습을 지녔다. 핏불과 푸들은 둘 다 개지만 외모와 기질이 서로 매우 다르다. 인간의 뇌가 가진 패턴 처리 능력은 동물계에서도 매우 고유한 인지 기능이다. 패트리샤 알렉산더Patricia Alexander도 말한 바와 같이, "감각이 끊임없이 흘러 들어오는 데이터의 흐름 속에서 의미 있는 패턴을 식별할 수 있는 능

력이 없었다면 우리 인간은 시공을 초월하는 경험을 해보지도, 이해
하지도 못한 채 고립된 풍경과 냄새, 소리의 세계 속에 갇혀 살아야만
했을 것이다."

다른 동물과 달리 인간은 작업 기억을 이용해 여러 감각 기관을
통해 들어온 정보를 통합하고, 지각적 사고를 넘어 개념적·도식적으
로 사고함으로써 미래를 향해 나아갈 수 있다. 우리의 삶은 시각, 청
각 등이 각각 분리된 지각들의 집합으로서가 아니라 통합된 사건으로
서 경험된다.

인간만이 개념을 형성하는 능력을 가진 것은 아니지만, 우리의 개
념 형성 능력에는 고유한 특성이 있다. 예를 들어 데릭 펜Derek Penn, 키
스 홀리오크Keith Holyoak, 대니얼 포비넬리Daniel Povinelli는 인간이 가진
고유한 인지 능력에서 가장 중요한 특징은 인간은 개념을 이용해 계
층 관계를 추론할 수 있다는 점이라고 말한다. 예컨대, 우리는 '새'와
'둥지'의 관계가 '개'와 '개집'의 관계와 동일한 이유를 쉽게 이해할 수
있다. 우리는 추론 및 문제 해결 과정에서 '인지적 분기'라고도 하는
'관계 추론relational reasoning'을 통해 여러 가지 선택지를 동시에 고려해
볼 수 있다. 즉 멀티태스킹을 할 수 있는 것이다.

인간의 인지 능력에는 우리가 특별히 관심을 기울여야 하는 특징
이 하나 더 있다. 이 특징은 다른 동물과 인간을 구별하는 그 무엇보
다도 독특한 숙고 능력이다. 바로 언어다.

수다 떨기

스스로에게 말을 걸고 대답해본 적이 있는가? 대부분의 사람은 혼잣말을 한다. 우리는 생각하거나 몽상에 빠졌을 때, 의사 결정을 내리거나 문제를 해결할 때, 감정을 조절할 때 그리고 비의식적으로 행한 행동을 설명하기 위해 나름대로 이야기를 짜낼 때 '자기 대화'라고도 하는 일종의 내적 독백을 사용한다. 또한 우리는 사회적 상황에서 상대의 처지가 되어 그 사람은 어떻게 대답할지(다른 사람의 마음을 인정하는 심적 모델을 취하여) 대화 내용을 시뮬레이션해볼 수도 있다. 작가들이 자주 하는 일이기도 하다. 작가들은 상상할 수 있는 모든 종류의 독자 또는 특정 유형의 독자를 상정하고 이들에게 자신이 쓴 글이 어떻게 읽힐지 머릿속으로 그려본다.

내적 발화라는 개념은 러시아의 심리학자 레프 비고츠키Lev Vygotsky에 의해 유명해졌다. 그는 내적 발화가 비형식적이고 엄격한 틀을 따르지 않는다는 점에서 일반적인 구어와는 전혀 다르다는 사실에 주목했다. 비고츠키는 어린이들이 인지 발달 과정에서 어떻게 내적 발화 능력을 얻고 사용하게 되는지 관심을 가졌다. 올리버 색스Oliver Sacks가 《목소리를 보았네 Seeing Voices》에 쓴 것처럼 "아이들은 내적 발화를 통해 그 자신만의 개념과 의미를 발달시킨다. 자신의 고유한 정체성을 달성하는 것도 그리고 마침내 자신만의 세계를 형성하는 것도 내적 발화를 통해서다." 즉 언어는 숙고적 사고는 물론이고 의식과도 밀접하게 관련되어 있다.

올더스 헉슬리Aldous Huxley는 "우리가 짐승보다 더 높은 곳에 도달할 수 있었던 것"은 언어를 통해서라고 말했다. 실제로, 심리학자 및 뇌과학 분야의 많은 학자들은 우리가 인지적으로 복잡하고 풍부하며 고유한 정신적 생활을 영위하는 데 인간의 언어 능력이 핵심적인 역할을 했다는 사실에 동의한다. 그러나 언어가 해답은 아니라고 말하는 연구자들도 존재한다. 이들이 언어와 인지 능력 사이의 상관관계를 반박하기 위해 주로 드는 예는 청각장애인이나 뇌손상으로 발화능력을 잃은 사람들이 의식이 없는 좀비가 아니라는 사실이다. 하지만 중요한 것은 말을 할 수 있는 능력 자체가 아니다. 중요한 것은 무엇이 말을 하는 능력의 기초가 되는지, 인지 과정에서 언어가 하는 역할은 무엇인지 하는 것이다. 이에 대해 철학자 대니얼 데닛은 《마음의 진화 Kinds of Minds》에서 다음과 같이 기술했다. "언어를 얻은 이후에 생겨난 마음의 유형은 언어 없이 생겨난 마음과 전혀 달라서, 둘 모두를 마음이라고 부르는 것은 착각이라고 할 정도다." 책의 다른 부분에서 데닛은 "언어는 생각이 여행할 수 있는 길을 내어준다"라고 쓰기도 했다.

그리스인들은 자연계를 분류함으로써 '자연에 마디를 내려 했다'

는 사실을 떠올려보자. 이렇게 할 수 있었던 것은 그들에게 언어가 있었기 때문이다. 그보다 훨씬 뒤 벤저민 워프Benjamin Whorf는 다음과 같이 썼다. "우리는 우리의 모국어가 낸 길을 따라 자연을 해부한다. …… 관찰자들이 유사한 언어적 배경을 가지지 않았다면 이들은 같은 물리적 증거를 보고도 세계에 대해 서로 다른 그림을 그릴 것이다." 워프는 언어와 사고의 상관관계에 대한 가장 잘 알려진 이론에 일정 부분 기여했다. 예를 들어 워프-사피어 가설Whorf-Sapir hypothesis은 지각 경험의 형성에서 언어의 역할을 강조했다. 하지만 이 가설은 영향력 있고 완고한 언어학자인 노암 촘스키Noam Chomsky와 그의 제자 스티븐 핑커Steven Pinker의 철저한 조사 이후 인기를 잃었다. 초기 인지과학의 철학적 토대를 마련했던 제리 포더Ferry Fodor 또한 자연언어가 사고의 언어라는 생각을 거부했고, 대신 우리가 사고를 할 때 사용하는 일종의 비의식적 보편언어인 '멘털리즈mentalese'라는 개념을 도입했다. 그러나 언어 및 문화가 우리의 생각과 경험을 형성한다는 워프의 가설은 이후 새로 발견된 사실에 따라 그 내용을 일부 수정함으로써 심리학에서 다시 번창하고 있다.

언어로 인해 생각은 새로운 방향으로 나아가는 중에도 여전히 '열차'처럼 연결된 상태를 유지할 수 있다. 언어는 외부 대상에 이름을 붙이고 우리의 지각, 기억, 개념, 사고, 믿음, 욕망, 느낌을 특징짓고 인식하기 위한 단어를 제공한다. 개개인이 사용하는 단어는 그 단어가 지칭하는 대상이 그 문화에서 지니는 위상을 반영한다. 예를 들어, 워프는 눈 덮인 지역에 사는 사람들이 그러한 환경에서 살지 않는 사람들보다 더 많은 종류의 눈을 인지할 수 있다는 사실을 발견했다. 이곳 사람들의 생존과 번성에 눈이 미치는 영향이 지대했기 때문이다.

그러나 언어는 단순히 사물과 사건들에 이름을 붙이고 분류하며 그것의 근본적인 관념을 조직하는 것 이상의 기능을 한다. 언어는 구문론(또는 문법)을 동반하는데, 구문론은 우리가 생각하고 계획을 세우고 결정을 내릴 때 우리의 심적 과정을 체계화하고 그것이 작동하도록 이끈다. 인지신경학자 에드먼드 롤스Edmund Rolls는 구문론 덕분에 우리는 행동을 계획한 후 그것을 실제로 수행하지 않고도 앞으로 일어날 일들을 단계별로 예상해 그 행동의 결과를 평가할 수 있게 되었다고 말했다. (이는 계층적 추론의 한 종류다.) 롤스에 따르면 대부분의 다른 동물들의 행동은 선천적인 프로그램이나 습관, 규칙들에 의해 제한되며, 포유류와 조류의 경우에도 강화에 기반한 도구적 학습만 가능하다. 영장류는 숙고 능력을 이용함으로써 훨씬 원활히 문제를 해결할 수 있으므로 좀 더 나은 인지 능력을 가진 것으로 생각할 수 있다. 그러나 숙고에 언어를 사용할 수 있는 능력이 없다면 그들의 사고는 정적이고 엉성한 상태에 머물 것이다.

특정 대상에 대해 서로 소통할 수 있는 동물들도 많이 있다. 새들은 발성을 이용해 짝짓기 상대를 유혹한다. 무리 내에서 자신의 새끼를 찾을 때, 그리고 포식자('악당')보다 수적인 우세를 취하기 위해 동료 새들을 끌어들일 때도 발성을 이용한다. 원숭이와 유인원은 새들보다 한 단계 더 발전된 방식으로 소리를 이용한다. 서로 다른 포식자를 나타내기 위해 각각 다른 소리를 내는 것이다(예컨대 고양이와 매를 보고 내는 소리가 서로 다르다). 그러나 언어 능력을 과거, 현재, 미래와 같은 것을 자연스럽게 지시하기 위해 소리나 시각적 기호를 유연하게 사용할 수 있는 능력이라고 정의한다면 그러한 능력은 오직 인간만이 가지고 있다. 오직 인간만이 오늘 특정한 종류의 포식자를(무엇을) 정확히 언제 그리고 어디서 보았는지의 정보를 다른 사람에게 전달할 수 있는 구문을 만들고, 내일 어떻게 대응할지 대책을 마련하기 위해 다른 사람들과 이 정보의 의미를 논의할 수 있다.

피터 고프리스미스Peter Godfrey-Smith 등의 학자들은 말을 하지 못하는 동물들에서도 복잡한 심적 과정이 일어난다고 주장하며 인지에서 언어의 중요성을 최소화했다. 실제로 동물은 정교한 인지 능력을 가지고 있다. 하지만 추상적인 개념적 사고나 계층적 관계 추론 및 패턴 처리에서 인간에 견줄 수 있는 능력을 가진 동물은 없다. 데닛의 말을 다시 쓰면, 인지에 언어가 꼭 필요한 것은 아니지만 언어가 없는 인지는 언어를 갖춘 인지와 동일하지 않다.

마크 맷슨Mark Mattson은 언어를 인간의 뇌가 가진 뛰어난 패턴 처리 능력을 보여주는 대표적인 예라고 설명했다. "언어는 직접적인 경험이나 다른 개체와의 소통으로부터 접한 사물이나 사건을 암호화하기 위한 여러 패턴(기호, 단어, 소리)의 사용을 포함한다." 또한 그는 언어가 "실제로 존재하거나(실제) 존재할 수 없는(허구) '것들'을 나타내는 새로운 패턴(이야기, 그림, 노래 등)을 만들 수 있다"라고 말한다.

우리는 또한 언어를 통해 단순한 지각적 사고 대신 개념적·도식적으로 사고할 수 있는 능력을 크게 향상시킬 수 있다. 예를 들어, 조기 언어 획득 연구의 전문가인 메릴린 샤츠Marilyn Shatz는 "동물은 상당히 영리한 동물조차도 지각에 기반한 데이터를 재기술하는 단계에 계속 머물러 있다. …… 언어의 엄청난 힘 중 상당 부분은 그 이용자로 하여금 비슷한 언어를 사용하는 다른 사람들과 대화를 하면서 자신의 좀 더 높은 차원의 인지 능력을 발휘하게끔 하는 소재들을 더 많이 얻도록 하는 능력에서 나온다."

언어가 없었다면 우리의 계층적 관계 추론 능력, 즉 여러 범주를 아우르며 추론할 수 있는 능력은 크게 약화되었을 것이다. 언어와 관계 추론은 함께 인지의 본성을 바꿨다. 이제 인간은 '나는' '나를' '나의 것' 같은 언어 개념을 과거와 미래 그리고 다른 사람과 관련 지어서 생각할 수 있게 되었다. 그에 따른 결과로 탄생한 것이 사회적 의사소통, 가치 공유, 협동 그리고 문화다. 언어학자 댄 에버렛Dan Everett 은 언어를 '문화 도구'라고 불렀다.

예를 들어, 마이클 코발리스Michael Corballis는 언어가 사람들로 하여금 서로 내적 상태를 소통할 수 있도록 했기에 진화했다는 가설을 제시했다. 이 흥미로운 가설이 참이라면 이제 사람들은 다른 사람에게 자신의 과거 경험에 대해 알려줄 수 있게 되었을 것이다. 예컨대 사람들은 타인의 경험을 전해 들음으로써 맛있는 음식이나 병을 일으키는 음식 또는 먹이를 사냥하거나 포식자를 피할 때 효과적인 행동에 관한 정보를 직접 습득할 필요가 줄어들었을 것이다. 이와 유사하게, 한 사람이 계층적 심적 시뮬레이션 방법으로 어떤 문제를 해결하는 방법을 추론해냈다면(예를 들어 새로운 유형의 피난처를 구축하는 방법 등) 이러한 지식은 다른 사람에게 전달될 수 있다. 이러한 종류의 지식 교환을 기반으로 하여 민속 지혜와 문화를 구성하는 스키마 및 개념이 생겨날 수 있었을 것이다. 만일 언어가 없었다면, 그러한 지식과 문화는 여러 세대에 걸쳐 보존될 수 없었을 것이다.

이와 관련해, 로빈 던바Robin Dunbar는 언어가 초기 인류에게 가져다준 또 다른 사회적 이득에 대한 가설을 제시했다. 우리는 언어를 통해 음식이나 적에 대한 정보뿐만 아니라 다른 사람에 대한 정보도 공유할 수 있게 되었다. 다시 말해, 우리는 가십을 나누게 되었다. 초기 인류는 언어를 통해 누가 믿을 만한 사람이고 믿을 수 없는 사람인지, 어떤 사람이 배우자로서 적합한지에 대한 정보를 교환할 수 있었다. 던바는 이러한 생각을 확장해 오늘날 대부분의 인간 커뮤니케이션 또한 가십이라는 점을 지적했다. 던바에 따르면 사람들은 사회적 의사소통을 하면서 종종 가십을 퍼트린다. 누가 그 집단에서 가장 밉살스럽게 구는지, 누가 바람을 피우는지 등등 말이다.

에번 매클레인Evan MacLean 또한 인간의 인지 진화에서 사회적 요인이 가져다준 이점을 강조한다. 매클레인에 따르면 인간 인지가 특별하게 된 까닭은 우리가 경쟁의 욕구를 초월해 서로 협력하며, 다른 사람의 의도나 욕망을 추론하고 언어를 통해 서로 소통할 수 있었던 능력 덕분이다. 그는 이러한 능력이 유전적으로 배선된 것이 아니라, 여러 세대에 걸쳐 점진적으로 습득한 지식이 누적된 결과, 즉 문화에 따라 얻어진 것이라고 말한다.

이러한 사고방식의 연장선상에서 마이클 토마셀로Michael Tomasello와 하네스 라코치Hannes Rakoczy는 만일 인간의 아이가 태어난 이래 쭉 혼자 섬에 고립되어 성장했다면 이 아이는 인류의 문화사를 구성하는 점진적 학습의 혜택을 누리지 못하므로 성인 인간보다는 똑똑한 침팬지에 좀 더 가까운 인지 능력을 가지게 될 것이라고 주장했다. 다시 말해, 유전자만으로는 인간과 같은 마음을 가지기에 충분하지 않다. 문화의 언어적 이력 또한 필요하다.

유발 노아 하라리는 언어에 의해 인간 인지의 본질이 변화함으로써 비로소 문화가 가능해졌다고 말했다. 특히 중요한 것은 언어를 통해 존재하는 것만이 아니라 부재하는 것 또한 표상할 수 있게 되었다는 점이다. 특히 문화와 관련해서 부재하는 것의 한 가지 유형은 가족이나 친구 등 과거 사람들에 대한 기억 그리고 비인격적인 문화적 우상이다. (다이애나 왕세자비의 사망이 영국에 끼친 영향을 생각해보라.) 문화적 신화(예를 들어 불패의 지도자, 인간 정신의 수호자로서의 사자, 신 및 종교)의 창조 또한 언어가 있었기에 가능했다.

최근에 세실리아 헤이스는 '마음 읽기mind reading', 모방, 언어와 같은 '인지 도구'야말로 인간과 유인원을 구분하는 특징이라고 말했다. 헤이스는 이러한 전문화된 심리적 동기들이 출현해 세대에 걸쳐 유지될 수 있었던 까닭은 유전자에 의해서가 아니라 사회적 학습과 문화를 통해서라고 주장했다. 이와 관련해, 닉 셰이Nick Shea와 동료들은 우리의 뇌가 인지 과정을 표상하고 이를 타인과 공유하는 고유한 능력에 의해 부분적으로 문화가 가능해졌다는 이론을 제시했다.

나는 문화가 인간을 유인원으로부터 구분해주는 특성이며, 현재까지 인류가 이룬 많은 성취들도 문화가 있었기에 가능했다는 데 동의한다. 그러나 이 과정에서 유전자와 자연선택의 역할을 배제해야 한다고는 생각하지 않는다.

몇 년 전, 스티븐 제이 굴드Stephen Jay Gould는 일부 유용한 형질들은 (자연선택에 의한) 적응적 형질의 부산물로서 출현한 것임을 지적했다. 그는 이것을 '굴절적응exaptation'이라고 불렀다. 새로운 형질이 출현했는데 그것이 유용한 것으로 드러난다면 자연선택 과정에서 생존하고 번식한 개체들 사이에 그 형질의 빈도가 점점 늘어나 결국 그 종의 특질 중 하나가 된다. 예를 들어, 깃털은 지상 파충류에서 온기를 부여하는 형질로서 처음 출현했지만 비행에도 이점이 있는 형질이어서 자연선택을 통해 계속 유지될 수 있었고, 오늘날의 조류도 이러한 목적으로 깃털을 이용한다. 최근 오렌 콜로니Oren Kolodny와 시몬 에덜먼

Shimon Edelman은 언어 또한 이런 방식으로 태어났다는 가설을 제기했다. 구체적으로, 이들은 초기 인류의 두뇌에서 비언어적 의사소통, 순차적 인지, 도구 사용 등 이미 존재하던 형질의 기반이 된 신경 메커니즘이 시냅스 가소성을 통해 결합하던 중 언어가 자리잡게 된 것이라고 말한다.

콜로니와 에덜먼의 흥미로운 이론은 언어의 기원에 대한 생물학적 설명과 문화적 설명 사이에 다리를 놓는다. 예를 들어, 일단 시스템들이 서로 결합되면 패턴 처리, 개념적 사고, 계층적 사고, 내적 상태 소통, 마음 읽기, 가십 나누기 그리고 문화 등 이번 장에서 이야기한 인간의 여러 인지 기능이 개선될 수 있다. 일단 바퀴가 구르기 시작하면, 언어와 관련된 다양한 인지 능력에 따라 생성된 적응적 시너지 효과가 작동하기 시작하고, 바퀴는 계속 굴러가 단기적으로는 시냅스 가소성에 의해 그리고 장기적으로는 자연선택에 의해 뇌에 추가적인 변화가 일어난다.

철학자 루트비히 비트겐슈타인Ludwig Wittgenstein은 사자가 말을 할 수 있다 해도 우리는 사자가 하는 말을 이해할 수 없을 것이라고 말한 것으로 유명하다. 아마도 비트겐슈타인은 사자의 기준계frame of reference가 우리의 것과 전혀 다르기 때문에 이해할 수 없다는 뜻이었을 것이다. 분명 문화적 개념과 스키마가 없다면 서로의 언어를 이해하기 어려울 것이다. 그러나 여기서 우리는 더 근본적인 질문을 던질 필요가 있다. 즉 언어 능력이 있는 사자는 단지 말을 할 줄 안다는 이유로 인간과 인지적으로 유사할 것인가의 여부다. 아마도 그렇지 않을 것이다. 인간과 같은 인지 능력을 갖춘 뇌를 가지기 위해서는 인간의 문화가 가하는 선택압을 비롯해 우리 선조들의 뇌가 겪은 것과 동일한 선택압 아래서 특정한 신경학적 적응을 겪어야 한다. 말하는 사자는 여전히 사자일 것이다.

인지의 하드웨어

지각 및 기억 공유 회로

인간의 인지적 숙고, 심적 모델, 스키마, 패턴 처리, 개념화, 계층적 관계 추론, 언어 등 이 모든 것은 우리가 가진 뇌의 산물이다. 그리고 뇌에서 일어나는 인지 기능은 상당 부분 우리의 대뇌 피질, 특히 좌우에 위치한 신피질의 산물이다.

전통적으로 해부학자들은 신피질을 후두엽occipital lobe, 측두엽temporal lobe, 두정엽parietal lobe, 전두엽frontal lobe의 4개의 주요 엽으로 구분했다(그림 48.1). 그러나 인지의 신경학적 기반을 이해하기 위해서는 뇌를 좀 더 잘게 나누어볼 필요가 있다.

인지에 대한 우리의 이해는 상당 부분 우리가 생각, 결정, 행동 과정에서 감각정보를 어떻게 사용하는지에 근거하고 있다. 따라서 신체 표면(눈, 귀, 피부, 코, 입)의 수용기를 통해 받은 감각정보가 피질 영역에서 어떻게 처리되는지 살펴보는 것은 뇌의 인지 기능을 탐구하기 위한 가장 좋은 출발점일 것이다. 여기서는 주로 시각 시스템을 예로 들

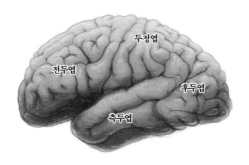

그림 48.1 인간의 뇌를 이루는 네 개의 엽

어 설명하고자 한다. 시각에 대해서는 알려져 있는 정보도 상당히 많거니와 여기서 설명한 것과 비슷한 원리가 다른 감각 기관에도 적용될 수 있기 때문이다.

시각 처리는 바깥세상의 시각적 정보가 망막의 수용체에 감지되는 순간부터 시작된다. 이때 감지된 정보는 피질 하부의 시각 회로를 통해 후두엽에 위치한 1차 시각 피질로 전송된다.

1차 시각 피질 내에는 서로 다른 요소적 특성(형태, 색상, 깊이, 질감, 움직임 등)을 처리하기 위한 각각의 회로가 존재한다. 이러한 낮은 단계의 시각 회로를 거친 정보는 두 종류의 시각 처리 경로로 이루어진 2차 시각 피질 영역으로 전송된다*(그림 48.2). 그중 첫 번째로, 물체 처리 경로(복측 경로라고도 한다)는 1차 시각 피질에서 뻗어나와 후두엽의 2차 영역을 거쳐 측두엽, 특히 하측두엽(복측 측두엽)의 부가 2차 영역으로 가는 경로다. 물체 처리 경로는 형태와 색에 대한 낮은 수준의 특성을 통합해 더 높은 수준의 속성 묶음을 형성하여 궁극적으로는

• 3차 영역 같은 추가적인 구분이 필요한 개념들도 있지만, 여기서는 1차 영역을 제외한 모든 영역을 2차 영역으로 분류한다.

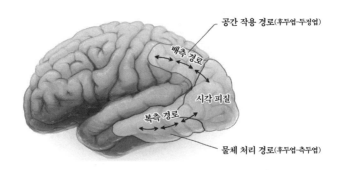

공간 작용 경로(후두엽-두정엽)

배측 경로

시각 피질

복측 경로

물체 처리 경로(후두엽-측두엽)

그림 48.2 두 종류의 시각 처리 경로

인식된 사물의 고해상도 표상을 합성하는 일련의 계층적 회로로 구성되어 있다. 두 번째 시각 경로는 공간 작용 경로다(배측 경로라고도 한다). 공간 작용 경로는 1차 시각 피질에서 시작해 후두엽 및 두정엽의 2차 영역으로 가는 경로로서, 깊이와 운동 정보를 이용해 공간 내 물체의 위치를 표상함으로써 특정 물체를 향해 신체를 움직일 수 있도록 한다. 각 경로를 구성하는 각각의 영역은 이전 단계의 영역과 다시 연결되므로, 실시간으로 감각 표상을 구축하고 수정하는 능동적 처리 루프가 형성된다.

우리 세계를 이루는 사물의 정체와 의미가 인간의 신경계에 선천적으로 배선되어 있지는 않다. 어떤 사물을 인식하려면 이전에 그것과 같은 유형의 사물을 경험한 후 그에 대해 습득하여 뇌에 저장해둔 템플릿과 그 사물의 속성이 잘 들어맞아야 한다. 즉 우리가 우리 삶에서 '관찰'하고 상호 작용한 사물의 지각 표상을 형성하기 위해서는 시각 시스템과 기억 시스템의 협력이 일어나야 한다.

기존 견해에 따르면, 기억의 획득과 저장은 내측 측두엽 기억 시스템이라고 부르는 영역에서 이루어진다. 이 영역은 좌우에 위치한 신

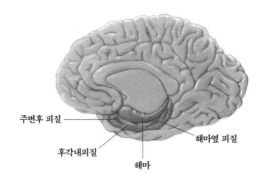

주변후 피질 ────

후각내피질 ────

해마옆 피질

해마

그림 48.3 내측 측두엽 기억 시스템

피질이 아니라 내측 구피질 영역에 위치한다. (핫도그로 비유하자면 신피질은 핫도그 바깥쪽의 갈색으로 구운 부분, 구피질은 핫도그 빵을 반으로 갈라 펼쳤을 때 안쪽에 보이는 흰색 부분이라고 할 수 있다.)

여러분도 기억하겠지만 내측 구피질은 폴 매클레인이 변연계의 토대이며 감정의 근원이라고 말한 영역이다. 이 의견을 반박하는 중요한 증거 중 하나는 내측 측두엽의 구피질 영역, 특히 해마가 기억에서 핵심적인 역할을 한다는 사실이다. 내측 측두엽 기억 시스템에 관여하는 주요 구피질 영역에는 해마 외에도 주변후 피질Perirhinal cortex, 해마옆 피질Parahippocampal cortex, 후각내피질Entorhinal cortex이 있다(그림 48.3). 이러한 영역들은 각각 정도의 차이는 있지만 사물 인식의 바탕이 되는 의미 기억semantic memory 그리고 삶에서 겪는 복잡한 사건이나 일화에 대한 기억의 바탕이 되는 일화 기억episodic memory에 기여한다. (이 두 종류의 기억에 대해서는 57장에서 더 자세히 설명할 것이다.)

내측 측두엽 기억 시스템은 두 개의 시각 경로와 밀접하게 연결된다(그림 48.4). 물체 처리 경로는 신피질 측두엽의 2차 영역에서부터 주

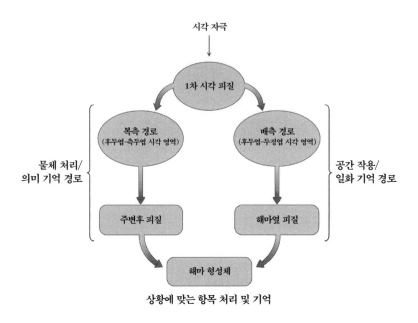

시각 자극

1차 시각 피질

복측 경로
(후두엽-측두엽 시각 영역)

배측 경로
(후두엽-두정엽 시각 영역)

물체 처리/
의미 기억 경로

공간 작용/
일화 기억 경로

주변후 피질

해마옆 피질

해마 형성체

상황에 맞는 항목 처리 및 기억

그림 48.4 감각이 기억이 되기까지의 정보 흐름

변후 피질을 거쳐 해마의 특정 영역으로 계속 이어진다. 이와 같은 지
각 회로와 기억 회로의 조합은 의미 기억의 형성에 기여한다. 공간 작
용 경로는 신피질 두정엽의 2차 영역에서부터 해마옆 피질을 거쳐 해
마의 여러 부분으로 계속 이어진다. 이와 같은 지각/기억 회로의 조
합은 일화 기억의 형성에 기여한다. 이후 물체 처리 경로와 공간 작용
경로는 해마의 다른 영역에서 만나는데, 바로 거기에서 어떤 일이 일
어났던 상황이나 공간 배경과 관련된 기억이 형성된다.

지각 회로와 기억 회로의 이러한 구분에는 감각 처리는 시각 피질
의 2차 영역에서 끝나고 그 이후부터는 내측 측두엽에서 기억 처리가
임무를 인계받는다는 오래된 견해가 반영되어 있다. 그러나 뇌과학을

이끄는 주요 학자들을 중심으로 더 이상 이런 견해를 지지하기 어렵다는 주장이 나오기 시작했다. 엘리자베스 머리와 스티븐 와이즈, 킴 그레이엄은 관련 증거를 검토한 뒤 2차 감각 영역을 그저 지각 처리기로만 볼 수는 없다는 결론을 내렸다. 이 영역은 얼굴, 도구, 건물 등의 범주에 속하는 대상들에 대한 기억을 저장한다. 더 나아가 내측 측두엽 영역 또한 단순히 기억에만 관여하는 것이 아니라 지각에도 관여하고 있다(예를 들어, 주변후 피질은 사물 지각에, 해마옆 피질은 장면 지각에 기여한다). 따라서 현재 현장에서 일하는 연구자들은 지각 시스템과 기억 시스템을 따로 구분하지 않고 통합된 지각/기억 경로로 간주하고 있다.

의미 기억을 이제는 단순히 내측 측두엽의 주변후 피질과 해마 영역에 저장되는 것으로 여기지 않는다는 사실도 지각과 기억의 관련성을 더욱 부각시킨다. 신피질 영역도 의미 기억, 특히 개념적 기억으로 볼 수 있는 다중 양식multimodal 의미 기억을 저장한다. 내측 측두엽이 그런 것처럼, 다중 양식 개념 처리 영역 또한 단일 양식 감각 영역과 긴밀하게 연결된다.

우리는 우리가 사과라고 알고 있는 대상을 그 맛과 외양을 통해 인식할 수 있다. 심지어 냄새나 그것을 손에 쥐었을 때 느껴지는 감촉만으로도 그것이 사과임을 인식할 수 있다. 우리 뇌에 저장된 '사과'의 개념은 매우 광범위하기 때문이다. 이러한 개념은 다양한 감각양식을 통해 사과에 대한 경험이 축적되고 이렇게 획득한 서로 다른 감각 양식의 특성들이 수렴 지대convergence zone에서 융합됨으로써 형성된다. 이때 수렴 지대는 서로 다른 단일 양식 영역들, 그중에서도 특정 양식 내에서 단일 양식 특성들을 결합하는 2차 감각 영역으로부터 입력 값을 받는다. 주요 수렴 지대로는 상측두구superior temporal sulcus, 두정 측

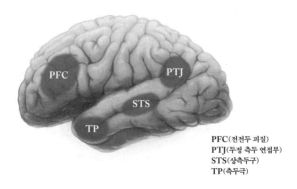

PFC(전전두 피질)
PTJ(두정 측두 연접부)
STS(상측두구)
TP(측두극)

그림 48.5 다중 양식 피질 수렴 지대

두 접합부parietal temporal junction 및 측두극temporal pole을 둘러싼 영역이 있다(그림 48.5). 이 영역들은 스키마를 포함한 추상적 개념 기억을 형성하며, 다중 양식 개념 표상을 이용해 단일 양식 영역에서의 처리 기능을 강화 및 보완할 수 있도록 한다. 측두극은 다른 다중 양식 영역의 정보를 통합하는 개념적 허브를 구성한다는 점에서 특히 흥미를 불러일으키는 영역이다. 또 다른 중요한 다중 양식 영역은 전전두 피질prefrontal cortex로, 다음 두 장에서 더 자세히 논의할 것이다.

언어 또한 다중 양식 영역을 필요로 하며, 일반적으로 좌반구의 다중 양식 영역이 이에 관련된다. 언어와 가장 밀접한 관련이 있는 두 영역은 두정 측두 접합부의 베르니케 영역Wernicke's area과 전두엽의 브로카 영역Broca's area이다. 이 영역에 손상을 입으면 음성 이해 및/또는 생성에 장애가 생김으로써 실어증이 나타나게 된다. 이러한 영역들이 의사소통에서 필수적인 역할을 하긴 하지만, 개념 처리와 관계 추론에서 언어를 사용하기 위해서는 전전두 피질의 작업 기억 능력 또한 필요하다.

전통적으로 전전두 피질은 인지 기능의 총책임자로 간주된다. 물론 이것은 의심의 여지없는 사실이다. 그러나 인지 기능이 전전두 피질만의 기능이라고 가정하는 것은 잘못이다. 다음 장에서 보게 되겠지만, 전전두 영역에서의 작업은 후부 피질 영역들과 긴밀히 연관되어 있다. 즉 후부의 지각 회로와 기억 회로 그리고 개념 회로는 서로 간에 통합되어 있을 뿐 아니라 숙고적 인지를 담당하는 전전두 영역과도 긴밀히 연결되어 있다.

인지적 연합

전전두 피질은 가장 높은 수준의 피질 처리가 일어나는 곳이자 다중 양식의 통합이 일어나는 장이다. 지각 처리, 기억, 개념화 및 언어와 관련된 다양한 단일 양식 및 다중 양식 영역은 모두 전전두 피질과 연결된다. 다시 말해 전전두 피질은 최상위 수렴 지대로, 뇌에서 정보가 수렴되는 핵심 장소다(그림 49.1). 앞에서도 언급했듯이 전전두 피질은 일반적으로 작업 기억 즉 숙고적 인지의 중앙 본부로 여겨진다. 전전두 피질은 좀 더 뒤쪽에 위치한 단일 양식 및 다중 양식 영역으로부터 입력값을 받으므로, 감각별 정보와 저장된 기억 또는 고도로 추상화된 개념적 표상을 기반으로 행동을 제어할 수 있다. 또한 전전두 회로는 단일 양식 및 다중 양식 영역으로부터 받은 신호를 다시 그 영역으로 보냄으로써 이들 영역에서의 처리 과정을 제어할 수 있다.

종래의 관점에서는 작업 기억의 집행 기능과 일시적 정보 유지 기능을 모두 전전두 피질의 산물로 여겼다(그림 49.2). 현재는 활성 상태

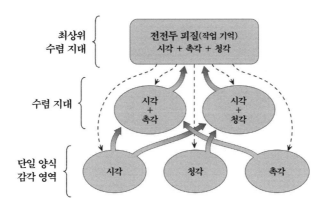

그림 49.1 감각 처리의 상향식 수렴 과정과 하향식 제어 과정

에서의 정보 유지는 상당 부분 전전두 피질 바깥 영역에서 이루어지는 것으로 생각되고 있다. 비록 전전두 피질의 집행 회로에 의한 하향식 제어도 받지만 말이다(두정엽 등 다른 영역이 관여할 수도 있다). 이런 사실을 감안해, 브래들리 포슬Bradley Postle, 마크 에스포시토Mark D'Esposito, 클레이 커티스Clay Curtis는 감각, 기억, 언어, 공간 및 운동 처리와 관련된 후부와 전전두의 피질 영역에 분산되어 있는 여러 기능의 연합으로부터 작업 기억의 정보 유지 기능이 출현했다는 가설을 제시했다(그림 49.3). 이러한 방식으로 일시적인 단일 양식 및 다중 양식 표상을 구축하고 이를 활성 상태로 유지함으로써 사고와 추론, 행동 제어에 사용하는 집행 제어 기능이 나타날 수 있다. 전전두 피질의 집행 제어 기능은 당장 해결해야 하는 문제가 무엇인지에 따라 다양한 조합의 회로를 구성해 문제 풀이에 이용한다.

연합 가설에서는 전전두 피질 대신 후부 영역들이 일시적 유지 기능의 많은 부분을 수행하는 것으로 간주하지만, 전전두 피질 또한 일

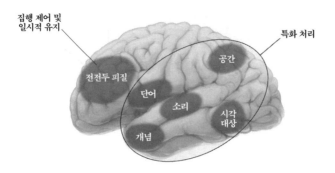

그림 49.2 피질에서의 작업 기억에 대한 종래의 관점

정한 역할을 담당하고 있다. 예를 들어, 얼 밀러Earl Miller와 조너선 코
언Jonathan Cohen은 전전두 피질이 활성 상태에서의 목표 표상을 유지한
후 이를 후부 영역들에서의 처리 과정을 제어하는 데 사용한다고 제
안했다. 에스포시토와 포슬이 설명한 것과 같이, 당신이 많은 사람들
속에서 친구를 찾고 있다면 전전두 피질은 이러한 목표의 표상을 생
성한 후 시각 피질에서의 처리 과정이 이 목표에 맞춰 편향되도록 제
어한다. 즉 우리의 시각 피질은 친구의 특징(긴 금발머리)으로 생각되는
것에 더 집중하고 관련 없는 특징(짧은 머리나 검은 머리)은 배제하도록
하는 것이다.

상향식 처리와 하향식 제어의 관계는 우리가 (사과와 같은) 시각적
대상의 정체를 인식하는 방식을 통해 설명할 수 있다. 형태 및 색상
정보는 1차 시각 피질의 특징별 회로를 통해 연결되어 2차 영역에 축
적되기 시작한다. 2차 영역에서는 단순한 표상들 사이에 결합이 일어
나 내측 측두엽을 포함한 측두엽을 거쳐가는 동안 점점 더 복잡한 표
상이 형성된다. 일련의 처리 과정이 진행됨에 따라 감각 표상이 기억

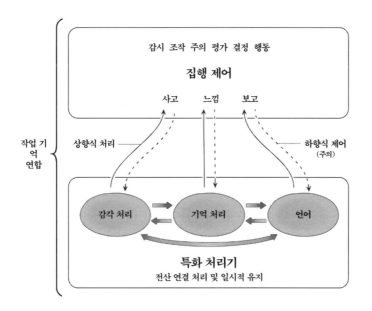

의 내부 텍스트:

집행 제어

감시 조작 주의 평가 결정 행동

사고   느낌   보고

작업 기억 연합

상향식 처리 ──   ── 하향식 제어 (주의)

감각 처리   기억 처리   언어

특화 처리기
전산 연결 처리 및 일시적 유지

그림 49.3 작업 기억 연합 가설

과 통합되면 우리는 사과와 같은 대상을 인식할 수 있게 된다.

그러나 이러한 상향식 과정은 비교적 느리게 진행되므로 전전두 피질의 집행 기능을 포함하는 좀 더 빠른 과정에 의해 보완된다. 예를 들어, 2차 피질 영역은 전전두 피질과 연결되어 있고, 전전두 피질은 다시 2차 영역과 연결된다. 이러한 루프 구조 덕분에, 상향식 처리 과정에서 표상이 형성되는 동안 2차 시각 피질에서는 선택된 표상이 일시적으로 활성 상태를 유지할 수 있도록 하향식 집행 주의가 일어날 수 있다. 이처럼 상향식 처리는 특정 처리 과정에 집중하는 방식에 의해 촉진될 수 있다. 전전두 피질은 또한 다중 양식 영역에 저장되어 있는 개념적 표상을 입력받아 이를 사물의 정체가 무엇인지 예측하는 데 사용할 수 있는데, 이 역시 2차 영역에서 패턴 완성을 촉진시켜 상향식 처리만 일어날 때보다 더 빠른 속도로 사물의 정체를 규명할 수 있도록 한다. 경우에 따라서는 하향식 처리가 필요할 때도 있다. 차란 랑가나스는 다음의 사례를 제시한다. 유리잔에 따른 맥주는 시간이 지나 거품이 사라지면 사과 주스와 매우 비슷해 보인다. 만일 당신이 술집에서 그 유리잔을 본다면 맥주라고 생각할 것이다. 그러나 당신이 아이를 데리러 유치원에 갔다가 그 유리잔을 봤다면 맥주라고는 결코 생각하지 않을 것이다.* 최근 연구에 따르면 1차 시각 피질도 하향식 제어에 영향을 받는 것으로 나타났다.

이 깔끔한 설명이 놓치고 있는 사실이 하나 있다. 전전두 피질은 미분화된 단일한 실체가 아니라는 사실이다. 뇌는 여러 개로 분할된 영역으로 이루어져 있으며 어떤 인지 작업을 수행하느냐에 따라 서로 다른 영역이 호출된다(그림 49.4). 디팍 판디야Deepak Pandya, 마이클 펫라이즈Michael PetRides, 헬렌 바버스Helen Barbas, 조엘 프라이스Joel Price, 데이비드 루이스David Lewis 및 리즈 로만스키는 이러한 다양한 영역들이 얼기설기 얽힌 연결 패턴을 규명함으로써 이 영역들이 어떻게 감각, 기억, 체내 신호를 통합하고 복잡한 인지 표상을 구성할 수 있는지 설명했다.**

측면 전전두 피질 영역은 뒤쪽에서 앞쪽 끝을 잇는 축을 따라 처리 과정이 변화하는데, 앞쪽으로 올수록 자극에 비특이적인 좀 더 추상적인 처리 과정이 일어난다. 이러한 변화는 전전두 피질이 어떤 상

• 이 사례는 2018년 6월 9일 듀크대에서 개최된 컨퍼런스에서 차란 랑가나스와 나눈 대화에서 가져온 것이다.
•• 전전두 피질의 해부학에 대해 유용한 조언을 해준 리즈 로만스키, 헬렌 바버스, 루즈베 키아니 Roozbeh Kiani에게 큰 감사의 말을 전한다.

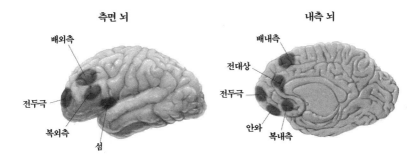

측면 뇌 　　　　　　　　 내측 뇌

배외측 　　　　　　　　 배내측

　　　　　　　　　　　 전대상

전두극 　　　　　　　　 전두극

복외측 　　　　　　　　 안와

섬 　　　　　　　　　　 복내측

그림 49.4　전전두 피질에서 인지 처리에 관여하는 주요 영역들

향식 입력값을 받는지를 보면 좀 더 분명히 알 수 있다. 전전두 피질에서 뒤쪽으로 갈수록 주로 단일 양식 2차 감각 영역으로부터 입력값을 받는다. 중간 영역인 배외측 및 복외측 전전두 피질은 단일 양식 입력값과 다중 양식 입력값이 조합된 값을 받으며, 피질 뒤쪽에 입력되는 값들을 하향식 제어한다. 가장 앞쪽에 위치한 영역인 전두극은 오직 다중 양식 수렴 지대로부터만 입력값을 받아 가장 추상적인 개념적 표상을 생성하며, 장기적 목표를 유지함으로써 미래를 계획할 수 있도록 하고 추론과 문제풀이에 기여한다. 또한 전두극은 배외측 및 복외측 영역과 상호 작용하여 피질 뒤쪽에서 단일 양식 처리(감각) 및 다중 양식 처리(개념)가 일어날 수 있도록 하는 집행 기능을 가지며, 운동 피질과 연결되어 숙고 행동을 제어하기도 한다.

전전두 피질의 안쪽에서는 전대상, 안와, 복내측 및 배내측 피질 영역이 내측 측두엽 기억 회로로부터 입력값을 받는다. 편도체나 시상하부 등 신체 신호를 처리하는 영역인 피질 하부로부터 온 입력값도 받는다. 측피질과 내피질 사이에 깊숙이 파묻혀 있는 섬insula 영역도 비슷한 입력값을 받는다. 이 전전두 피질 영역들은 서로 연결되어 있을 뿐 아니라 측면 전전두 피질 영역들과도 연결되어 있다. 안쪽에 위치한 전대상 피질은 집행 기능, 특히 정보 처리 자체에 대한 주의와 감시에도 일정한 역할을 한다. 좀 더 오래된 영역은 아마도 이후에 진화한 측면 전전두 피질 영역에서 집행 기능을 담당하게 되는 영역의 전구체였을 것이다.

전전두 피질을 구성하는 각각의 부위 중 특정 상황에 어떤 부위를 이용할지 조율하는 역할은 측면 전전두 피질 영역과 전대상 영역의 집행 기능이 담당하는 것으로 보인다. 이들 영역은 상향식 처리의 하향식 제어에 관여할 뿐만 아니라 어디에 주의를 집중할지 그리고 이를 어떻게 처리할지도 결정하기 때문이다. 하지만 무엇이 처리되느냐에 따라 일정 수준의 자기 조직화가 일어날 가능성도 있다. 이때 전두극과 배외측 전전두 피질의 집행 기능이 개입해 각각 장기적 목표와 당면한 목표에 근거해 균형을 조정하는 역할을 한다.

언어 처리를 제외하고, 지금까지 설명한 작업 기억 회로의 작동 방식은 인간만이 아니라 거의 모든 영장류에 대해서도 적용할 수 있다. 그중 일부는 다른 포유류에도 적용된다. 이처럼 지각 및 기억 시스템에 대해 하향식 제어 방식으로 복잡한 패턴을 처리하고 스키마를 이용하는 능력은 모든 포유류가 가지고 있긴 하지만 그 수준은 동물마다 상당히 차이가 난다. 또한 앞에서도 잠깐 언급했던 것처럼, 유인원을 포함한 다른 포유류의 인지 능력은 인간에 비할 것이 못 된다. 다음 장에서는 인간과 다른 동물의 신경 회로, 특히 전전두 피질에 어떻게 이러한 차이가 나타나게 되었는지 알아보자.

재배선 후 과열되다*

우리 포유류는 모두 대뇌 피질이란 유산을 물려받았지만, 그중에서도 인간은 유인원과 다른 영장류를 비롯해 그 어떤 포유류와도 구별되는 고유한 특징의 대뇌 피질을 가지고 있다. 인간이 독특한 인지 능력을 가지게 된 것도 이 때문이다. 그리고 인간의 대뇌 피질 중에서도 가장 독특한 영역은 바로 전전두 피질 영역이다.

전전두 피질의 명성은 피니어스 게이지Phineas Gage의 사례로부터 시작되었다. 19세기 철도 노동자였던 피니어스 게이지는 폭발로 인해 철봉이 두개골을 관통하는 사고를 겪고 전전두 피질에 손상을 입었다. 그 결과 게이지는 추론 및 의사 결정 능력에 심각한 장애를 겪었다. 수십 년 후 러시아 심리학자 알렉산더 루리아Alexander Luria는 제2차 세계대전 당시 머리 부상을 입은 병사들을 연구하던 중 전전두 피질

---

* 이 제목은 토드 프레우스의 글 〈인간의 뇌: 재배선되고 과열되다The Human Brain: Rewired and Running Hot〉를 차용한 것이다.

의 손상이 주의, 사고, 계획 수립에 장애를 일으킨다는 사실을 확인했다. 인지주의 혁명이 시작된 후 이러한 능력은 모두 작업 기억과 관련이 있는 것으로 간주되었다. 실제로 인간과 원숭이의 작업 기억을 연구하는 사람들은 정보의 통합, 표상의 임시 저장 그리고 사고와 행동을 통제하는 과정에 전전두 피질이 관여한다고 여긴다.

인간의 작업 기억 능력은 다른 영장류를 월등히 능가하기 때문에, 인간의 전전두 피질이 매우 크다는 사실을 이용해 이러한 인지 차이를 설명하는 학자들도 있었다(그림 50.1). 동물들 사이의 뇌의 크기를 비교하기 위해 뇌의 절대적 용적이나 무게를 측정하는 방식은 최근 들어 잘 사용되지 않는다. 몸 크기가 커지면 뇌의 크기도 커지기 때문이다. 그보다 널리 사용되는 방식은 신체 크기 대비 뇌 크기의 비율을 측정하는 것이다. 이 방식은 뇌에서 일상적인 신체 기능을 위해 필요한 부분(예를 들어 탐지 및 운동을 위한 영역은 뇌에서 상당한 지분을 차지한다)을 제하고 난 뒤 얼마나 많은 영역을 계산 기능을 위해 남겨둘 수 있는지를 추정하는 것이다. 인간이 다른 영장류에 비해 상대적으로 큰 전전두 피질을 가지고 있다는 종래의 발견은 인간이 뛰어난 인지 기능을 가지기에 좀 더 유리했을 수도 있다는 주장을 잘 뒷받침한다. 하지만 뇌의 크기를 좀 더 정확히 측정한 최근 연구들에 따르면, 우리와 비슷한 크기의 영장류가 가질 것으로 예측되는 전전두 피질은 우리의 것과 거의 같은 크기라고 한다. 하지만 아직 이야기는 끝나지 않았다.

전체 뇌를 말하든, 단일한 특정 영역을 말하든, 뇌의 크기 측정은 아직 미숙한 단계다. 이 주제에 대한 선도적인 사상가인 토드 프레우스도 지적했듯이, 특정 뇌 영역의 인지 기능은 내부 조직 및 그 안에서의 세포 기능에 의해 더 많이 좌우되며 전체 크기는 그리 큰 영향을

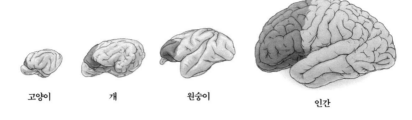

고양이   개   원숭이   인간

그림 50.1 포유류의 전전두 피질 크기 비교

끼치지 않는다.

앞 장에서 언급한 바와 같이 전전두 피질은 미분화된 단일체가 아니다. 이와 관련해, 신피질과 구피질에서 나타나는 조직의 차이를 먼저 짚고 가야 한다(그림 38.3 참조). 여러분도 기억하겠지만 신피질 조직은 6개의 층으로 구성되어 있는 반면 구피질은 6개 미만의 층을 가지고 있다. 특히 구피질은 네 번째 층을 가지고 있지 않은데, 이는 매우 중요한 사실이다. 왜냐하면 영장류의 신피질 조직에서 네 번째 층은 독특한 유형의 세포 즉 과립세포granule cell로 이루어져 있기 때문이다.

배외측 전전두 피질 및 복외측 전전두 피질, 전두극 등 작업 기억 및 숙고적 인지에 관여하는 핵심 영역들은 모두 과립세포로 구성된 대표적인 영역이다. 전두극은 특히 더 흥미롭다. 이 영역은 인간의 뇌가 다른 영장류의 뇌와 가장 뚜렷한 차이를 보이는 영역으로 알려져 있으며(그림 50.2), 에티엔 코힐린Etienne Koechlin은 전두극을 "측면 전전두 과정의 최정점에 있는 기능적 부가장치"로 묘사하기도 했다. 그에 따르면, 전두극은 "인지적 분기, 즉 대안적 행동방식을 보유하는 능력을 가질 수 있도록 한다. …… 이를 위해서는 추론, 문제 해결 및 멀티태스킹과 같이, 사전에 수립된 상위 계획에 따라 조직된 것이 아닌 다

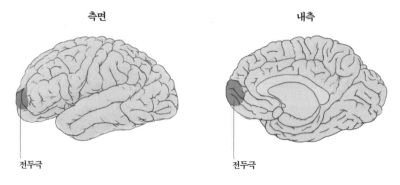

측면 　　　　　　　　　　　　　　　　 내측

전두극 　　　　　　　　　　　　　　　　 전두극

그림 50.2　전두극 – 인간 뇌의 고유한 영역

수의 선택지에 동시에 참여하는 능력이 필요하다." 이러한 인지적 분기 능력은 계층적 관계 추론과 밀접한 관련이 있다. 전두극에서 목표가 설정되면 이는 배외측 전전두 피질에 영향을 미치는데, 배외측 영역은 숙고적 행동을 제어하는 운동 피질과 연결된다.

대부분의 포유류가 가진 전전두 피질은 주로 구피질로 이루어져 있는데, 네 번째 층이 없으므로 따라서 과립세포도 없다. 일부 대뇌가 있는 포유류는 신피질로 이루어진 측면 전전두 피질을 가지지만, 여기에도 네 번째 층과 과립세포는 없다. 오직 영장류만 전전두 신피질에 과립세포로 이루어진 네 번째 층을 가지는데, 이 과립세포들이 형성하는 고유한 패턴 덕분에 층간 처리가 가능하다. 최근에 얼 밀러 또한 전전두 피질의 과립세포에서 일어나는 층간 상호 작용이 하향식 처리 및 상향식 처리를 조정하는 데 중요한 역할을 한다는 사실을 밝힌 바 있다.

인간과 다른 영장류의 전전두 피질은 많은 특성을 공유하지만 인간의 전전두 피질은 심지어 유인원에서도 찾아볼 수 없는 그것만의

인간   침팬지   짧은꼬리원숭이

그림 50.3 인간의 뇌는 피질 간 연결성이 매우 높다.

새로운 특징을 가진다. 예컨대 세포의 고유한 공간 배열과 세포층 내
부 및 층간에 형성된 고유한 연결 패턴이 그것이다. 더욱이 유인원이
나 다른 영장류에 비해 인간 전전두 피질의 신경세포는 다른 피질 영
역의 신경세포와 더욱 튼튼히 연결되어 있다(그림 50.3). 예를 들어, 인
간과 다른 영장류의 전전두 피질은 그 내부를 구성하는 영역들 사이
에 긴밀한 연결이 형성되어 있는 것은 물론 두정엽 및 측두엽의 다중
양식 영역과도 잘 연결되어 있는데, 그중에서도 인간의 전전두 피질
은 다른 영장류에 비해 훨씬 높은 연결성을 가진다. 이후에 이어진 연
구 결과에 따르면 인간의 전전두 피질은 특히 에너지 대사 및 시냅스
형성과 관련된 유전자 발현에서도 새로운 패턴을 보여준다. 토드 프
레우스가 인간의 전전두 피질이 '재배선 후 과열'되었다고 묘사한 것
도 이러한 다양한 발견들과 아래서 설명할 여러 관찰들 때문이다.

　인간 인지의 독특한 특성 중 몇 가지는 오작동이 발생하기 쉬워
자폐증이나 조현병 같은 질환을 일으키기도 한다. 이러한 인지적 형
질과 그 신경 기반은 그것이 적합도에 얼마나 기여하는지에 관한 자
연선택의 검증 과정을 아직 충분히 받지 않았기에 좀 더 오래된, 안정
적인 형질에 비해 유전적 교란에 좀 더 취약한 건지도 모른다. 인간은

생명이 이룬 일가에서 비교적 최근에 태어난 구성원으로, 생명의 작업은 여전히 진행 중이다.

인간의 뇌에서 언어와 관련된 두 개의 주요 영역은 오직 인간만이 가지고 있는 것으로 간주되었던 적이 있다. 이제는 유인원도 브로카 영역과 베르니케 영역을 가지고 있다는 사실이 알려졌다. 하지만 인간의 뇌에서 이 두 영역 사이의 연결 강도와 패턴은 다른 유인원에 비할 바가 못될 만큼 고유한 특징을 보여준다. 특히 흥미로운 점은 이 두 영역이 두정엽, 측두엽 및 전두엽의 다중 양식 영역과 상호 연결되어 있으며 언어 정보를 사용하는 정신적 작업에서 매우 중요한 역할을 한다는 점이다. 또한 앞에서도 언급했듯이, 계층적 관계 추론(인지 분기)에서 언어를 사용하는 능력은 전전두 피질의 작업 기억 집행 기능에 달려 있다.

언어는 아마도 인류 초기에 단계적으로 진화했을 것이다. 그러나 그것은 분명 모든 포유류가 가지고 있는 기본적인 인지 능력을 바탕으로 형성되었을 것이다. 예를 들면 외부 자극에 주의를 집중하는 능력, 이러한 자극에 대한 기억을 형성하는 능력 그리고 실제 자극이 없는 상태에서 행동을 이끌기 위해 기억을 내적 표상으로 사용하는 능력 등이 있다. 이러한 다양한 능력은 포유류에서 출현한 작업 기억의 근간이 되었을 것이다. 영장류의 뇌가 점점 더 커지고 전전두 피질에 새로운 공간(다른 포유류는 가지지 못한)이 생겨남에 따라 작업 기억이 생겨날 여력은 훨씬 더 커졌을 것이다. 이제 영장류들은 가능한 행동을 숙고하면서 더 많은 정보를 더 오랫동안 머릿속에 담아둘 수 있게 되었다. 이윽고 훨씬 더 크고 과열된 두뇌에 훨씬 더 크고 과열된 전전두 피질을 가진 인간이 출현하면서 인지 능력은 더 증가했다.

인간의 다중 양식 피질이 보이는 독특한 특징은 인간과 다른 영장류들 그리고 영장류와 다른 포유류 사이의 인지 능력 차이를 이해하기 위한 기초를 확립하는 데 큰 도움이 될 것으로 보인다. 그러나 문화 역시 진화해왔다는 사실을 잊어서는 안 된다. 인간을 유인원으로부터 구별짓도록 만든 것들 중에는 유전자 기반의 신경생물학적 진화를 넘어 문화적 진화를 통해 생겨난 것들도 있다. 이를 통해 우리 선조들은 인류만의 고유한 문화를 창조하고 유지시킬 수 있었다.

우리 인류가 이룬 놀라운 성취를 기리기 위해서는 우리를 여기에 있게 한 긴 역사를 새겨봐야 한다. 인간은 다른 동물과는 다른 두뇌 바우플란을 가진다. 심지어 인간과 아주 가까운 근연종과도 큰 차이를 지닌다. 그러나 모든 종의 두뇌 바우플란은 그 종이 어떻게 진화해왔는가에 따라 달라질 수밖에 없다. 그리고 일반적으로 그렇듯이, 새로운 종과 조상 종 사이에는 차이점보다 전반적인 유사점이 더 많이 발견된다. 인간의 뇌도 예외는 아니다.

종을 정의하는 데 차이점은 매우 중요한 역할을 하지만, 생명의 광대한 지평 속에서 차이만으로 어떤 것이 다른 것보다 더 큰 가치를 지닌다고 생각할 수는 없다. 우리는 우리가 영위하는 삶의 유형이 다른 것보다 더 낫다고 생각할 수도 있지만, 결국 생존가능성을 제외한 그 어떤 것도 삶을 평가할 척도가 되지 못한다. 우리 삶의 유형이 유인원, 원숭이, 고양이, 쥐, 새, 뱀, 개구리, 물고기, 벌레, 해파리, 해면, 깃편모충류, 균류, 식물, 고세균 또는 박테리아의 그것보다 더 나은지 또는 더 나쁜지 말해줄 척도는 없다. 만일 종이 얼마나 오래 영속되었는지가 그 척도라면 우리는 결코 원시 단세포 유기체보다 낫다고 할 수 없을 것이다.

앞에서도 지적했듯이, 과학자들은 인간 중심적 관점과 의인화 경향을 모두 경계해야 한다. 이 분야를 탐색하는 일은 까다로울 수 있다. 다음 장에서는 그중에서도 특히 위험한 개념의 지뢰밭인 의식에 대해 살펴볼 것이다.

주관성

의식의 세 가지 단서*

나는 창문 밖으로 가로수들을 그리고 개와 함께 산책하는 사람들을 바라보고 있다. 사람들은 저마다 각양각색의 옷을 차려입고 있으며 강아지들 또한 자기만의 털을 뽐내고 있다. 잔디밭은 초록색이며 군데군데 땅이 드러나 있다. 근처에 강이 있고 길 건너편에는 고층 건물이 있다. 그 위로는 파란 하늘이 펼쳐져 있으며 연회색 구름이 흩어져 있다.

나의 뇌가 부여한 내 의식적 마음은 이러한 것들, 이러한 유의미한 대상들을 '저기 밖에' 있다고 보는 것 같다. 저기 밖에는 내가 지각하는 사물의 원재료가 존재하고 있지만, 내가 사물을 '볼' 때 경험하는 것은 그 사물의 재료가 아니다.

단순히 뇌 속에 외부 물질에 대한 감각 표상이 축적된다고 해서

• 이 섹션에 수록된 장들에 의견을 전해준 리처드 브라운에게 감사를 전한다.

의미있는 사물을 지각할 수 있게 되는 것은 아니다. 우리가 가로수, 개, 강, 건물, 구름 등을 볼 때 우리가 보고 있는 것이 무엇인지 알기 위해서는 기억 또한 필요하다. 외부 자극에 대한 이러한 내적인 인식—지각되는 것에 대한 지식—은 의식적 경험이라고 불리는 것의 대표적인 예다.

의식은 우리가 현재를 경험할 수 있도록 할 뿐만 아니라 현재에 부재한 것 또한 상상할 수 있게 한다. 우리는 의식을 통해 과거를 회상하고 미래를 예측할 수 있다. 단순한 '과거' 또는 '미래'뿐만 아니라, 우리 자신의 특정한 과거와 가능한 미래에 대한 경험들까지 말이다.

자신의 가능한 미래를 계획하는 것은 특히 중요한 기술이다. 이런 기술들로 인해 우리는 자연선택을 통해 우리 종에게 주어졌고 목표 지향적 도구적 학습을 통해 각 개인에게 주입된(둘 다 과거에 성공적이었던 행동 전략에 기초하고 있다) 생존 전략을 초월할 수 있다. 우리 인간들은 자기 자신의 미래에 대해 쉽게 떠올려볼 수 있다. 하지만 다른 장에서 더 살펴보겠지만, 다른 유기체들도 그렇게 할 수 있는지는 명확하게 입증하기 어렵다. 자기 자신의 미래를 그리기 위해서는 단지 심적 모델을 이용한 비의식적 숙고나 전향적 인지 능력(일부 동물들은 이런 능력을 가지고 있다)뿐만 아니라 자기 자신을 예측을 행하는 행위자로서 그리고 그 예측에서 중요시되는 한 대상으로 생각할 수 있는 반성적 의식 능력도 필요하다. 이것은 인간만의 특화된 능력일지도 모른다.

의식이 인간의 정신생활에서 가지는 중요성에도 불구하고 심리학은 의식에 복잡한 태도를 취해왔다. 공식적으로 마음의 과학이 탄생한 시기는 19세기 후반이다. 최초의 심리학자들은 내성주의자로서 의식을 중요하게 여겼지만, 이후에 등장한 행동주의자들은 심리학에서

의식을 퇴출시켜버렸다. 행동주의가 물러난 후 등장한 인지주의자들은 처음에는 그동안 의식이 야기시킨 문제들을 염두에 두고 의식으로부터 다소 거리를 둔 채 거의 건드리지 않았다.

하지만 의식은 의학 및 생물학에서는 금기시되는 주제가 아니었다. 신경학자들은 혼수상태의 환자들에게 나타난 의식 장애를 오랫동안 다루어왔다. 또한 1940년대에는 망상활성계reticular activating system가 발견되면서 뇌가 어떻게 수면 상태와 각성 상태를 제어하는지도 설명할 수 있게 되었다. 뇌전증 환자 등에 대한 연구도 심적 상태로서의 의식에 대한 통찰을 이끌어냈다. 1950년대에는 뇌손상에 의해 야기된 심리학적 결과를 실험 기법으로 연구하는 신경심리학이라는 분야가 등장했다. 이 분야에서 나온 연구 결과들에 주류 인지과학자와 신경과학자, 심지어 철학자들마저 관심을 보이기 시작했고, 그 결과로 마침내 의식에 대한 현대적인 과학 연구의 길이 열렸다.

예를 들어 1960년대에 마이클 가자니가Michael Gazzaniga와 그의 박사과정 지도교수인 로저 스페리Roger Sperry는 신경외과 전문의와 협업하여 이른바 '분열뇌split-brain'를 가진 환자의 의식에 대한 놀라운 사실을 발견했다. 분열뇌 환자들은 중증 간질을 가진 환자들 중 발작을 조절하기 위해 두 개의 대뇌 반구를 연결하는 축삭 다발을 외과적으로 절단하는 수술을 받은 환자들이다. 일반적인 뇌를 가진 사람들은 가시 영역 내 어딘가에 그들이 흔히 보는 사물이 나타나면 그 사물의 이름을 말할 수 있다. 그런데 분열뇌 환자는 가시 영역 내 오른쪽 절반에 나타난 사물에 대해서는 그 이름을 말할 수 있지만 왼쪽 절반에 나타난 사물의 이름은 말하지 못한다. 보통 언어는 좌뇌에 의해 제어되는데, 시야의 오른쪽은 좌뇌에 의해 우선적으로 관찰되는 반면 왼쪽

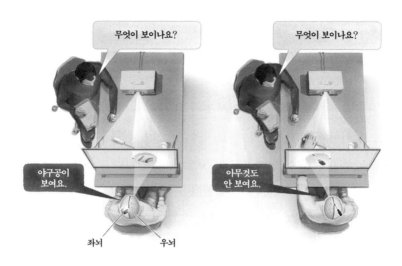

그림 51.1 고전적 분열뇌 연구

은 우뇌에 의해 관찰되기 때문이다(그림 51.1). 그러나 분열뇌 환자는 우뇌에 의해 관찰된 자극에 비언어적으로 반응할 수는 있다. 가령 왼손으로 대상을 가리키거나 움켜쥘 수 있는데, 왼손은 우뇌와 우선적으로 연결되어 있다. 마찬가지로, 환자의 눈을 가렸을 때 이들은 오른손에 든 사물의 이름은 말할 수 있지만 왼손에 든 사물은 이름을 대지 못한다. 이러한 발견은 축삭의 연결을 끊었을 때 뇌의 특정 부분에 의식적인 경험이 분리될 수 있음을 보여준다. 이로써 과학자들은 오랫동안 믿어왔지만 입증할 수는 없었던 사실을 지지하는 설득력 있는 증거를 얻었다. 바로 의식은 뇌의 신경 회로에 의존하며, 데카르트가 말한 바와 같이, 분리된 비물리적 영혼과는 관련이 없다는 사실이다.[*]

나는 운 좋게도 1970년대에 가자니가의 연구실에 소속된 대학원생 중 한 사람으로서 새로운 환자군을 연구할 수 있었다. 나의 박사학

위 논문은 우뇌에서 생성된 반응으로 좌뇌가 무엇을 만들어내는지의 문제에 대한 것이었다. 어쨌든 좌뇌의 관점에서 보면 우뇌에서 오는 반응은 비의식적으로 생성된 것과 다르지 않다. 그러나 좌뇌는 이런 반응에 호들갑을 떠는 대신 침착하게 이 반응을 그럴듯하게 들리도록 만드는 이야기를 지어낸다. 예를 들어, 우리가 연구하던 환자군 중에는 좌뇌와 우뇌 모두를 이용해 글을 읽을 수 있지만 오직 좌뇌를 통해서만 말을 하는 환자가 한 명 있었다. 우리가 그 환자의 왼쪽 시야에 (즉 우뇌만 볼 수 있도록) '일어서주세요'라고 적힌 카드를 보여주자 환자는 벌떡 일어섰다. 우리가 "왜 일어났나요?"라고 묻자 그는(더 정확하게 말하면, 발화가 가능한 좌뇌는) "아, 몸을 좀 펴고 싶었어요"라고 말했다. 이 대답은 순전히 작화作話에 불과하다. 그의 좌뇌는 그를 일어서도록 지시한 정보에 대해 알고 있지 못하기 때문이다. 그밖에도 우리는 이와 비슷한 종류의 작화를 다수 관찰했다.

이러한 발견을 설명하기 위해 사회심리학자 레온 페스팅거Leon Festinger는 '인지 부조화cognitive dissonance' 이론을 제기했다. 기대한 일과 실제로 일어난 일 사이에 불일치가 일어나면 내적 불화 즉 부조화 상태가 일어난다는 이론이다. 부조화는 스트레스를 초래하기 때문에 우리는 인지적 평형에 도달하기 위해 부조화를 감소시키려 한다(그림 51.2). 우리는 인지 부조화 이론을 통해 분열뇌 환자의 행동을 설명하고자 했다. 환자의 신체에 그가 일으키지 않은 반응이 나타나자 내적 부조화가 발생했고, 작화는 이러한 부조화를 완화시키기 위한 수단으

• 새로운 연구 〈분열뇌: 나누어진 지각과 나누어지지 않은 의식Split Brain: Divided Perception but Undivided Consciousness〉에 따르면, 뇌 분할 수술 이후 수십 년이 지나면 분리로 인한 극적인 효과 중 일부는 소멸된다고 한다. 아마도 수술에 따른 효과를 보상하려는 뇌의 가소성 때문인 것으로 보인다.

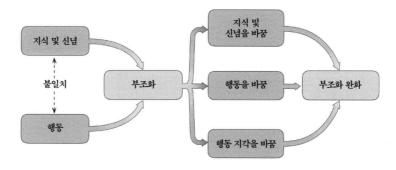

그림 51.2 인지 부조화 이론

로 일어난 반응이란 것이었다. 이처럼 사람들이 삶에서 내린 결정이
나 행동을 어떻게 소급적으로 정당화하는지는 오늘날 '사후 결정 합
리화'라는 이름으로 활발히 연구되는 주제 중 하나다.

의식 연구가 활성화되는 데 큰 도움을 주었던 두 번째 환자군은
대체적으로 뇌졸중으로 인해 우뇌의 시각 피질에 손상을 입은 환자들
이었다. 이런 종류의 뇌 질환을 가진 환자는 기본적으로 시야의 왼쪽
절반에 가해진 자극은 감지하지 못한다. 1970년대에 래리 바이스크
란츠Larry Weiskrantz는 획기적인 연구를 시행하여 이 환자들이 비록 사
각지대에 나타난 자극을 보지는 못하지만 손을 뻗어 그곳에 있는 물
체를 정확하게 짚을 수 있음을 보여주었다. 이 환자들은 실제로 뇌가
그 자극을 지각했음을 보여주는 다른 행동들도 할 수 있었다. 구체적
으로 말해, 자극은 우뇌의 행동 제어 시스템에 도달하지만 의식적 지
각은 일으키지 않았다. 이러한 현상을 '맹시blindsight'라고 한다. 맹시란
구두로는 보고할 수 없는 시각적 자극에 대해 행동적으로 반응하는
능력을 말한다.

세 번째 환자군은 해마 등 측두엽의 일부 부위를 외과적으로 제거한 환자들이다. 이 환자들 또한 분열뇌 환자들과 마찬가지로 통제할 수 없는 간질을 완화하기 위해 해당 절제술을 받았다. 환자들이 수술을 받은 시기는 1950년대였지만, 이 치료법이 의식 연구에 어떠한 함의를 가지는지 완전히 밝혀지기까지는 그 후 20년이 더 걸렸다. 심리학자 브렌다 밀너Brenda Milner가 실시한 초기 연구에서 환자들은 극심한 기억상실 증상을 겪고 있는 것으로 나타났다. 처음에 이 증상은 소위 전全기억 상실증이라고 부르는 일반적인 기억력 결핍 현상으로 보였다. 그러나 이후에 밀너와 수전 코킨Suzanne Corkin은 이 환자들이 복잡한 운동 과제를 수행하는 방법을 학습하고 기억하는 능력(예를 들어 물체가 거울에 반사된 모습을 보면서 그림을 그리는 능력)은 그대로 유지하고 있다고 판단했다. 시간이 지남에 따라 이 환자들이 다른 종류의 기억도 가지고 있음이 확인되었다. 분명히 이들은 운동 능력을 유지하는 것 외에도 절차를 학습하고 습관을 형성하며 파블로프 조건화 반응을 발달시킬 수 있었다. 1980년에 래리 스콰이어Larry Squire와 닐 코언Neal Cohen은 측두엽 손상으로 인한 기억력 결핍은 오직 의식적 기억에만 국한되는 것으로 보인다고 제안했다. 예를 들어, 환자들은 운동 기술을 배울 수 있지만 최근에 이 기술을 습득했다는 사실을 의식적으로 기억할 수는 없었다. 이후 의식적 기억은 '외현 기억' 또는 '서술 기억'으로 그리고 무의식적 기억은 '암묵 기억' 또는 '절차 기억'으로 불리게 되었다.

세 환자군에서 나타난 결과는 비의식적으로 행동을 제어하는 정보 처리 과정과 의식적이고 보고 가능한 경험을 일으키는 처리 과정이 서로 완전히 분리되어 있음을 보여준다는 점에서 비슷한 패턴을 보인다. 오늘날 의식에 대한 연구가 심리학과 뇌과학에서 번성할 수 있었던 것도 이들 신경계 환자에 대한 초기 연구들 덕분이다.

의식이 있다는 것은 어떤 상태인가?

지난 수십 년 동안 인지과학과 (그 의붓자녀라고도 할 수 있는) 인지신경과
학에서 의식은 뜨거운 연구 주제였다. 어떤 연구 과제든 무언가를 과
학적으로 연구하려면 실험을 설계할 때 대안적 설명을 통제해야 한
다. 의식 연구의 경우에는, 비의식적으로 이루어지는 처리 과정과 의
식적으로 발생하는 정보 처리 과정을 분리해야 한다. 이를 위한 표준
적인 방법은 앞 장에서 본 환자군 대상 연구들에서처럼 사람들이 자
극을 인식하는 상황과 그렇지 않은 상황을 대비시키는 것이다.

건강한 인간의 뇌 연구에 주로 사용되는 기법은 역하 자극법subliminal
stimulation이다. 시험 참가자에게 흔한 대상이 그려진 그림을 1초 이상
보여준 후 그가 본 것을 보고하게 한다. 그후 자극에 노출되는 시간
을 차츰 줄여나가면 피험자의 보고 능력도 감소하는데, 자극 노출 시
간이 20~30밀리초 정도가 되면 거의 대부분의 피험자는 자극을 보지
못했다고 답하며 그것이 무엇이었는지도 대답하지 못한다. 그런데 여

기서 자극이 뇌에 등록되지 않은 이유는 단순히 그 그림이 너무 빨리 지나가버렸기 때문일까? 만일 그렇지 않다면 그 사실을 어떻게 확인할 수 있을까?

이 질문에 대답하기 위해서는 피험자로부터 언어적 보고 및 비언어적 보고를 모두 얻어야 한다. 예를 들어, 분열뇌 및 맹시 연구에서와 같이 피험자들로 하여금 몇 개의 사진 중에서 역하 자극에 나타난 것과 일치하는 사진을 고르도록 하는 방법이 있다. 또 다른 방법은 전기 충격과 자극을 짝지은 다음, 역하 자극이 주어지는 동안 심박수나 기타 자율신경계 반응을 기록하는 것이다. 일반적으로 전기 충격과 짝지은 자극이 제시되면 자율신경계 반응이 나타났다(전기 충격과 관련 없는 자극이 제시될 경우에는 그러한 변화가 관찰되지 않았다). 비록 피험자는 역하 자극에 대해 언어적 보고를 할 수는 없지만 그가 보인 비언어적(자율적) 반응은 그의 뇌가 자극의 의미를 처리했다는 것을 보여준다. 즉 역하 자극하에서도 시각 자극에 대해 지각하고 반응하는 능력은 그대로 남아 있었다. 그 자극에 대한 의식만이 제거된 것이다.

1950년대 광고업계 사람들은 역하 자극 연구에 큰 관심을 가졌다. 마케팅 담당자들은 성적 이미지를 환기시키거나 애국심을 고무하는 고도로 상징화된 이미지를 사용하는 것이 소비자들로 하여금 제품을 사도록 만드는 데 꽤 유용하다는 사실을 진작부터 알고 있었다. 또한 광고주들은 사람들이 이 사실을 알아차리면 그 영향력을 경계하게 되리라는 것도 알고 있었다. 따라서 광고주들은 소비자들의 마음의 빗장을 풀기 위해 역하 자극을 이용했다. 비의식적 마음을 자극하는 광고를 만든 것이다. 예를 들어 뉴저지의 한 극장에서는 구내매점의 매출을 끌어올리기 위해 영화 상영 중에 "콜라를 마셔요"나 "팝콘을 먹어요"와 같은 메시지를 살짝 삽입한 것으로 알려져 있다. 밴스 패커드 Vance Packard의 1957년 베스트셀러 《숨은 설득자들 Hidden Persuaders》은 대중들에게 역하 자극을 이용한 광고들이 어떤 속임수를 쓰는지를 알린 책이다.[*]

반면에 학계에서는 역하 자극에 대한 관심이 점차 식어가고 있었다. 역하 자극 연구는 정말로 자극이 의식을 우회할 수 있는지 설명하는 데 기대했던 것만큼 효과적이지 못하다는 비판이 제기되었다. 자극이 가해지는 짧은 시간 동안 아주 작은 정보 조각이 의식으로 흘러들어갔을 수 있다는 것이다. 이후 정보 누출의 염려를 효과적으로 배제하는 새로운 접근법이 등장했다. 한 예로, 요즘 일반적으로 사용되는 방식인 '역행 차폐 backward masking' 기법이 있다. 목표 자극을 짧게 제시한 뒤 곧바로 다른 자극(차폐 자극)을 제시하여 목표 자극으로의 의식적 접근을 억제하는 것이다. 이런 노력에도 불구하고 여전히 일부 정보가 새어나갔을 수 있으므로 좀 더 엄격한 기준이 마련되어야 한다는 비판은 계속되었다. 그 결과 매우 단순한 심리적 현상만이 비의식적 처리 과정을 설명하기 위한 시험을 통과할 수 있었고 조금이라도 복잡한 현상은 연구하기 어려운 것으로 여겨졌다. 이에 비의식은

---

[*] 최근에는 정치적 선거운동에도 역하 자극 광고가 사용되었다. 2000년 미국 대선 때 조지 W. 부시 공화당 후보는 민주당의 의료 정책, 특히 앨 고어 후보의 정책을 비판하는 광고를 제작했다. 이 광고에서는 민주당을 비판하는 목소리가 흘러나오는 동안 검은 배경 화면에 흰 글씨로 메시지가 한 줄씩 뜨는데 도중에 '민주당원 Democrats'이라는 단어의 일부인 'rats'(쥐)라는 단어가 몇 밀리초 동안 큰 글자로 나타났다가 사라졌다. 이 사실이 밝혀졌을 때 부시 진영은 그저 실수일 뿐이라고 일축했다. 또한 최근 사례로, 도널드 트럼프가 대통령으로 당선된 선거에서 '케임브리지 애널리티카 Cambridge Analytica' 사가 데이터 마이닝 기법을 이용해 유권자의 행동을 부지불식간에 조종한 혐의로 고발되었다. 《뉴욕타임스》에 따르면 케임브리지 애널리티카는 '전략적 커뮤니케이션 연구소 SCL'의 산하 기업이며, SCL은 제3세계의 군사·정치 단체들에게 그들의 목적을 달성할 수 있도록 하는 (역하 자극 조종과 같은) '더러운 속임수'를 제공한 전력이 있다.

"말을 못한다"고 낮잡아 보는 사람도 생겨났다. 아닐 세스Anil Seth도 언급한 바와 같이, 이러한 시험들은 지나치게 제한적으로 설계되는 바람에 "실제 세계의 현상학이 가진 풍부함을 헐값에 팔아치웠다."

　의식 연구는 분야를 막론하고 의식은 생성되어야 하는 무언가라는 전제에 기초하고 있다. 우리는 우리의 뇌에서 일어나는 모든 일을 의식하지는 않는다. 즉 정의상 의식적인 경험으로 이어지는 모든 정보는 비의식적이다. 사실 지그문트 프로이트도 말한 것처럼 마음 전체를 놓고 볼 때 의식은 그저 빙산의 일각일 뿐이다. 그러나 프로이트조차도 인지적 무의식이 얼마나 널리 펼쳐져 있는지는 가늠하지 못했다.

　오래전부터 철학자들은 의식적 경험에는 어떤 주관적인 '질quality'이 있다고 주장해왔다. 이러한 질적 측면을 강조하기 위해 철학자들은 '현상적 의식phenomenal consciousness'이라는 용어를 자주 사용한다. 이렇게 특별한 용어가 필요한 이유는 '의식'이란 단어는 또 다른 뜻도 가지기 때문이다. 예를 들어 '의식'이란 단어는 앞에서도 본 바와 같이 잠든 상태나 마취된 상태, 혼수상태 등과 대비해 깨어 있는 상태, 정신이 든 상태, 자극에 적절히 반응할 수 있는 상태를 나타내기 위해서도 사용된다. 이 책에서 내가 '의식'이란 용어를 사용한다면 그것은 현상적 의식을 의미한다. 또한 나는 의식을 뇌의 산물이라고 가정할 것이다.

　그러나 현상적 의식을 지지하는 모든 철학자들이 이런 종류의 물리주의 설명에 동의하는 것은 아니다." 〈박쥐가 된다는 것은 어떤 것일까?What Is It Like to Be a Bat?〉라는 유명한 논문으로 당대 철학계에 현상적 의식에 대한 관심을 촉발시킨 토머스 네이글Thomas Nagel은 이원론자다. 그는 의식 상태가 '어떤 것'인지 정의하는 주관적 성질(때때로 '감각질qualia'이라고도 부른다)은 물리계에 전혀 기초하지 않는다고 본다. 즉 네이글은 현상적 의식이 과학적으로 이해될 수 있다는 생각을 부정한다. 그러나 앤서니 잭Anthony Jack과 팀 샬리스Tim Shallice도 말한 것처럼 "이 증거들로 의식 이론을 뒷받침할 수 있는 것은 우리가 어떤 심적 상태에 있다는 것이 '어떤 것'인지를 알기 때문이다." 이들은 특히 내성적 증거가 현상적 의식을 과학적으로 설명하는 기초가 되리라고 본다.

내적 성찰을 자료화하는 가장 일반적인 방법은 의식이 있는 피험자로부터 언어적 보고를 받는 것이다. 이러한 보고에는 두 가지 형태의 내성이 반영될 수 있다. 그중 하나는 능동적 검토의 결과이고 다른 하나는 수동적 관찰이다. 언어적 보고의 장점과 한계는 이후 동물의 의식을 살펴볼 때 좀 더 자세히 논의할 것이다. 지금은 그것이 비록 불완전한 부분도 있지만 인간의 의식을 연구하기 위한 지극히 소중한 도구라고 가정할 것이다.

기능적 MRI는 매우 명확한 결과를 보여준다. 보고 가능한 자극이 가해질 때는 시각 피질 영역이 활성화되는 것과 함께 작업 기억 활성화에 관여하는 전반적인 인지 피질 네트워크 영역, 특히 전전두 피질 영역(일부 경우에는 두정엽 피질)이 활성화된다. 그러나 구두 보고가 불가능한 경우에는 시각 피질만 활성화된다(그림 52.1). 이러한 관찰은 필자를 포함한 많은 연구자에게, 시각 자극을 현상적으로 의식하고 이를 구두로 보고할 수 있기 위해서는 시각 피질에서의 감각 처리가 작업

•• 물리주의자들은 마음을 물질적 세계의 일부로 간주하며 마음도 물리학의 법칙을 따른다고 가정한다. 많은 물리주의자들은 뇌가 마음의 물리적 기초라고 생각한다. 그러나 일부 물리주의자들은 범심론汎心論, panpsychism 쪽으로 방향을 틀어 의식이 물리계 전체에 확장될 수 있다고 말한다. 반면에 뇌를 중요하게 여기는 물리주의자들은 의식과 같은 관념을 거부한다. 이러한 제거주의자들은 과학이 '의식' 같은 기묘한 개념을 더 정확히 설명할 수 있게 되리라고 주장한다.

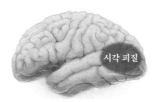

보고 불가능 자극   보고 가능 자극

**그림 52.1 보고할 수 없는 자극 또는 보고할 수 있는 자극이 가해졌을 때
활성화되는 피질 부위**

기억에 관여하는 인지 제어 네트워크와 이어져야 한다는 의미로 간주
된다.

현재 의식 연구에서는 서로 경쟁하는 이론과 접근 방식들로 활발
한 논쟁이 벌어지고 있다(표 52.1). 내가 인지적 접근법에 헌신하게 된
것은 앞서 설명한 분열뇌 환자, 특히 우뇌가 집행한 행동을 설명하기
위해 좌뇌가 꾸며낸 이야기로 언어적 보고를 하던 환자를 연구한 이
후부터다. 어쩌면 그는 단순히 우리를 속이고 있었던 건지도 모른다.
자신이 꾸며낸 이야기가 정확하지 않다는 것을 환자 자신도 알고 있
지 않았을까? 그러나 그는, 구체적으로 말해 언어 능력을 갖춘 그의
좌뇌는 자기가 한 말을 진심으로 믿는 것 같았다. 그는 연구자를 속이
는 대신 스스로를 속이고 있었던 것 같다.

플라톤은 자기기만이야말로 가장 나쁜 것이라고 말했다. 하지만
자기기만은 어쩌면 그렇게 나쁜 것은 아닐지도 모른다. 이 환자는 그
저 인지 부조화를 완화하고 자아의 통일성을 보호하기 위해 사람들이
늘 사용하는 인지 도구를 호출한 것일 수 있다.

우리의 의식적 마음은 자만심으로 가득 차 있다. 우리는 우리의 모

표 52.1 의식에 대한 현대 물리주의 이론들의 주안점

수반된 매개 표상(제시 프린츠Jesse Printz)
주의 도식(마이클 그라지아노Michael Graziano)
주의 증폭(마이클 포스너Michael Posner)
자기주지적 의식(엔델 툴빙Endel Tulving)
분리가능한 상호 작용 시스템(대니얼 샥터Daniel Schacter)
역동적 중심부(제럴드 에덜먼Gerald Edelman, 줄리오 토노니Giulio Tononi)
1차 표상(네드 블록Ned Block, 빅터 레임Victor Lamme)
광역 작업 공간(버나드 바스Bernard Baars)
광역 신경 작업 공간(스타니슬라스 드핸Stanislas Dehaene, 리오넬 나카슈Lionel Naccache, 장피에르 상괴Jean-Pierre Changeux)
고차 표상(데이비드 로젠탈)
표상의 고차 표상—HOROR(리처드 브라운)
통합 정보(줄리오 토노니Giulio Tononi, 크리스토프 코흐Christof Koch)
미세소관(로저 펜로즈Roger Penrose, 스튜어트 해머오프Stuart Hameroff)
운영체제(필리프 존슨 레어드Philip Johnson-Laird)
계층적 예측 추론(칼 프리스턴Karl Friston, 앤디 클라크Andy Clark, 아닐 세스)
사회적 상호 작용(크리스 프리스Chris Frith, 유타 프리스Uta Frith, 닉 셰이Nick Shea)
감시 집행 시스템(팀 샬리스)
구두 해석자(마이클 가자니가)
시간제한적 광역 역활성화 (안토니오 다마지오)
작업 기억 일화적 완충(앨런 바델리Alan Baddeley)

든 심리적 행동이 우리의 마음에서 나온다고 믿는다. 그러나 우리는 자율주행 자동차의 핸들을 쥐고 있는 운전자와 더 비슷하다. 필요한 경우 통제권을 얻을 수도 있지만, 나머지 시간 동안 우리는 다른 것을

의식적으로 생각할 수 있다.*

실제로 뇌 기능의 상당 부분이 우리의 인식 밖에서 일어난다면 우리의 의식적 마음은 그런 뇌의 활동 중 일부는 눈치채지 못할 것이다. 예를 들어, 심리학자들은 의식적 자각에서는 왜 특정 행동이 발생했는지에 대한 이유 또는 동기가 자주 간과된다는 사실을 여러 번 반복해 이야기해왔다. 우리는 우리가 무엇을 했는지 알지만, 왜 그랬는지는 모른다. 이러한 분열에 직면한 의식이 유기적 통일감을 유지하기 위해서는 자신의 과거를 재구성함으로써 의도하지 않았던 반응을 설명할 수 있는 뭔가 정교한 방법을 갖추어야 한다.

말하면서 손사래를 치거나 앉아 있는 동안 자세를 바꾸는 것처럼 사소한 행동을 할 때 대부분의 경우 우리는 신체의 움직임에 대해 전혀 주의를 기울이지 않는다. 그러나 어떤 비의식적 반응은 설명이 필요하고 설명을 해야 한다. 예를 들어 자신의 행동이 자기가 스스로에 대해 생각하는 것과 상충하는 경우, 우리는 스스로를 합리화하는 설명을 꾸며내게 된다. 또한 다른 사람이 당신에게 왜 그런 식으로 반응했느냐고 물어봤는데 당신도 그 이유를 모른다고 말하긴 부끄럽다면 당신은 간단히 그 행동이 전적으로 당신 의지에 의한 것이라고 여길 것이다. 이렇게 내러티브를 꾸며내는 조치를 취하면 부조화를 줄이고 통제력과 통일감을 유지할 수 있다. 대니얼 데닛이 지적한 것처럼, 그러한 내러티브들은 일종의 방어 술책으로서 자기 자신에 대해 정의하고 또한 이러한 정의를 보호하는 방식이다.

인디록 밴드 '윌코'의 리더이자 내가 가장 좋아하는 아티스트 중

---

* 이 비유를 알려준 마일로 르두에게 감사한다.

한 사람인 제프 트위디Jeff Tweedy의 회고록《어서 가자(다시 돌아올 수 있도록)》를 보면 그는 완전히 다른 경험과 전제, 배경 지식으로부터 뇌과학자들과 비슷한 결론에 도달했음을 알 수 있다. 회고록에서 그는 무언가가 이치에 맞도록 하기 위해서 우리의 뇌는 모호함을 제거하는 방식으로 배선되어 있다고 말한다. 트위디 또한 그의 삶이 이치에 맞도록 짜맞추기 위해 노래를 썼다. 여기서 노래는 물론 내러티브다.

1970년대 후반 마이크 가자니가와 내가《통합된 마음The Integrated Mind》을 썼을 무렵, 작업 기억은 심리적 구성물의 한 종류로서 막 부상하던 참이었다. 지금까지 작업 기억에 대해 알려진 내용을 그때 우리가 알고 있었다면 우리는 사람들이 자신의 행동을 설명하기 위해 내러티브를 꾸며낼 때 어떤 일이 벌어지는지 더 상세하고 정교한 인지적 설명을 제시할 수 있었을 것이다. 구체적으로, 작업 기억을 통해 우리는 스스로의 행동이나 외부 환경에서 발생한 사건을 내적으로 감시하고, 스키마와 모델을 포함해 기억으로부터 자기 자신과 외부 세계에 대한 내적 정보를 수집한 후, 이를 바탕으로 그 행동 및 사건에 대한 해석과 내러티브를 생성한다. 실제로 전전두 피질의 작업 기억 회로들은 내러티브, 스키마, 심적 모델, 자기 표상, 작화 그리고 의식 자체를 생성하는 데 관여해왔다.

이 절에서 다룬 이론들은 1970년대에 내가 했던 분열뇌 연구와 너무 밀접하게 관련되어 있으므로 나는 오랫동안 하지 않았던 일을 하기로 결심했다. 바로《통합된 마음》을 펴서 나와 가자니가가 그 책에 정확히 뭐라고 썼는지 확인하는 일이다. 다음 단락은 많은 정보를 담고 있다.

왜 조지는 갑자기 자신이 몰리(조지의 아내가 아닌)와 침대에 누워 있다는 사실을 알아차렸을까? 처음부터 이런 부조화 행동을 일으킨 것은 어떤 메커니즘일까? 조지의 행동은 그가 기존에 갖고 있던 (언어적으로 저장된) 신념과는 명백히 상반되었으며, 일반적으로 언어 체계는 자기 통제력을 발휘할 수 있다. 우리는 이런 일이 일어난 이유가 조지에게 또 다른 참조 대상과 또 다른 가치 집합을 가지는 또 다른 정보 체계가 존재하기 때문이라고 추측한다. 이 정보 체계는 특정한 방식으로 암호화되어 있기 때문에 조지의 언어 체계는 이 체계에 대해 알지 못하며 따라서 통제할 수도 없는 것이다. 이 또 다른 체계는 어느 날 불쑥 나타나 조지에게 큰 실망을 안긴 행동으로 발현되기 전까지는 지배적 언어 체계에 알려져 있지 않았다. 하지만 일단 행동이 발현되고 나면 조지의 언어 체계는 그 행동을 설명해야만 하므로 새롭게 드러난 그 본성에 맞춰 언어적 지각과 행동 지침을 조정하게 된다. 이런 관점에서 볼 때 우리가 가진 여러 심적 체계들은 최종적으로 언어 체계에 의해 중재되며, 심적 체계 중 다수는 오직 실제 행동으로 발현된 이후에만 알려지는 것으로 보인다.

이로써 나는 의식에 대한 내 견해가 어떻게 굳어졌는지 다시 한번 확인할 수 있었다. 내 의식 이론은 그 환자가 설명을 꾸며내는 것을 처음 본 후 그날 밤 술집에서 가자니가와 내가 그날 관찰한 내용을 토론했던 경험을 거쳐 형성된 것이었다.

더 고차적으로 설명해보겠습니다˙

신경계는 근본적으로 세계에 대한 감각정보를 수집하는 장치로, 생존이라는 과제를 수행하기 위해 행동을 인도할 목적을 가진다. 따라서 외부 세계에 대한 인식은 아마도 의식적 경험의 가장 기본적인 단계일 것이다. 프랜시스 크릭Francis Crick과 크리스토프 코흐는 1990년에 쓴 영향력 있는 논문에서 감각 처리, 특히 시각에 대해서는 이미 많은 사실이 알려져 있기 때문에 의식의 신경 기반에 대한 이해는 시지각 연구에 의해 급진전을 이룰 가능성이 높다고 말했다.

앞 장에서 설명한 것처럼 1990년대의 fMRI 연구에서 시험 참가자들에게 시각적 자극을 가했을 때, 이를 언어로 보고할 수 있는 경우에는 시각 피질과 전전두 피질이 모두 활성화된 반면 자극을 보고할 수 없을 때는 오직 시각 피질만 활성화되었다. 오늘날, 이들 각각의 영역

• 고차 의식 이론에 대해 의견을 준 리처드 브라운에게 감사를 전한다.

1차 이론	고차 이론	광역 작업 공간 이론

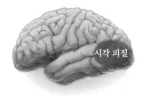 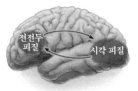 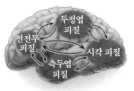

그림 53.1 시각 경험에 대한 세 가지 의식 이론

이 정확히 어떤 역할을 하는지는 여전히 많은 논쟁을 불러일으키고 있다.

한편, 뉴욕대학교 동료 교수인 네드 블록은 감각 피질에서의 지각 처리야말로 현상적 의식에 필요한 모든 것이라고 주장하며 전전두 피질의 역할은 인지적 접근을 가능하게 하는 것뿐이라고 말한다. 여기서 인지적 접근이란 현상적 경험과는 독립적으로 내적 성찰을 하고 언어적 보고를 하는 능력을 말한다. 시각 피질의 상태는 외부 세계에서 일어난 물리적 사건을 표상하고 있으므로 이를 1차 상태라고 부른다. 따라서 블록의 이론은 의식의 '1차 이론first-order theory'이라고 할 수 있다(그림 53.1). 블록은 자신의 이론을 보강하는 사례로 사람들이 보고할 수 있는 것보다 더 많은 정보를 처리하며, 언어적으로 표현할 수 없는 자극에는 보통 행동적으로 반응한다는 사실을 보여주는 많은 연구를 인용했다.

나를 포함한 일부 학자는 블록의 이론이 조금 별나다고 생각한다. 현상적 의식을 우리가 무엇을 보고 있는지 아는 능력과 그 경험을 보고할 수 있는 능력 모두와 분리시키기 때문이다. 예를 들어 네이선 자일스Nathan Giles, 하콴 라우劉克頑, 브라이언 오데가드Brian Odegaard는 블록이 인용한 연구들은 현상적 의식의 실제 상태에 대한 것이 아니라 행동을 통제하는 비의식적 지각 과정에 대한 것이라고 주장했다. 거기에 무언가가 있다는 사실을 모르면 그것에 대해 실제로 의식적 경험을 할 수 없다는 것이다.

이와 대조적으로, 인지 이론들에서는 시각 자극을 의식적으로 인식하기 위해서는 감각 피질을 넘어 특히 전전두 피질에서도 처리가 일어나야 한다고 가정한다. 이러한 전제를 가지는 이론에는 여러 가지가 있지만, 여기서는 가장 중요한 두 개의 경쟁 이론에 초점을 맞추고자 한다.

데이비드 로젠탈의 '고차 이론HOT: higher-order theory'에서는 비의식적인 1차 감각정보가 의식적으로 재표상될 때 의식적 자각이 일어난다. 이때 일어난 의식은 고차 상태라고 할 수 있는데, 낮은 수준의 심적 상태에 대한 심적 상태이기 때문이다. 1차 이론과 고차 이론 사이의 차이점은 각각에 어떤 유형의 상태가 포함되어 있는지의 관점에서 접근해볼 수 있다. 먼저 1차 이론은 세계를 표상하는 심적 상태에 초점을 맞추는 반면, 고차 이론은 거기에 더해 감각 상태를 재표상하는 추가적인 (더 고차의) 심적 상태를 가진다. 고차 이론에서 1차 상태는 정의에 따르면 비의식 상태이며, 오직 상위 상태의 도움을 받아야만 의식적인 심적 상태가 된다. 지나친 단순화의 위험을 무릅쓰고 말하자면, 상위 상태는 하위 상태가 의식되도록 한다.

로젠탈의 고차 이론이 가지는 한 가지 함의는, 우리는 고차 상태 그 자체는 의식하지 못하며 오직 저차 상태만 의식할 수 있다는 것이다. 고차 상태의 내용을 의식하기 위해서는 그 내용을 재표상할 수 있는 추가 고차 상태가 있어야 한다. 예를 들어, 고차 이론에서는 우리가 빨간 사과를 의식할 수 있는 것은 그 사물의 시각적 속성에 대한 시각 피질의 표상이 전전두 피질에 의해 의식되기 때문이라고 가정한다. 하지만 우리가 사과를 본다는 바로 그 경험을 하고 있음을 인식하기 위해서는 추가적인 고차 상태가 필요하다. 여기에도 아마 전전두 피질이 관여할 것이다.

현대의 또 다른 중요한 의식 이론은 '광역 작업 공간 이론GWT: global workspace theory'이다. 버나드 바스에 의해 처음 제안된 광역 작업 공간 이론은 피질의 후부에 위치한 특수 처리 모듈(지각, 기억, 언어)이 무의식적으로 작동해 작업 기억의 인지적 작업 공간에 경쟁적으로 정보를 송출한다고 가정한다. 작업 공간에 성공적으로 송출된 정보는 뇌전체에 널리 전파되어 사고 및 행동 제어에 사용될 수 있다. 이 이론에서 의식이란 전파된 정보의 광역 가용성을 뜻한다.

스타니슬라스 드핸, 리오넬 나카슈, 장피에르 샹괴는 광역 작업 공간 이론을 신경과학의 용어로 다시 구성한 '광역 신경 작업 공간 이론'을 제시했다. 이 이론에서 집행주의기능은 전전두 피질 작업 기억 회로에서 어떤 정보를 송출할 것인지 선택하고 이 정보가 특수 모듈에서 처리되는 과정을 증폭시킨 후, 마음과 행동의 인지적 제어에 사용되는 작업 공간과 특수 모듈 사이에 처리 루프를 생성한다.

광역 작업 공간 이론과 고차 이론은 모두 낮은 수준의 프로세서가 비의식적으로 작동하고 있으며, 의식이 일어나기 위해서는 추가적인 처리 과정이 이루어져야 한다고 전제한다. 또한 두 이론은 이 과정에서 작업 기억의 기반이 되는 전전두 피질 인지 네트워크가 핵심적인 역할을 한다는 데도 동의한다. 그러나 이들은 이 신경 구조로부터 어떻게 의식이 발생하는지를 설명하는 부분에서 서로 의견을 달리한다. 광역 작업 공간 이론에서 지각 상태의 의식은 정보의 광역 가용성과 동일시된다. 그러나 로젠탈은 광역 가용성만으로는 어떤 상태가 의식이 되고 어떤 상태는 그렇지 않은지 구분하지 못한다고 지적한다. 광역 송출은 두 상태 모두에서 일어나기 때문이다. 실제로 바스 또한 송출된 정보의 내용을 인식하기 위해서는 또 다른 유형의 표상이 일어나야 한다고 말한 적이 있는데, 이는 고차 이론에서 말하는 바와 상당히 비슷하다.

광역 작업 공간 이론은 여러모로 매력적인 이론이다. 하지만 나에게는 고차 이론이 좀 더 우위에 있는 것으로 보인다. 실제로 의식적 내용이 어떻게 경험되는지를 설명하려고 명시적으로 시도하고 있기 때문이다. 하지만 고차 이론도 몇 가지 점에서 비판을 받고 있다.

예를 들어, 의식적 경험이 1차 상태에 의존한다고 가정한다면 한 사람의 의식적 경험이 세상을 '잘못' 표상하는 상황은 어떻게 설명할 것인가? 가령, 색맹이 있는 사람은 초록색 사물을 파란색으로 경험할 수 있다. 환각을 겪는 사람은 실제로 존재하지 않는 대상을 경험하기도 한다.

고차 이론의 강력한 지지자인 하콴 라우와 리처드 브라운은 위와 같은 비판에 희귀 신경질환인 찰스 보넷 증후군을 겪는 환자들의 사례로 대응했다. 찰스 보넷 증후군은 1차 상태의 원천인 시각 피질에 손상을 입어 1차 감각 상태를 형성하지 못하는 상태다. 그러나 이 환자들은 얼굴, 물체, 기하학적 형태에 대해서는 생생한 시각적 경험(실제로는 환각인)을 보고할 수 있었다. 이 사례를 통해 라우와 브라운은 의식적 지각 체험에 1차 감각 상태가 절대적으로 필요한 것은 아니라고 말한다. 즉 고차 상태만으로도 충분하다는 것이다. 브라운은 이런 종류의 고차 이론을 '표상의 고차 표상 이론(HOROR 이론)'이라고 불렀다.

이 책의 뒷부분에서는 고차 이론을 좀 더 강조하고자 한다. 단지이 이론이 의식을 잘 설명하기 때문만이 아니라, 의식에 관해 내가 오랫동안 견지해온 관점과도 잘 부합하기 때문이다. 나는 뇌가 어떻게 감정이나 기억 같은 복잡한 의식적 경험을 가질 수 있게 되었는지 설명하는 데 이 이론을 어떻게 활용할 수 있는지 구상해보고자 한다. 다음 장에서는 고차 이론의 신경학적 해석을 좀 더 상세하게 탐구할 것이다.

뇌에서의 고차 인식

2011년 하콴 라우와 데이비드 로젠탈은 처음으로 고차 의식 이론을
뒷받침하는 신경학적 설명을 시도했다. 이들은 실험 참가자들이 자신
의 지각 경험에 대한 내적 성찰을 언어로 보고하고 인지적 판단을 내
릴 수 있는 능력과 전전두 피질의 신경 활성이 서로 관련되어 있음을
보여준 일련의 연구들을 근거로 제시했다. 여기에 전전두 손상 또는
전전두 피질의 기능적 비활성화•로 인해 의식적인 지각 경험에 장애
가 있는 환자들에 대한 연구도 추가 증거로 제시되었다. 무엇보다도
중요한 점은 이들이 고차 이론에서 전전두 피질이 하는 역할이 무엇
인지 구체적인 설명을 제시했다는 점이다.

　라우와 로젠탈 모델에서 핵심이 되는 부분은 전전두 피질에서 어
떤 영역이 고차 인식의 기반이 되는 핵심 회로를 구성하는지를 밝힌

•　경두개 자기 자극법Transcranial magnetic stimulation은 건강한 사람의 특정 뇌 영역의 기능을 일시
적으로 변화시키는 강력하고 안전하며 비교적 새로운 접근법이다.

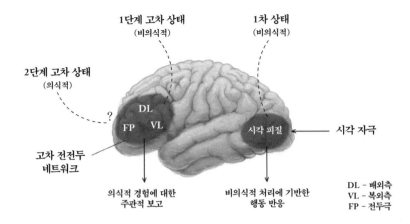

그림 54.1 라우와 로젠탈이 제안한 전전두 피질에서의 고차 의식 네트워크

부분이다(그림 54.1). 여기서 중요한 역할을 하는 것으로 보이는 영역 중 하나는 배외측 전전두 피질이다. 이 영역은 2차 시각 영역으로부터 입력값을 받아 낮은 차원의 시각적 상태들로부터 고차 표상을 형성한다. 또한 배외측 전전두 피질이 하향식 집행 기능에서 그 나름의 확고한 역할을 담당한다는 사실을 볼 때, 이 영역이 감각 처리 과정을 제어하는 것은 물론 그 결과에 반응할 때 필요한 제어 기능과 감시 기능 역시 갖추고 있음을 알 수 있다. 이 모델의 한 가지 한계는 배외측 영역은 감각 입력값을 일부만 받을 뿐 전부 받지는 않는다는 것이다. 하지만 인접한 복외측 전전두 영역을 모델에 포함시키면 이러한 한계를 쉽게 극복할 수 있다. 복외측 전전두 피질은 다른 감각 양식들과 연결되어 있으며 배외측 영역과도 상호연결되어 있다.

라우와 로젠탈이 전전두 고차 의식 네트워크의 일부로 전두극을 포함시켰다는 점도 중요하다. 앞에서 살펴본 바와 같이 영장류를 포함해 다른 동물들의 뇌에는 전두극과 같은 영역이 없다. 전두극은 단일 양식 감각의 경우엔 최소한의 입력값만 받지만, 측두극이나 감각 입력값을 통합하고 의미 기억 및 개념을 저장하는 신피질 영역 등 다중 양식 신피질 수렴 지대와도 상당히 많이 연결되어 있다. 또한 전두극은 다른 전전두 영역과도 상호연결되어 있다. 전두극은 이러한 입력값을 받아 높은 수준의 개념을 처리하기에 적합한 영역이다. 실제로도 개념을 처리하는 뇌 영역 중 가장 큰 비중을 차지하는 것으로 알려져 있다.

따라서 배외측 및 복외측 전전두 영역은 후부의 단일 양식 및 다중 양식 처리 영역에 비해 해부학적으로 더 높은 계층에 있으며, 그중에서도 가장 높은 계층을 차지하는 것은 전두극인 것으로 보인다. 앞에서도 설명한 것처럼, 이러한 처리 계층 구조에 따라 배외측 영역은 작업에 따른 하위 목표를 관리하는 반면, 전두극은 장기적 목표를 표상하고 인지적 멀티태스킹을 하고 계층적 추론을 수행하는 데 좀 더 관여하고 있는 것으로 여겨진다.

스티브 플레밍의 연구에 따르면, 전두극은 감각 자극의 의식적 경험과 관련된 내성적 판단을 내리기 위해 배외측 전전두 피질의 정보를 이용한다. 플레밍은 피험자가 의식적으로 믿고 생각하는 것에 대해 마음을 바꾸는 능력 그리고 자신의 믿음을 확신하는 정도에 전두극이 관여한다고 결론내렸다. 이렇게 '정신적 큰 그림'을 그리는 능력은 인간 의식에서 핵심적인 특성이자 인간 의식의 이점인 것으로 보인다.

전전두 피질 서열의 정점에 있는 전두극은 고차적 경험에서도 핵심 역할을 수행하기에 좋은 위치에 있다. 전두극은 뇌에서 일어나는 고차 정보 처리 과정을 감독하고, 개념화를 일으키는 광범위한 능력을 이용해 다른 전전두 영역에서 하향식 집행 제어 기능이 일어나도록 촉발시킬 수도 있다.

전전두 영역은 지각 경험의 질을 그토록 풍부하게 만들 만큼 세밀한 종류의 표상은 형성하지 못한다는 반론도 있다. 하지만 최근 브라이언 오데가드, 라우 및 그들의 동료들이 수행한 연구에 따르면 그렇지 않다. 이들은 뇌 활성을 더 정교하게 측정할 수 있는 새로운 방법을 이용해 실제로 전전두 피질의 신경 활성 신호로부터 세부 내용을 읽어낼 수 있다는(판독 가능하다는) 증거를 얻었다.* 즉 고차 전전두 네트워크는 현상적 의식의 지각적 내용을 더 풍부하게 만드는 데 기여할 수 있는 것으로 보인다.

전두엽에 손상을 입은 사람들이 보고 가능한 의식적 경험을 하는 능력을 완전히 잃어버리는 것은 아니라는 반론도 제기되었다. 하지만 오데가드와 라우 그리고 로버트 나이트Robert Knight는 이 비판에 몇 가지 결점이 있다고 반박했다. 그중 한 가지는 고차 네트워크가 양쪽 뇌에서 완전히 손상되는 경우는 극히 드물다는 점이다. 그보다 더 중요한 반박은 비판자들이 실제로 전전두 손상의 경계를 잘못 보고했다는 점으로, 이는 사실상 자신들의 비판을 무효화하는 것이다. 마지막으로, '의식'이 무엇을 뜻하는지 그리고 '의식'이 어떻게 측정되었는지가 보고서마다 달랐다. 특정 작업을 수행할 때 특정 종류의 인식이 일어나거나 나타나지 않았다고 해서 가능한 모든 기능이 존재하거나 부재하다는 것은 아니다.

• 이들이 2018년에 발표한 연구논문 〈전전두 피질로부터 지각적 내용을 읽어낼 수 있을까?Can Perceptual Content Be Read-out from Prefrontal Cortex?〉에서는 뇌 내부 및 뇌들 사이의 fMRI 신호를 초-정렬할 수 있는 강력하고도 새로운 접근법이 이용되었다.

나는 고차 네트워크가 스키마를 이용해 고차 의식 경험들을 조합한다는 점을 보이고자 한다. 구체적으로 설명하면, 나는 스키마가 일시적인 외부 또는 내부 사건에 대한 반응으로 패턴 완성이 일어날 때 현재의 의식적 경험의 내용에 영향을 미치는(지시하는 것까지는 아니라 해도) 비의식적인 기억 및/또는 개념적 표상이라고 본다. 이러한 관점은 리처드 브라운의 HOROR 이론(스키마의 활성화를 통해 의식의 내용이 생성된다)과 같이, 실제 감각 입력이 없을 때 어떻게 의식적인 경험이 발생할 수 있는지 설명할 수 있도록 돕는다. 이 관점은 또한 감각 입력에 기반한 모델들, 가령 라우와 로젠탈의 모델, 즉 하향식 처리가 1차 상태 경험에 기여한다는 이론 그리고 라우의 고차 이론에 대한 합동 결정 모델—고차 전전두 표상이 감각 영역에서 관련된 1차 내용을 색인함으로써 그 내용이 의식 속에 포함될 수 있도록 해, 고차 네트워크와 저차 네트워크가 경험을 '합동으로 결정'한다는 모델—과도 양립한다.

뇌에서 감각정보가 고차적으로 재표상되는 일이 어떻게 일어나는지에 대해 명확하고도 상세한 신경학적 설명을 제공했다는 점에서 라우와 로젠탈은 이 분야에서 큰 공을 세웠다.

나는 라우와 로젠탈 모델의 설명력을 강화시킬 수 있다고 생각한 추가 사항을 몇 가지 제안한 바 있다. 하지만 이런 사항이 반영된다고 해도, 이 모델은 (현재 상태로는) 우리가 매일의 일상에서 겪는 복잡한 의식적 지각 경험보다는 단순한 자극만 주어지는 통제된 실험실 환경에서의 지각 경험을 더 잘 설명한다. 우리 자신에 대해 그리고 우리 감정에 대해 경험하는 바를 설명하는 데는 매우 미흡하다.

나는 로젠탈이 자신의 고차 이론은 (일반적인 견해와는 달리) 인지적 상태가 어떻게 낮은 차원의 감각 상태를 의식으로 만드는지에 대한 설명이 아니라고 주장했을 때 무엇이 더 필요한지에 대한 단서를 제공했다고 생각한다. 로젠탈은 낮은 차원의 상태도 감각 및 개념 정보의 조합을 일부 표상한다고 말한다.

외부 세계의 사물과 사건에 대한 개념적 표상은 그 사물/사건이 실제로 다른 사물/사건과 어떻게 비슷하고 어떻게 다른지에 대한 기억(스키마 포함)이다. 우리는 우리 삶에서 일어난 여러 경험으로부터 정보를 축적함으로써 이런 개념을 습득한다. 감각 피질 영역은 그저 감각 프로세서에 그치는 것이 아니라 과거에 경험했던 사물에 대한 정보를 저장하고 이 정보를 이용하여 현재 마주친 대상을 처리하는 영역이라는 점을 고려할 때, 이 영역은 로젠탈이 생각하는 종류의 감각-개념 병합 기능도 가지고 있을 수 있다.

나는 개념적 정보가 의식에 중요한 역할을 한다고 생각하는 쪽이지만, 2차 감각 피질에서의 감각-개념 표상이 관련된 개념 표상들을 구성한다거나 적어도 중요한 유일한 것이라고는 생각하지 않는다. 여기에는 두 가지 이유가 있다. 첫째, 찰스 보넷 증후군 환자들은 2차 시각 영역에 손상을 입고도 유의미한 의식적 시각 경험을 할 수 있었다. 둘째, 전전두 회로가 우리의 의식적 지각 경험에서 무엇을 보았는지 결정하는 하향식 방식의 고된 작업을 수행하기 위해 다중 양식 신피질 영역과 내측 측두엽에 기억의 형태로 저장된 개념적 정보(스키마 포함)를 이용한다는 새로운 발견이 나왔다. 다음 장에서 살펴보겠지만, 개념적 기대는 우리의 지각 경험을 결정하는 데에서 중요한 역할을 한다.

PART
—————————
13

기억의 렌즈를 통해 보는 의식

경험의 발명

19세기 후반에 시각의 생리학을 개척한 에발트 헤링Ewald Hering은 다음과 같이 썼다. "기억은 무수한 단일 현상들을 하나로 연결시킨다. 그리고 물질 사이에 인력이 존재하지 않으면 모든 물체는 무수한 원자로 흩어지는 것과 마찬가지로, 순간순간을 연결하는 기억이 없다면 의식 또한 짧은 순간들의 조각으로 흩어지고 말 것이다." 같은 시대를 살았던 윌리엄 제임스는 다음과 같이 말했다. "우리가 지각하는 것중 일부는 우리 앞에 놓여 있는 대상에 대한 감각으로부터 나오지만, 다른 부분(그리고 더 큰 부분)은 우리 자신의 머릿속에서 나온다." 한 세기 후, 노벨상을 수상한 면역학자이며 이후 신경과학자가 된 제럴드 에델먼은 헤링과 제임스가 말하고자 했던 바를 포착해 의식을 "기억된 현재"라고 표현했다. 기억을 연구하는 신경학자인 리처드 F. 톰슨 Richard F. Thompson 또한 비슷한 취지로 "기억이 없다면 마음에는 아무것도 없을 것이다"라고 했다. 요컨대, 이 학자들은 특정 상황에서 우리가 보고, 생각하고, 느끼는 것은 우리가 과거에 경험한 것에 달려 있다고 말한다. 즉 우리는 기억의 렌즈를 통해 현재를 경험하는 것이다.

19세기 지각 연구의 또 다른 선구자인 헤르만 폰 헬름홀츠Hermann von Helmholtz는 "경험, 훈련, 습관"이 우리의 지각에 미치는 영향력을 강조했는데, 왜냐하면 이것들은 우리가 가용한 감각 데이터와 완전히 일치하지 않는 대상을 맞닥뜨렸을 때도 그 대상에 대한 "무의식적인 결론"을 내릴 수 있도록 하기 때문이다. 그는 착시나 환상 사지 증후군 등 여러 사례를 예로 들어 이후 '무의식적 추론unconscious inference' 즉 기대에 따른 지각 형성이라고 부르게 된 현상을 설명했다.

기억에 기반한 기대로부터 우리의 경험이 형성된다는 개념을 때로는 '지각 집합perceptual set'이라고 부르기도 한다. 지각 집합이란 개념은 1940년대에서 1950년대 동안 제롬 브루너Jerome Bruner의 글과 연구를 통해 소개된 이후 당대 심리학자들로부터 큰 이목을 끌었다. 그림 55.1에 그가 사용한 사례들 중 하나를 나타냈다. 왼쪽 그림의 중앙에 있는 문자는 세로줄을 따라 읽으면(이 문자를 글자의 맥락에 놓게 되므로) 알파벳 'B'로 보이지만 가로줄을 따라 읽으면(수의 맥락에 놓게 되므로) '13'으로 보인다. 또한 이제는 매우 유명해진 한 연구에서 브루노는 사람들에게 비정상적인 트럼프 카드(예를 들어 빨간색 스페이드 에이스 카드나 검은색 하트 퀸 카드)를 아주 잠깐 동안 보여주었는데, 그러면 사람들은 이상한 점을 눈치채지 못했다. 하지만 사람들에게 예상 밖의 것을 예상해보라고 하면 이들은 카드가 매우 짧은 기간 동안 노출되었을 때도 이상한 점을 찾아낼 수 있었다. 브루노는 또한 지각 연구에 사회문화적 요인을 반영함으로써, 저소득층 자녀들에게 동전의 크기를 추정해보라고 하면 부유한 가정의 자녀들보다 동전의 크기를 더

그림 55.1 지각에 대한 하향식 영향

크게 여긴다는 사실을 밝혔다.

　그림 55.1의 오른쪽 그림은 기대가 경험에 미치는 영향에 대한 또 다른 전형적인 예다. 대부분의 사람은 이 그림에서 유의미한 무언가를 찾기 어려워한다. 그러나 찾아야 할 것이 달마시안 개라고 말해주면 많은 사람이 그림에서 개를 인지하게 된다. 무엇을 볼 것으로 기대되는지에 대한 저장된 개념적 지식으로 인해 개를 볼 수 있게 되는 것이다. 심리학자 리처드 그레고리Richard Gregory는 이런 예들을 인용해, 뇌에는 상당히 많은 감각 데이터가 신경 처리를 통해 압축되어 있으므로 뇌는 헬름홀츠가 '가능성 원리likelihood principle'라고 부른 원칙에 따라 거기에 무엇이 있는지를 재구성하게 된다고 주장했다. 즉 거기에 있는 것이 무엇인지 무의식적으로 추론하기 위해서 우리는 사전 지식을 이용한다.

　이러한 전반적인 발상은 최근 몇 년 동안 새롭게 주목받으며 '예측 부호화 가설predictive coding hypothesis'로 알려지게 된다. 핵심은 간단하다. 우리가 의식적으로 보는 것은 검색된 지식 또는 기억(이 맥락에서는 '사

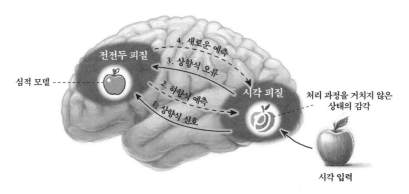

**그림 55.2 계층적 예측 부호화: 지각은 하향식 예측에 의해 일어나며
상향식 예측 오류에 의해 수정된다**(중간 과정은 생략함).

전 지식'이라고 부른다)을 바탕으로 내려진 하향식 무의식적 예측에 의해
형성된다는 것이다.

이 가설에는 여러 형태가 있지만, 최근에는 칼 프리스턴의 '계층적
활성 추론' 모델이 상당한 관심을 끌고 있다. 프리스턴의 이론은 뇌가
예측을 내리고 기대치를 수정하는 과정을 설명하는 매우 복잡한 수학
적 모델이므로 여기서는 큰 그림만 살펴보겠다. 그림 55.2에 프리스
턴 이론의 기본 개념을 매우 단순화시켜 나타냈다. 이 그림에는 감각
피질과 전전두 피질 사이의 상호 작용만 포함되어 있다. 전전두 피질
에 상향식 입력값이 들어오면 시각 피질의 상태에 대한 예측이 촉발
된다. 이때 시각 피질의 실제 상태와 예측값에 차이가 있으면 오류값
이 생성되어 전전두 피질에 변화를 일으킨다. 그러면 새로운 사전 지
식 조합이 생성되어 다음번에 같은 과정을 되풀이할 때는 더 정확한
예측을 내릴 수 있도록 한다. 순간적인 지각 추론은 이러한 계층적 과
정의 반복을 바탕으로 일어난다.

여기서 짚고 가야 할 점은, 비슷한 상호 작용이 감각 피질과 기억/

개념 프로세서 사이에 그리고 이들 영역과 전전두 피질 사이(그리고 전전두 피질을 이루는 각 영역 및 그 하부 영역들 사이)에서도 일어난다는 것이다 (그림에는 표시되지 않음). 결과적으로 전전두 피질은 외부 세계에 무엇이 있는지 추론하기 위해 단지 감각 처리에만 의존하는 것이 아니라 기억/개념 정보도 이용한다. 49장에서도 언급했던 것처럼, 기억/개념 정보는 상향식 감각 처리보다 더 빨리 지각 경험을 패턴화할 수 있다.

앤디 클라크와 아닐 세스 또한 예측 부호화 가설을 열렬히 지지하며 의식적인 지각을 "통제된 환각"으로 규정했다. 크리스 프리스는 이를 "실재와 일치하는 환상"이라고 표현하기도 했다. 루시아 멜로니 Lucia Melloni는 한발 더 나아가 "의식에 도달하는 이미지는 실제와 거의 닮지 않는 경우가 많다"라고 쓰며 오스트리아의 과학자이자 철학자인 하인츠 폰 포에르스터 Heinz von Foerster의 말을 덧붙였다. "우리가 인식하는 세상은 우리 자신의 발명품이다."

세스는 예측 부호화 가설을 다음과 같이 멋지게 요약했다. "우리의 지각적 체험은 그것이 세계에 대한 것이든 우리 자신 혹은 예술품에 대한 것이든 그 감각 입력값에 대한 능동적 '하향식' 해석에 따라 달라진다. 지각은 뇌가 감각 신호의 근원에 대해 '최선의 추측'을 내릴 수 있도록 지각적, 인지적, 정서적 그리고 사회문화적 예측을 모두 발동시키는 생산적 활동이다." 그는 프랑스 입체파 화가인 조르주 브라크의 말을 덧붙였다. "사물은 존재하지 않는다…… 그들 사이에 그리고 그들과 나 자신 사이에 어떤 긴밀한 관계가 존재하지 않는 한."

예측 부호화 가설은 그저 고전적인 지각 집합 개념에 근사한 이름표를 붙인 후, 정확히 평가하기 어렵도록 복잡한 수학식으로 연막을 친 것에 불과하다는 비판이 있다. 하향식 처리의 역할을 지나치게 높게 평가한 반면 상향식 효과는 과소평가했다는 비판도 있다.

나는 하향식 처리 지지자들에 일정 부분 동의하며, 지각에 대한 하향식 효과란 스키마 또는 심적 모델이 패턴 완성 및 분리를 이끄는 과정의 일환이라고 보는 입장이다. 스키마/심적 모델은 무의식적 예측이나 추론의 기반이 되는 '사전 지식'을 제공함으로써 한정된 감각 신호로부터 패턴을 완성할 수 있도록 한다. 이러한 방식의 분명한 이점은 불필요한 상향식 계산 작업을 우회함으로써 뇌 에너지와 기타 자원을 절약할 수 있다는 것이다. 물론 예측이 잘못될 수 있다는 단점도 있다. 그러나 시스템이 오류 수정 과정을 기반으로 예측치를 계속해서 갱신한다면 오류도 점차 줄어들 것이고 이에 따른 단점도 신속히 보상될 것이다.

나의 스키마 가설이 가진 잠재적 문제점은 기대에 의해 생성된 심적 모델은 여전히 근사치에 불과하다는 점이다. 그러나 이러한 문제점은 쉽게 해소될 수 있다. 예를 들어, 뇌의 공간 지도는 '실제' 세계의 유클리드 공간을 세세히 반영하지 못하며 그에 대한 상세한 지도보다도 세부 정보가 부족하지만 그래도 주변 공간을 탐색하기에는 충분하다. 이와 마찬가지로, 현재 우리 앞에 놓여 있는 사물 또는 공간이 과거의 경험을 바탕으로 우리가 보길 기대하는 것과 일치하는 경우, 우리가 그 사물이나 공간을 보기 위해서는 그에 대한 작업 기억 모델만으로도 충분하다. 만일 일치하지 않는다면 오류 수정이 시작되고 새로운 예측을 내리며 지각을 업데이트한다.

분명 우리가 그림을 '보거나' 노래를 '들을' 때 우리의 경험은 그 원본이 가진 정보를 일부 누락한다. 우리의 의식적인 지각이 감각 세계에 존재하는 세부 사항을 놓친다는 사실은 감각 처리의 두 가지 한계를 보여준다. 첫째, 우리의 감각 시스템은 짧은 순간 동안 외부 환경에 존재하는 세부 정보를 모두 포착할 수 없다. 읽어 들여야 할 정보가 너무 많은 것이다. 그리고 둘째, 감각 표상의 충실성과는 상관없이, 작업 기억의 용량에는 한계가 있으므로 인식에 도달하는 정보는 더욱 제한된다. 이것은 우리가 지금의 인지 시스템―주어진 감각정보의 세부 사항을 전부 요약하는 데 신경전산력을 사용하지 않고 여러 세분화된 프로세서로부터 나온 정보를 통합함으로써 복잡한 추상적 표상을 생성할 수 있는 시스템―을 가진 대가로 치러야 하는 값이다. 우리의 경험이 비록 실제로는 빈약한 경우에도 심리적으로는 풍부하다는 사실은 부인할 수 없다.

당연하겠지만 전전두 피질은 심적 모델을 이용한 하향식 예측 부호화에도 중요한 역할을 하는 것으로 보인다. 특정 순간, 특정 공간에서 우리가 경험하는 것의 복잡한 개념적 표상을 생성하고 갱신하기에 전전두 피질보다 더 적합한 뇌 영역은 없을 것 같다.

의식적 상태는 하위 수준의 감각 처리와 관련된 사전 지식(기억)을 바탕으로 내린 개념적 예측을 수반한다는 견해는 내가 지금까지 연구해온 주제와도 잘 맞는다. 바로, 의식적 경험이란 기억에 의존하는 고차 상태라는 것이다. 이 주제는 책의 뒷부분에서도 계속 등장할 것이다.

기억, 의식, 자기의식

지금까지 의식에서 기억의 중요성을 반복해서 언급했지만, 사실 의식 연구에서 기억은 기껏해야 제한된 역할을 수행할 뿐이라는 점을 주지할 필요가 있다. 앞에서도 본 것처럼 의식 연구는 오히려 지각적 경험에서 감각 처리의 역할을 더 강조한다. 반면에 기억 연구에서는 의식이 한동안 가장 중요한 위치를 차지해왔다.

앞에서도 본 바와 같이, 의식적으로 인식될 수 있고 언어로 표현할 수 있는 기억을 외현 기억 또는 서술 기억이라고 한다(그림 56.1). 이에 반해 암묵 기억 또는 절차 기억은 의식적 인식에 의존하지 않는다. 이들은 조건 반응, 습관, 기술, 절차에 의해 학습된 행동의 바탕이 된다.*

* 최근, 의식에 의존하는지의 여부로 기억을 구분하는 심리학적 방식이 뇌의 기억 시스템을 정의하려는 목적에 부합하는 최선의 기억 분류 방식인지에 대한 논쟁이 있었다(암묵 기억-외현 기억의 범주를 넘어서는 다른 과정이나 요소를 강조하는 접근 방식이 제안되었다). 하지만 여기서 내가 관심을 가지는 것은 기억 시스템을 어떻게 범주화할 수 있는지가 아니라 의식적인 기억들이 어떻게 생겨나는지다.

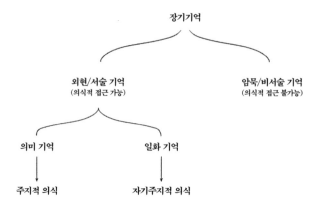

그림 56.1 **외현 기억**(의미 기억 및 일화 기억)의 의식적 경험

여기서는 먼저 중요한 분류체계를 소개해야 한다. 외현 기억은 보통 의식적인 것으로 표현되지만 문자 그대로 의식적인 기억은 아니다. 다시 말해, 저장 장소에 있는 기억을 검색해 작업 기억으로 가져오기 전까지 그 기억은 의식적으로 경험되지 않는다.

심리학자 엔델 툴빙은 외현 기억은 의미 기억과 일화 기억으로 나눌 수 있다는 중요한 가설을 제안했다(이러한 구분에 대해서는 48장에서 간단히 논의했다). 여기서는 이 구분에 대해 좀 더 자세히 알아볼 것이다. 의미 기억과 일화 기억은 의식에 대한 내 접근법에서 핵심적인 요소이기 때문이다.

의미 기억은 사실, 즉 우리가 세상에 대해 알고 있는 바에 대한 것이다. 의미 기억은 보통 특정 대상을 반복해서 경험함으로써 그 대상에 대한 추상적 표상을 형성한 결과로 습득된다. 모든 사과가 똑같지는 않지만 사과에 관한 경험을 계속해서 쌓아가면 사과가 무엇인지에 관한 전반적인 감각—보통 불그스름하며 주먹만 한 크기의 둥그스름

한 과일―을 익힐 수 있다. 이와 함께 우리는 무엇이 사과가 아닌지도 학습한다. 예컨대 사과와 체리는 둘 다 둥글고 붉은 과일이란 점에서 비슷하지만 크기와 맛이 다르다. 사과는 또한 둥글고 붉은 공이나 구슬과도 다르다. 이러한 의미론적 지식을 통해 우리는 이들 사물과 접했을 때 적절한 반응을 보일 수 있다. 즉 사과와 체리는 먹을 수 있지만 붉은 공은 먹지 않는다. 사물의 이름에 대한 의미 기억은 그 사물을 언어적으로 분류할 수 있도록 한다. 하지만 의미 기억에 관해 무엇보다도 중요한 사실은 그것이 언어적 분류와는 별개로 사물에 대한 정보를 제공할 수 있다는 점이다. 예컨대 동물은 언어가 없음에도 불구하고 사물을 인식하고 적절하게 반응할 수 있다.

의미 기억은 특정 경험을 통해 획득되지만 그 경험과 특정 방식으로 묶여 있는 것은 아니다. 이와 대조적으로 일화 기억은 그것이 생겨났던 일화와 연결된다. 각각의 일화는 특정 사건에 관한 사실들의 집합으로 구성되므로 일화 기억은 종종 '언제-어디서-무엇을'이라는 표상들의 합성물로 정의되곤 한다. 또한 일화 기억은 그 경험을 겪은 사람이 포함되므로 개인적이라고 할 수 있다. 이탈리아에 대한 의미 기억은 그에 대해 읽거나 듣는 것만으로도 형성될 수 있다. 하지만 이탈리아에 대해 '언제-어디서-무엇을' 했는지의 일화 기억을 가지려면 '내'가 실제로 그곳에 있었던 적이 있어야 한다.

일화 기억은 그 본성상 자전적이다. 그러나 모든 자전적 기억이 일화 기억인 것은 아니다. 우리는 삶을 통해 우리 자신이 누구인가에 대한 사실적(의미론적) 정보를 축적한다. 예를 들어 내 이름, 고향, 다녔던 학교, 첫 애완동물 그리고 10대 시절 가장 사랑했던 노래나 영화에 대한 정보는 모두 자전적 의미론적 사실들로서, 특정 일화를 통해 습득되었으며 이후 또 다른 일화에서 사용된다. 내 능력, 기술, 취향, 심리적 경향이나 행동 경향과 같은 개인적인 특성에 대한 기억도 마찬가지다. 그러나 내 기술, 취향 또는 경향이 발현되었던 구체적인 경험('언제-어디서-무엇을' 했는지)을 기억하고 있다면 그것은 자전적 의미론적 사실이 포함된 자전적 일화 기억이다.

툴빙은 또 다른 매우 중요한 구분을 제안했는데, 바로 의미 기억과 일화 기억에 대한 의식적 경험은 서로 다른 종류의 의식적 상태에 달려 있다는 것이다(그림 56.1 참조). 툴빙은 의미 기억이 의식되기 위해서는 주지 능력noesis, 즉 대상이나 사건에 대해 저장된 내적 표상을 바탕으로 사실을 인식할 수 있는 능력이 필요하다고 말했다. 이와 대조적으로, 일화 기억을 의식하는 것은 자기주지 능력autonoesis, 즉 경험하는 주체인 자기 자신을 그 경험의 일부로 인식하는 능력에 달려 있다. 의미 기억의 주지적 의식에서 나 개인은 그 기억의 핵심 요소가 아니다. 반면에 자기주지적 의식의 바탕을 이루는 기억들은 개인적이다. 이 기억들은 자신의 삶에 대한 기억이라는 의미에서 '소유의 느낌'을 동반한다.•

툴빙에 따르면, 자기주지적 의식의 주요 특징은 '정신적 시간여행'이다. 이 과정을 통해 우리는 생애 중 특정 시점에 경험한 사건에 관해 그때 일어난 지각의 세부 사항들, 생각 및 감정을 다시 떠올려 볼 수 있다(그림 56.2). 또한 정신적 시간여행을 통해 우리는 우리의 미

• 　그밖에도 툴빙은 다소 이해하기 어려운 제3의 의식 상태인 '무주지성a-noesis'에 대해서도 언급했다. 필자가 툴빙과 이 문제에 대한 논의했을 때 그는 '무주지성'이란 대부분의 사람들이 무의식적 상태라고 일컫는 상태와 다르지 않다고 말했다. 따라서 나는 무주지성을 의식적인 경험에 포함시키지 않았다.

그림 56.2 정신적 시간여행

래—단순한 '미래'가 아니라 나 자신의 개인적인 미래—에 대해서도 상상해볼 수 있다. 내가 로마의 어딘가에 트라토리아 산 로렌초라는 레스토랑이 있다고 기억하고 있다면 그 기억에는 주지적 의식이 포함된다. 반면에 내가 그 식당에서 맛있는 음식을 먹었던 경험을 회상할 수 있고 언젠가 미래에 그 식당을 다시 방문한 나 자신을 상상할 수 있다면 그 능력의 바탕에는 자기주지적 의식이 놓여 있다.

일화 기억을 의식적인 경험으로서 이해하기 위해서는 '자아'가 무엇인지에 대해 알아야 한다. 유명한 발달심리학자인 마이클 루이스Michael Lewis는 자아의 두 가지 측면, 즉 기계 장치로서의 자아와 심적 상태로서의 자아를 구분했다. 기계 장치로서의 자아는 자립적인 유기체로 존재하기 위한 모든 생물학적 요건들을 포함한다. 여기에는 상호 호환가능한 유전자 집합, 면역학적 자기 인식 및 자율 신체 기능을 유지하기 위한 항상성 메커니즘 등이 있다. 성격 또는 기질이라고도 표현되는 다양한 행동 경향들도 포함된다. 이러한 행동 경향은 유전적 소인이나 학습에 의존하며 자동적으로 발현된다. 내 핵심적인 성격이 무엇인지 의식적으로 기억할 필요는 없는 것이다.

기계 장치로서의 자아는 생애 초기에 형성되므로 신생아들이라도 '자신을 보호하는 방식' 또는 '자기 위주'로 행동할 수 있다. 이러한 반응을 자기 인식의 증거로 여기는 사람들도 있지만, 내 생각에는 그렇지 않은 듯하다. 이들 반응은 자아의 심적 상태에 의존하지 않기 때문이다. 루이스에 따르면 심적 상태로서의 자아는 그보다 이후, 보통 18개월에서 24개월 사이 아이의 뇌가 인지 능력을 획득하는 동안 일어난다. 이때 아이는 자신을 지칭하는 대명사—'나' '나를' '나의' '내 것'—를 포함하는 언어 능력도 획득한다. 이러한 인지 도구들이 성숙해감에 따라 아이는 자신과 다른 사람의 차이를 개념화하게 되고 반성적 의식과 자기 인식, 다시 말해 자기주지가 가능해진다. 안토니오 다마지오는 그의 저서 《자아가 마음이 될 때 *Self Comes to Mind*》에서 심적 상태로서의 자아와 관련된 한 가지 관점인 '주체로서의 자아', 즉 인식하는 주체로서의 '나'라는 개념에 대해 논의한다. 이것은 어떤 감각(신체 감각을 포함해)이나 이미지가 존재할 때 그것이 존재한다는 것을 알 수 있는 마음 이상의 것이다. 다시 말해 이것은 '내가' 존재하고, 그런 감각이나 이미지가 '내 안'에 존재한다는 것을 아는 능력이다. 다마지오는 이를 두고 '주체로서의 자아'와 '대상으로서의 자아'의 차이라고 말했다. 우리야 크리겔Uriah Kriegel도 이와 유사한 구분을 제시했다.

린 베이커Lynne Baker와 루카 포르조네Luca Forgione는 자아를 타인으로부터 의식적으로 구분하고 자신의 자아를 자신의 것으로 인식할 수 있는 능력이 발달하기 위해서는 1인칭 언어가 중요하다고 강조했다. '나'에 대해 생각할 수 있으면, 자신이 누구인지 알기 위해 그리고 (필자의 생각으로는) 자신을 자기주지적으로 인식하기 위해 3인칭 주지적 지칭 도구(이름 또는 서술)를 만들어낼 필요가 없다.

자아에 대한 '나에게, 나 자신은, 나'라는 관점은 우리의 피부 아래 무언가가 있다는 의미를 내포하고 있다. 그러나 '나의 것'이라는 대명사는 또한 윌리엄 제임스가 제창한 '확장된 자아'라는 개념을 암시하기도 한다. '확장된 자아'의 바탕이 되는 생각은 제임스의 다음 글에서 확인할 수 있다. "한 사람의 자아는 그가 그 자신의 것이라고 '부를 수 있는' 모든 것의 총합이다. 여기에는 비단 그 자신의 몸뿐만 아니라 정신력, 그의 옷과 집, 아내와 자녀들, 조상과 친구, 명성과 업적, 소유지와 말, 보트와 은행계좌까지 그가 소유한 모든 것이 포함된다. 이 모든 것들이 그에게 동일한 감정을 준다. 그의 것이 점점 많아지고 번창하면 그는 승리감을 느낀다. 만약 그의 것이 줄어들고 사라지면 그는 버림받고 있다고 느낀다. 비록 정도는 다를 수도 있지만 그가 소유한 것 각각에 대해 느끼는 방식은 모두 같다."

자신이 누구인지 안다는 것은 자신의 자아-개념의 근간에 놓여 있는 자아-스키마들로 자기 자신을 끌어낼 수 있다는 것이다. 나의 자아-스키마에는 나의 기술과 능력, 내 약점, 사회적 역할, 심리적 특성, 자신의 가치를 포함해 내가 어떻게 생겼는지, 어떻게 느끼고 행동하는지, 특정 상황에서 신체는 어떻게 반응하는지, 나의 미래에 대해 무엇을 기대하는지, 내 가족과 친구, 적과 동료, 지인들에 대해 어떻게 느끼는지, 자연적인 것이든 인공적인 것이든 내가 소유한 것 그리고 내가 가지고 있지 않으나 가지고 싶은 것들에 대해 무엇을 느끼는지가 포함된다.

한편 나의 자아-스키마는 고정된 것이 아니다. '나'는 시간에 따라 변화하며 상황에 따라 달라진다. 다마지오와 동료들은 이처럼 순간순간 변화하는 자아가 더 안정적인 핵심 자아의 역동적 변종임을 강조했다. 마틴 콘웨이Martin Conway는 이를 '작업 자아working self'라고 지칭하기도 했다. 작업 자아에는 특정 시점에 활성 상태에 있는 자아-스키마가 반영된다. 다른 스키마와 마찬가지로 자아-스키마도 패턴 완성에 의해 활성화되는 비의식적 표상으로, 그 순간의 작업 자아를 구성하게 된다.

한 사람이 가진 '자아'라는 개념은 그 사람의 문화 및 모국어에 내재된 심리적 관념에 상당한 영향을 받는다. 헤이즐 마커스Hazel Markus와 시노부 기타야마Shinobu Kitayama는 이제 고전이 된 논문에서 자아에 대한 문화적 관점은 한 사람이 그 자신과 그를 둘러싼 세상을 경험하는 방법의 본성에 지대한 영향을 끼치며 어떤 경우에는 그것을 결정해버리기도 한다고 주장한다. 하지만 궁극적으로, 자신의 문화에 대한 자신의 경험은 개인적인 것이다. 사실 닉 셰이와 동료들에 따르면, 문화가 가능할 수 있었던 것은 우리가 다른 사람들과 공유할 수 있는 '초개인적' 표상을 만들 수 있는 고유한 인지 시스템을 가진 덕분이다. 이것은 자기주지 능력이 어떤 능력인지를 보여주는 또 다른 예라고 할 수 있다.

여기서 나는 의식 이론이 다루어야 할 개념 영역의 상당 부분을 주지 능력과 자기주지 능력으로 설명할 수 있다고 제언한다. 툴빙은 주로 기억된 자극이나 사건이 없는 상태에서 형성되는 외현 기억의 의식적 경험을 지칭하기 위해 이 개념들을 사용했다. 하지만 나는 즉각적인 의식적 경험(이 또한 외현 기억에 의해 형성된다)에도 이 개념들을 사용할 수 있다고 본다. 앞에서도 논의한 것처럼, 하향식 기대와 예측에서 기억이 어떤 작용을 하는지 떠올려보라. 이러한 예측은 우리가 세상을 어떻게 경험하는지에 영향을 미친다.

　의미 기억 및 일화 기억의 뇌 메커니즘에 대한 연구는 이미 상당히 진척되었다. 여기에 툴빙의 새로운 개념을 적용하면 우리는 뇌에서 어떻게 의식의 여러 중요한 특성들이 출현할 수 있었는지 더 잘 이해할 수 있을 것이다. 다음 두 장에서는 의미 기억과 일화 기억의 바탕을 이루는 뇌 회로를 살펴보고 그러한 기억들이 어떻게 의식적인 경험에 기여할 수 있는지 살펴본다.

기억을 제자리에 놓기

외현 기억을 발판으로 삼아 뇌에서의 의식 현상을 이해해보고자 한다
면 먼저 외현 기억의 바탕을 이루는 뇌 회로부터 파고들어야 한다. 우
리는 이미 내측 측두엽(주변후 피질, 해마옆 피질, 후각내피질, 해마)이 외현
기억에서 중요한 역할을 한다는 것을 논의했다.

앞에서도 논의했지만, 일반적으로 정보 처리 과정은 2차 시각 피
질에서 내측 측두엽으로 가는 통로에서 변화하는 것으로 여겨졌다.
여기서 의미 기억은 대상을 처리하는 시각 경로(물체 처리 경로)와 주변
후 피질 사이의 연결에 의해 그리고 일화 기억은 공간 작용 경로(배측
시각 경로)와 해마옆 피질 사이의 연결에 의해 매개되는 것으로 생각된
다. 최근에는 제11부에서도 논의했던 것처럼 시각 영역은 기억 저장
에도 관여하고, 마찬가지로 내측 측두엽 또한 지각에 관여한다고 본
다. 즉 시각 피질과 내측 측두엽을 포함한 전체 연결 회로는 감각 회
로와 기억 회로로 나누어서 볼 것이 아니라 하나의 '지각-기억 경로

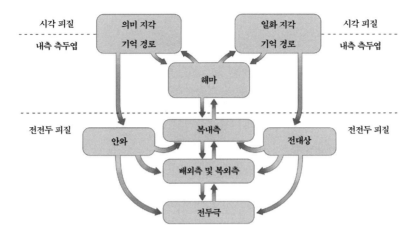

<figure>

시각 피질

내측 측두엽

| 의미 지각
기억 경로 | | 일화 지각
기억 경로 |

해마

시각 피질

내측 측두엽

전전두 피질

| 안와 | 복내측 | 전대상 |

배외측 및 복외측

전두극

전전두 피질

</figure>

그림 57.1 지각-기억 경로는 전전두 피질로 수렴한다

(또는 회로)'로 볼 필요가 있다(그림 48.4 참조). 두 개의 지각-기억 회로
가 해마에서 수렴함에 따라 우리는 사물을 복잡한 배경의 맥락에서
인식할 수 있다. 해마에서 무엇과 어디서라는 정보가 결합될 때 일화
기억이 시작될 수 있다. 하지만 여기에는 시간 요소도 필요하다. 물론
해마는 시간에 대한 정보도 담고 있어 언제-어디서-무슨 일이 일어
났는지의 표상을 만들 수 있다.

내측 측두엽의 여러 영역은 내측 전전두 피질과 긴밀히 연결되어
있다. 예컨대 의미 기억 경로의 주변후 피질은 안와전두피질과, 일화
기억 경로의 해마옆 피질은 전대상 피질과, 해마는 복내측 영역과 연
결된다(그림 57.1). 하지만 주변후 피질 및 해마옆 피질 영역은 배외측
및 복외측 전전두 피질과도 연결되어 있어(그림에는 표시되지 않음) 외현
기억이 집행 목표 처리 과정에 기여할 수 있도록 한다.

내측 측두엽이 의미 기억을 저장하는 유일한 장소가 아니라는 사

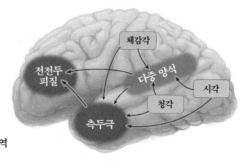

감각 영역

다중 양식/개념 영역

연결 중추

그림 57.2 측두극: 의미/개념 중추

실은 이미 오래전부터 알려져 있었다. 48장에서 언급한 바와 같이, 의미 기억, 특히 복잡한 개념에 관한 의미 기억은 신피질의 측두엽과 두정엽의 다중 양식 수렴 지대(두정 측두 접합부, 상측두피질, 측두극)에도 저장된다. 또한 언어 처리 영역은 사물 및 개념에 대한 의미 레이블(단어)을 저장한다.

현재는 측두극에 많은 관심이 집중되고 있다. 이 영역은 신피질의 의미/개념 중추로서, 다양한 단일 양식 입력값 및 다중 양식 입력값을 통합해 추상적인 개념과 스키마를 생성한다(그림 57.2). 측두극은 개별 대상들 사이의 유사점과 차이를 분석해 그 대상이 무엇인지 그리고 무엇이 아닌지를 일반화하고 추론하는 한편 외양 및 소리, 맛, 촉감, 냄새 그리고 이름으로부터 그 대상을 인지할 수 있도록 한다. 알츠하이머병이 생기면 가장 먼저 영향을 받는 뇌 영역 중 하나가 측두극으로, 이 병의 초기 증상인 기억 장애도 측두극을 통해 일부 설명할 수 있다. 측두극도 전전두 피질과 마찬가지로 인간이 유인원으로부터 이행하는 과정 중에 상당한 변화를 겪었다.

내측 측두엽과 마찬가지로, 신피질의 다중 양식 의미/개념 회로망도 전전두 피질의 각 영역과 연결된다. (이러한 연결은 다음 장의 그림 58.1에 나와 있다.) 여기에는 측면 전전두 영역(배외측 및 복외측)과 전두극이 포함된다. 전두극은 앞에서도 언급했듯이 뇌에서 복잡한 개념적 표상을 만드는 데 가장 크게 기여하는 영역이다. 개념 회로망은 내측 전전두 피질 영역(안와, 복내측, 전대상)과도 연결된다.

전전두 피질은 이러한 다양한 연결을 통해 정보 처리 및 숙고 행위를 하향식으로 통제함으로써 의미 기억과 일화 기억을 생성하고 이용할 수 있다. 예를 들어, 우리 뇌는 어떤 사물을 마주하게 되면 내측 측두엽과 신피질 모두에 저장되어 있는 지각틀 및 개념틀을 참조함으로써 그 사물을 의미 있는 실체로 인식한다. 이러한 표상들에 의해 형성된 복잡한 의미 스키마 및 개념들은 전전두 피질이 하향식 방식으로 정보 처리 과정을 통제하는 데 사용된다.

비슷한 경험이 반복됨으로써 일화 기억이 형성되거나 하나의 경험에 대한 의미 기억이 반복적으로 인출될 때 이 기억들은 '의미화semanticized'된다. 하나의 사실로서 표상되는 것이다. 예를 들어, 여러분이 직장에 들어간 지 얼마 되지 않았을 때 직장에서 있었던 여러 경험들은 제각각 독특한 경험이 되겠지만, 연차가 쌓일수록 이러한 경험들은 '거기서 거기'가 될 것이다. 이제 뭔가 새로운 일이 일어나지 않는다면 직장에서의 경험은 단순히 '회사일'로 표상될 것이다. 일화 기억이 의미화되면 이제 이 기억들은 내측 측두엽 대신에 신피질 영역에 의존하게 된다. 의미화는 최근에 생겨난 새로운 기억보다 반복적인 상황에 대한 오래된 기억에서 일어날 가능성이 더 높다.

랜디 오릴리Randy O'Reilly, 제이 매클리랜드Jay McClelland 그리고 브루

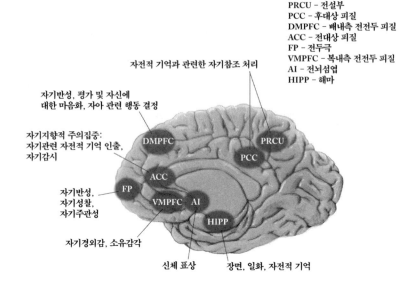

PRCU – 전설부
PCC – 후대상 피질
DMPFC – 배내측 전전두 피질
ACC – 전대상 피질
FP – 전두극
VMPFC – 복내측 전전두 피질
AI – 전뇌섬엽
HIPP – 해마

자전적 기억과 관련한 자기참조 처리

자기반성, 평가 및 자신에
대한 마음화, 자아 관련 행동 결정

자기지향적 주의집중:
자기관련 자전적 기억 인출,
자기감시

자기반성,
자기성찰,
자기주관성

자기경외감, 소유감각

신체 표상

장면, 일화, 자전적 기억

그림 57.3 내측 피질에서의 자아 처리 영역들

ACC – 전대상 피질
DMPFC – 배내측 전전두 피질
FP – 전두극
HIPP – 해마
AI – 전뇌섬엽
PCC – 후대상 피질
PRCU – 전설부
VMPFC – 복내측 전전두 피질

자아 처리 영역과 디폴트 모드
회로의 중첩 영역

디폴트 모드와 겹치지 않는 자아 처리 영역

그림 57.4 디폴트 모드 네트워크와 중첩되는 자아 처리 영역들

스 매노튼Bruce McNaughton은 신피질이 오래된 기억에 더 많이 관여하게 된 것은 해마와 신피질에서 학습이 일어나는 방식 때문이라는 가설을 제안했다. 해마는 학습이 빠르게 일어날 수 있도록 배선되어 있으므로 고유한 사실이나 일화에 대한 기억을 저장하는 데서 특히 중요하다. 반면 신피질 영역은 경험을 통해 정보를 천천히 축적하는데, 이는 개념이나 스키마에 새로운 정보를 추가하거나 구성하는 데 특히 유용하다.

모리스 모스코비치Morris Moscovitch와 린 나델Lynn Nadel은 조금 다른 관점을 제시했다. 해마가 오래된 기억에 관여한다는 데는 동의하지만, 기억의 복제본들은 범주와 개념을 학습하는 과정에서 해마가 아닌 다른 곳에 저장된다는 것이다. 이처럼 해마가 아닌 곳에 저장된 표상들은 이후 해마가 손상되었을 때 기억을 검색하는 것을 돕는다.

'언제-어디서-무엇을'에 대한 표상은 일화 기억에서 필수적이지만 이것만으로는 충분하지 않다. 앞에서도 본 바와 같이, 정신적 시간 여행을 할 수 있는 능력도 필요하다. 즉 자기 자신을 시간 속에서 표상할 수 있는 능력이 있어야 한다. 자아 처리와 관련된 것으로 보이는 뇌 영역(그림 57.3)은 이른바 뇌의 '디폴트 모드' 네트워크와 어느 정도 중첩된다. 디폴트 모드란 멍하니 '아무 생각도' 없는 수동적 심적 상태에서 활성화되는 뇌 회로로, 후대상 피질 및 전설부precuneus, 해마, 전대상 피질이 포함된다(그림 57.4). 랜디 버크너Randy Buckner와 대니얼 캐럴Daniel Carroll은 자아 회로와 디폴트 모드 회로가 겹치는 이유는 우리가 멍하니 있을 때 보통 우리는 우리 자신에 대해 생각하기 때문이라고 설명했다.

CHAPTER
58

기억의 렌즈를 통해 보는 고차 인식

이제 기억에 대한 연구가 의식에 대한 이해, 그중에서도 고차 의식에 대한 이해에 어떻게 기여할 수 있는지 알아볼 차례다. 특히 나는 여기서 고차 이론을 수정한 '의식의 다중 상태 계층 모델multistate hierarchical model of consciousness'을 전개하고자 한다. 이를 위해 우선 고차 지각 인식에 대한 표준 이론을 활용하여 의식에서 중요한 역할을 하는 것으로 보이는 뇌 회로를 찾아낸 후, 이렇게 찾은 뇌 회로를 사용해 거꾸로 네트워크로 들어가는 저차 입력값을 규명할 것이다. 그 결과 우리는 고차 네트워크로 들어가는 감각 입력값이 대부분 기억 및 개념 처리와 관련되는 회로로부터 온다는 사실을 밝힐 수 있을 것이다. 본 이론을 전개해나갈 때 여기서는 일단 지각 인식을 강조할 것이지만, 차후이 이론을 확장해 감정적 의식도 설명할 것이다.

고차 이론에 따르면 지각은 1차 정보, 그중에서도 감각정보에 대한 적절한 고차 표상이 있을 때 발생한다. 54장에서 설명한 라우와 로젠탈의 신경 모델을 볼 때, 의식적인 시지각 경험에 대해 실험실에서 연구한 결과들은 시각 피질과 전전두 네트워크(배외측, 복외측, 전두극 영역) 사이의 상호 작용을 통해 설명할 수 있다. 나는 라우와 로젠탈 모델을 약간 수정하면 그 설명력을 향상시킬 수 있지만, 이렇게 수정을 하더라도 이 모델이 기억이나 감정 같은 복잡한 실제 경험을 설명하지는 못한다고 언급했다. 이 모델에 필요한 것은 내 견해로는 고차 전전두 네트워크와 기억 회로를 연결하는 일이 아닐까 한다. 이것이 무슨 뜻인지 알아보자.*

복잡한 시각적 자극이나 삶에서 마주친 복잡한 상황을 의식적으로 인식할 때는 순수한 감각정보가 1차 및 2차 시각 피질에서 처리된 후 전전두 피질에서 재표상되는 일이 일어나지 않는 것으로 보인다. 앞에서도 설명한 것처럼 2차 감각 영역은 기억 표상을 저장한 후 감각 신호가 입력되면 저장된 기억 표상을 이용해 처리한다. 따라서 감각 영역으로부터 배외측 및 복외측 전전두 피질로 전달된 정보 중 최소한 일부는 이러한 영역에 저장된 의미 기억에 의해 걸러질 가능성이 높다.

배외측 및 복외측 전전두 피질은 신피질 두정엽과 측두엽의 다중 양식 수렴 지대(여러 단일 양식 감각 처리 영역으로부터 받은 입력값을 통합하는 곳)로부터도 입력값을 받아 의미 기억을 형성해 저장하는데, 그중 일부는 상당히 복잡하고 개념적이다(그림 58.1). 이밖에도 배외측 및 복외측 전전두 피질은 내측 측두엽(주변후 피질, 해마옆 피질, 해마)의 의미 기억 및 일화 기억 경로에서도 입력값을 받는다.

* 본 장에서 논의된 해부학적 연결 상태는 제11부의 48장, 49장, 50장 그리고 바로 앞 장에 도식으로 나타냈다. 관련 인용에 대해서는 해당 장의 참고문헌을 참조하라.

배외측 및 복외측 전전두 피질은 감각 영역과 기억/개념 영역 및 다른 전전두 영역 등
여러 영역으로부터 입력값을 받는다.

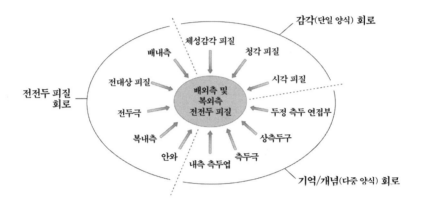

전두극은 다중 양식(기억/개념) 회로와 다른 전전두 영역들로부터만 입력값을 받는다.

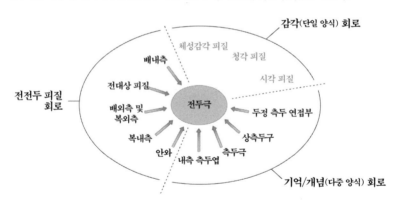

그림 58.1 고차 인식이 일어날 때 전전두 피질 영역으로 전달되는 다양한 종류의 저차 입력값

배외측 및 복외측 전전두 피질은 다른 전전두 영역과도 밀접히 연
결되어 있는데 특히 내측 전전두 영역과 잘 연결되어 있다. 내측 전전
두 영역 또한 신피질 측두엽 및 두정엽의 다중 양식 수렴 지대 그리

고/또는 내측 측두엽의 의미 기억 및 일화 기억 네트워크로부터 입력 값을 받는다.

물론 전두극도 전전두 피질의 고차 네트워크를 구성하는 한 부분이다. 전두극 또한 배외측 및 복외측 전전두 영역, 신피질 두정엽 및 측두엽의 다중 양식 수렴 지대, 내측 측두엽 영역과 상당히 연결되어 있다.

고차 인식 네트워크로 입력값을 보내는 모든 영역은 따라서 '저차' 라고 할 수 있다. 감각 처리기만이 저차 영역인 것은 아니다. 해부학적으로 고차로 볼 수 있는 영역들이라도 고차 네트워크를 기준으로 두면 저차로 간주되기도 한다. 다시 말해, 기억 및 개념 처리 영역은 시각 피질보다 고차고, 내측 전전두 영역은 기억/개념 처리 영역보다 고차지만, 이 모든 영역은 고차 의식 네트워크에 비하면 저차다.

여러 수많은 종류의 사건이 더 고차에 있는 전전두 피질에 의해 처리되며, 그것이 다중 양식 처리 경로(감각, 기억, 개념)에서 원래 어떤 종류였는지에 따라 각각 다른 수준의 추상화를 거쳐 여분의 표상을 형성하기도 한다. 마치 내측 및 측면 전전두 피질이 다양한 입력값을 받는 것과 마찬가지로, 이러한 상향식 계층 구조에서는 여러 지점에서 다양한 경로들 사이에 상호 작용이 일어난다. 따라서 시간이 흐르며 일화가 전개됨에 따라 인식의 초점(어떤 사물의 분리된 감각적 특징, 사물 그 자체, 이름과 범주상의 분류, 복잡한 배경에서 그 사물의 역할)도 이동할 수 있다. 이때 순간적 상태는 현재 네트워크에서 활성화되어 있는 장기적 목표(전두극) 그리고 즉각적 목표(배외측)에 따라 어떤 표상(또는 표상 조합)이 선택되어 고차 네트워크(즉 의식의 최전선)로 이동하는지에 따라 달라진다. 의식적 경험의 바탕은 근본적으로 이들 전체 연결 회로를 통해 일어나는 상호 작용에 의해 결정되는 것으로 보인다. 또한 주어진 상황에 따라 상대적으로 더 단순한 표상(감각 표상)과 더 복잡한 표상(기억 및 개념 표상) 사이의 균형은 달라질 수 있다.

우리가 본 바와 같이, 고차 이론에 대해서 전전두 피질은 지각 경험의 질을 그토록 풍부하게 만들 만큼 세밀한 표상을 형성할 수 있는 영역을 결여하고 있다는 반론이 제기되기도 했다. 그러나 지각적 의식을 단순히 감각에 의해 좌우되는 지각 경험이 아니라 감각과 기억, 개념적 표상의 조합에 기초한 하향식 구성물로 보면 이러한 반론은 타당성을 상실한다. 즉 고차 이론은 개념 구성 과정을 통해 지각의 풍부한 질을 설명할 수 있다.

앞에서 나는 우리의 경험을 형성하는 심적 모델은 '무의식적 추론'을 통해 만들어진다는 것이 고전적인 견해라고 말했다. 예를 들어, 우리가 사과의 존재를 의식한 후 사과를 보았다고 말할 때, 사과가 처음부터 전전두 고차 네트워크에 표상되어야만 그렇게 말할 수 있는 것은 아니다. 당신이 '보는' 사과는 실제 사과의 저차 감각 표상만이 아니라 과거에 본 사과의 특질 중 사과에 대한 당신의 스키마/심적 모델에 기여하는 기억도 반영해 개념적으로 추상화된 사과다. 그 결과 당신의 뇌에 생성되는 사과 표상은 당신이 사과가 어떻게 생겼으리라 기대하는 것과 주관적으로 닮게 된다. 설령 사과의 실제 감각 표상이 우리의 기대와 약간 다르거나 심지어 전혀 존재하지 않더라도 말이다(HOROR 이론을 상기해보라).

고차 회로로 들어가는 입력값 패턴은 여기서 논의하고자 하는 다중 상태 계층적 고차 모델과도 잘 부합한다. 다중 상태 계층적 고차 모델에서는 순수 감각 표상부터 기억/개념 표상까지 여러 층위의 상태를 이용해 네트워크를 구성하고 이를 바탕으로 우리의 의식적 경험의 토대를 이루는 스키마 및 심적 모델을 형성한다. 고차 개념 처리 과정에서 전두극의 역할을 감안할 때, 전두극은 스키마 및 심적 모델을 바탕으로 의식적 경험을 형성하는 과정에서도 특히 중요한 역할을 하리라고 추측할 수 있다.

감정과 관련해 이후에 좀 더 논의해볼 심적 모델 중 하나는 우리의 자아-스키마다. 전두극은 실제로도 자기 인식, 즉 자전적 기억을 이용해 자기 자신에 대해 생각하는 능력, 즉 자기주지적 의식 능력에 관여하고 있다. 헬렌 갤러거Helen Gallagher와 크리스 프리스는 자기 자신에 대한 지식을 바탕으로 다른 사람의 마음을 이해하는 능력에도 전두극이 관여한다고 제안했다. 본질상 경험은 바로 그 순간에 처리되는 특정 입력값에 의해 결정된다는 점을 고려할 때, 전두극은 아마도 주관적 경험을 위한 일종의 고차 정보처리 기관으로서 모든 종류의 주관적 상태에서 핵심적인 역할을 하는 것으로 보인다. 전두극은 자아-처리와 관련되는 다른 전전두 영역으로부터 입력값을 받아 자전적 일화 기억 및 의미 기억, 자신의 신체 상태에 관한 생각 그리고 자신의 뇌와 신체 상태에 대한 소유 감각의 표상에 접근할 수 있다(그림 58.2).

고차 인식 이론은 심적 상태를 명제적 진술로 표현하려는 철학자들에 의해 어느 정도 곤란을 겪기도 했다. 예를 들어, 지각 인식의 바탕을 이루는 고차 표상을 기술하기 위해서는 흔히 다음과 같은 문장이 사용된다. "나는 사과를 보고 있다." 이 문장에서 인칭 대명사 '나'가 사용된다는 것은 이 명제는 누군가의 관점을 취하고 있다는 것을 의미한다. 다시 말해, 이 명제는 의식적 자아가 고차 지각 경험의 일

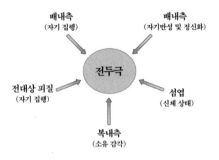

그림 58.2 전두극이 다른 전전두 영역들로부터 받는 자아 관련 입력값

부라는 가정을 바탕으로 하고 있다. 앞에서도 논의한 것처럼, 어떤 사물이 존재한다는 것(고차 이론에서 "나는 사과를 본다"라는 명제가 지시하는 사실)을 주지적으로 의식하는 것과 자기 자신을 그 경험의 주체(자신이 사과를 보고 있다는 것을 알고 있는 실체)로서 자기주지적으로 인식하는 것 사이에는 차이가 있다. 자기 자신을 대상으로 보는 능력은 다른 포유류도 일부 가지고 있을지 모른다. 하지만 자기 자신을 주체로 보는 능력은 우리 인간만의 것이며 아마도 전두극 피질에 의존하는 것으로 보인다.

이러한 추측에 비추어볼 때, 전전두 피질의 손상이 항상 의식적 경험을 저해하는 것은 아니라는 반론을 재검토해볼 필요가 있다. 전전두 네트워크에서 지각 표상을 형성하거나 기억/개념 처리를 통해 표상을 변경하는 방식에는 여러 가지가 있다. 이러한 중복성을 고려할 때, 뇌 시스템이 완전히 멈추려면 상당히 광범위한 뇌 손상이 일어나야 할 것으로 보인다. 의식 경험의 한 특질에 문제가 생기면 전전두 피질의 교체선수들이 부상당한 협력자들의 자리를 메우는 것이다. 실제로 고차 네트워크에 포함되지 않는 다른 전전두 영역들, 예컨대 전대상 피질과 안와, 복내측 피질, 섬엽 등은 서로서로 연결되어 있을 뿐만 아니라 고차 네트워크 영역과도 연결되어 있다. 현상적 경험에 기여하는 인지 과정 중 그 자신을 예화하는 과정과 예화하지 않는 과정은 반드시 구분해야 한다. 하지만 각각의 하부 영역이 어떤 기여를 하는지 이해하기 전까지는 전전두 피질에 손상을 입었을 때 의식에 관해 정확히 어떤 과정이 손상되고 또한 어떤 측면이 보존되는지 올바로 알아내고 해석하기 어려울 수도 있다.

의식에 대한 과학적 연구는 지각에 초점을 맞추면서 큰 진전을 이루었다. 이제 우리는 우리의 경험을 보다 완벽히 설명하기 위해 한 걸음 더 나아가야 할 때다. 최소한 의식 이론은 궁극적으로 다음과 같은 상태에 대해 설명할 수 있어야 한다. 즉 '순간적이고 의미가 없는' 지각 사건(빛의 섬광이나 짤막한 소리 등), '지속적이지만 의미가 없는' 지각 사건(외국어로 된 거리 표지판 등 익숙하지 않은 별개의 자극), 기억에 의해 형성되는 '의미 있는' 지각(여러 과일들과 함께 그릇에 담긴 사과 하나를 인식하는 것처럼 사물을 단독으로 인식하는 일, 또는 첫 소절만 듣고 노래를 맞히는 것처럼 특정 배경이나 맥락을 바탕으로 전체를 인식하는 일), 일상의 일화적 사건으로의 '몰입'(친구와의 대화, 상사와의 불쾌한 충돌, 맛있는 디저트의 맛, 마음을 사로잡는 음악이나 그림, 자신의 존재에 대한 명상), '마음을 소모시키는' 질병(만성 통증, 병적인 공포, 불안 또는 우울증) 외에도 많이 있을 것이다.

의식 연구는 아직 초기 단계에 있다. 향후 연구가 계속됨에 따라 어떤 이론이 끝까지 살아남을지 현재로선 짐작하기 어렵다. 앞의 표에서 제시한 의식 이론 중에서 나는 광역 작업 공간 이론과 고차 이론이 상대적으로 단순한 지각 상태부터 기억과 감정 등의 고도로 복잡한 상태까지 우리의 의식 경험 전반을 가장 잘 설명할 것으로 생각한다.

그리고 둘 중에서 한 이론을 선택해야 한다면 나는 특히 이 장에서 제안한 다중 상태 계층 모델과 잘 부합하는 고차 이론 쪽에 서고 싶다.

얕은 곳

다른 마음의 까다로운 문제

우리가 지금까지 살펴본 의식의 상은 지극히 인간 중심적이다. 인간
의식의 바탕을 이루는 인지 과정은 언어와 문화로 뒤엉킨, 비할 데 없
이 복잡한 과정으로 그것만의 고유한 속성을 가진 회로에 의해 일어
난다. 그러나 인간 의식, 특히 자기주지적 의식이 진화한 것은 필자의
견해로는 그리 오래되지 않은 일로 생각된다.

　자기주지적 의식은 어느날 갑자기 생겨나지 않았다. 그렇다고 우
리의 동물 조상으로부터 직접 물려받은 것도 아니다. 다른 동물에게
도 의식이 있다는 것을 보이기 위해서는 자신의 애완동물을 관찰하는
것만으로도 충분하다고 생각하는 사람들은 이 생각을 받아들이지 않
을 것이다. 우리의 털복숭이 친구들과 깃털로 덮인 친구들이 보여주
는 행동에는 확실히 감정이 담겨 있는 것처럼 보인다. 또한 분명 이들
은 우리의 사랑에 보답하는 것처럼 보인다.

　앞서 논의한 바와 같이 다윈은 동물에게도 감정이 있다고 확신했

다. "주인을 위해 바구니를 물고 가는 강아지는 자기만족과 자부심으로 가득 차 있다. 따라서 나는 강아지들이 너무 자주 먹이를 요청할 때면 틀림없이…… 수치심과 부끄러움 같은 것을 느끼리라 생각한다." 하지만 인간의 행동과의 비유에 근거한 이러한 직관은 과학적이라고 볼 수 없다. 19세기 후반에 원생동물의 행동을 연구한 비교심리학자 허버트 스펜서 제닝스는 다음과 같이 썼다. "만일 아메바가 커다란 동물이었다면, 그래서 인간이 하는 일상적인 경험을 할 수 있다면 그 즉시 우리는 아메바의 행동을 쾌락이나 고통, 배고픔, 욕망과 같은 상태에 귀속시킬 것이다. 마치 우리가 강아지들에 대해서 그러는 것처럼." 제닝스는 이러한 귀속이 다른 종의 행동을 "인식, 예측 및 제어"할 수 있도록 한다는 점에서 유용하다고 지적했다. 래리 바이스크란츠의 저서 《의식의 분실물 Consciousness Lost and Found》은 내게 제닝스의 지적을 일깨워줬는데, 그는 우리가 컴퓨터 게임 속 캐릭터나 장난감, 로봇에도 인간적인 특성을 부여한다고 지적했다.

모든 과학자는 또한 일상을 사는 평범한 사람으로서 일상에서 추측한 것들을 실험실로 가져오기도 한다. 우리는 심리적인 경험을 하며 그에 대해 더 잘 알고 싶기에 심리적 과정을 연구한다. 하지만 우리는 과학자로서 우리가 가진 직관과 유추의 한계를 뛰어넘어야 한다.*

나는 학생들에게 과학자로서 인간 중심적인 관점을 물리치는 일의 중요성을 일깨우기 위해 노력했다. 예컨대 나는 학생들에게 쥐가

---

* 나는 저명한 물리학자와 저녁식사를 한 적이 있다. 그는 동물이 의식적인 경험을 하는지 진정으로 알 수 없다는 나의 주장을 단박에 일축했다. "물론 동물에겐 의식이 있어요." 그는 고함을 치며 개들에 대한 장광설을 늘어놓았다. 만일 다른 분야의 누군가가 그에게 양자물리학은 상식적으로 이치에 맞지 않으므로 아마 틀렸을 거라고 얘기했다고 가정해보자. 그는 분명 그런 직관을 신뢰하지 않을 것이다. 그러나 동물의 의식에 관해서는 오직 직관만이 전부인 것처럼 보인다.

자신에게 해를 끼칠 수 있는 자극이 있을 때 왜 특정 방식으로 행동하는지 설명할 때 '공포'란 단어를 사용하는 것을 피해야 한다고 권고했다. 그러나 우리의 언어는 본질적으로 인간 중심적이며, 그 결과 우리의 개념과 생각들도 인간 중심적인 방향으로 기울어지곤 한다.

J. S. 케네디는 《새로운 의인화 *The New Anthropomorphism*》에서 다음과 같이 썼다. "의인화적 사고는…… 우리 안에 내장되어 있다. …… 그것은 유아기 때부터 문화적으로 각인된다. 추정컨대 의인화적 사고는 자연선택에 의해 우리의 유전적 구성에 먼저 배선되었을 것이다. 아마도 다른 동물의 행동을 예측하고 통제하는 데 유용한 것으로 판명되었기 때문일 것이다." 실제로 인간의 심적 상태를 동물에게 부여하는 행위는 기원전 3000년경 후기 신석기에 농업혁명이 일어나는 동안 동물을 가축화하는 데 중요한 역할을 한 것으로 생각된다.

사실, 동물 행동에 대한 연구는 의인화 관점에서 시작해야만 한다. 우리는 우리에게 중요한 것이 무엇인지 이해하고자 한다. 그토록 많은 동물 심리 연구가 염증, 섭식, 음수, 교미, 방어를 일으키는 자극에 대한 것인 이유는 우리 인간이 이러한 자극에 대한 반응으로 중요한 경험을 하기 때문이다. 예를 들어, 우리는 조직에 염증이 생기면 통증을 느끼고, 특정 음식이나 음료 또는 성행위에 대해서는 즐거움을, 그리고 위험으로부터 자신을 방어할 때는 공포를 느낀다.

명망 높은 학자들을 포함해 몇몇 심리학자와 신경과학자는 그러한 자극이 우리를 특정 방식으로 느끼도록 만들기 때문에, 만일 동물도 우리와 비슷한 방식으로 행동한다면 우리와 같은 것을 느끼게 되리라고 말한다. 예를 들어, 저명한 영장류학자 프란스 드 발은 다음과 같은 문장으로 그의 감상을 드러냈다. "밀접하게 연관된 종들이 똑같

은 행동을 보인다면 그 밑바탕에 있는 심적 과정도 아마 동일할 것이
다." 사실 제인 구달Jane Goodall도 "동물은 기쁨과 슬픔, 흥분, 원망, 우
울, 공포, 고통을 느낀다"라고 말했다. 그녀는 동물의 행동에서 이러한
감정의 징표를 보았기 때문에 동물이 무엇을 경험하는지 '안다.'

만일 의식과 행동을 연결하기 위해 해야 할 일이 오직 행동을 관
찰하는 것뿐이라면 우리는 이에 대해 연구할 필요가 없을 것이다. 즉
관찰만으로는 충분하지 않다. 우리가 일상을 살아가는 방식이 그렇
듯 인간이 하는 대부분의 일은 명백한 자각 없이 행해진다. 우리가 특
정한 방식으로 행동한다는 것을 우리 스스로 인식하고 있다 하더라도
그 행동이 의식적으로 통제된다는 것을 의미하지는 않는다. 지금까지
살펴본 바와 같이, 우리는 우리가 하는 일을 관찰함으로써 스스로에
대해 많은 것을 배울 수 있다. 래리 바이스크란츠는 인간의 지각과 행
동에 의식이 반드시 필요한 것은 아닌 것과 마찬가지로, 동물이 시각
자극에 적절한 행동 반응을 보인다고 해서 이를 그들이 지금 보고 있
는 것을 의식한다는 증거로 인정하기는 어렵다고 지적했다.

과학자들은 인간 중심주의라는 일반적인 성향 이외에도 각자가
품은 편견이나 편향을 가지고 실험실에 들어선다. 철학자 버트런드
러셀은 "주의 깊게 관찰된 모든 동물들은 관찰자가 관찰을 시작하기
전에 믿었던 바를 확인시켜주기 위해 행동한다"라고 말한 적이 있다.
과학자들은 자신의 개인적 편견과 선입견이 정확하다는 것을 입증하
려고 하지 않는 편이 낫다. 마흐자린 바나지Mahzarin Banaji와 앤서니 그
린월드Anthony Greenwald는 이것이 어렵다고 설명했는데, 우리가 가진 가
장 강한 편견들 중 일부가 우리의 의식적 마음에 손쉽게 잡히지 않는
것이 인간의 본성이기 때문이라고 말했다. 즉 편견을 인식하지 못한

다면 그것을 경계할 수도 없는 것이다.

도덕적 차원에서 동물 의식에 대해 의인화적 관점을 취해야 한다 거나 어떠한 동물을 윤리적으로 대우해야 할지 과학적 증거를 이용해 결정해야 한다는 주장이 제기되기도 한다. 그러나 메리언 도킨스는 동물 의식의 과학에 윤리 문제를 결부시키게 되면 이는 도덕 논증을 강화하기보다는 오히려 약화시키게 될 것이라고 말했다. 인간을 제 외하고 어떤 동물이 의식적인가 하는 문제는 과학적으로 판단하기가 어렵기 때문이다. 도킨스는 토머스 헉슬리Thomas Huxley의 말을 인용했 다. "입증되지 않았거나 입증할 수 없는 결론은 확실하다고 말하지 말 것."

어떤 사람들은 '다른 마음의 문제'를 통해 동물 의식에 대한 비판 을 해결하려 한다. 이 철학적 논증에 따르면, 다른 사람에 대해 알 수 있는 것은 오직 겉으로 드러나는 행동밖에 없기 때문에 우리가 진정 으로 의식적인지 알 수 있는 사람은 우리 자신밖에 없다. 따라서 우리 가 인간의 의식에 관한 증거를 받아들인다면 다른 동물에 대해서도 그렇게 해야 한다. 그러나 '다른 마음의 문제'는 과학에 근거했다기보 다는 가언적인 철학적 논증이다. 사실, 우리가 본 바와 같이 다른 어 떤 동물도 인간의 것과 같은 유형의 두뇌, 특히 전전두 피질이나 그와 비슷한 인지 작용을 일으킬 수 있는 뇌를 가지고 있지 않다. 또한 우 리의 뇌와 인지가 가지는 고유한 특성이 의식을 일으키는 핵심적 특 성이라면, 단순히 '다른 마음의 문제'에 근거해 다른 동물이 우리의 것 과 같은 유형의 의식을 가지리라 추측하기는 어렵다.

인간을 연구하든 아니면 동물을 연구하든, 우리는 재현 가능한 결 과를 얻기 위해 그리고 이상적으로는 확실한 증거를 얻기 위해 엄격한 방법을 사용해야 한다. 하지만 의식에 대해서는 동물 연구와 인간 연구에 서로 다른 기준이 사용된다는 점에서 이중 잣대가 존재한다.

인간 연구에서 특정 과정이 의식적 메커니즘에 의존하는지 혹은 비의식적 메커니즘에 의존하는지 판단하려면 이 두 가지 가능성을 모두 시험해야 한다. 예를 들어, 피험자가 자극에 비의식적으로 반응하는지 확인하기 위해서는 여기에 의식이 관여하지 않았음을 입증해야 한다. 앞에서 논의된 바와 같이, 비판자들은 자극이 새어나가 의식에 어떤 영향을 미칠 수 있는 방법을 계속해서 제안하고 있고, 결과적으로 시험을 통과하기 위한 기준은 점점 더 엄격해지고 있다.

이런 관행을 고려할 때, 동물 의식의 경우에도 이와 유사한 접근법을 취해야 하는 것이 이치에 맞다. 다시 말해 동물의 의식을 보여주려 할 때도 그 행동이 의식에 의존한다고 할 때 어떤 조건에서 이를 가장 잘 설명할 수 있는지, 그리고 어떤 조건에서는 비의식적인 과정으로 그 행동을 합리적으로 설명할 수 없는지 비교할 수 있어야 한다.

그러나 이 방식은 현재 통용되는 표준적인 동물 연구 방식이 아니다. 대부분의 실험은 특정 행동이 의식적으로 제어되는지 비의식적으로 제어되는지를 확인하기 위한 것이 아니라, 여기에 의식이 관련되어 있다는 직관을 지지할 수 있는 증거를 축적하는 데 방점을 맞추고 있다. 저명한 과학자로 경력을 시작해 이후에 철학자로도 이름을 알린 닉 험프리Nick Humphrey는 그의 지위를 고려했을 때 다소 묘한 이야기를 했다. "냉철한 기준, 엄격한 측정과 정의를 버려라. 의인화 관점에서의 설명이 옳을 것 '같다'면 일단 확인해보라. 옳을 것 같지 않다면 아무튼 확인해보라."

각각의 종은 그들만의 정교한 적응 형태를 가짐으로써 고유한 방식으로 생존할 수 있었다. 어떤 동물은 특정 상황에서 그들이 무엇을 감지했는지, 무슨 행동을 하고 있는지, 심지어 어떤 감정을 느끼는지 의식할 수 있는 능력을 가지고 있을지도 모른다. 하지만 정말로 그런지 우리는 과학적 확신을 가지고 장담할 수 있을까? 무엇을 진정한 의식적 경험으로 간주할지 그 기준을 낮추지 않고 말이다.

복잡한 행동이 무의식적으로 일어난다고 상상하기는 어렵다. 그런 행동을 할 때 우리는 보통 의식적이기 때문이다. 그렇다고 해서 다른 동물이 그런 행동을 할 때 여기에 의식이 관여하고 있다는 결론으로 나아가서는 안 된다. 실험실에서 해야 할 과학적 질문은 '어떤 의미'에서는 동물도 의식이 있다고 말할 수 있는지가 아니라 연구 과정에서 관찰한 동물의 행동을 의식을 통해 구체적으로 설명할 수 있는지 여부다. 이러한 검증을 거치지 않는다면 동물의 행동에 의식이 관여되어 있다는 진술은 그 어떤 것도 과학적 타당성을 인정 받을 수 없을 것이다.

프란스 드 발은 동물의 감정과 기타 의식적인 상태를 논의할 때는 주의를 기울여야 한다고 말하는 사람들을 '인류 부정론자anthropodenier'라고 부른다. 명백히 반과학적인 '기후 변화 부정론자'에 빗댄 표현인 걸까? 이 인류 부정론자들이 더 엄격한 과학적 기준을 요구하는 사람들이라는 점을 생각하면 이상한 주장이다. 더 중요한 점은 실제로 이들은 아무것도 부정하지 않는다는 점이다. 우리는 동물의 인식을 완전히 무시하려는 것이 아니라 수집한 데이터로 무엇을 말할 수 있고 무엇은 말할 수 없는지 논의하려는 것이다.

기준, 측정 및 정의는 선택 사항이 아니다. 그것은 의식의 과학을 인간 행동과의 유사성을 토대로 한 상식적 직관 이상으로 격상시킨다. 그 훌륭한 예로 알렉산드라 호로비츠Alexandra Horowitz의 개 연구가 있다. 호로비츠는 개를 키우는 사람들이 가지는 직관, 즉 개들도 의식적 사고를 하거나 감정을 가진다는 직관이 대체로 틀렸으며 개들의 행동은 의식을 필요로 하지 않는 인지 과정을 통해 더 정확히 설명할 수 있음을 보여주었다.

왜 더 많은 동물 연구자들이 이런 관점을 택하지 않는 것일까? 내 생각에는 인간 의식 연구와 동물 의식 연구는 상대적으로 분리되어 진행되었고, 동물 연구자 모두가 인간 연구에서 의식과 비의식을 구분하기 위해 사용하는 기준을 알고 있는 것은 아니기 때문인 것으로 보인다. 이러한 기준에 대해 알고 있는 동물학자들은 아마도 좌절하고 있을지 모른다. 비의식과 의식을 평가하기 위해 필요한 과학적 절차가 도입되면 많은 경우 의식에 대한 설명은 연구 결과를 설명하는 최선의 설명이 아닌 것으로 판명될 것이기 때문이다. 이에 반해, 위에서 언급한 것처럼 비과학적(도덕적/윤리적)인 이유로 동물 의식의 존재를 연구하는 학자들도 있다. 물론 동물 윤리는 많은 연구에 영향을 미치는 중요한 주제이지만 과학 연구에서 의식을 설명하는 기준으로 간주할 수 있는 것과 혼동해서는 안 된다.

동물에게 의식이 있는지 입증하기가 왜 그렇게 어려울까? 앞에서 우리는 사람들이 어떤 자극을 의식했을 때 그것을 언어적으로("나는 사과를 본다"라고 말함으로써) 또는 비언어적으로(배나 오렌지 등 다른 과일도 담긴 바구니에서 사과를 직접 가리킴으로써) 보고할 수 있다는 것을 보았다. 한편 사람들은 (무의식적으로 처리된) 역하 자극에 반응할 때는 비언어적으로만 반응할 수 있고, 보지 못한 것에 대해서는 언어적으로 보고할 수 없었다(그림 59.1). 동물이 비언어적 반응만 할 수 있다는 사실은 이들

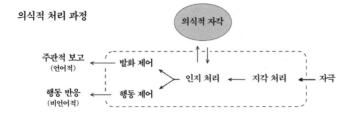

의식적 처리 과정

의식적 자각

주관적 보고
(언어적) ← 발화 제어 ← 인지 처리 ← 지각 처리 ← 자극

행동 반응
(비언어적) ← 행동 제어

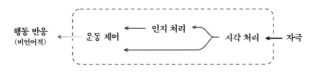

비의식적 처리 과정
(역하 자극 또는 맹시)

행동 반응
(비언어적) ← 운동 제어 ← 인지 처리 ← 시각 처리 ← 자극

그림 59.1 의식적 처리 과정은 언어적 또는 비언어적 반응으로 확인할 수 있지만, 비의식적 처리 과정은 오직 비언어적 반응으로만 확인할 수 있다.

의 반응을 통해 의식적 과정과 비의식적 과정을 구분할 수 없다는 것을 의미한다. 인간 이외의 동물에게는 언어가 없으므로 그들의 마음에 무엇이 들어 있든 그것을 과학적으로 알아내기는 극도로 어렵다.

언어적 보고에 논란이 없는 것은 아니다. 일부 학자들은 언어적 보고는 신뢰할 수 없기로 악명 높다며 이를 과학적 데이터로 사용하는 것에 대해 반대한다. 그러나 이러한 주장은 가끔 오해를 바탕으로 할 때도 있다. 사실, 언어적 보고는 피험자가 실시간으로 경험하는 것을 나타내는 매우 신뢰성 높은 지표다. 사람들은 바로 그 순간 그들이 무엇을 의식하고 있는지 대체로 잘 알기 때문이다. 이러한 보고는 시간이 지나면, 심지어 아주 짧은 시간만 흘러도 신뢰성이 떨어진다. 기억은 역동적이기 때문이다. 기억은 그저 시간이 흐르는 것만으로 또는 새로운 경험이 축적되면 변화한다. 예를 들어, 어떤 범죄 사건의 목격자는 그 사건에 대한 뉴스를 읽거나 보고 나면 자신도 모르게 뉴스에서 본 정보를 보고할 수 있다.

언어적 보고의 또 다른 한계는 경험이란 순식간에 지나가 버리곤 해서 보고할 수 없을 때도 있다는 것이다. 예컨대 여러분도 직전에 생각하던 것을 갑자기 잊어버리는 일을 자주 겪지 않는가? 실제로 경험한 것을 솔직히 보고하지 않는 사람들도 있다. 물론 거짓말은 "지금까지 성적 파트너가 몇 명이나 있었나요?"와 같은 개인적인 질문을 할 때는 문제가 될 가능성이 높다. 하지만 "화면에 문자가 몇 개 보이나요?"와 같은 질문을 하는 일반적인 지각 연구에서는 큰 문제를 일으키지 않을 것이다. 전반적으로 언어적 보고는 실험에서 현재 피험자가 무엇을 겪고 있는지 나타내는 유용한 지표다.

한 가지 예외가 있다. 대니얼 카네먼Daniel Kahneman, 팀 윌슨Tim Wilson, 리처드 니스벳Richard Nisbett, 제럴드 클로어Gerald Clore, 노먼 마이어Norman Maier 등은 언어적 보고의 가장 중대한 한계는 사람들에게 그들의 동기를 물었을 때, 즉 왜 그런 행동을 했는지 물었을 때 나타난다고 지적했다. 비의식적으로 제어되는 행동의 경우에는 항상 의식적으로 접근할 수 있는 것은 아니며, 따라서 이런 행동은 신뢰성 있게 보고할 수도 없다. 그럼에도 사람들은 분열뇌 환자들이 그랬던 것처럼 그들의 행동을 설명하기 위해 내러티브를 만들어낸다.

언어적 보고의 한계를 극복하기 위해, 의사 결정에 대한 신뢰도와 같이 좀 더 '객관적인' 척도를 사용하여 의식을 평가하는 방법을 개발하려는 시도도 있었다. 예를 들어, 피험자들에게 단순히 자신이 보고 있는 내용을 말하도록 요청하는 것이 아니라 자신의 보고를 얼마나 신뢰하는지 질문하기도 했다. 데이비드 로젠탈은 이러한 접근 방식을 다음과 같이 요약했다. "신뢰도는 주관적 인식을 평가하는 데 문제가 없는 사례에서는 합리적으로 잘 작동한다. 그러나 신뢰도가 주관적 보고와 다른 경우에는 신뢰도를 기각하고 주관적 보고를 채택하는 것이 합리적이다." 로젠탈은 계속해서 다음과 같이 썼다. "진실된 보고는 심리 상태가 의식적인지 아닌지를 나타내는 신뢰성 있는 지표다. 왜냐하면 진실된 보고는 피험자 자신이 그러한 심리 상태에 있다는 것을 인식하고 있는지 드러내기 때문이다. …… 그리고 심리 상태를 인식하는 것은 결국 의식의 중심축이다. 왜냐하면 어떤 개인이 특정 심리 상태에 있지만 그런 상태에 있다는 것을 전혀 인식하지 못하는 경우, 왜 그 상태를 인식하지 못하는가를 설명할 수 있는 유일한 신뢰성 있는 대답은 그 상태가 의식적이지 않다는 것이기 때문이다." 또한 하콴 라우와 스티브 플레밍 등 이 분야의 선도적 연구자들은 이러한 '객관적' 척도는 그것이 의식 자체를 측정하기 때문이 아니라 의식과 동일한 고차 신경 메커니즘 중 일부를 이용하기 때문에 유용하다고 지적했다.

핵심은 피험자에게 무엇을 경험했느냐고 질문하는 것은 여전히 과학 실험에서 어떤 상태가 의식적인지 조사하는 최선의 방식이라는 것이다. 그렇게 하지 못할 때 우리가 바랄 수 있는 최선은 의식에 다가가기 위해 비언어적 행동을 바탕으로 추측을 해보는 것이다. 그리고 피험자에게 언어가 없을 때, 즉 피험자가 인간이 아닐 때 이것은 항상 참이다.

CHAPTER

60

의식에 몰래 다가가기

이번 장에서는 동물의 의식을 과학적으로 연구하는 것이 얼마나 어려운지 설명하기 위해, 제프리 그레이Jeffrey Gray가 말했듯 "의식에 몰래 다가가기" 위한 방편으로 과학자들이 행동을 대신해서 이용하는 시험 기법을 몇 가지 소개하겠다.

동물의 의식을 측정하기 위해 가장 흔하게 사용되는 행동 대용물은 고든 갤럽Gordon Gallup의 거울 인지 시험이다. 이 테스트는 유기체가 거울에 반사된 자신의 모습에서 예상치 못한 변화가 일어났을 때 이를 인지하는지를 나타내는 행동 반응을 측정한다(그림 60.1). 예를 들어, 침팬지의 얼굴에 빨간 점이 생긴 경우 침팬지가 그 점을 응시하며 더듬어 만지면 이는 침팬지가 자기 자신을 인지한다는 것, 즉 자기 인식이 가능하다는 것을 의미한다고 가정하는 것이다. 학자들은 이런 종류의 거울 인지 시험을 시행함으로써 돌고래, 코끼리, 새 등의 생물에게도 자기 인식 능력이 있다고 주장했다. 하지만 갤럽은 유인원을

그림 60.1 거울 자기인지 시험

제외한 동물은 그 기준이 느슨해졌을 때만 거울 인지 시험을 통과할 수 있었고, 시험을 더 정확히 실시하면 오직 인간과 유인원만 자기 인식을 가진 것으로 나타난다고 주장했다.

다른 학자들은 갤럽이 개발한 시험이 심지어 인간과 유인원에서도 의식적 자기 인식을 보여주는 수단으로 적합하지 않다는 입장을 고수한다. 예를 들어, 세실리아 헤이스와 대니얼 포비넬리는 거울 실험의 결과를 단순 연합 학습과 연계된 비의식적인 행동 전략을 통해 설명할 수 있다고 말한다. 요하네스 브란들Johannes Brandl과 토머스 서든도프는 갤럽보다는 인지적으로 더 빈약하지만 헤이스와 포비넬리가 허용하는 것보다는 더 풍부한 설명을 제공한다. 그에 반해 다이애나 라이스Diana Reiss는 자신이 연구한 돌고래를 포함해 이들 동물이 자기 인식 능력을 가졌는지의 여부와는 관계없이 얼마나 정교한 인지 능력을 가질 수 있는지를 보여주는 연구의 중요성을 강조하며 동물 의식이란 지뢰밭을 피하고자 한다.

동물이 일화 기억을 가질 수 있는지 판단하는 방법에 대해서도 연구가 진행되었다. 이를 위해 학자들은 인간이 일화 기억을 형성할 때 그러한 것과 마찬가지로 동물 또한 '언제-어디서-무엇을' 겪었는지에 대한 요소를 두 가지 때로는 세 가지 이상 조합한 표상을 형성하고 사용할 수 있는지 시험했다. 유인원, 원숭이, 설치류 그리고 몇몇 새들은 그러한 검사를 통과했다. 특히 니콜라 클레이튼Nicola Clayton은 새에 대해 굉장히 인상적인 연구 결과를 보여주었다. 클레이튼은 덤불어치가 지렁이를 여러 장소에 감춘 뒤 가장 오래전에 감춘 것부터 먹는다는 것을 보여주었다. 이는 덤불어치가 '언제(가장 오래된 것부터)-어디서(숨긴 장소)-무엇을(지렁이)'에 대한 기억을 가지고 있음을 의미한다. 이 연구에서 한 가지 논쟁거리는 동물들이 단순히 개별적인 의미 기억을 여러 개 사용하거나 단순 연합을 사용한 것이 아니라 정말로 '언제-어디서-무엇을'이 통합된 기억을 형성한 것인지의 여부다. 무엇보다 더 중요한 질문은, 실제로 이 동물들이 통합된 '언제-어디서 무엇을'에 대한 기억을 가지고 있다 하더라도 그것을 의식할 수 있는지, 만일 그렇다면 그 자신을 일화 기억의 일부로 의식하는 자기주지적 인식을 할 수 있는지의 여부다.

엘리자베스 머리, 스티븐 와이즈, 킴 그레이엄은 동물의 기억과 관련해 주관적인 일화 경험에 대한 연구 결과들은 필연적으로 "검증되지 않은(그리고 종종 검증될 수 없는) 전제"에 바탕을 둔다고 주장했다. 이처럼 동물의 주관적 경험에 관한 결론을 이끌어내기 어렵다는 바로 그 이유 때문에 클레이튼과 다른 연구자들은 자신들의 연구 결과에 대해 말할 때 상당히 주의하는 편이다. 이들은 동물들이 보여주는 행동이 인간의 일화 기억과 일부 측면에서는 부합하지만 그것만으로 동물도 일화 기억이 있다고 완전히 설명하지 못하며 자기주지적 의식이 있다고는 더더욱 설명하지 못한다는 것을 인지하며, 그저 동물에게 '일화 기억과 유사한' 기억이 있는 것으로 보인다고 말한다.

또 다른 행동 대용물로는 시간의 내적 표상 시험이 있다. 앞에서 살펴본 것처럼, 툴빙은 정신적 시간여행, 즉 과거의 경험에 자기 자신을 투영하거나 미래의 일어날 일에서 자기 자신의 모습을 상상하는 능력이 인간이 가진 자기주지적 의식의 핵심 특성이라고 말했다. 동물도 이러한 시간에 따른 자기투사 능력이 있다고 주장하는 학자들은 일부 동물 종에게 미래 계획(미래 지향적) 인지 기능이 있음을 보여주는 연구 결과를 인용했다. 그러나 세실리아 헤이스, 사라 셰틀워스Sara Shettleworth, 마이클 코발리스, 토머스 서든도프 등은 미래 지향적인 행동을 보여준다고 해서 반드시 정신적 시간여행도 가능한 것은 아니라고 주장한다. 왜냐하면 정신적 시간여행을 위해서는 자기 자신이 실제로 과거나 미래에 있는 것처럼 경험할 수 있는 능력이 필요하기 때문이다. 이들 비평가들은 비의식적 인지 과정이나 비인지적 행동 전략에 근거한 더 간결한 해석으로도 데이터를 설명하기에 충분하다는 입장을 유지한다.

클레이튼과 앤서니 디킨슨은 동물의 일화 기억과 정신적 시간여행에 대한 연구에 대해 매우 간결하고도 합리적인 평가를 내렸다. "언어가 없다면, 우리는 어치가 내일 아침에 무엇을 먹을지 계획할 때 일화적 미래 사고방식으로 자기 자신을 내일 아침 상황에 투사하는지, 아니면 미래로 정신적 시간여행을 떠나지 않고 그저 의미론적 미래 사고방식으로 전향적으로 행동하는지 도무지 알아낼 방법이 없다."

'마음 이론Theory of mind'은 다른 사람의 심적 상태에 대해 생각하는 특별한 종류의 인지 작용이다(그림 60.2). 사회적 상호 작용에서 우

인지
(생각)

메타인지
(생각에 대한 생각)

마음 이론

문제 해결,
추론,
결정

관찰, 계획,
평가, 결정

그가 내게
잘 반응해주면
좋겠어

그녀는 내가
그녀에게 반응하는
방식을 좋아해

그림 60.2 인지, 메타인지, 마음 이론

리는 다른 사람의 마음을 읽을 때 우리 자신의 마음이 어떻게 작용하
는지에 대한 지식을 활용하여 타인에게 특정 생각, 신념, 감정을 귀
속시킨 후 그들의 행동을 예측한다. 유타 프리스와 프란체스카 하페
Francesca Happé는 자폐증이 마음 이론 능력을 손상시킨다고 지적하며,
이 병을 앓는 사람들은 자신의 생각과 감정을 심적으로 표상하는 능
력이 결여되어 있으므로 다른 사람의 생각 및 감정도 상상하지 못한
다고 말했다. 프리스와 하페에 따르면 자폐증이 있는 사람들은 세상
에 대한 1차 표상에서 헤어나오지 못하는 경향이 있으며, 자기 인식에
필요한 더 고차의 표상을 만들지 못한다고 한다.

그러면 다른 동물들도 상호 작용할 때 이러한 '마음 읽기'를 할 수
있을까? 만일 그렇다면 이 과정에 의식이 관여하지 않을까? 동물의
마음 읽기 능력 테스트는 또 다른 행동 대용물이다. 하지만 이 시험에
통과한다고 해서 동물들이 자신이 무엇을 하는지 의식하고 있음을 입
증하지는 못한다. 헤이스는 동물들이 다른 동물의 행동을 예측하기
위해 정신적 의식 이론을 필요로 하지는 않는다고 말한다. 이것은 마

치 썩은 먹이를 피하기 위해 독물학 이론이 필요하지는 않은 것과 같다. 시각 자극과 냄새만으로도 충분하다. 클레이튼과 디킨슨이 일화 기억과 시간 예측 연구에서 그랬던 것처럼, 동물의 행동에 의식적 심적 상태를 부여할 때는 상당한 주의가 필요하다.

수십 년 전 동물의 마음 이론 분야를 개척한 데이비드 프리맥David Premack은 몇 년간 실망스러운 결과를 거둔 후 다음과 같이 결론내렸다. "동물은 '독심술사'(의식적 마음을 읽는 자)가 아니라면 '행동주의자'(자극-반응 기계)다." 그러나 프리맥이 이러한 구분을 내린 것은 인지과학에서 비의식적 인지라는 개념이 제대로 확립되기 이전이었다. 비의식적 인지는 완전히 의식적인 마음 읽기 능력과 자극-반응 행동 사이의 중간 어디쯤에 위치하고 있다. 실제로 크리스 베이커Chris Baker, 리베카 색스Rebecca Saxe, 조슈아 테넨바움Joshua Tenenbaum은 다른 마음을 추론하는 마음 이론은 일반적으로 아무런 노력을 들이지 않는 자동적이고 무의식적인 반응이라고 지적했다. 심지어 인간에게서도 말이다.

나는 의식 상태로 동물의 행동을 설명할 수 있다고 결론내리기 전에 이를 설명할 수 있는 대안이 없는지 신중히 고려해야 한다는 의견을 지지한다. 이러한 노력을 통해 우리는 과학에서 인간 중심주의가 부상하는 것을 막을 수 있다. 필자의 견해로 뇌는 의식을 갖추기 이전에는 오랫동안 비의식적 상태였을 것으로 추측된다. 따라서 나의 기본적인 입장은 행동이란 그것이 의식적이라고 입증되기 전까지는 비의식적으로 제어된다는 것이다. 최근에 의식 연구자 스탠 드핸, 하콴 라우, 시드 콰이더Sid Kouider가 강조했듯이, 인간의 뇌는 의식이 있다는 것을 의심할 수 없는 유일한 물리계다.

마음의 유형*

그러면 이제 우리는 무엇을 해야 할까? 가장 먼저 지적해야 할 점은 동물의 의식을 보여주기가 어렵다고 해서 동물에게 마음이 없다는 것은 아니라는 점이다. 내가 알기로 오늘날 그 어떤 진지한 과학자도 포유류와 조류에게 마음이 없다고 말하지 않는다. 그 '마음'이란 것이 생각하고 계획하며 기억하는 능력을 의미한다면 말이다. 하지만 이것은 자기 자신의 생각과 계획 및 기억을 의식하는 능력과는 다르다. 포유류와 새들이 마음을 가지고 있다고 해서 이들이 인간과 같은 유형의 마음, 즉 언어와 반성적 자기 인식 능력을 가지며 자신의 과거를 회상하거나 미래에 가능한 여러 상황 속에 놓인 자기 자신을 상상할 수 있는 능력을 갖고 있다는 것을 의미하지는 않는다.

따라서 나는 자기주지적 의식이 인간만의 고유한 특징이라고 한

• 이 제목은 대니얼 데닛이 1996년 쓴 동명의 책(한국어판 제목: '마음의 진화')에서 빌려온 것이다.

툴빙의 의견을 따르고자 한다. 그러나 크리스토프 메낭과 마이클 베란Michael Beran 및 그 동료들은 유인원에게도 일종의 비언어적 자기주지적 의식이 있을지 모른다고 제안했다. 최근에 나는 〈내 이웃이 되어 줄래요?Won't You Be My Neighbor?〉라는 영화에서 프레드 로저스(로저스 씨)가 고릴라 코코를 상대하는 장면을 봤다. 나 같은 불가지론자조차도 이 동물에게 매우 정교한 의식적인 마음이 작동하고 있다는 직관을 떨치기 어려웠다(아니, 거의 불가능했다). 하지만 그것은 나의 인간으로서의 반응일 뿐 과학자의 반응은 아니었다. 내 안의 과학자는 대신 이 직관을 어떻게 검증할 수 있을지 물었다. 그러나 이 책에서 내가 여러 번 강조했던 것처럼, 그것을 검증하기란 결코 쉽지 않은 일이다.

심리적 속성에 비의식적 인지와 반성적 자기 인식만 있는 것은 아니다. 의미론적 지식으로부터 나오는 주지적 의식이 그 사이에 놓여 있다. 인간의 경우 주지적인 의식 상태는 보통 언어적 의미 기억과 연관되어 있다. 물론 우리는 비언어적 의미 기억도 가진다. 우리는 언어로 시각적 개념(나무, 새, 강, 음식, 짝)을 나타낼 수 있을 때도 비언어적 개념을 이용해 행동을 이끌기도 한다. 이는 다른 동물들도 마찬가지다. 어쩌면 인간이 아닌 다른 영장류, 다른 포유류, 심지어 조류들까지도 일종의 비언어적인 주지적 인식 능력을 가지고 있을 수 있다. (60장에서 논의한 니콜라 클레이튼과 앤서니 디킨슨의 가설도 이 연장선상에 있다.) 이런 유형의 의식을 가지고 있는 동물은 자신이 위험, 먹이 또는 짝이 존재하는 상황에 놓여 있음을 알고 있을 수 있으며, 아마도 사물이나 상황에 대한 기억을 인식할 수 있을 것이다. 반복되는 상황에서 익숙함을 느낄 수도 있다. 그리고 안토니오 다마지오가 말했던 것처럼 체성감각의 기억에 근거해 그 속에 속한다는 경험 그 자체(주체로서의 자아) 그리고 그 경험에 대한 지식 없이 다른 사람과 대비되는 자기 자신이라는 감각(대상으로서의 자아)도 가질 수 있다.

동물의 신경 회로 중 어떤 부분을 주지적 의식을 일으키는 신경 기반으로 볼 수 있는지(보통은 이런 식으로 보지 않지만)에 대한 연구도 진행되었다. 예를 들어, 니코스 로고테티스Nikos Logothetis와 동료들은 시각 자극에 대한 원숭이의 반응을 연구하면서 의식적 지각과 관련된 신경 기반을 발견했다고 주장했다. 구체적으로 이들은 특정 조건에서 원숭이에게 자극을 가해 행동 반응을 이끌어내면 복측 지각/기억 경로와 전전두 피질 영역이 활성화되지만 다른 조건에서는 오직 시각 피질만 활성화되는 것을 발견했다. 앞에서도 살펴본 바와 같이, 인간이 주관적 시각 경험을 보고할 때도 시각 영역과 전전두 피질 영역에서 활성이 나타났다. 따라서 이 결과는 주지적 시각 의식에 부합하는 증거로 볼 수 있다.

여기서 우리는 심지어 인간에게서조차 전전두 피질의 활성은 행동에 의식이 관여한다는 것을 보여주는 확실한 증거가 아니라는 사실을 기억해야 한다. 전전두 회로는 의식적 정보는 물론 비의식적 정보도 처리하기 때문이다. 뇌 영역의 활성을 관찰함으로써 의식을 측정할 필요는 있지만 의식의 존재를 추측할 수는 없다. 그리고 의식을 측정하기란 인간이 아닌 동물에서는 매우 어려운 일이다.

또 다른 최근 연구에서는 원숭이의 전전두 네트워크가 뇌 전체 영역을 발화시키는 것으로 나타났다. 이는 인간 의식에 대한 이론 중 광역 신경 작업 공간 이론에서 제안된 것과 유사한 방식이다. 이 연구 결과는 주지적 형태의 의식이 광역 송출에 따라 형성된다는 설명과 잘 부합하지만 비의식적인 해석에도 똑같이 잘 부합한다. 앞에서도 언급했듯이, 광역 신경 작업 공간 가설에서는 인간에서조차 의식적 인지 상태와 비의식적 인지 상태가 명확히 구분되지 않기 때문이다.

주지적 의식과 자기주지적 의식 사이의 구분은 다른 동물의 의식을 더 과학적으로 이해할 수 있도록 해준다. 그러나 우리는 과학자로서 동물이 비언어적 의미론적 지식을 사용해 복잡한, 심지어 매우 복잡한 문제를 풀 수 있다는 증거와 이들에게 주지적 의식이 있다는 증거는 서로 다르다는 사실을 인지해야 한다. 동물에게 언어적으로 보고할 능력이 없는 한 비의식적 설명을 배제하기 어렵고 따라서 '의식에 몰래 다가가는 것' 이상의 일을 하기도 어렵다. 결국 주지적 의식이라는 개념만으로는 동물의 의식을 어떻게 명확히 입증할 것인가라는 문제를 해결하지 못한다. 하지만 이 개념은 최소한 동물이 어떻게 사건과 그 의미를 의식할 수 있는지, 심지어 자신을 어떻게 대상으로 인식할 수 있는지 짐작할 수 있도록 해준다. 예를 들어, 앞에서도 설명한 것처럼, 주지적 의식은 동물들로 하여금 어떤 먹이가 영양가가 높고 어떤 먹이에 독이 들었는지, 누가 친구고 누가 적인지, 혹은 누가 잠재적 짝이 될 수 있는지 그리고 신체감각이 어떠한지 등을 알 수 있도록 해준다. 하지만 자신을 현재나 과거 또는 상상의 미래 상황에 놓으며 반성적으로 인식할 수 있도록 하는 상당히 복잡한 능력 없이도 이런 일을 행할 수 있다.

내가 프롤로그에서 했던 말을 한 번 더 되풀이하면, 단지 동물이 우리와 같은 방식으로 고통을 겪지 않는다고 해서 그들이 일종의 불안이나 불편함을 느끼지 않는다거나 신체 손상 또는 질병으로 고통받지 않는다는 것을 의미하지는 않는다. 따라서 나의 견해가 결코 동물을 고문하거나 학대하는 논리로 이용되어서는 안 된다. 동물을 인간적으로 대우하기 위한 사회적 기준을 마련한 데는 타당한 이유가 있다. 이 기준이 허용하는 범위를 벗어나는 모든 활동은 범죄다.

동물의 의식이 어떤 지위에 있는지에 관계없이 우리는 종간 비교 연구로부터 동물 인지에 대해 그리고 인간 인지의 뿌리에 대해 많은 것을 배울 수 있었다. 이 연구들에 따르면 새들은 뇌가 작고 영장류와 같은 진화 경로를 따르지 않았음에도 불구하고 원숭이과 유인원에 필적하는 인지적 문제 해결 능력을 가지고 있는 것으로 드러났다. 이러한 현상은 이른바 수렴 진화 또는 평행 진화를 통해 발생했을 가능성이 높다. 즉 동물의 삶에 유용한 일부 기능은 여러 다른 집단에서 독립적으로 진화할 수 있다. 예를 들어, 미래 계획 인지 능력과 관련해 마이클 베란이 제안한 가설에 따르면 새들은 먹이가 부족한 상황을 대비해 벌레나 다른 먹이를 저장해두고 언제 무엇을 먹을지 선택할 수 있는 능력, 즉 미래를 계획할 수 있는 능력을 진화시킨 쪽이 좀 더 유리했을 것이다. 마찬가지로 인간 이외의 영장류가 가진 전향적 인지 능력은 이동 경로를 계획하거나 사회 집단에서 지배적 수컷의 주의를 끄는 행동을 피하는 것과 관련된 문제를 해결하기 위해 진화했을 수 있다. 실제로 진화의 역사에는 서로 다른 선택압의 결과로 비슷한 형질이 발생한 예가 많이 있다. 주머니쥐, 판다, 영장류의 '마주 보는 엄지손가락'도 그중 하나다.

비트겐슈타인의 '말하는 사자'가 실제로 존재하고 또한 우리가 그 사자의 말을 이해할 수 있다면 동물의 의식에 대해 우리가 가진 모든 의문이 마침내 해결될 수 있을지 모른다. 이는 매력적인 생각이지만 현실은 그렇게 단순하지 않다. 앞서도 논의했듯이 유인원, 돌고래, 새 등 인간이 아닌 다른 동물의 언어 능력을 보여주려는 시도는 많이 있었다. 동물도 언어가 있다는 것을 보여주는 데 성공했다고 주장하는 연구자들도 일부 존재하지만, 그들의 발견을 설명하기 위해서 언어 자체가 필요한 것은 아니라는 반론도 제기되었다. 그 모든 사례를 학습된 행동 전략이나 다른 비의식적 설명을 통해 해석할 수도 있기 때문이다.

동물 소통에 대한 연구는 아직까지는 인간 연구자들이 언어적 보고를 통해 이룩한 만큼의 성과는 내지 못했다. 다시 말해, 동물의 언어는 의식적 과정에 기반한 행동과 비의식적 행동을 구분하는 수단으로 기능하지 못했다. 그렇다고 이 사실이 의식은 오직 인간에게만 존재한다는 것을 보여주는 확실한 증거라는 의미는 아니다. 다만 언어가 없는 동물의 의식에 대한 과학적 주장을 할 때는 주의를 기울여야 한다는 점을 의미할 뿐이다.

데이비드 로젠탈은 의식을 가지기 위해서는 심적 상태에 대한 고차 사고를 할 수 있는 능력이 있어야 하고, 이를 위해서는 결국 언어가 있어야 한다고 말한다. 그 결과, 언어가 없는 생명체들은 적어도 우리가 가진 것과 같은 의식적인 심적 상태는 가지지 못한다.

동물 의식에 대한 논쟁은 궁극적으로 다윈이 우리 조상과 친척들의 정신생활에 대해 선언한 바와 연결된다. 클라이브 윈Clive Wynne에 따르면, 지난 한 세기 동안 과학자들은 인간과 다른 포유류의 마음 사이에는 연속성이 있다는 다윈의 생각과는 달리 이들 사이에 명백한 인지적 격차가 발견되는 문제 때문에 골치를 앓아야 했다. 다윈은 생물학에서 '자연의 척도'를 몰아내는 데 성공했지만 그의 의인화적 관점은 심리학에 계속 남아 있었고, 이에 따라 많은 학자들이 심적 동등성이란 관점에서 오직 행동 관찰에만 근거해 행동의 연속성을 찾았으며 이를 무비판적으로 수용했다.

원이 올바로 지적한 것처럼 심리학자들은 당대의 생물학자들을 따라 종간 차이점에 좀 더 많은 주의를 기울이고, 특히 그러한 차이점들이 모두 동등한 것은 아니라는 점을 인식해야 한다. 어떤 것은 종이 공통 조상으로부터 진화하는 자연적인 과정(예를 들어, 영장류 조상으로부터 인간이 진화하는 동안 일어난 인지 변화)에서 기인하지만 공통 조상을 공유하지 않는 종들 사이에서 유사한 능력이 진화(예를 들어, 새와 인간의 음성을 이용한 소통 능력)할 때도 있다. 이를 설명하기 위해 원은 그동안 영장류의 숨겨진 언어 능력을 찾아내고자 했던 무수한 연구를 예로 들었다. 영장류는 우리와 가장 가까운 동물 친척이므로 그들에게도 인간의 언어 능력의 흔적이 남아 있으리라 가정해 수없이 많은 연구가 행해졌다. 이것은 합리적인 가정이었다. 하지만 이들의 노력은 수포로 돌아갔다. 비록 언어가 인간만의 새로운 형질일 수도 있지만 인간의 언어 획득 과정을 이해하는 데는 영장류보다는 새의 노래 습득 능력이 동물 모델로서 더 유용했다. 왜 그럴까? 인간과 새의 발성 능력이 공통 조상으로부터 진화했기 때문은 아니다. 하지만 새의 노래 습득과 인간의 발화 획득 과정이 행동적으로 그리고 신경학적으로 유사하다는 사실은 이들이 의사소통이란 문제를 해결하기 위해 소리를 이용하는 법을 각각 독립적으로 진화시켰음을 의미한다. 그리고 만일 인간이 출현하기 전까지 이러한 능력이나 이 능력의 핵심 요소가 생겨나지 않았다면, 영장류 연구가 이 능력에 대해 알려줄 수 있는 것은 상당히 제한적일 것이다.

어쩌면 우리는 다른 동물도 의식적 경험을 하는지, 만일 그렇다면 그 경험은 우리의 것과 같은지 결코 알 수 없을지도 모른다. 동물의 의식을 과학적으로 측정하기 어렵기 때문이다. 그러나 어떤 의미에서 이런 문제는 종간 비교에서 그리 중요한 문제가 아니다. 우리는 동물의 의식 자체보다는 측정 가능하고 우리들과 공유하고 있는 것이 분명한 인지적 능력이나 행동 능력에 좀 더 초점을 맞추어야 한다. 이런 능력 중 일부는 설령 다른 동물에게 우리가 가진 것과 같은 의식을 가져다주진 못했더라도, 인간에서 의식이 진화하는 과정에는 분명 기여했을 것이다.

데카르트로부터 전해져 내려온, 인간은 의식적인 마음을 가지고 있고 동물은 반사적인 기계에 불과하다는 낡은 생각은 이미 오래전에 폐기되었다. 동물이나 사람 모두 비의식적으로 행동을 통제하는 인지적 처리 도구를 가지고 있다. 따라서 인간과 동물 사이의 간격을 좁히려 한다면 동물의 의식에 대해 검증할 수 없는 가설을 세우는 대신에, 종 전반에 나타나는 행동의 인지적 근간이 무엇인지 추적하고 그 유사점과 차이점을 규명해 어떤 신경 메커니즘이 이러한 차이를 일으키는지부터 알아내야 한다. 다행인 것은 이것이 현재 가장 활발히 진행되고 있는 연구 전략이라는 점이다. 하지만 19세기 후반부터 지금까지 이어지는 일화에 근거한 심적 의인화와 과장된 심리학적 주장들이 계속에서 연구자들에게 영감을 주고 있다. 현재의 연구 효과를 극대화하기 위해서는 이러한 영향력을 몰아낼 필요가 있다. 이번 장에서 나는 이 목표를 달성하기 위해 최선을 다했다.

감정 주관성

감정 의미론의 가파른 비탈길

감정은 우리가 가장 관심을 가지는 의식적 경험이다. 그러나 감정을 과학적으로 연구하기란 특별히 더 까다로웠다. 이는 과학자들이 과학적 구성물로서의 '감정'을 설명하기 위해 상당 부분 일상 용어에 의존해왔기 때문으로 생각된다. 일상적인 용어들로 감정을 기술하는 일은 이미 과학계에 관행으로 자리잡았지만, 이 용어들은 일관되게 쓰이지 않았으며 때로는 부적절하게 쓰인 것으로 보인다.

몇 년 전 잭 블록Jack Block은 "심리학자들은 용어를 대충 사용하는 경향이 있다"라고 지적했다. 예를 들어 '공포'라는 단어를 보자. 감정을 설명하는 대부분의 용어처럼 '공포'는 의식적인 경험(공포의 느낌)과 신체적 반응(얼어붙거나 도망, 순환계·호흡기·내분비계의 변화)에서부터 회피 행동 같은 도구적 반응을 일으키기 위한 동기 유발(공포 유발), 인지적 판단(평가)에 이르기까지 이 모든 현상을 지시하기 위해 사용된다. 이처럼 한 단어가 여러 개념적 수준의 지시체를 가지는 것을 고려하면,

과학적인 맥락에서 '공포'와 같은 감정 단어가 나타났을 때 그것이 정확히 무엇을 의미하는지 다소 혼란스럽다 해도 무리는 아니다.

과학자들은 자신이 이해하고자 하는 현상에 접근할 때 그 현상에 대해 자신이 가지고 있던 직관을 연구의 출발점으로 삼곤 한다. 그런 다음 이들은 직관에 대한 부분은 일단 제쳐둔 후 실험을 설계한다. 그래야만 그 현상의 근본적인 특성을 파악할 수 있기 때문이다. 그러나 연구 주제가 심리적인 것이면 특별한 문제가 일어난다. 이 과정에서 직관을 배제하기가 훨씬 어려워지는 것이다. 조지 맨들러George Mandler 와 윌리엄 케슨William Kessen이 1959년 저서인《심리학의 언어 *The Language of Psychology*》에서 지적했듯이 "원자는 원자를 연구하지 않고, 별은 행성을 조사하지 않는다. …… 인간이 자기 자신을 연구한다는 사실 그리고 연구자들 또한 모든 인간이 일상에서 꾸준히 사용하는 낡은 개념을 가지고 있다는 사실은 과학적 심리학이 나아갈 길에 큰 걸림돌이 된다."

이러한 낡은 개념 중 하나는 우리의 감정적 느낌과 관련하여 발생하는 행동적·생리적 반응이 실제로 그러한 감정에 의해 야기된다는 생각이다. 앞에서도 살펴본 것처럼, 다윈은 이를 오랫동안 이어져 온 민속 지혜 때문으로 여긴다. 사실, 대부분의 감정 과학자들을 포함하여 우리 인간이 그러한 직관을 가지는 것은 완전히 자연스럽다. 사람들은 위험 상황에서 도망치거나 그 자리에 얼어붙을 때 공포를 느끼기 때문이다. 그러한 직감은 전제가 되기도 한다. 예를 들어, 공포의 심적 상태와 그들이 보낸 행동 사절은 너무 얽혀 있는 것처럼 보여서 뇌에서도 함께 묶여 있어야 할 것 같다. 그게 아니라면 이들은 왜 항상 함께 나타난단 말인가? 그러면 이제 전제는 교리가 된다. 행동 반응 및 생리적 반응을 통제하는 뇌 영역이 바로 감정이 위치하는 곳이 되는 것이다. 상관관계가 인과관계와 같지 않다는 것을 모르는 과학자는 없지만, 어떤 것들은 너무나 명백해 보이므로 인과관계로 단순히 간주된 후 과학적 진리, 사실, 교리가 되어 마침내는 결코 의심받지 않는 지위에 오르곤 한다.

19세기 말 유심론이 한창 전성기를 누리던 시절, 윌리엄 제임스는 우리가 곰으로부터 도망치는 이유가 정말로 공포 때문인지 의문을 제기하며 적신호를 올렸다. 제임스는 우리가 공포나 다른 감정을 경험하는 일이 어떻게 일어나는지에 대해 더 관심이 많았기 때문에, 왜 우리가 그런 식으로 행동하는지에 대해서는 감정이 그 원인이 아닌 한 별로 언급하지 않았다. 행동주의자들은 제임스의 문제의식에서 한 걸음 더 나아가 심리학과 관련된 주제로서 내적 상태를 모두 제거해버렸다. 그러나 행동주의자들도 내적 상태, 특히 '심적 상태'라는 용어는 남겨둔 뒤 자극과 행동 사이의 관계를 설명하는 데 사용했다. 예를 들어 '공포'란 용어는 위험한 상황임을 나타내는 자극-반응 관계를 설명하는 데 사용되었다. 행동주의가 저물고 난 이후에는 위험 상황에서 인간과 동물에게 행동 반응을 일으키는 주관적 경험에 대해 좀 더 자유롭게 논의할 수 있게 되었다.

1960년대 말 피터 랭Peter Lang이 수행한 연구는 행동에서 공포나 다른 감정이 하는 역할에 관한 상식적인 전제에 대해 제임스가 제기한 비판이 옳을지도 모른다는 것을 보여주었다. 이후 여러 차례 반복되기도 한 랭의 연구는 공포의 주관적 경험 및 그와 동시에 발생하는 행동과 생리학적 반응 사이의 상관관계가 사람들이 흔히 자신의 경험으로부터 가정하는 것보다 약하다는 것을 보여주었다.

사람들이 이 상관관계가 실제 그런 것보다 더 강하다고 느끼는 이유는 아마도 확증 편향 때문인 것으로 보인다. 우리는 우리 문화가 가진 통속심리학적 전제로부터 상당한 양의 믿음을 전수받는다. 그리고 일단 그러한 믿음이 자리를 잡으면 그것은 우리의 직관을 지지하는 의심할 여지가 없는 토대가 되어 우리의 행동을 인도한다. 이때, 그 믿음과 일치하지 않는 사례는 무가치한 것으로 치부되고 무시된다.

확증 편향은 일반인뿐만 아니라 과학자에게도 영향을 미친다. 예컨대, 공포에 관여하는 것으로 가장 일반적으로 거론되는 뇌 영역은 편도체다. 사람들이 처음으로 편도체와 공포를 연결짓기 시작한 것은 1950년대다. 그러나 1980년대에 브루스 캡Bruce Kapp, 마이클 데이비스 Michael Davis 그리고 내가 공포 파블로프 조건화를 이용한 연구 결과를 발표한 이후 편도체가 뇌의 '공포 중추'라는 생각이 가열되기 시작했다. 여기서 우리는 신호음과 같은 의미가 없는 자극을 약한 전기 충격과 짝지음으로써 방어적 행동(예를 들어, 행동 멈춤)과 생리적 조절(예를 들어 심박수, 혈압, 호르몬 수준의 변화)이 일어나도록 했다. 연구 결과 우리는 위험 조건화에 의해 행동 및 생리적 반응이 일어나도록 통제하는 뇌 회로에서 편도체가 핵심적인 역할을 한다는 사실을 알아냈다. 또한 우리는 '공포'에 대한 조건화를 연구하고 있었으므로, 이 실험에서 조건화된 것은 당연히 공포의 상태이며 따라서 편도체가 공포의 중추라고 생각하게 되었다(그림 62.1).

이 직관적인 발상은 상당히 많은 연구자에게 영감을 주었고, 일반 대중들 또한 여기에 관심을 보였다. 이는 부분적으로 나의 1996년 저서《느끼는 뇌 The Emtional Brain》 때문이기도 하다. 오늘날 편도체가 공포 중추라는 개념은 과학적 교리로 여겨지는 것을 넘어서 이제는 문화적

밈이 되어 아무런 의문 없이 책과 잡지, 영화와 노래, 만화와 다른 매체들에 일상적으로 등장하고 있다. 그럼에도 불구하고, 나는 그것이 틀렸다고 생각한다. 나의 연구와 저술이 이러한 잘못된 정의에 기여하기도 했으므로 이 부분에 대해 좀 더 설명해보려 한다.

1620년 프랜시스 베이컨은 다음과 같이 썼다. "과학자는…… 우리가 대상에 해당하는 용어를 가지고 있다는 단순한 이유만으로 그것에 암묵적으로 실재를 부여하지 않도록 경계해야 한다." 다시 말해, 우리가 어떤 대상에 이름을 부여할 때 우리는 그것을 구체화하게 되고, 그 대상에게 붙여준 이름이 암시하는 속성을 그 대상에게 부여하게 된다. 1950년대에 멜빈 마르크스Melvin Marx는 행동을 통제하는 비주관적 상태를 지칭할 때 주관적 상태에 대한 단어를 사용하면 그 단어에 함축된 주관적 상태 속성이 행동에 전염될 위험이 있다고 경고했다. 실제로, 우리가 행동과 그 행동을 통제하는 회로에 '공포' 같은 감정 단어를 사용해 이름을 붙이면 그 행동과 회로는 그것의 이름에 함축된 감정적 의미를 얻는다.

《느끼는 뇌》를 썼을 당시 나는 베이컨이나 마르크스의 글에 대해서는 알지 못했지만 이들과 어느 정도는 비슷한 깨달음을 얻었다. 내가 동물의 감정을 연구하기 시작한 이유는 마이클 가자니가와 함께 분열뇌 환자를 연구하는 동안 환자들이 비의식적으로 제어되는 행동이 일어났을 때 그 행동의 결과로 일어난 의식적 경험을 설명할 수 있는 내러티브를 지어낸다는 사실을 깨달았기 때문이다. 나는 감정적 행동이 이런 현상을 나타내는 대표적인 예이며 이를 통제하는 회로들은 동물 연구를 통해 쉽게 연구될 수 있으리라고 생각했다. 의식적 경험은 오직 인간에서만 연구되어야 한다고 하더라도 말이다. 그리고

공포 중추 모델에서의 편도체

외현적/암묵적 공포 모델에서의 편도체

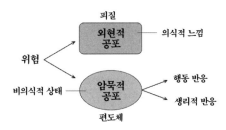

그림 62.1 공포에서 편도체의 역할에 대한 두 가지 관점

이것이 바로 내가 공포 조건화를 이용해 연구하고자 한 것이다. 이 연구로 나는 편도체에 도달하게 되었다.

　동물을 연구하던 초창기부터 나는 편도체가 이른바 공포 반응을 통제하는 영역이라고 여겼을 뿐 공포의 의식적 느낌을 생성하는 곳이라고는 생각하지 않았다. 이러한 차이를 의미론적으로 개념화하기 위해 나는 기억 연구에서 사용되는 외현 기억과 암묵 기억의 구분을 차용했다. 구체적으로, 나는 비의식적 또는 암묵적 공포에 따른 반응을 통제하는 역할은 편도체가 담당하는 한편 외현적인 의식적 공포는 다른 의식적 경험을 담당하는 피질의 인지 회로에서 나온다고 제안했다. 즉 편도체는 공포에 대한 의식적인 감정에 기여하긴 하지만, 오직 간접적으로만 기여할 뿐 그 자체를 일으키는 것은 아닌 것이다(그림 62.1 참조).

당시에는 이것이 공포의 메커니즘을 규명하는 유용한 방법처럼 보였다. 이 결과는 사람들에게 위험을 나타내는 그림을 짧은 시간 동안 역하 자극으로서 제시하면 이들은 자극이 존재했는지 알지 못하며 공포도 느끼지 않지만 그럼에도 편도체는 활성화되고 신체 반응이 유도된다는 연구 결과와도 부합했다. 즉 피험자가 공포를 느끼지 않았는데도 반응이 일어났다면, 공포 그 자체가 반응을 일으키는 것은 아닌 것으로 보였다. 실제로 2002년 애덤 앤더슨Adam Anderson과 엘리자베스 펠프스Elizabeth Phelps는 편도체에 손상을 입은 사람들도 여전히 의식적인 감정 경험을 할 수 있다는 것을 보여주었고, 10년 뒤 저스틴 파인스타인Justin Feinstein과 동료들이 이 결과를 다시 입증했다.

그럼에도 불구하고, 일반인과 과학자를 포함한 많은 사람이 암묵적 공포와 외현적 공포 사이의 구분을 알지 못하거나 혹은 모른 척하고 있다. 그 결과 공포 조건화 연구에서는 보통 공포의 느낌을 발생시키는 데 편도체가 관여하는 것으로 가정한다. 즉 편도체를 암묵적 공포 회로의 한 부분으로 여기는 대신 단순히 공포의 중추로만 여기는 것이다. 또한 이들은 '암묵적' 같은 한정 형용사는 전혀 사용하지 않은 채 공포란 그저 '의식적' 공포를 의미하는 것으로 전제한다.

이러한 혼동에 대해 나 또한 일정 부분 책임이 있음을 인정한다. 나 역시 글을 쓰면서 별생각 없이 단어를 사용할 때도 있었기 때문이다.* 내가 이 혼란에 기여했던 것만큼 그 해결책을 마련하는 데도 기여할 수 있기를 바란다.

과학자들이 데이터를 수집하고 분석할 때와 마찬가지로 조사 결과를 해석하고 논의할 때도 신중해야 한다는 것은 분명해 보인다. 그러나 정작 그 상황에 놓이면 무엇이 분명한 사실인지 명백하지 않을 때도 있다. 내 입장에서는 뒤늦게 깨달은 것이지만, 나는 내가 속해 있는 분야가 공포나 다른 감정 상태를 논할 때 더 엄밀한 태도를 취해야 한다고 주장해왔다. 우리는 공포에 관한 용어를 정리할 필요가 있다. 우리가 우리의 작업에 대해 말하는 방식은 그것에 대해 생각하는 방식과 앞으로 연구를 어떻게 진행해갈지 그리고 그것을 임상에 어떻게 적용할지에 심대한 효과를 미치기 때문이다.

모호한 언어로 인해 발생할 수 있는 문제를 설명하기 위해 신경생물학자 데이비드 앤더슨David Anderson이 파리를 이용해 수행한 우아한 연구를 살펴보자. 파리는 위험에 직면하면 움직임을 멈춘다. 앤더슨은 설치류 연구와의 유사점에서 착안해 이러한 반응을 '얼어붙기freezing'라고 불렀다. 비록 파리는 편도체가 없지만 대신 그들만의 얼어붙기 행위를 통제하는 위험 탐지 회로를 가지고 있다. 앤더슨은 그러한 행동의 기저에 있는 유전자가 파리나 포유류에서도 비슷하다는 것을 보여주었다. 진화적으로 멀리 떨어져 있는 이들 집단이 대략 6억 년 전에 살았던 공통의 조상 'PDA'(선구-후구동물 공통 조상)로부터 이 회로를 구성하는 유전자를 물려받았을지도 모른다는 흥미로운 가설도 제기되었다. 하지만 유전적 유사성은 평행 진화의 결과일 수도 있다. 어느 경우든 앤더슨의 연구는 상당히 인상적이다. 그러나 나는 그가 역효과를 초래할 수도 있는 방식으로 자신의 연구 결과를 해석했

• 《느끼는 뇌》에서 나는 편도체를 암묵적 공포 처리 장치로 강조했지만 외현적 또는 암묵적이라는 표현을 따로 명시하지 않은 채 그저 "공포 바퀴의 축"으로 묘사하기도 했다. 또한 나는 과학 논문들에서도 의식적 공포와 비의식적 공포 사이의 구분을 언급하지 않은 채 공포 조건화를 논하기도 했다. 2006년에 나는 내가 속해 있는 밴드 '아미그달로이드'를 위해 편도체가 공포의 근원임을 암시하는 노래 〈모든 것은 머릿속에All in a Nut〉를 작곡하고 녹음했는데, 이때도 외현/암묵 구분을 하지 않았다.

다고 생각한다. 특히 위협과 파리의 얼어붙기 행동 사이에 "포유류에서의 공포와 유사한 것으로 보이는" 감정 상태가 일어났다는 주장과, 파리를 연구함으로써 인간의 감정에 대해서도 중요한 것들을 배울 수 있다는 주장이 그렇다.

오늘날 동물의 공포와 배고픔, 쾌락에 대해 논의하는 일부 과학자들은 이러한 용어를 사용하는 데 상당히 주의하며, 이들 용어가 의식적 느낌을 의미하는 것은 아니며 그보다는 행동을 제어하는 뇌의 상태(본질적으로 내가 '암묵적 공포'라는 개념을 통해 설명하고자 했던 것)를 의미한다고 설명한다. 그러나 대부분의 과학자들, 심지어 공포의 경험에 대해 이야기하는 것이 아니라고 명시하는 학자들조차 단어 사용에 그리 주의를 기울이지 않은 채 말하고 글을 쓴다. 자연스럽게 독자와 청취자는 "우리는 얼어붙기를 공포의 척도로 이용했다" 또는 "그 동물은 공포에 얼어붙었다"와 같은 표현에서 가리키는 대상이 공포 그 자체라고 생각하게 된다.

예를 들어, 앤더슨의 연구는 언론에 소개될 때 다음과 같은 표제를 달고 나왔다. "공포를 느끼는 파리, 어쩌면 그 이상도 느낄 수 있다." "파리는 공포와 같은 감정을 경험하고, 뇌에서 어떻게 느낌이 만들어지는지에 대한 실마리를 제공한다." 이것은 앤더슨이 의미했던 바가 아니다. 그러나 그의 의도와 상관없이, 그가 연구를 설계한 방식은 그의 연구 결과가 이런 방식으로 읽히는 것을 피할 수 없게 만들었다. 나 또한 예전에 같은 일을 한 적이 있기 때문에 안다. 나는 "제대로 이해하지 못하는 언론이 뭐라고 말하든"이라고 생각했지만, 이런 안이한 생각에는 대가가 따른다는 것을 어렵게 배워야만 했다.

위험에 처했을 때의 동물 행동을 연구함으로써 의식적 공포를 이해하고 공포와 관련된 정신적 문제를 치유할 방법을 찾을 수 있다는 생각이 단지 언론의 보도방식뿐만 아니라 연구를 구상하고 연구 자금을 조달받는 방식에도 확고히 자리잡고 있다. 나는 이것이 공포를 이해하고 그와 관련된 장애를 치료하는 방법을 개발하려는 과학적인 노력을 저해하고 있다고 생각한다.

돌이켜보면, '공포'라는 용어는 인간의 마음에서 공포의 개념을 패턴-완성시킨다는 점에서, 암묵/외현의 구분은 실패할 수밖에 없었던 것 같다. 언어에 조금씩 변경을 가함으로써 행동 제어의 의미를 더 명확히 할 수도 있겠지만, 나는 그보다는 좀 더 근본적인 접근 방식이 필요하다고 생각한다. 이러한 접근 방식을 통해 우리는 동물과 인간이 그들의 삶에서 중요한 자극에 대해 어떻게 반응하는지에 대해, 이들이 무엇을 경험하는지에 대해 혼동하거나 논란에 휘말리는 일 없이 논의할 수 있어야 한다. 이러한 방식을 통해 우리는 감정적 의식이 우리의 동물 조상에게서 물려받은 원시적인 회로로부터 생겨났다는 생각을 배제하고 인간 의식에 대한 현대 과학을 바탕으로 새로운 관점을 개척할 수 있을 것이다.

생존 회로는 우리를 곤경에서 구해줄 수 있을까?

모든 유기체는 생존 능력(영양소 및 에너지 관리, 체액 및 이온 균형, 방어)을 극대화하고 생식력(번식)을 증대시키는 활동을 뒷받침하는 생물학적 메커니즘을 가지고 있다. 해면류 이외의 동물에서 이러한 행동을 일으키는 메커니즘은 신경계, 그중에서도 특히 생래적으로 배선된 회로로 대표된다(그림 63.1). 이들 회로는 바우플란의 작동을 제어함으로써 유기체가 생존하고 번영하며 번식할 수 있도록 한다. 예를 들어, 복잡한 동물은 보통 자신의 안녕에 위협을 느끼면 잠재적으로 유해한 자극에 대한 접촉을 최소화하는 방향으로 나아가고, 필요한 자원(먹이, 마실 것, 은신처)을 얻을 기회 또는 번식할 기회를 만나면 그와 관련된 자극을 끌어들인다.

이전 장에서 논의한 바와 같이 이러한 행동의 토대가 되는 회로는 대개 심적 상태를 지시하는 용어로 명명된다. 예를 들어 방어를 위한 회로는 '공포 회로fear circuit'라고 부르기도 하는데, 이는 때때로 그 이

그림 63.1 생존 회로는 생존자극이 있을 때 생존 행동을 제어한다.

름이 나타내는 심적 상태가 그 행동을 야기한다는 가정으로 이어지기도 한다. 예컨대 쥐나 사람이 위험에 처했을 때 그 자리에 얼어붙거나 도망치는 것은 공포 때문이라고 가정하게 되는 것이다. 이러한 용어가 일으키는 혼동을 피하기 위해, 나는 이러한 행동들을 '생존 행동'으로 그리고 그 토대가 되는 회로를 '생존 회로'라고 부를 것을 제안했다.

생존 회로란 어떤 면에서는 오래된 개념으로서 단순히 생래적인 (본능적인) 행동을 통제하는 회로를 가리킨다. 이러한 용어는 목표 기능(반응 제어)을 그와 관련된 심적 상태(느낌)와 분리한다는 장점이 있다. 생존 회로란 개념을 좀 더 알리기 위해 나는 딘 몹스Dean Mobbs와 함께 2018년 12월호《행동 과학 동향Current Opinion in Behavioral Sciences》특집호를 기획하고, 생존 회로에 관해 신경과학, 심리학, 윤리학, 철학 등 다양한 분야의 동료 연구자들이 쓴 논문을 스무 편 이상 게재했다. 이 장에서는 방어적 생존 회로를 예로 들어 생존 회로에 대한 나의 견해를 발전시켜보겠다.

방어적 생존 회로가 활성화되면 신체에는 생리적 변화가 일어나고 방어 생존 행동이 유발된다. 뇌에서 신경 회로는 운동 출력을 제어할 뿐만 아니라 지각, 기억, 인지, 동기부여 및 각성 시스템과도 상호작용한다. 신체 반응은 뇌로 되먹임되어 이 시스템들에 다시 영향을 미친다. 그 결과, 유기체 전체에 생리적 상태가 유도되어 광역적인 방

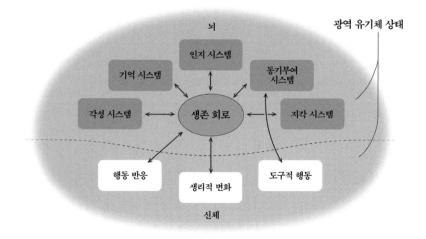

그림 63.2 생존 회로는 다른 시스템과 상호 작용하여 광역 유기체 상태를 일으킨다.

어 생존 상태로 들어가게 된다. 이러한 상태는 뇌의 여러 시스템과 신체를 조율시켜 유기체가 직면한 어려움을 극복할 수 있도록 뒷받침한다(그림 63.2).

중추 신경계가 있는 복잡한 유기체(추정컨대 무척추동물과 척추동물을 포함한 거의 모든 좌우 대칭 동물)의 생존 회로 활동은 광역 생존 상태의 유도를 비롯해 다양한 층위에서 다양한 결과로 나타난다. 각각의 동물이 정확히 어떤 특성의 생존 회로 활동을 보이는지는 물론 그 동물의 신경계의 복잡성과 그에 따른 행동 능력에 따라 달라질 것이다. 예를 들어, 광역 생존 상태는 데이비드 앤더슨이 연구한 파리와 같은 무척추 선구동물에서는 태생적인 행동들(동작 멈춤 등)과 더불어 학습된 습관을 촉진시키지만 포유류와 조류에서는 목표 지향적 도구적 행동도 촉진시킬 수 있다.

생존 회로와 그것이 불러일으키는 광역 유기체 상태global organismic state는 행동을 비의식적으로 통제한다. 그러나 자신의 뇌 활동을 의식적으로 인식할 수 있는 유기체에서는 광역 생존 상태의 다양한 요소가 의식적 감정에 영향을 미치므로 유기체는 비의식적 숙고와 의식적 숙고를 통해 감정적 행동을 제어할 수 있게 된다. 따라서 감정적 느낌은 우리의 삶에 실질적인 결과를 초래하기도 한다. 이는 너무나 명백한 사실이라 따로 언급할 필요도 없을 것 같지만 꼭 그렇지만은 않다. 왜냐하면 의식적 상태는 그저 부수적 현상일 뿐이라 실제로 기능적인 결과를 일으키지 못한다고 주장하는 사람도 있기 때문이다. 그러나 의식적 상태의 실질적인 결과를 이해하기 위해서는 일단 이들 결과들을 느낌이 일으키지 않은 결과들로부터 분리해야만 한다.

앞에서 내가 '암묵적 공포 회로'라고 지칭한 것은 생존 회로 모델에서의 방어적 생존 회로로 볼 수 있다(그림 63.3과 그림 62.1 비교하라). 방어적 생존 회로는 암묵적인 광역 방어 상태를 유발시킨다. 그러나 이전 장에서도 언급했듯이, 일부 학자들은 위험을 인지했을 때 행동이 일어나도록 하는 상태에 '공포'라는 이름을 붙이고 싶어한다. 이들은 여기서 '공포'란 단어를 단순히 일상적인 용법으로 사용한 것이 아니라 비주관적 뇌 상태를 지칭하기 위해 사용했다고 주장한다. 다시 말해, '공포'란 방어 행동을 제어하는 생리적 상태를 의미하는 과학적 구성물이라는 것이다.

설치류에서 방어적 행동을 일으키는 신경 기반을 밝히는 데 많은 기여를 한 마이클 팬슬로Michael Fanselow는 편도체에서 공포가 생성된다는 견해를 가지고 있는데, 이는 편도체에 대한 비주관적 공포 모델의 한 유형이다. 편도체가 활성화되면 공포의 생리적 상태가 유발되어

방어적 생존 회로 모델에서의 편도체

생리적 공포 회로 모델에서의 편도체

그림 63.3 방어를 위해 생존반응을 제어할 때 편도체의 역할에 대한
생존 회로 모델과 공포 회로 모델

방어 행동의 표현을 제어한다. 팬슬로의 모델에서도 주관적인 공포가 일어날 수 있지만 이는 편도체의 활성화가 일으킨 또 다른 결과일 뿐이다. 또한 행동처럼 좀 더 객관적으로 측정할 수 있는 다른 결과들과 비교했을 때 주관적 공포는 편도체의 공포 생성기가 정보를 엉성하고 부정확하게 읽어낸 결과로 간주된다.

사실 팬슬로의 모델을 포함해 방어적 생존 회로 모델과 생리적 상태 모델은 서로 상당히 비슷하다. 이들 모델은 자극과 그 자극이 야기한 반응 사이를 연계하는 편도체의 생리적 상태를 무엇이라고 부르는지에서 크게 차이가 난다. 이 상태를 방어적 생존 상태라고 해야 할까, 아니면 공포 상태라고 해야 할까?

단어는 중요하다. 그것은 우리의 과학적 개념의 토대를 이룬다. '공포'와 같은 단어를 이용해 행동을 제어하는 비의식적 상태 그리고 의식적 느낌까지 모두 지칭하려는 과학자가 있다면 그는 그 단어를 사용할 때마다 그것이 정확히 무엇을 의미하는지(예를 들어 외현적 또는 암묵적 같은 수식어를 사용해) 분명하게 밝혀야 한다. 그렇지 않다면 그러한 미묘한 차이를 잘 알지 못하는 일반인이나 저널리스트 그리고 다른 과학자들이 이 단어를 해석하는 방법을 어떻게 알 수 있을까? 심지어 해석이 필요하다는 사실조차 모를 수 있다. 특히 오늘날 수많은 저명한 과학자들이 의인화된 용어와 그 함의를 공개적으로 받아들이고 있다는 사실을 생각하면 더욱 더 문제가 된다(41장에도 썼듯이 의인화를 과학적으로 만들기 위해 '비판적 의인화' '생물 중심 의인화' '동물 중심 의인화' '동물화' 같은 용어를 만들어낸 여러 시도들을 떠올려보라).

용어의 임의적인 사용은 실질적으로 중대한 결과를 가져올 수 있다. 예를 들어, 과학자들은 오랫동안 동물의 공포 회로나 불안 회로를 변화시키는 약물이 있다면 이 약물은 동물들이 공포를 덜 느끼게 함으로써 이들의 방어적 행동을 변화시킬 수 있을 것이라고 전제해왔다. 정말로 이런 작용을 하는 약물이 있다면 사람들은 이 약물을 먹었을 때 공포를 덜 느끼게 될 것이다. 왜냐하면 우리는 우리의 포유류 조상들로부터 공포 회로와 불안 회로를 물려받은 것으로 생각되었기 때문이다. 하지만 그러한 약물을 찾으려는 시도는 모두 허사로 돌아갔고 일부 제약 회사는 새로운 치료법을 찾기를 포기하기 시작했다. 지금까지 알려진 사실들로 볼 때, 행동 및 생리적 증상(과도한 회피반응이나 과다각성 등)을 치료하려면 피질 하부의 생존 회로를 표적으로 하는 약물을 개발하는 것이 더 유용했을지도 모른다. 그러나 원치 않는 의식적 감정을 변화시키기 위해서는 피질 인지 회로를 표적으로 하는 또 다른 치료법이 필요할지도 모른다(그림 63.4). 정신의학 분야는 기대치를 조금 수정한다면 비과학적인 민속 지혜나 상식에 기반한 직관

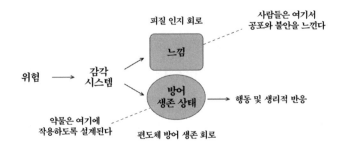

피질 인지 회로

느낌

사람들은 여기서
공포와 불안을 느낀다

위험 → 감각
시스템

방어
생존 상태

→ 행동 및 생리적 반응

약물은 여기에
작용하도록 설계된다

편도체 방어 생존 회로

그림 63.4 왜 약물은 공포와 불안의 느낌을 완화하는 데 더 효과적이지 않은가?

에서 빌려온 전제 대신 과학적 데이터에 좀 더 직접적으로 기반한 치료법의 개발로 나아갈 수 있을 것이다.

인간 중심주의에 기울지 않은 학자들이 할 수 있는 최선의 일은 용어 사용에 더 엄격한 주의를 기울임으로써 자신들이 말하지 않은 것을 말했다고 추정되지 않도록 하는 것이다. 다른 유기체에 대한 연구는 감정을 포함한 인간의 심적 상태를 이해하는 데 중요한 역할을 하지만, 이들 유기체로부터 발견한 사실들이 우리에게 무엇을 말해주고 무엇은 말해주지 못하는지 분명하게 이해한 경우에만 그렇다. 어떤 것들은 단순히 우리와 같은 종으로부터 학습해야만 알 수 있는 것들도 있다.

공포와 편도체에 대한 연구 중 상당수가 방어적 행동을 연구할 때 파블로프 조건화를 방법론으로 채택했다는 사실을 감안해, 파블로프의 말을 인용하는 것으로 이 장을 끝맺는 것도 좋을 것 같다. 파블로프는 죽기 직전 러시아의 신진 과학자들에게 다음과 같은 메시지를 전달했다. "연구, 관찰, 실험을 하는 동안 대상의 표면에만 만족하지 마십시오." 오늘날에도 여전히 적용될 수 있는 현명한 말이다. 우리는 행동과 의식적 심적 상태 사이의 표면적인 상관관계에 너무 만족해 있었다. 우리는 의식 상태가 어떤 조건에서 인간의 행동을 통제하고 또 통제하지 않는지 더 깊이 파고 들었어야 했다. 또한 동물에서 의식적 감정의 역할에 관한 우리의 인간 중심적 직관을 다스리기 위해 이러한 지식을 이용했어야만 했다. 동물이 어떻게 행동하는가가 우리가 얻을 수 있는 모든 것이라면, 우리가 할 수 있는 것은 그저 의식에 몰래 다가가는 것이 전부다.

사려 깊은 감정

고대 시절부터, 어쩌면 인간이 자신의 존재에 대해 생각하기 시작한 이래로, 감정은 인간 본성의 핵심 부분으로 인식되어왔다. 플라톤은 감정을 우리 안의 다스려지지 않는 '야수'로 여겼고 이러한 관점은 다윈과 매클레인 그리고 기본 감정 이론가들에게까지 이어졌다. 이들 모두는 감정을 동물 조상으로부터 물려받은 것으로 가정했다. 반면에 아리스토텔레스는 감정에서 사고와 이성의 중요성을 강조하며 이러한 것들이 어떻게 도덕적 행동과 선택을 형성하는지 설명했다. 그의 생각은 플라톤의 전통을 이어받은 감정 연구자들과는 다른 관점의 연구자들, 특히 감정에서 인지의 역할을 강조한 이들에게 영향을 줬다.

나는 아리스토텔레스가 진리에 더 가깝다고 생각하지만, 그렇다고 플라톤과 다윈주의자들이 완전히 틀렸다고 보진 않는다. 우리의 뇌에는 특정 감정을 가졌을 때 일어나는 행동을 통제하는 본능적인 신경 회로가 있다. 이 회로들은 그저 그런 감정을 만들어내기 위해 존재하는 것은 아니다. 이들은 생존 회로로서, 생물학적으로 중요한 자극을 탐지하고 유기체가 생존할 수 있도록 하는 신체 반응을 유발한다. 이는 LUCA에서부터 시작된 생존의 필요조건으로서, 이 행성에 살았던 모든 생물 유기체가 이런 생존 회로를 가진다. 반면에 감정적 느낌은 필자가 보기에 우리 자신이 처해 있는 상황에 대한 인지적 해석이며, 의식의 진화로 인해 비로소 가능해진 능력이다.

감정의 인지 이론은 1962년 스탠리 샥터Stanley Schachter와 제롬 싱어 Jerome Singer가 제안한 이론의 한 변형이다. 이 심리학자들은 감정적 경험이 생물학적으로 미리 결정된 것이 아니라, 특정 경험에서 나온 신경 신호 등 생물학적 신호를 그것이 속한 사회적·물리적 맥락에 비추어 평가, 해석, 표기함으로써 형성된다고 주장했다. 감정이 변연계에 배선되어 있다는 믿음은 여전히 신경과학의 주류 이론으로 자리잡고 있지만, 샥터와 싱어 덕택에 감정의 인지 이론 또한 현대 심리학에서 강한 영향력을 미치고 있다.*

나에게 인간의 감정은 인지적으로 형성되는 자기주지적인 의식적 경험으로 다른 자기주지적인 의식적 경험들과 상당히 비슷하다. 무의식적인 감정이란 모순적인 개념이다. 그것을 느끼지 못한다면 그것은 느낌이 아니며 감정도 아니다. 그럼에도 불구하고 감정에는 무의식적인 요인이 기여한다.

---

* 다음의 학자들은 최근 수년간 인지적 관점에서 감정에 접근하고자 시도했다. 조지 맨들러, 리처드 라자루스Richard Lazarus, 니코 프리다Nico Frijda, 클라우스 슈러Klaus Scherer, 데이비드 샌더David Sander, 리사 배럿Lisa Barrett, 제임스 러셀James Russell, 크리스틴 린키스트Kristen Lindquist, 제롬 케이건Jerome Kagan, 제임스 그로스James Gross, 케빈 오슈너Kevin Oschner, 앤드루 오토니, 제럴드 클로어, 아자프 크론Assaf Kron, 루이스 페소아Luis Pessoa, 필리프 존슨-레어드Philip Johnson-Laird, 키스 오틀리Keith Oatley, 리베카 색스가 대표적이다.

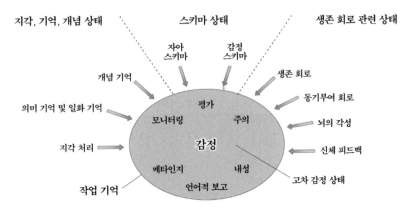

지각, 기억, 개념 상태   스키마 상태   생존 회로 관련 상태

자아 스키마   감정 스키마

개념 기억   생존 회로

의미 기억 및 일화 기억   동기부여 회로

평가   뇌의 각성

모니터링   주의

지각 처리   감정   신체 피드백

메타인지   내성

작업 기억   언어적 보고   고차 감정 상태

그림 64.1 감정적 경험의 구축에 기여하는 저차 상태들

여러분도 기억하겠지만 스키마는 인지의 구성 요소다. 즉 감정이 인지의 한 유형인 한, 스키마는 감정의 형성에서 중요한 역할을 한다. 여러 저차 요소, 즉 무의식적인 요소가 있는 상태에서는 스키마의 패턴 완성이 의식의 내용을 형성한다. 비의식적 요소에는 외부 자극에 대한 지각 표상 및 기억 표상, 생존 회로의 활성화로 인한 표상(그림 64.1)이 포함된다.

앞서 언급했듯이 스키마는 그 자체로 우리가 스스로 처한 상황을 파악하도록 하는 비의식적 표상이다. 이때 의식적 감정을 만드는 데는 서로 관련된 두 가지 종류의 스키마가 특히 중요하다. 바로 자아 스키마와 감정 스키마다.

감정은 자기주지적 경험으로서 개인적인 느낌이다. 즉 감정에는 필수적으로 '자아'의 개념이 포함되어 있으며 따라서 자아 스키마가 관여하게 된다. 자아가 그 일부로 포함되지 않은 경험은 감정적인 경험이 아니다. 자아와 관련된 모든 경험이 반드시 감정적인 경험이 되는 것은 아니지만, 모든 감정적 경험은 자아와 관련된다. 리사 배럿과 동료들은 감정을 "특정 상황에 놓인 그 자신을 개념화하는 행위자와 분리하여 이해할 수 없다"라고 말한다. 위험이 존재한다는 주지적 자각은 그 자신이 위험한 상황에 처해 있음을 아는 자기주지적 자각의 상태와 동일하지 않다.

또한 의식적인 감정 경험의 인지 결합에서 특히 중요한 것은 '감정 스키마', 즉 감정에 대한 비의식적인 정보의 총체로, 특정 상황에 수반되는 어려움과 기회를 개념화하도록 돕는다. 이에 따라 배럿은 감정을 개념 행위로 묘사한다. 마찬가지로, 제럴드 클로어와 앤드루 오토니는 감정 스키마가 "현재 상황을 해석하고 과거를 기억하며 미래를 예측하는 데" 사용하는 "사전 제작된 개념틀"이라는 점을 지적한다. 감정 스키마는 존 보울비의 아동 발달 애착 이론에서 중심이 된 개념이었으며, 애런 벡의 인지 치료와 그것을 수정한 치료법으로서 제프리 영과 로버트 레히가 개발한 스키마 요법에서 중요한 역할을 했다.

야크 판크세프는 원시적인 기본 감정이 동물로부터 물려받은 피질 하부 변연회로의 산물이라고 하면서도 그보다 복잡한 감정들은 반사적 자기 인식을 포함하고 있으며 인지 처리, 언어적 표상 및 피질 회로에 의존한다고 제안했다. 원시적인 기본 감정에서 피질 하부 회로의 역할을 강조한 안토니오 다마지오 역시 인간의 복잡한 감정에서 인지 및 언어의 중요성을 언급했다. 하지만 나는 여기서 더 나아가고자 한다. 나는 감정은 소위 '기본 감정'이라고 하는 감정까지 모두 고차 회로에서의 감정 스키마의 패턴 완성에 바탕을 둔 인지적 해석을 포함한다고 생각한다.

예를 들어, 우리의 공포 스키마는 우리가 위협, 피해, 위험 그리고

표 64.1 공포 스키마의 언어적 표상

겁에 질리다	방어적	건강
동요하다	절망	해를 입다
동요	탈출하다	안절부절못하다
경악	공포	근심
고뇌	두려움에 찬	공포증(꺼림칙함)
대경실색	얼어붙다	겁먹다
담력	달아나다	예민함
소심함	불길한 예감	노심초사
죽음	심뜩하다	스트레스

공포 그 자체에서 학습한 것들에 대한 기억들과 일생에 거쳐 그러한 기억과 관련되는 개인적인 사건들을 모아놓은 총체다. 위협이 가해지면 활성화되는 공포 스키마는(패턴 완성) 공포 감정에 대한 의미론적 및 일화적 틀을 제공하고, 이에 따라 기억 인지 시스템에 의해 작동되는 상향식 저차 뇌 상태 및 신체 상태를 하향식으로 개념화한다. 그러한 상황에서 일반적으로 통용될 수 있는 예측 모델(기대치) 및 각본(행동에 따라 일어날 수 있는 결과들)은 감정 스키마가 제공하는 틀을 바탕으로 형성된다. 표 64.1은 가상적인 공포 스키마의 언어적 표상을 정리한 것이다.

감정 스키마는 개인적인 경험으로부터 습득되며 따라서 고차적 감정 자각에 기여한다는 점에서 액셀 클리어맨Axel Cleereman의 '의식의 급진적 가소성 이론'을 고찰해볼 필요가 있다. 이 이론은 현재의 고차 의식 상태에 대해 과거 경험이 기여하는 바를 강조한다. 이와 관련해 배럿은 "감정 개념"이 "범주화 및 추론을 뒷받침하고 그에 따라 일어나는 작용을 제어"한다고 제안하기도 했다. 이를 시험하기 위해 배럿과 크리스틴 린키스트는 특정 감정으로 지칭하기 어려운 어떤 부정적인 상황에 사람들을 몰아넣었다. 그 후 사람들에게 무엇을 경험했는지 물었을 때 그 경험을 '공포'로 칭하는 경향은 나타나지 않았다. 그러나 참가자들을 개념적으로 위험이나 위협과 관련된 자극에 노출시키면 이들은 공포를 경험했다고 보고할 가능성이 더 높았다. 배럿은 크리스틴 윌슨-멘덴홀Christine Wilson-Mendenhall, 로런스 바르살루Lawrence Barsalou 등과 함께 상황에 대한 개념화(특정 상황에 관련된 개념적 처리)가 그 상황에서 발현되는 감정적 경험을 형성한다는 가설을 제안했다.

감정 스키마와 자아 스키마는 상당히 많이 겹친다. 예를 들어, 당신의 공포 스키마는 당신이 경험했거나 기억으로 저장해놓은 것들에 의해 그 형상을 갖춘다. 그 누구도 당신이 경험한 것과 정확하게 같은 방식으로 공포를 경험하지 않는다. 당신을 위협하는 것이 무엇인지, 얼마나 위협적인지 그리고 거기에 당신이 어떻게 반응하는지는 모두 개인적인 것이다. 어떤 사람들은 현재 주어진 자극을 저장된 정보와 맞춰보며 어떤 자극이 위협인지 식별하는 방식으로 공포의 상태를 패턴 완성한다. 반면에 위험으로부터 도망치는 것이 불가능하고 해를 입을 가능성이 높다고 판단하는 경우에만 그렇게 하는 사람들도 있다. 또 어떤 사람들은 심장 박동 증가, 호흡 곤란, 근육 긴장을 느끼거나 혹은 뇌의 각성 상태가 고조됨에 따라 갑작스레 경각심이 일어날 때만 공포를 느낀다. 그 상황에서는 아무것도 느끼지 못하다가 상황이 안정되기 시작하면 자기 자신이 공포의 감정을 극복했음을 알아차리는 사람도 있다.

우리는 다양한 감정을 서로 다른 방식으로 경험한다. 우리들 각각은 당시의 상태를 서로 다르게 개념화하고 해석하는 스키마를 가지기 때문이다. 스키마는 기억의 축적으로 형성되기 때문에 한 사람이 어린아이일 때 경험한 최초의 감정은 이후에 경험하는 감정에 비해 매우 단순하다. 특정 감정 스키마는 축적되는 정보를 계속 흡수함으로써 점점 더 복잡해진다. 모순되는 정보가 들어오면 스키마는 수정된다. 이런 식으로 의식적 경험의 특정 감정적 상태는 사람마다 서로 달라지게 된다.

예를 들어, 공포는 다소 광범위하고 분화되지 않은 불쾌함의 상태에서 시작해 시간의 흐름에 따라 위험한 상황을 몸소 겪거나 다른 사람이 위험에 처한 것을 보면서, 또는 무서운 이야기, 책, 영화를 접하면서, 특히 언어를 습득함에 따라 각각의 경험을 보관할 수 있는 개념적 분류함이 갖춰지면서 점점 더 구체화될 수 있다. 언어가 감정 경험에 꼭 필요한 것은 아니지만, 이러한 경험을 분류하는 데 도움이 되는 것은 분명하다. 동화나 전래동화 그리고 더 최근에는 영화와 게임까지 이 이야기들에 등장하는 아이들은 보통 위험에 빠지더라도 아무런 해를 입지 않고 그 상황에서 벗어나는 것으로 묘사된다. 이러한 이야기들은 아이들이 공포 스키마 및 각본을 만들 수 있도록 돕는 동시에 위험이 발생하더라도 이에 대처할 수 있다는 확신을 심어준다.

대중들이 가진 무의식적인 감정의 개념은 좀 더 정교화될 필요가 있다. 이 책에서 내내 강조했듯이 감정은 무의식적일 수 없다. 하지만 느낌에 비의식적인 감정이 반영될 수는 있다. 비의식적 스키마는 의식적인 감정 경험을 형성하는 구성 요소이기 때문이다. 또한 스키마는 행동에도 영향을 미치므로 행동 역시 비의식적 감정에 의해 추동될 수 있는 것으로 보인다. 그러나 감정 스키마는 감정이 아니다. 그보다는, 감정의 인지적 발판이다.

사람마다 특정 감정을 경험하는 바가 서로 다르다면 어떤 감정들, 예컨대 공포 같은 감정은 왜 그토록 보편적인 것처럼 보일까? 공포에서 실제로 보편적인 부분은 그것이 주관적으로 어떻게 경험되는지에 대한 세부 사항이 아니라 오히려 공포의 개념이다. 모든 생물은 생리적 및/또는 심리학적 생존 가능성을 위협하는 상황에 맞닥뜨리곤 한다. 그리고 이러한 위협은 그들이 삶에서 조우하는 가장 중대한 자극 중 하나다. 그 결과, 자신의 뇌 상태를 의식할 수 있는 유기체는 위협을 받을 때 보통 의식적인 경험을 하게 된다. 그리고 만약 그 유기체가 언어를 가지고 있는 경우, 위험에 대한 정보를 집단 내 다른 구성원들과 공유하는 것은 그들의 생존에 분명 중요한 일이므로 이 경험에는 특정한 이름이 붙게 된다. 결과적으로 모든 언어 문화는 그 구성원이 위험에 직면했을 때 발생하는 상태들을 지칭하는 개념과 단어들을 만들게 된다. 그러한 단어를 굉장히 많이 만들 수도 있다. 궁극적으로 이러한 개념과 단어가 한 개체에게 실제로 무엇을 의미하는지는 그 개체의 개인적 경험에 의해 형성될 것이다.

감정과 거기에 붙은 이름들은 가운데 핵심 감정(공포)이 있고 구체적인 사례들(우려, 불안, 두려움, 무서움, 공황)이 그 주변을 둘러싸는 가족 형태를 이룬다. 시간이 지나면서 감정 스키마가 발전하면 관련 경험을 설명하는 데 사용되는 감정 용어는 더욱 정교해진다. 예컨대 "겁에 질렸다"는 "두려웠다"나 "무서웠다"보다 더 강렬한 느낌을 표현한다. 부사를 사용하면 느낌을 더 구체적으로 표현할 수 있다. "무서웠다" 앞에 "정말"을 붙이면 "겁에 질렸다"와 비슷한 느낌을 낼 수 있다. 경험이 축적되면 감정 단어는 감정 개념이 되고, 감정 개념은 새로운 경험을 분류하는 데 사용할 수 있는 스키마가 된다.

언어가 감정에 기여한다는 가설은 종종 반론에 부딪힌다. 가장 흔한 반론은 아직 말을 하지 못하는 아기들도 감정을 드러내는 것을 쉽게 볼 수 있다는 점이다. 그러나 이와 같은 반응들이 감정을 나타내는 명확한 지표인 것은 '아니다.' 우리가 본 바와 같이, 성인에서 반응과 느낌은 서로 다른 회로에 의해 제어되는데, 반응을 제어하는 회로는 의식적 경험을 일으키는 인지 회로보다 더 일찍 성숙하기 때문이다. 다른 동물들을 연구할 때와 마찬가지로, 아이들이 말을 하지 못한다는 사실은 이들의 의식을 연구하는 데 큰 장애물이며 오직 행동에만 근거해서 이들의 의식을 기술해야 한다.

영아는 서서히 지각 세계의 규칙성을 발견하고 그것이 어떻게 작동하는지에 대한 비언어적 기억(스키마 포함)을 형성하기 시작한다. 아이가 말을 할 수 있게 되었다는 것은 그 아이가 적어도 발화의 토대가 되는 개념적 틀을 갖추기 시작했음을 의미한다. 즉 뇌가 언어와 자기 인식 능력을 가지기 이전에도 인지 작용에 의해 위험을 주지적으로 인식할 수 있도록 하는 기능이 작동할 수 있다. 그러나 그것은 공포가 아니다. 자아가 없다면 공포도 없다.

지금까지 공포, 기쁨, 슬픔, 분노 등 의미론적 이름이 붙은 감정 언어를 살펴보았다. 나는 《느끼는 뇌》에서도 같은 접근 방식을 취했는데, 이후 졸탄 코베세스Zoltán Kövecses는 《은유와 감정 Metaphor and Emotion》에서 이러한 접근법을 비판했다. 그는 감정 언어를 기존의 정서적 실재를 분류하고 지시하는 문자 언어의 집합으로 보아서는 안 되며 그대신 감정 경험을 정의하고 심지어 창조하기도 하는 비유적, 은유적 개념으로 봐야 한다고 설득력 있게 주장했다. 다시 말해, 은유는 스키마의 구성 요소로서 우리의 외부 세계와 내면 세계를 개념화하고 조직하는 데 사용된다.

감정은 그것을 경험하는 바로 그 순간에 결정되며 그것이 어떤 감정인지도 매우 명확히 알 수 있다. 만일 내가 공포로 패턴 완성된 경험을 한다면 내가 겉으로 어떻게 행동하든지 혹은 다른 사람들이 내가 무엇을 느낀다고 생각하든지 상관없이 내가 느끼는 것은 공포다. 나중에 내 관점을 수정해 사실 나는 화가 났거나 질투했던 것이라고 결정한다면 나는 기억에 저장된 심리적 이력을 다시 쓰는 것이다. 그러나 모든 중요한 경험이 패턴 완성되는 과정에서 그것과 관련된, 모국어로 표현되는 정확한 감정 용어를 반드시 포함해야만 하는 것은 아니다. 예를 들어, 불쾌함의 흐릿하고 애매모호한 상태는 보통 불편함, 안절부절못함, 괴로움과 같은 일반적인 용어로 표현되지만 좀 더 긍정적인 상황에서는 편안함, 만족감, 고양감으로 분류될 수도 있다. 이러한 상태는 이후에 관습적인 감정 용어들이 적용됨에 따라 수정되거나 갱신될 수도 있다. 즉 불편함은 불안감이 되고 고양감은 행복이 되는 것이다.

제럴드 클로어와 대니얼 카네먼 등이 지적했듯이, 우리는 경험을 하고 있는 바로 그 순간에 경험의 진수에 가장 가까이 있다. 나중에 일어나는 모든 일은 원래의 경험에 대한 기억을 하향식으로 재해석한 것이다. 그렇게 수정된 과거는 심리 치료 과정에서 그 사람의 심리적 성향이나 편향을 드러내기도 한다. 하지만 수정된 경험은 실제로 과거에 그 경험을 하던 순간만큼 그 경험에 충실하지는 않다. 기억 재공고화 과정을 통해 기억을 인출하는 단순한 행위는 기억의 본성을 변화시킨다(이는 기억을 인출한 후 변경하는 자연스러운 과정으로, 다시 저장될 필요가 있다). 실제 경험이 일어난 후 그것을 기억하기까지 걸리는 시간이 길수록 기억된 이야기를 꺼내 수정하고 재공고화할 가능성이 더 커진다.

자기 서사를 수정하는 일은 실제로 흔하게 일어난다. 제럴드 클로어와 앤드루 오토니는 이것이 감성 스키마의 중요한 기능이라 말하며, 사람들은 "자신의 경험을 회상하고 재해석할 때 필연적으로 자신이 이용할 수 있는 범주에 맞춰 그 내용을 편집하고 꾸미고 이해한다. 이러한 재해석 과정에는 아마도 화자와 청자 모두를 납득하게 만드는 감정 스키마의 목록이 사용될 것이다"라고 주장했다. 흥미롭게도 최근 연구에 따르면 정신적 외상을 가진 사람들을 돕는 효과적인 방법은 그 경험에 대해 직접 써보도록 하는 것이라고 한다. 소위 '글쓰기 노출 요법writing exposure therapy, WET'은 인지 행동 치료의 한 종류다. 충격적인 경험에 대해 써보는 것은 그 자신이 가진 외상 서술을 수정하고 명료화함으로써 외상의 지속적인 영향에서 조금씩 벗어날 수 있도록 하는 것으로 여겨진다. 연구 결과에 따르면, 글쓰기 노출 요법은 기존의 인지 행동 치료나 약물치료보다 더 빨리 효과를 보이는 것으로 나타났다. 자기 자신에게 그리고 다른 사람들에게 자신이 누군지를 설명하는 이야기를 통해 우리는 우리 자신을 이해하게 되는 것이다.

느끼는 뇌가 발화하다

인간의 정신적 삶에서 감정이 차지하는 중요한 위치에도 불구하고 의식 이론은 이 주제에 대해 거의 아무것도 이야기하지 않는다. 그러나 내가 제안한 것처럼 다른 의식적 경험을 생성하는 피질의 인지 회로가 감정도 생성하는 것이라면 우리는 지각과 기억 연구에서 의식에 대해 알아낸 사실들을 출발점으로 삼아 감정 연구를 시작할 수 있을 것이다. 이러한 생각을 바탕으로, 리처드 브라운과 나는 공포를 사례로 삼아 감정 의식에 대한 고차 이론을 전개했다. 이 장에서 나는 지금까지 발전시켜온 다중 상태 계층 모델을 중심으로 이 이론을 확장해보겠다.

우리의 발상은 감정의 의식적 경험은 비의식적 저차 상태에서 생성된 고차 표상으로부터 고차 네트워크(배외측 및 복외측 전전두 피질과 전두극)에 의해 형성된다는 전제로부터 출발한다. 내가 제안한 이 네트워크는 그저 지각, 기억, 사고뿐만 아니라 감정 경험에서도 핵심적인

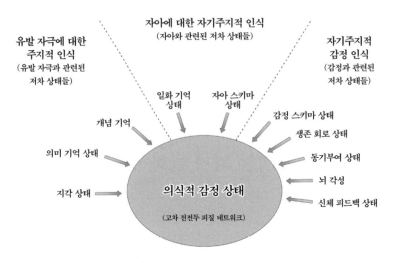

그림 65.1 감정 유발 자극의 존재하에 주지적, 자기주지적,
감정 자기주지적 인식을 이끌어내는 데 기여하는 저차 상태들

역할을 한다. 그러나 우리가 감정이라고 이름을 붙이는 상태와 그렇
지 않은 상태 사이에는 분명한 차이가 있다. 내 생각으로 이는 고차
네트워크에서 감정이 형성될 때, 다른 종류의 경험이 형성될 때와는
다른 유형의 정보가 사용되기 때문인 것으로 보인다.

  그림 65.1은 감정을 유발하는 자극이 존재할 때 의식적인 감정 경
험에 기여할 것으로 생각되는 세 종류의 상태를 나타낸 것이다. 예를
들어 공포는 안녕에 위협이 가해졌을 때 유발된다. 감정적 및 비감정
적 의식 경험 모두에서 먼저 두 가지 상태가 일어나는데, 유발 자극에
대한 주지적 인식과 관련된 상태(지각, 기억, 개념 상태) 및 자신에 대한
자기주지적 인식과 관련된 상태(일화 기억과 자아 스키마 상태)가 그것이
다. 세 번째 상태는 감정 경험 그 자체의 질을 결정하도록 돕는 상태
로서 감정 스키마, 생존 회로 활동, 동기부여 활동, 각성, 신체 상태를

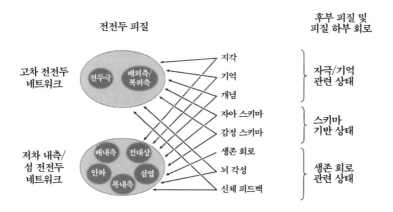

전전두 피질

후부 피질 및
피질 하부 회로

고차 전전두
네트워크

전두극　배외측/
복외측

지각
기억
개념
자아 스키마
감정 스키마
생존 회로
뇌 각성
신체 피드백

자극/기억
관련 상태

스키마
기반 상태

생존 회로
관련 상태

저차 내측/
섬 전전두
네트워크

배내측　전대상
안와　섬엽
복내측

그림 65.2　고차 및 저차 전전두 네트워크가 받는 저차 입력값

포함한다.

　이 장의 목표는 고차 전전두 피질 네트워크에서 자기주지적 감정
경험이 형성되는 동안 이러한 세 종류의 상태가 어떻게 활용되는지
탐색하는 것이다. 그런데 이를 위해서는 내측 부위(안와, 전대상, 복내측,
배내측) 및 전방 섬엽으로 이루어진 두 번째 전전두 네트워크도 고려
해야 한다. 이 영역은 고차 네트워크와 연결되어 있어, 고차 네트워크
로 들어가는 입력값 중 상당 부분이 두 번째 전전두 네트워크로도 들
어간다. 즉 이 입력값들은 복잡한 인지적 표상의 원천으로서 지각, 기
억, 개념 표상과 마찬가지로 고차 네트워크에서 의식적 경험이 조합
될 때 사용될 수 있다(그림 65.2). 따라서 이 영역은 전전두 피질에 위
치하고 있음에도 불구하고 의식의 고차 네트워크에 비하면 낮은 차원
이라고 할 수 있다. 다시 말해, 이 영역은 고차 네트워크에 의해 재표
상되는 저차 상태 계층의 한 구성 요소인 것이다.

　나는 의식적 공포의 자기주지적 상태를 유발하는 위협 자극의 운명을 추적함으로써 다양한 저차 상태가 어떻게 감정적 경험을 구축하는지 그 과정을 기술하고자 한다. 이 과정은 유발 자극에 대한 정보—발밑에 뱀을 발견했다고 하자—가 눈에서 1차 시각 피질로 전송되면서 시작된다. 2차 시각 회로에서는 과거의 지각 경험을 이용해 신호를 필터링한 후 그 결과물을 전전두 피질 영역(특히 배외측 및 복외측 전전두 피질)에 배부한다. 2차 감각 회로는 그 표상에 추가적인 의미와 개념을 더하는 회로들(다른 다중 양식 영역 중에서 측두극과 같은 신피질 영역과 내측 측두엽)에도 출력값을 전송한다. 이 후자의 회로들에서 나온 출력값은 고차 네트워크와 연결되어 있는 내측 전전두 영역과 섬 영역으로 전송되고, 일부는 고차 네트워크와 직접 연결되기도 한다. 고차 네트워크에서 형성되는 다양한 전전두 표상을 기반으로 처리 과정에 대한 하향식 제어가 시작되며 후부 피질에서 진행되는 지각, 기억, 개념 처리에 영향을 미친다. 이러한 과정이 진행됨에 따라 고차 네트워크 내에서의 상호 작용은 위협 자극과 그 맥락에 대한 의식적 지각 경험을 형성하기 시작한다.

이 시점에서 우리는 이미 주지적 의식 상태—위험이 존재한다는 인식—에 도달했지만 아직 자기주지적 상태—위험한 상황에 놓여 있는 것이 바로 '자기 자신'임을 인식하는 상태—에는 미치지 못했다. 하지만 위협에 대한 감정적 의식 상태가 아니라 그것을 주지적으로 인식하는 것이 무슨 쓸모가 있을까? 제9부에서 논의한 바와 같이, 주지적 의식 상태는 도구적 행동에 대한 높은 수준의 숙고적 인지 제어 능력을 제공한다. 가치 표상을 저장하고 이를 근거로 의식적으로 행동을 제어할 수 있는 동물은 비의식적 인지적 숙고만 가능한 동물, 그중에서도 시행착오에 따른 도구적 학습만 할 수 있는 동물에 비해 처리 과정뿐 아니라 특히 의사 결정에서 이점을 갖는다.

위협에 대한 주지적 경험이 개인적인 요소를 결여하고 있으며 따라서 감정 경험이 아니라면, 뇌는 어떻게 주지적 상태에서 더 나아가 자기주지적 감정 상태를 구축할 수 있을까? 물론 자기 자신에 대한 고차적 경험을 위해서는 자기지시 정보가 필수적이다. 그러나 그러한 모든 경험이 반드시 감정적인 것은 아니다. 전적으로 인지적인 자기표상이 있을 수도 있다(연필에 해를 입은 적이 있는 게 아니라면, 여기에 연필이 있고 그 연필을 보고 있는 것이 '자기 자신'이라는 개인적인 지식은 감정적인 경험이 아니다). 하지만 그 밖의 다른 자기표상적 경험은 '감정적'이다(당신 발밑에 있는 뱀을 보고 위험이 닥칠지도 모른다고 두려워하는 것은 '당신 자신'이다). 전적으로 인지적인 자기주지적 상태를 감정적 자기주지적 경험으로 변화시키기 위해서는 추가적인 저차 요소가 필요하다. 특히 중요한 것은 생존 회로 관련 활동이다.

위협을 감지하면 시상 감각 영역과 2차 피질 감각 영역(각각 편도체로 이어지는 주요 도로 및 간이 도로라고 불린다)으로부터 감각 입력값이 전달되어 방어적 생존 회로가 활성화되며 뇌와 신체에서 연쇄적인 활동이 일어나기 시작한다. 편도체는 여러 수많은 피질 영역과 직간접적으로 연결되어 있으며 거기서 일어나는 정보 처리 과정에 영향을 미친다. 감각 피질과는 직접 연결되어 그곳에서의 감각 처리를 편향 및 촉진시킨다. 신피질의 여러 영역과 내측 측두엽의 기억 영역과도 연결되어 있어 특정 사물, 개념, 스키마에 대한 의미 기억 인출을 촉진함으로써 사물 인지와 상황 분류를 뒷받침하는 한편, 과거 경험에 대한 일화적 표상의 인출도 촉진한다. 편도체는 내측 전전두 영역 및 섬 영역과도 연결됨으로써 측면 전전두 피질의 집행 회로와 고차 회로 사이의 상호 작용에 간접적인 영향을 주고 감각 처리, 기억 인출, 의사 결정에 대한 하향식 개념 제어 과정에 영향을 미친다. 감정의 고차 형성에도 기여하는 것은 물론이다.

편도체에서의 생존 회로 활성은 또한 신경 조절 시스템의 활성화로 이어져 뇌 전반에 걸쳐 각성 수준을 높인다. 예를 들어, 편도체 개시 각성amygdala-initiated arousal은 감각, 기억 및 전전두 피질 회로에서의 처리 과정을 촉진하여 각성을 일으킨 원인에 대한 실마리를 찾기 위해 환경을 주의 깊게 살피도록 한다. 이때 탐색에 초점을 맞추기 위해 의미 기억을 인출해 사용한다. 편도체 개시 각성은 편도체 그 자체에도 영향을 미쳐, 위협이 존재하는 동안 다른 모든 편도체 개시 활동을 촉진시키는 피드포워드feed-forward 활동을 일으킨다.

편도체 생존 회로의 활성이 미치는 영향 중에서도 행동 및 생리적 신체 반응의 유발은 이 분야에서 가장 널리 연구된 주제다. 이러한 선천적 반응은 생존 회로에 의해 감지된 잠재적 유해 원천에 대응하기 위해 유기체가 보이는 최초의 즉각적인 반응이다. 신체 반응은 뇌로 되먹임되어 뇌의 처리 과정에 영향을 미친다. 예를 들어, 생존 회로에 의해 유발된 신체 반응은 다마지오가 뇌의 '체감각 영역'이라고 부른 영역에서 처리되는 감각을 만들어낸다. 그러한 영역 중 하나가 섬엽 피질로, 편도체로부터 신호를 받는 영역으로서 편도체처럼 내측 전전두 피질과 연결되어 있다. 섬엽과 내측 전전두 영역은 고차 전전두 네트워크와 연결된다. 또한 부신수질 반응으로부터 방출된 아드레날린에 의해 생존 회로가 활성화되면 체강의 신경이 활성화되면서 뇌의 신경조절 시스템에도 신호가 도달하며, 이는 편도체에 의해 직접 촉발된 뇌 각성을 더욱 강화한다. 부신피질에서 방출된 코르티솔cortisol

은 혈류를 따라 뇌로 이동하며, 여기서 우리가 논의했던 많은 피질 및 피질 하부 영역의 처리 과정에 영향을 미친다. 호르몬은 효과가 나타나기까지 오래 걸리지만 비활성화도 그만큼 느리게 일어난다.

편도체가 일으키는 이 모든 생존 회로 개시 활동은 최종적으로 앞서 내가 말한 광역 방어 생존 상태를 일으킨다. 광역 방어 상태는 다양한 요소들 사이의 일련의 연결 순환 고리를 통해 자체 지속 가능하다. 즉 방어 반응(예를 들어, 얼어붙기)을 지속시키거나 도구적 행동(예를 들어, 탈출 또는 회피)이 일어나도록 동기를 부여하여 위험이 존재하는 한 계속해서 숙고적 반응이 일어날 수 있도록 한다. 호르몬 분비가 느리게 시작되고 느리게 사라진다는 것은 위험이 사라지고 난 이후에도 방어 생존 상태와 그것의 외적 발현이 지속될 수 있음을 의미한다. 뱀을 보거나 강도를 당한 뒤 한참 지나서까지도 '떨림' 또는 '조마조마함'의 느낌이 들 수 있다. 긴장감을 겪는 동안 형성된 외현 기억과 암묵 기억이 시간의 흐름에 따라 더욱 강화되면 그 결과로 호르몬은 더욱 지속적인 영향을 미칠 수 있다.

피질 처리 과정에 편도체가 미치는 광범위한 직간접적인 영향을 고려할 때, 공포의 의식적 경험을 결정하는 것은 편도체의 활성이며 따라서 편도체를 공포의 생체표지자로 이용할 수 있다고 결론내리고 싶을지도 모른다. 비록 이런 견해가 인기가 많고 일부 과학자와 일반인들은 정말로 그렇다고 생각하기도 하지만, 앞에서도 언급했듯이 몇 가지 이유에서 문제가 있는 견해다. 여기서 한 번 더 반복하면 첫째, 단순히 편도체가 활성화된다고 해서 반드시 방어 생존 회로 또한 활성화된다는 것을 의미하지는 않는다. 위험에 감응하는 방어 생존 회로는 편도체를 경유하는 수많은 회로들 중 하나일 뿐이며, 먹을 것이나 음료, 성적 상대에 대한 욕구 상태와 관련된 회로들도 편도체를 지난다. 둘째, 위험에 의해 편도체의 방어 생존 회로가 활성화되었다고 해서 반드시 공포가 일어나는 것은 아니다. 역하 자극 위험에 의해 편도체의 방어 회로가 활성화되면 방어 반응이 일어나지만 공포는 일어나지 않는다는 점을 떠올려보라. 게다가 연구자가 피험자들에게 어떤 느낌을 경험하는 것 같은지 짐작해보라고 요청했을 때 피험자들의 대답은 기대에 미치지 못했다. 셋째, 편도체가 손상되었을 때도 공포를 경험할 수 있다는 것을 볼 때, 편도체의 활성은 공포를 야기하기 위해 '필수적'인 것은 아니다. 넷째, 편도체 방어 생존 회로가 공포를 뒷받침하는 유일한 생존 회로인 것도 아니다. 우리는 굶주림이나 탈수 또는 저체온증으로 인한 죽음에 공포를 느끼기도 한다. 이들 각각은 서로 다른 생존 회로에 의해 관리된다. 이러한 저차 생존 회로 상태들은 공포에 기여하지만, 공포 경험에서 결정적인 요인은 아니다.

편도체가 아니라면 대체 무엇이 공포를 일으키는가? 그 답은 여러분도 지금쯤이면 예측할 수 있겠지만, 공포 스키마와 관련이 있다. 공포 스키마의 활성은 어떤 경험이 두려운 것인지 정의하는 데 중요하게 작용한다. 공포는 나만의 고유한 공포 스키마를 활성화시키는 조건 또는 조건들의 집합의 결과로 일어나는 것으로, 이는 내가 신체적 또는 심리적 위험에 처해 있음을 의식적으로 인식하도록 하는 인지 상태를 야기한다. 나를 위협하는 것이 반드시 다른 사람에게도 위협이 되는 것은 아니며 위협이 된다고 하더라도 나와 같은 정도로 위협을 느끼는 것은 아닐 수 있다. 환경, 신체, 뇌 상태에 대한 우리 자신의 경험은 어느 정도는 항상 개인적인 것이다.

요약하자면, 나는 일반적으로 의식적 감정 경험이 전전두 피질의 고차 네트워크에서 다양한 비의식적 저차 정보들이 처리됨에 따라 일어난다고 생각한다. 그러한 정보에는 (1)유발 사건에 대한 지각 정보, (2)의미 기억 및 일화 기억 인출, (3)의미를 한층 더 추가하는 개념적 기억, (4)자아 스키마 활성화를 통한 자기 정보, (5)생존 회로 정보, (6)뇌의 각성 및 생존 회로 활성화에 따른 신체 피드백 결과, (7)각자가 가진 개인적인 감정 스키마의 활성화에 따라 어떠한 감정적 상황이 전개될 수 있는지에 대한 정보가 포함된다.

고차 네트워크는 이러한 비의식적 저차 신호의 처리 과정에 관여하고 모니터링하고 제어한다. 또한 이 정보를 이용해 자기주지적 의식적 경험에 내성적으로 접근하고 이름을 붙이며 이러한 상태를 경험한다. 만일 나의 공포 스키마가 위협에 의해 패턴 완성되었다면 그 경험은 공포란 일반적인 영역에 포함될 것이며, 그 경험에 이름을 붙이기 위해 나는 두려움, 공황, 무서움, 불안, 걱정, 염려 등 공포 관련 용어 중 내가 이용할 수 있는 용어를 사용하게 될 것이다. 활성화된 스키마 요소가 바로 그 상황의 경험을 규정한다. 이름표는 그저 그 경험을 구체화하고 고정시키는 도구일 뿐이다.

우리는 때때로 둘 이상의 감정을 동시에 경험할 수 있는 가능성에 대해 듣곤 한다. 하지만 여기서 우리가 생각해봐야 할 부분은, 감정은 불안정하다는 것이다. 상황의 복잡성 때문에 여러 종류의 감정 스키마가 한꺼번에 활성화되거나 한 스키마에서 다른 스키마로 빠르게 넘어간다면 서로 다른 순간에 서로 다른 감정이 인식될 수 있다. 즉 순간순간 상황이 변화함에 따라 고차 네트워크로의 입력값도 변화할 것이며, 그 순간의 경험 또한 변화할 것이다. 염려가 공황이나 무서움 또는 다른 종류의 공포들로 대체될 수 있고, 이 감정들이 분노나 사랑, 애정이나 격노, 기쁨이나 슬픔으로 변형될 수 있다. 모든 것은 그 순간 어떤 스키마가 지배적인지에 따라 달라진다. 공포와 사랑, 분노를 동시에 경험할 수는 없지만, 어떤 경우에 서로 다른 스키마 요소들이 활성화되있다가 사라지면 동시성에 대한 심리적 환상이 나타날 수 있다.

내 이론에 따르면, 편도체에 일어난 손상은 공포의 느낌을 완전히 없애기보다는 거기에 아무런 영향을 미치지 않거나 그저 완화하는 정도에 그칠 것으로 예측된다. 공포 스키마의 패턴 완성은 그 자체만으로도 기억에 기반해 공포에 대한 감정적 경험과 유사한 표상을 만드는 데 충분하다. 비록 신체 피드백을 일으키는 좀 더 일반적인 공포 경험만큼 강하진 않더라도 말이다. 일단 공포가 개념화되면 이런 유사 표상만으로도 일반적으로 외적인 위협에 의해 유발되는 것과 유사한 신체 및 뇌의 각성을 촉발하기에 충분하다는 사실에 주목할 필요가 있다. 이러한 아이디어는 다마지오가 제안한 '마치-그런 것처럼as-if' 순환 고리에도 담겨 있다. '마치-그런 것처럼' 고리란 누락된 저차 신호를 대체할 수 있는 심적 시뮬레이션 또는 예측적 추론의 일종이다.

리사 배럿과 다른 연구자들은 최근 감정 처리와 감정 경험에서 하향식 제어와 예측적 암호화 그리고 활성화 추론의 중요성을 입증하기 시작했다. 앞서도 언급했듯이 하향식 예측과 추론이 의식적인 감정에 영향을 미친다는 생각은 고차 이론과도 잘 부합하는 관점으로 볼 수 있다. 예를 들어 고차 이론, 특히 HOROR 이론에서 신체 피드백 표상이 누락되었다는 것은 하향식 비의식적 개념화에 의해 심적 모델/스키마의 형태로 구성될 수 있는 저차 상태가 부재한 것으로 생각할 수 있다.

어떤 감정은 생존 회로의 활성화와 그에 따른 결과물을 필요로 하지 않는다는 것도 인식해야 한다. 이른바 2차 감정 또는 사회적 감정(죄의식, 질투심, 수치심, 당혹감, 자존심, 경멸 등)과 실존적 감정(삶의 무의미함에 대한 걱정)이 그 예들이다. 그러나 내 모델에서 모든 감정은 (그것이 기본 감정이든 2차 감정이든 혹은 실존적 감정이든) 인지적으로 구성된 자기주지적 의식 상태다. 따라서 이들은 모두 감정 경험뿐만 아니라 모든 종류의 자기주지적 의식적 경험을 뒷받침하는 동일한 고차 회로의 산물이다. 생존 회로가 이 과정의 일부인 경우, 생존 회로는 그 경험을 제어할 뿐 결정하지는 않는다. 생존 회로의 역할은 감정 스키마 요소들을 패턴 완성시키는 수준에 그친다.

의식적 감정에 대해 고차 네트워크가 어떤 기여를 하는지 그리고 다른 전전두 피질과 후부 피질의 다중 양식 영역으로부터 받은 입력값이 어떻게 처리되는지에 대해서는 아직 상세히 연구되지 않았다. 기존의 데이터들은 감정 처리 과정에 그리고 일부 경우에는 감정 경험에 많은 영역이 관여돼 있음을 보여준다. 하지만 각 영역이 감정의 고차 신경 이론에 구체적으로 어떻게 기여하는지 시험하는 일은 향후 계속 연구되어야 할 부분으로 남아 있다.

고차 네트워크가 엄밀히 고정된 실체가 아닐 가능성도 있다. 상황에 따라 다양한 전전두 피질 영역 그리고 후부 영역까지도 그 순간 고차 연합의 한 부분이 될 수 있다(앞서 기술한 작업 기억 연합과 다르지 않다). 이는 전문화된 처리 과정이 필요할 때, 또는 고차 네트워크 영역에 손상이 생긴 경우에 특히 중요해질 수 있다.

나는 분명 의식의 고차 이론을 지지한다. 하지만 나는 또한 뇌에서 정확히 어떻게 의식이 생겨나는지는 여전히 미해결 문제임을 인정한다. 그 해답이 무엇이든(고차 이론의 변형이든, 혹은 광역 작업 공간 이론이든, 혹은 다른 이론이든), 그것은 하나의 틀 안에서 감정적·비감정적 의식 상태를 둘 다 설명하는 일반론이 될 것이라고 믿는다.

생존은 깊지만 감정은 얕다

아무리 단순하든, 혹은 아무리 복잡하든, 모든 유기체는 에너지 자원을 관리하고, 체액과 이온의 균형을 맞추며, 위해로부터 방어하고, 번식함으로써 생명을 유지하고 종의 존속에 기여한다. 이러한 근본적인 생존 활동은 중추 신경계가 있는 유기체의 특정한 선천적 행동을 제어하는 전용 회로에서 잘 나타난다. 그러나 이 회로들이 감정을 만드는 것은 아니다.

나는 감정이 인간의 뇌가 가진 고유한 능력에 의해 비로소 가능해진 인간만의 특화 기능이라고 본다. 언어와 계층적 관계 추론, 주지적 의식 및 반성적 자기주지적 의식을 진화시킨 우리의 초기 호미니드 조상이 없었다면 지금 우리가 경험하는 것과 같은 형태의 감정은 존재할 수 없었을 것이다. 감정 능력으로 인해 원시 생존 회로에서의 활동은 자기 인식으로 통합되고 의미 기억, 개념 기억, 일화 기억이란 형태로 표현될 수 있었으며, 각 개인이 가진 자아 스키마와 감정 스키마의 형태로 해석되고 바로 지금의 행동을 이끌고 미래의 감정 경험을 계획하는 데 이용될 수 있었다. 그 결과 감정은 인간 두뇌에서 정신적 무게 중심이 되었고, 이야기나 설화의 원천이 되었으며, 문화·종교·예술·문학 그리고 타인과 우리 세계와의 관계, 그 밖에 우리 삶에서 중요하게 간주되는 모든 것의 토대가 되었다.

그러나 감정은 우리의 영장류나 포유류 조상으로부터 유전된 자취라기보다는 우리 종의 초기 선조들에서 처음 출현한 고유한 특성들이 반영된, 굴절적응의 결과인 것으로 생각된다. 여러분도 기억하겠지만 굴절적응은 다른 형질의 부산물로서 생겨난 유용한 형질로서 그것이 가진 가치 때문에 자연선택을 통해 유전적 통제하에 놓이게 된다.

감정은 사실 두 가지 다른 굴절적응의 결과일 수 있다. 그중 하나는 언어로, 앞에서도 언급했듯이 콜로니와 에덜먼은 언어가 비언어적 소통, 순차적 인지, 도구 사용의 기반이 되는 신경 메커니즘을 결합하는 시냅스 가소성으로부터 생겨났다고 제안했다. 여기에 더해 인칭 대명사가 사용되면서 언어에는 또 다른 굴절적응이 일어났을 것이다. 바로 자기주지 능력이다. '대상으로서의 자신' 대신 '주체로서의 자신'을 인식하게 된 것이다. 감정은 자기주지의 한 형태로서, 삶에서 '생물학적'으로 또는 '심리학적'으로 중대한 상황에서 자기 자신을 의식적으로 경험할 때 필연적으로 나타난다. 여기서 생물학적으로 중대한 경험은 보통 생존 회로의 활성과 관련되어 있는 반면, 심리학적으로 중대한 경험은 생존 회로와 근본적인 연관성이 없는 경우가 많다. 그럼에도 이 모든 경험을 우리가 '감정'이라 부르는 범주에 포함시킬 수 있는 것은 여기에 어떤 생물학적 특성이 있기 때문이 아니라 이들 모두가 자기 자신에게 사적인 중대성을 지니는 경험이기 때문이다.

인간의 감정이 나중에 선택된 굴절적응일 수도 있지만, 그렇다고 해서 우리의 동물 조상들과 아무런 관련이 없다는 것은 아니다. 사실 가장 기초적인 감정에는 원시 생존 회로가 기여하는 바도 있다. 그러나 앞에서도 말했듯이, 이러한 생존 회로의 역할은 감정적 경험의 내용에 영향을 미치는 데 그칠 뿐 그것을 정의하지는 않는다.

감정이 우리 종의 유전자에 존속할 수 있었던 이유는 가치를 개인화하는 능력의 효용성 때문일지도 모른다. 단순히 위험을 감지하고 회피하는 것을 넘어서, "이것이 '나에게' 얼마나 위험하지?" 하고 고려할 수 있게 된 것이다. 다른 동물들도 가치를 표상할 수 있지만 그것을 개인화시킬 수 있는 동물은 인간이 유일하다. 이런 관점에서 감정은 가치를 지닌 무언가가 당신에게 일어나고 있다는 경험이다. 그렇다면 감정은 자기주지 능력 없이는 존재할 수 없다. 자아가 없다면 감정도 없다.

다윈 이후, 과학자들은 감정을 연결고리로 삼아 인간 행동과 생명의 역사를 연결하기 위해 애써왔다. 감정에 대한 다윈주의 교리의 한계가 드러난 것은 우리가 동물 조상으로부터 물려받은 생존 행동 능력이 인간에게서 감정이나 다른 자기주지적 의식 상태를 만들어내는 고유한 영역과는 다른 뇌 시스템의 산물이란 것을 깨달은 이후부터다. 생존 행동이 깊은 역사를 통해 흐르는 강이라면, 감정적인 의식은 얕은 개울이다.

인간 뇌의 중요한 기능 중 하나가 최근에 출현한 것이라고 해서 다른 동물들의 지위가 원시적인 반사 기계로 격하되는 것은 아니다. 자기의식을 갖췄다는 분명한 증거가 있는 유일한 동물인 인간조차도 하루 중 대부분의 시간을 동물 조상으로부터 물려받은 정교한 비의식적 인지·행동 능력을 사용해 헤쳐나간다. 기존 연구는 동물과 인간이 실제로 상당히 비슷한 이유가 동물에게 인간과 비슷한 종류의 의식이 있기 때문이 아니라 인간이 동물로부터 비의식적인 능력을 물려받았기 때문이라고 말한다. 따라서 인간 뇌의 비의식적인 기능에 남아 있는 동물적 유산을 이해하는 것은 패자에게 주는 위로상 같은 것이 아니다. 그것은 실제로 동물과 인간의 행동 모두를 이해하는 데 매우 중요하다.

다른 포유류 동물들이 인간의 심리적 특질을 완전히 갖춘(비록 인간과 같은 신경 특질을 모두 갖춘 것은 아닐지라도) 털이 많은 원시인과 다름없다는 생각은 낭만적이고 직관적으로 그럴듯하게 들리며 우리가 애완동물과 나누는 교감 또한 잘 설명한다. 하지만 나는 이것이 잘못된 과학적 개념이라고 생각한다. 일단 이런 생각을 받아들이면 인간을 생명의 깊은 역사에 연결시키는 작업은 매우 간단해진다. 동물의 의식이라는 과학의 진흙탕에서 헤맬 필요 없이, 인간과 동물에서 유사한 방식으로 나타나는, 포식자나 다른 위험, 식량과 물, 성적 상대에 대한 행동을 지시하는 상대적으로 원시적인 능력만 이해하면 된다. 우리의 동물 조상들 이후 계속 보존되어온 생존 회로를 통해 이러한 행동들을 설명하는 것이다. 과학적으로 쉽게 측정하기 어려운 다른 동물의 심적 상태를 상정하거나 찾을 필요도 없다. 어쩌면 주지적 의식 능력이 있는 동물이 있을 수도 있다. 그러나 앞서도 설명했듯이 자기주지적 상태의 감정은 오직 인간만 가지고 있다.

우리는 우리의 생존 회로를 통해 신경계를 가진 유기체의 생존의 역사와 연결된다. 다시 말해, 인간 종 또한 생명의 역사의 한 부분으로서 생존 회로 및 행동에 의해 구현되는 보편적 생존 전략을 가진다.

생존 회로의 깊은 역사에서 감정 및 다른 의식적 상태의 역사를 분리해보면 우리는 전체적인 생명의 역사에서 우리가 차지하는 위치를 확인할 수 있다.

다른 모든 종과 마찬가지로, 우리도 고유한 종이며 따라서 특별하다. 우리만이 가진 독특한 특징이 우리에게 중요한 이유는 그것이 우리들만의 것이기 때문이다. 그러나 40억 년의 긴 역사에서 그러한 고유성은 그저 각주에 불과하다. 오직 전체 이야기를 알고 나서야 우리는 우리가 진정으로 누구인지 그리고 우리가 어떻게 현재의 모습이 될 수 있었는지를 이해할 수 있다.

우리는 자기의식을
이기고 살아남을 수 있을까?

다른 모든 생물들처럼 인간 또한 유기체로서 각 구성 요소가 높은 수준의 협동과 낮은 수준의 갈등을 이루며 작동하는 생리적 집합체로서의 생물학적 실체다. 그러나 다른 유기체들과는 달리 인간은 독자적으로 작동하는 구성 요소를 하나 가지고 있으니 바로 뇌의 신경 네트워크다. 그것은 원한다면 신체 나머지 부분의 생존 임무와 목적을 약화시키고 배제하도록 결정할 수 있다. 이것이 인간의 의식, 특히 자기주지적이고 반성적인 자기 인식의 바탕을 이루는 네트워크다.

자기주지적 의식(시간과 관련하여 그 자신에 대한 심적 모델을 형성하는 능력)은 우리 각자를 규정하는 본질, 혹은 최소한 우리가 우리 자신에 대해 의식적으로 알고 있는 것의 본질을 이룬다. 이러한 자기주지 능력을 바탕으로 우리 종은 예술, 음악, 건축, 문학, 과학 등 위대한 업적을 성취하고 그 진가를 인식할 수 있다. 의식연구자인 하콴 라우가 자신의 블로그 이름을 '우리가 신뢰하는 의식*In Consciousness We Trust*'이라고 붙인 것도 그런 이유에서다.

그러나 정말로 의식을 신뢰할 수 있을까? 의식, 특히 자기주지적 의식은 어두운 면을 갖고 있다. 그것은 불신, 증오, 욕심, 이기심 등 우리 종을 파멸시킬 수도 있는 심적 특징들도 가능하게 했다.

하지만 잠깐만. 생존, 생명 그 자체가 이기심의 발현이 아닌가? 이기심은 유기적 통일성을 유지시키는 방편이 아니었던가? 리처드 도킨스의 '이기적 유전자'가 생존하는 방식이 이기심이 아니면 뭔가? 박테리아와 벌, 지렁이, 물고기, 뱀, 고양이, 유인원은 이기적이지 않은가? 이 모든 질문에 대한 답은 '예'다. 그렇지 않다면 이들이 어떻게 생존할 수 있었겠는가? 그러나 이기심이 인간만의 고유한 능력이 되면서, 즉 이기심이 단순히 유기체 전체의 안녕을 도모하고 증진시키기보다 위해를 끼칠 수 있는 의식적 결정의 토대가 되면서 특이한 일이 벌어졌다.

단세포 유기체는 30억 년 넘게 지구를 독차지했다. 이들 단세포가 담당했던 적합도 및 생존의 책무가 유전체를 공유하는 많은 세포로 구성된 복잡한 개체로 이양되면서 다세포 유기체가 진화했다. 이러한 생물학적 모델은 거의 10억 년 동안 매우 잘 작동했다. 인간의 뇌가 자기주지적 의식 능력을 가지면서 갑자기 유기적 통일성이 무너지기 전까지 말이다.

자기주지적이고 의식적인 인간의 두뇌는 자신의 존재를 끝장내거나 심지어 스릴을 위해 다른 유기체의 물리적 생존을 위험에 빠뜨리는 것을 마음대로 선택할 수 있는 생명의 역사에서 유일한 실체다. 다른 세포나 장기들은 기가 찰 노릇일 것이다. 일화적인 증거를 토대로 다른 동물도 자살을 한다고 주장하는 사람들도 있다. 그러나 그러한 행동이 자기 자신의 존재를 끝내겠다는 생각에 바탕을 둔, 진정으로 의도적인 행동인지 여부는 논쟁의 여지가 있다. 19세기 말 유명한 사회학자 에밀 뒤르켐Emile Durkheim은 자살은 희생자 자신의 긍정적 또는 부정적 행동에 의해 직간접적으로 야기되는 죽음으로, 그 행동이 희생자가 의도한 결말 즉 죽음을 초래한다는 사실을 희생자가 알거나 믿는 경우에만 적용된다고 말했다. 이런 종류의 개념은 반성적인 사회적 의식에 의존하기 때문에, 전적으로 내적인, 생리적 제약들을 지닌 동물은 자살을 할 수 없다. 뒤르켐에 따르면 여러 형태의 진정한 자살은 인간의 사회적 조건이다.•

초기 인류는 다른 동물군에 비해 특별히 눈에 띄는 점이 없었다. 그러다 어느 시점에(대략 20만 년 전에서 5만 년 전 사이로 추정된다) 우리의 조상들을 동물계의 나머지 동물들과 크게 달라지도록 만든 어떤 사건이 일어났다. 그들은 다른 이들과 함께 살아가고 소통하기 위한 새로운 능력과 방식을 발달시켰다. 바로 언어, 계층적 관계 추론, 자신 대 타자에 대한 표상, 정신적 시간여행이었다. 자기주지 능력은 그 결과로 생겨났다.

자기주지적 의식이 인간의 고유한 능력이라고 해서 그것이 갑자기 나타났다는 의미는 아니다. 무엇보다 우리의 영장류 조상은 지각 정보와 기억 정보를 통합하고 가능한 행동 방안을 비의식적으로 숙고할 수 있도록 하는, 집행 기능을 포함한 정교한 작업 기억 능력을 가지고 있었다. 이러한 능력은 측면 전전두 영역(배외측 및 복외측 영역 포

• 뒤르켐의 관점에 대해 알려준 하칸 라우에게 감사를 보낸다. 뒤르켐의 견해는 로버트 아룬 존스Robert Alun Jones의 저서 《에밀 뒤르켐: 네 가지 주요 저작 개괄Emile Durkheim: An Introduction to Four Major Works》을 바탕으로 요약한 것이다.

함)에 의해 가능했는데, 오늘날 유인원은 물론 원숭이도 이 영역을 가지고 있지만 이들의 비영장류 포유류 조상에겐 없었다. 영장류 조상들이 이러한 회로를 갖추고 있어서 지각 사건에 대한 주지적 의식 경험을 할 수 있었을 가능성도 생각해볼 수 있다. 그랬다면 아마도 일반적으로 유용한 것과 해로운 것을 구분하고 조잡하게나마 의미론적으로 평가함으로써 그러한 사건들의 가치를 일종의 주지적 방식을 통해 인식할 수 있었을 것이다. 어쩌면 무엇이 자신의 신체에 속하고 무엇은 그렇지 않은지에 대한 자전적 의미론적 정보에 기반해 상대적으로 단순한 주지적 형태의 자기 인식을 경험할 수 있었을지도 모른다.

그렇지만 그들은 그 자신을 개인적인 과거를 가진 실체로서 경험하거나, 가능한 미래 상황에 놓인 그 자신의 존재를 상상하거나, 결국 존재하지 않게 될 실존적 깨달음에 이르지는 '못했을' 것이다. 나는 자기주지적 인식이 인간의 전전두 피질 영역에서 전형적으로 나타난다고 알려진 고유한 특질들에 의존한다고 생각한다. 그 특질들이란 최근에 등장한 구성 요소로서 측면 전전두 영역과 상호 작용하여 고차 네트워크를 형성하는 전두극 영역, 고차 전전두 네트워크와 저차 프로세서(다른 전전두 영역과 후두엽, 측두엽, 두정엽에 위치하는 지각, 기억, 개념 프로세서 포함) 사이의 풍부한 연결, 고차 네트워크 내에서는 물론 고차와 저차 프로세서 사이의 처리 속도를 증진시키는 새로운 세포 유형 및 분자/유전적 메커니즘이다.

자기주지 능력이 유기체의 전체적인 생존 목표와 필요를 약화시킴으로써 유기적 통일성에 위협을 가할 수도 있다는 점을 고려할 때, 이 능력은 진화사에서 자신을 한때의 유행으로 사라지지 않게 해준 중요한 생존 가치를 틀림없이 추가했을 것이다. 한 가지 분명한 가능성은, 유기체는 자기주지적 의식을 갖춤으로써 단순히 위험을 감지하고 피하기보다 그 위험을 개인화할 수 있게 되었다(예컨대 "그것이 '나에게' 얼마나 위험한가?"라고 질문함으로써)는 점이다. 나는 이것이 자기주지 능력이 감정을 가능하게 한 방식이라고 생각한다. 감정은 가치를 지닌 무언가가 당신에게 일어나고 있다는 경험이다. 자아가 없다면 공포도 없고, 다른 감정들도 없다.

많은 동물이 유용함과 해로움의 가치에 의존해 결정을 내리지만, 오직 인간만이 복잡한 계층 구조 결정 트리를 이용해 실시간으로 상황의 의미를 역동적으로 평가하고 그 순간에 개인의 안녕과 관련된 조치를 취한다. 오직 인간만이 미래, 심지어 선택 가능한 일련의 미래를 상상하고 계획한다

또한 오직 인간만이 자기주지적이고 의식적인 마음을 가지고 있어, 특정 행동을 취했을 때의 위험을 계산한 후 그 위험을 사실과 다르게 최소화할 수 있는 그럴듯한 이야기를 지어내 죄의식이나 불안감 없이 이기적인 욕망을 충족시킬 수 있다. 고칼로리 음식을 먹을 때, 파도가 높은 바다에서 수영할 때, 절벽을 기어오를 때, 배우자를 두고 바람을 피울 때, 중독성 약물을 복용할 때가 그런 예들이다.

자기주지 능력은 양날의 검이다. 우리의 미래는 우리 종이 자기주지 능력을 어떻게 사용하느냐에 달려 있다.

앞서 인용했던 올더스 헉슬리의 말처럼 우리는 언어 덕분에 짐승보다 높은 곳에 오를 수 있었다. 헉슬리는 또한 사람들이 자기 말의 피해자가 되기 쉽다고 말했다. 언어는 '나'와 '너'를, '우리'와 '그들'을 구분할 수 있도록 한 인칭 대명사를 선사했다. 우리는 이 개념을 바탕으로 사회적 무리와 가문, 부족, 종교, 왕국 그리고 민족을 건설했으

며, 스스로 선택한 집단의 믿음을 수호하기 위해 서로 싸우고, 고립시키고, 해치고, 심지어 죽이기도 한다. 우리의 자기의식적인 마음과 신념의 이기심에 비하면 우리 유전자의 이기심은 빛이 바랠 정도다.

신념은 단순히 언어나 문화의 산물이 아니다. 그것은 언어와 복잡하게 얽혀 있는 다른 특별한 능력들, 예컨대 계층적 인지, 자기 인식 그리고 감정에도 의존한다. 이들이 매끄럽게 잘 조화되면 우리 종의 더 큰 선을 위해 작동하는 사회 시스템도 가능할 것이다. 하지만 감정이 우리의 이성적 사고와 대립하거나 그중 어느 하나가 신념에 의해 오염될 때, 또는 개인의 이익이 문화 전반의 가치에 반하거나 우리 종 전체의 요구에 맞설 때, 우리 인간은 고통받게 된다.

자기주지적인 마음은 그 개인적이고 이기적인 본성에 따라 우리 의식에서 일어나는 모든 일을 자신이 책임지고 있다고 여긴다. 실제로, 소위 자유의지는 우리가 가장 소중히 여기는 개념 중 하나로서, 성경에 의하면 아담이 사과를 베어 먹었을 때 시작되었다고 한다. 고대 그리스 이후 우리는 인간의 본질이 우리의 의식적인 마음이라고 믿어왔다. 마음/뇌의 나머지와 육체는 의식적 마음의 하인 또는 단순한 조력자로 취급되었다. 데카르트의 이원론적 철학은 코페르니쿠스와 갈릴레오에서 시작된 과학혁명에 비추어 영혼의 종교적 개념을 조정해보려는 시도였다. 이후 철학자 쇠렌 키르케고르는 불안이란 인간이 삶을 어떻게 이끌어갈지 의식적으로 선택할 자유를 위해 지불하는 대가라고 말했다. 행동주의자들은 과학적 구성물로서의 의식을 제거하려고 했지만, 의식 그 자체는 이런 시도를 용납하지 않았다.

우리는 우리의 독특한 두뇌를 통해 경계들을 정복할 수 있었다. 우리는 우리의 필요를 충족시키기 위해 환경을 변화시키고, 우리의 변덕과 욕망, 환상을 충족시키며, 공포와 불안으로부터 우리 자신을 보호할 수 있는 힘을 가지고 있다. 미지를 상상하는 것은 우리에게 새로운 존재 방식을 찾도록 영감을 불어넣어 준다.

지식에 대한 갈증은 과학적 발견 및 기술 개발로 이어져, 최소한 우리들 중 운이 좋은 몇몇의 삶은 여러모로 더 편해졌다. 이제 우리는 위험한 환경에서 식량을 구하러 다닐 필요가 없다. 즉 대부분의 사람은 일상생활에서 피에 굶주린 포식자를 마주칠 일이 없다. 편리한 가전제품 덕택에 계절별 온도 변화에 쉽게 대응할 수 있다. 우리는 흔한 질병을 치료하고 예방도 가능한 약물을 쉽게 구할 수 있으며, 신체 일부가 손상되면 외과 수술로 고칠 수 있고 어떤 경우에는 새것으로 교체하기도 한다.

또한 우리는 전자적인 방식으로 세계 어느 곳에 있는 사람과도 즉각 소통할 수 있다. 인터넷은 우리 삶을 찬양할 만한 방식으로 변화시켰지만, 다른 좋은 것들이 그런 것처럼 여기에는 대가가 따른다. 인터넷은 소문, 루머, 심지어 노골적인 거짓말을 통해 흔히 수용되는 믿음에 불신을 품게 하고 공공의 선에 반하는 방향으로 이해관계를 재편하도록 촉진함으로써 사회 구성원들이 자기중심적으로 행동하도록 만든다. 거짓된 주장이라도 그저 계속해서 반복하면 그럴듯하게 들릴 수 있다. 이러한 전술은 과학의 가치와 그것이 우리 삶과 안녕에 미치는 기여를 약화시키고, 도움이 필요한 사람들을 위한 안전망을 제공하는 한편 독재를 견제하고 권력 균형을 유지하기 위한 사회구조들(정부 포함)의 기반을 공격하기 위해 이용된다.

과거에는 변화가 더디게 일어났지만, 지난 세기 동안에는 급격하고 맹렬한 변화가 일어났다. 전 지구적으로 이상 기후가 나타나는 것과 함께 기온도 상승하고 있다. 숲이 불타고 있다. 사막이 확대되고 있다. 해수면이 상승하고 있다. 종의 멸종 속도가 빨라지고 있다.

이에 경각심을 느낀 많은 사람들이 우리가 일으킨 변화를 뒤집거나 적어도 속도를 늦춰 지구를 구해보려는 노력을 촉구해왔다. 반면에 이런 연구들은 다 날조된 것이라고 주장하는 기후 변화 부정론자들의 신념체계에 의해 마음이 기운 사람들도 있다.

천체물리학자 애덤 프랭크Adam Frank는 현재의 상황에 관심이 있는 사람이라면 우려하는 것은 당연하다고 말한다. 그는 인간의 행동이 실제로 부정적인 결과를 초래하고 있으며, 지구의 물리적·생물학적 구조를 극적으로 변화시키는 데 맞춰져 있다고 주장한다. 그러나 우리가 지구를 파괴하지는 못할 것이다. 프랭크는 다세포 생명 내 공생 이론의 창시자인 린 마굴리스의 말을 인용한다. "가이아는 무서운 여신이다." 프랭크가 상기시켜주듯이, 지구는 과거 엄청난 규모의 지구 물리학적 재앙과 대량 멸종에도 살아남았으며 앞으로도 그럴 것이다. 그러나 우리가 빨리 조치를 취하지 않는다면 우리 인간을 비롯해 수많은 유기체가 살아가는 현재의 환경은 지속되지 않을 수도 있다.

박테리아와 고세균, 이들 궁극의 생존자들은 이번에도 분명 살아남을 것이다. 에너지를 엄청나게 소모하는 대형 다세포 유기체들은 아마도 힘든 시간을 보내게 될 것이다. 우리는 과거의 대량 멸종 사례로부터 기회는 살아남은 자에게 찾아온다는 사실을 배웠다. 이러한 생물학적 실험의 결과로 지구상의 생명체 구성은 이전과는 매우 달라질 수 있다. 또한 우리 인간들처럼 지구를 오염시키는 생물체가 없다면 자연의 질서는 좀 더 안정된 상태로 균형을 찾아가게 될 것이다. 철학자 토드 메이Todd May는 이 문제를 곰곰이 생각한 뒤 "인간의 멸종은 과연 비극인가?"라고 물었다. 그는 인간이 없다면 세상은 훨씬 더 좋아질 것이라고 결론지었다. 인간이 그토록 놀라운 업적을 이룬 종이라는 점을 고려한다 해도, 우리 종이 없다는 것이 과연 세상에게 비극일까?

자기주지적 의식은 결국 개인적이고 이기적이며, 가장 힘들 때 자기애적이다. 크리스토프 메닝에 따르면 자기의식은 악의 뿌리이기도 하다. 하지만 동시에 그것은 미래에 대한 우리의 유일한 희망일 수도 있다.

우리는 자기주지적인 의식적 마음을 통해 도덕성이나 윤리와 같은 개념적 지침을 만들고 삶의 방식 같은 어려운 문제를 결정하는 데 도움을 받는다. 토드 메이의 마음이 그랬던 것처럼, 오직 자기의식을 가진 마음만이 인류 전체의 선을 위해서는 우리 자신의 이기적 본성을 극복해야만 한다는 사실을 깨달을 수 있다. 그러나 이는 결국, 우리의 성취가 특별하다는 가정을 바탕으로 한 가치판단이다.

자기주지 능력으로 인해 우리는 우리만의 고유한 특성에 관심을 갖게 되었고 또한 그것이 사라질까봐 슬퍼하게 되었다. 여기에는 아무런 문제가 없다. 하지만 아마도 우리는 다른 유기체들에게 너무 많은 것을 요구하지 않고도 어떤 유형의 삶의 방식을 유지할 수 있을지 모른다. 그러면 우리는 기후 변화가 불러올 생명의 구성─생물학적 힘의 균형─의 급격한 변화를 막을 수 있을 것이다. 한때 지구의 지배자로 군림했던 크고 에너지 소비가 많은 파충류 포식자들에게 환경이 불리해지자 에너지 수요가 적은 작은 포유류들이 먹이사슬의 최상위에 올랐다는 사실을 기억하라.

우리는 종으로서 존속해야만 개체로서도 존속할 수 있다. 생물학적 진화가 우리를 구원해주길 기다릴 수 없다. 진화는 너무 느린 과정이기 때문이다. 우리는 인지적·문화적 진화와 같은 좀 더 빠른 변화 방안을 모색해야 하며, 이는 다시 우리의 자기주지적인 뇌가 어떤 선택을 하는지에 달려 있다. 결국, 우리가 믿고 기댈 수 있는 것은 우리의 의식밖에 없다.

부록: 생명의 역사 연대표[*]

46억 년 전	지구의 형성
40억 년 전	태초의 생명 실험
38억 년 전	LUCA 등장(현존하는 모든 생명의 조상)
35억 년 전	원핵생물 등장(박테리아 이후 고세균 등장)
20억 년 전	진핵생물 등장(단세포 원생생물)
12억 년 전	식물, 균류, 동물의 공통 조상이 되는 원생생물 등장
10억 년 전	식물, 균류, 동물 각각의 조상이 되는 원생생물 등장
9억 년 전	최초의 다세포 생물 등장(수생식물)
8억 년 전	최초의 동물 등장(해면동물)
7억 년 전	방사형 동물 등장(히드라, 해파리, 빗해파리류)
6억 3000만 년 전	좌우 대칭 동물 등장 (편형동물 형태의 유기체)
6억 년 전	선구동물 등장(환형동물, 절지동물, 연체동물)
5억 8000만 년 전	후구동물 등장(피카이아, 불가사리)
5억 4300만 년 전	캄브리아기 폭발 시작
5억 4000만 년 전	무척추 척삭동물 등장(창고기, 미삭동물)
5억 3000만 년 전	척추동물 등장(하이커우엘라)
5억 500만 년 전	무악어류 등장(칠성장어)
4억 9000만 년 전	캄브리아기 폭발 종료
4억 8000만 년 전	유악어류 등장(대부분의 어류)

• Michael Marshall, Timeline: The Evolution of Life, *New Scientist*, July 14, 2009, www.newscientist.com/article/dn17453-timeline-the-evolution-of-life, retrieved March 17, 2017; Timeline of the Evolution of Life, Wikipedia en.wikipedia.org/wiki/Timeline_of_the_evolutionary_history_of_life; March 17, 2017. 여기 나온 모든 연대는 추정치다.

4억 6500만 년 전	식물이 육지에서 번성하기 시작
3억 5000만 년 전	양서류 등장(폐가 있는 사족동물)
3억 1000만 년 전	단궁류 등장(포유류와 비슷한 파충류)
3억 500만 년 전	석형류 등장(진파충류)
2억 3000만 년 전	공룡 등장
2억 1000만 년 전	포유류 등장
1억 5000만 년 전	조류 등장
1억 3000만 년 전	꽃식물 등장
7000만 년 전	영장류 등장
2500만 년 전	유인원 등장
600만 년 전	인류 등장

삽화 크레디트

그림 2.1 E. Haeckel (1874), *Anthropogenie oder ntwickelungsgeschichte des Menschen. Gemeinverständliche wissenschaftliche Vorträge über die Grundzüge der menschlichen Keimes-und Stammes- Geschichte* (Leipzig: Engelmann)의 퍼블릭 도메인; *Tafel XII* by Hanno in 2002에서 스캔했다.

그림 8.1 삽화 구성은 M. van Duijn, F. Keijzer, D. Franken (2006), "Principles of Minimal Cognition: Casting Cognition as Sensorimotor Coordination." *Adaptive Behavior* 14:157 – 70의 그림 1을 원본으로 했다.

그림 11.1 *Stargazing Live*, a BBC and Open University coproduction: https://bit.ly/1NNUGqt을 바탕으로 구성했다.

그림 12.2 G. F. Joyce (1989), "RNA Evolution and the Origins of Life," *Nature* 338:217 – 24의 그림 1을 바탕으로 구성했다.

그림 12.3 왼쪽 이미지는 다음을 원본으로 구성했다. 퍼블릭 도메인인 미국 연방정부 저작물: https://oceanexplorer.noaa.gov/explorations/02fire/background/hirez/chemistry-hires.jpg; https://commons.wikimedia.org/wiki/File:Deep_sea_vent_chemistry_diagram.jpg. 오른쪽 이미지는 Nick Lane과의 논의를 바탕으로 다시 그렸으며, Woods Hole Oceanographic Institute, Hydrothermal Mounds in "The Origin of Life": https://www.livescience.com/26173-hydrothermal-vent-life-origins.html의 그림 11-03d; "Unicellular Organisms—The Origin of Life": http://www.universe-review.ca/F11-monocell.htm의 삽화를 모델로 이용했다. 후자의 삽화는 Richard Bizley (Science Photo Library) from "The Secret of How Life on Earth Began": http://www.bbc.com/earth/story/20161026-the-secret-of-how-life-on-earth-began을 변형한 것이다.

그림 18.2 http://www.bio-rad.com/webroot/web/pdf/lsr/literature/Bulletin_5924A.pdf 9쪽의 표; https://www.difference.wiki/somatic-cells-vs-gametes; D. Duscher et al. (2015), "Stem Cells in Wound Healing: The Future of Regenerative Medicine? A Mini-Review." *Gerontology* 62: 216 – 25의 그림 2a: https://www.difference.wiki/somatic-cells-vs-gametes/을 원본으로 구성했다.

그림 18.3 http://ib.bioninja.com.au/standard-level/topic-3-genetics/33-meiosis/somatic-vs-germline-mutatio.html; https://macscience.wordpress.com/level-2-biology/genetics/somatic-vs-germline-mutations/을 원본으로 구성했다.

그림 19.1 https://thegeneticgenealogist.com/2008/02/15/famous-dna-review-part-iv-jessejames/을 원본으로 구성했다.

그림 20.1 왼쪽과 가운데 이미지는 http://www.dayel.com/blog/2010/10/07/choanoflagellate-illustrations/을 원본으로 했다; 오른쪽 이미지는 다음을 원본으로 했다. https://www.todaquestao.com/questoes/7675; Amabis e Martho(2001), *Conceitos de biologia* (Sao Paulo: Morderna): http://1.bp.blogspot.com/-fedpfTY6vO8/Tlo—b264-I/AAAAAAAAAws/LJZQcOXaO9M/s1600/14.jpg.

그림 20.2 http://www.dayel.com/blog/2010/10/07/choanoflagellate-illustrations/을 원본으로 했다.

그림 22.2 http://www.dayel.com/blog/2010/10/07/choanoflagellate-illustrations/을 원본으로 했다.

그림 23.2 구성은 다음 자료들을 참조했다. Roku Screen Saver: http://mw40vwind.home/과 *Encyclopedia Britannica*, 2015의 초기 해양동물 이미지. 세부사항은 삽화가의 창작이다. 이용된 모든 이미지는 저장 이미지를 바탕으로 다시 그린 것이었다.

그림 23.5 구성은 다음 자료들을 참조했다. Roku Screen Saver: http://mw40vwind.home/과 "Early Sea Animals"in *Encyclopedia Britannica*, 2015. 세부사항은 삽화가의 창작이다. 이용된 모든 이미지는 저장 이미지를 바탕으로 다시 그린 것이었다.

그림 24.1 각 구성 요소들의 형태는 다음을 바탕으로 했다. https://en.wikipedia.org/wiki/File:Choanoflagellates_(M%C3%A9chnikov).png; https://www.the-scientist.com/the-nutshell/swarm-stimulating-bacterial-enzyme-drives-choanoflagellate-mating-32387; Marina Ruiz Villarreal (LadyofHats); CK-12 Foundation; Creative Commons License. CC BU-NC 3.0 https://www.ck12.org/book/CK-12-Biology/section/18.1/; Ivy Livingstone http://web.augsburg.edu/~capman/bio152/sponges/choanocytes.tiff.jpg.

그림 24.2 각 구성 요소들의 형태는 다음을 바탕으로 했다. https://sites.google.com/site/animalbiologyspring2010/porifera/life-cycle. Art by Mariana Ruiz Villarreal (LadyofHats); CK-12 Foundation; Creative Commons License. CC BU-NC 3.0.

그림 27.1 G. Jekely (2011), "Origin and Early Evolution of Neural Circuits for the Control of Ciliary Locomotion,"*Proceedings of the Royal Society B: Biological Sciences* 278:914–22. PMC3049052을 원본으로 했다.

그림 29.1 '무체강동물acoelomate'로 검색하면 찾을 수 있는 여러 일러스트들을 바탕으로 했다.

그림 29.2 http://palaeos.com/metazoa/bilateria/bilateria.html의 이미지들에 기초했다.

그림 30.1 Yassine Mrabet via Wikipedia. Creative Commons Attribution-Share Alike, GNU Free Documentation License을 원본으로 했다.

그림 31.1 2010년 4월 19일자 《가디언》지의 기사 "Microscopic Marine Life": https://bit.ly/2TCd3Yd에 실린 Russell Hopcroft의 사진을 바탕으로 했다.

그림 32.1 L. Z. Holland et al. (2013), "Evolution of Bilaterian Central Nervous Systems: A Single Origin?"*EvoDevo* 4:27의 그림 1: http://www.evodevojounal.com/content/4/1/27을 원

본으로 구성했다.

그림 33.1 퍼블릭 도메인 이미지.

그림 34.2 다음 자료들에서 찾을 수 있는 여러 삽화를 바탕으로 했다. Tetsuto Miyashita (2016), "Fishing for Jaws in Early Vertebrate Evolution: A New Hypothesis of Mandibular Confinement,"*Biological Reviews* 91(3):611 – 57; Chapter 48, "Vertebrates": https://pdfs.semanticscholar.org/66d3/c6327f22f08b1dcd84fb9f8a320610bc7a52.pdf?_ga=2.260516877.1428637398.1553789225-1343959428.1553789225; *Biology Forum*, "The Evolution of the Vertebrate Jaw": https://biology-forums.com/index.php?action=gallery;sa=view;id=101.

그림 35.1 다음 이미지들에 근거했다. N. Shubin (2009), *Your Inner Fish*. (New York: Vintage Books) 의 26쪽; Wikipedia, "Tiktaalik": https://en.wikipedia.org/wiki/Tiktaalik#/; "Tiktaalik roseae": http://bioweb.uwlax.edu/bio203/f2013/raabe_mic2/.

그림 38.3 피질세포층은 Slideshare: https://bit.ly/2OxdtOw에서 전재했다.

그림 39.1 P. D. MacLean (1949), "Psychosomatic Disease and the 'Visceral Brain': Recent Developments Bearing on the Papez Theory of Emotion,"*Psychosomatic Medicine* 11:338 – 53에서 수정 및 전재.

그림 50.1 http://thebrain.mcgill.ca/flash/a/a_05/a_05_cr/a_05_cr_her/a_05_cr_her_1a.jpg을 참조 했다.

그림 50.2 전두극의 위치는 다음 자료들에 근거했다. M. F. S. Rushworth et al. (2014), "Comparison of Human Ventral Frontal Cortex Areas for Cognitive Control and Language with Areas in Monkey Frontal Cortex,"*Neuron* 81:700 – 713의 그림 2; Bruno Di Muzio et al.: https://radiopaedia.org/articles/frontal-pole?lang=us의 그림 1과 2.

그림 50.3 J. K. Rilling et al. (2008), "The Evolution of the Arcuate Fasciculus Revealed with Comparative DTI,"*Nature Neuroscience* 11:426 – 28을 바탕으로 했다.

그림 51.2 "Tips To Apply The Cognitive Dissonance Theory In eLearning": https://elearningindustry.com/apply-cognitive-dissonance-theory-elearning을 바탕으로 했다.

그림 54.1 H. Lau, D. Rosenthal (2011), "Empirical Support for Higher-Order Theories of Conscious Awareness,"*Trends in Cognitive Science* 15:365 – 73을 원본으로 구성했다.

그림 55.1 왼쪽: J. S. Bruner, A. L. Minturn (1955), "Perceptual Identification and Perceptual Organization,"*Journal of General Psychology* 53:21 – 28에서 전재. 오른쪽: 숨어있는 달마 시안 개 이미지의 여러 형태 중 하나: https://www.google.com/search?q=dalmatian+hidden+image&tbm=isch&source=univ&sa=X&ved=2ahUKEwii4sDZkcDhAhUMCuwKHa03CwAQ7Al6BAgHEA0&biw=1493&bih=873#imgrc=-36fZdQC0bNgqM.

그림 56.1 L. R. Squire (2004), "Memory Systems of the Brain: A Brief History and Current Perspective,"*Neurobiology of Learning and Memory* 82:171 – 77의 그림 1을 원본으로 구성 했다.

그림 56.2 W. A. Roberts and M. C. Feeney (2009), "The Comparative Study of Mental Time Travel," *Trends in Cognitive Sciences* 13(6), 271 – 77을 원본으로 구성했다.

참고문헌[*]

서문

Wilson (2014)

프롤로그

Dobzhansky (1973)

Ennes, Grant (2001)

Keller (1973)

LeDoux (2012)

LeDoux (2014)

LeDoux (2015)

Lorenz (1965)

Skinner (1938)

Tinbergen (1951)

1부 자연계에서 우리의 위치

1장 깊은 뿌리

Baluska, Mancuso (2009)

Damasio (2018)

Dennett (2017)

Emes, Grant (2011)

Gould (2001)

Grant (2016)

Jennings (1906)

Knoll (2003)

Lane (2015)

LeDoux (2012)

LeDoux (2014)

Pechère (2007)

Reber (2018)

Ryan, Grant (2009)

Tavolga (1969)

van Duijn, et al. (2006)

Wilson (2014)

2장 생명의 나무

Aristotle (350 BCE)

Baluska, Mancuso (2009)

Cain et al. (2007)

Darwin (1859)

Gazzaniga (2008)

Gontier (2011)

Hodos, Campbell (1969)

Lovejoy (1936)

Pollan (2002)

Smallwood et al. (1948)

Wallace (1855)

Wilson (2014)

3장 자연계의 시작

Beccaloni (2008)

Cavalier-Smith (2010)

Cavalier-Smith (2017)

* 참고문헌의 상세한 서지정보는 이 책의 홈페이지 http://deep-history-of-ourselves.com/에서 찾아볼 수 있다.

Gould (1980)

Gould (2001)

Hagen (2012)

Lane (2015)

Margulis, Chapman (2009)

Ruggiero et al.(2015)

Scamardella (1999)

Stearns, Stearns (2000)

Steenkamp et al.(2006)

Whittaker (1957)

Woese et al.(1990)

Woese, Fox (1977)

4장 공통 조상

Darwin (1859)

Dawkins (1976)

Dobzhansky (1937)

Doolittle (1999)

Fisher (1930)

Gould (1977)

Hennig (1966)

Huxley (1942)

Lane (2015)

Larson (1997)

Mayr (1974)

Mayr (1982)

Mayr (2001)

Theobald (2010)

Woese (1998)

Wright (1931)

5장 살아있다는 것

Bateson (2005)

Dawkins (1976)

Folse, Roughgarden (2010)

Grosberg, Strathmann (2007)

Jonas (1968)

Lane (2015)

Maier, Schneirla (1965)

Maturana (1975)

Michod (2005)

Niklas, Newman (2013)

Pradeu (2010)

Rokas (2008)

Torruella et al. (2015)

Varela (1997)

West, Kiers (2009)

2부 생존과 행동

6장 유기체의 행동

Balleine, Dickinson (1998)

Beach (1950)

Buss, Greiling (1999)

Darwin (1859)

Darwin (1872)

Darwin (1880)

Di Paolo, Thompson (2014)

Dickinson (1985)

Edmunds (1974)

Gershman, Daw (2017)

Hinde (1970)

Huxley (1942)

Jennings (1906)

LeDoux, Daw (2018)

Lehrman (1953)

Lorenz (1965)

Lyon (2015)

Maier, Schneirla (1965)

Manning (1967)

Maturana, Varela (1988)

Mayr (1963)

Morgan (1890-1891)

Niv (2007)

Pollan (2002)

Russell (1921)

Schneirla (1959)

Skinner (1938)

Smith (1993)

Staddon (1983)

Thorndike (1898)

Tinbergen (1951)

van Duijn et al. (2006)

Watson (1925)

7장 동물만 행동할 수 있을까?

Baluska et al. (2006)

Baluska et al. (2009)

Bengtson (2002)

Chamovitz (2013)

Darwin (1880)

Di Paolo, Thompson (2014)

di Primio et al. (2000)

Garzon (2007)

Iwatsuki, Naitoh (1988)

Jennings (1906)

Jonas (1968)

LeDoux (2012)

LeDoux (2015)

Loeb (1918)

Lorenz (1965)

Lyon (2015)

Mancuso, Viola (2015)

Maturana, Varela (1980)

Morgan (1890-1891)

Russell (1921)

Shapiro (2007)

Skinner (1938)

van Duijn et al. (2006)

Varela (1997)

8장 최초의 생존자

Adler (1966)

Berg (2004)

Butler, Camilli (2005)

Fernando et al. (2009)

Greenspan (2007)

Hellingwerf (2005)

Hennessey et al. (1979)

Hoff et al. (2009)

Koonin (2003)

Koshland (1977)

LeDoux (2012)

Lee et al. (2017)

Macnab, Koshland (1972)

McGregor et al. (2012)

Moreno, Etxeberria (2005)

Pechère (2007)

Perez-Cerezales et al. (2015)

Popkin (2017)

Ryan, Grant (2009)

Tagkopoulos et al. (2008)

Taylor, Stocker (2012)

van Duijn et al. (2006)

Vladimirov, Sourjik (2009)

Wadhams, Armitage (2004)

9장 생존의 전략과 전술

Baluska, Mancuso (2009)

Bryant, Frigaard (2006)

Edmunds (1974)

Gibson et al. (2015)

Koonin (2003)

Lawrence (2002)

Mayr (1963)

Niklas (2014)

Niklas, Newman (2013)

Nilsson (1996)

Plachetzki et al. (2005)

Rittschof et al. (2014)

Roberts, Kruchten (2016)

Rokas (2008)

Schneirla (1959)

Scott-Phillips et al. (2011)

Spudich et al. (2000)

Tinbergen (1963)

Williams (2016)

10장 행동을 재고하기

Bengtson (2002)

Churchland (1988)

Churchland (1988)

Danziger (1997)

Darwin (1872)

Fletcher (1995)

Fletcher (1995)

Furnham (1988)

Gardner (1987)

Keller (1973)

Kelley (1992)

LeDoux (2012)

LeDoux (2015)

LeDoux (2017)

LeDoux, Brown (2017)

LeDoux, Pine (2016)

Mandler, Kessen (1964)

Marx (1951)

Michod (2005)

Romanes (1882)

Skinner (1938)

Stich (1983)

Watson (1925)

3부 미생물의 삶

11장 태초에

Alperts et al. (2002)

Cronin, Walker (2016)

Darwin (1887)

Haldane (1991)

Knoll (2003)

Lane (2015)

Lane, Le Page (2009)

Marshall (2009)

Marshall (2016)

Mastin (2009)

Maturana, Varela (1987)

Pascal, Pross (2016)

Pross (2016)

Sarafian et al. (2017)

Volk (2017)

Wickramasinghe et al. (2010)

12장 생명 그 자체

Alperts et al. (2002)

Cairns-Smith (1985)

Darwin (1887)

Diemer, Stedman (2012)

Ghose (2013)

Gilbert (1986)

Hollis et al. (2000)

Holmes (2012)

Joyce (1989)

Joyce (2002)

Knoll (2003)

Lane (2009)

Lane (2015)

Lane, Le Page (2009)

Marshall (2009)

Marshall (2016)

Martin, Russell (2003)

Miller (1953)

Volk (2017)

Wachtershauser (1990)

Wachtershauser (2006)

Wickramasinghe et al. (2010)

Wikipedians (2017)

13장 생존 기계

Baym et al. (2016)

Cain et al. (2007)

Damper, Epstein (1981)

Gribaldo, Brochier-Armanet (2006)

Knoll (2003)

Strahl, Hamoen (2010)

Yong (2016)

14장 세포소기관의 탄생

Cain et al. (2007)

Cavalier-Smith (2010)

Gould (2001)

Hagen (2012)

Knoll (2003)

Koonin (2003)

Lawrence (2002)

Shih, Rothfield (2006)

Whittaker (1957)

Woese et al. (1990)

Woese, Fox (1977)

15장 LUCA의 자손들의 결혼

Knoll (2003)

Lane (2015)

Margulis (1970)

Margulis, Chapman (2009)

Martin, Muller (1998)

16장 오래된 것들에 새 생명을 불어넣다

Cain et al. (2007)

Knoll (2003)

Lane (2015)

Margulis (1970)

Martin, Muller (1998)

Pollan (2002)

Volk (2017)

4부 복잡성으로의 이행

17장 크기가 중요하다

Bengtson (2002)

Dawkins (1976)

Gerhart, Kirschner (1997)

Knoll (2003)

Lane (2014)

Lane (2015)

18장 성의 혁명

Butterfield (2000)

Crisp et al. (2015)

Dawkins (1976)

Janicke et al. (2016)

Lane (2015)

Otto (2008)

Speijer et al. (2015)

Umen, Heitman (2013)

Williams (1975)

Williams (2015)

19장 미토콘드리아 이브, 제시 제임스 그리고 성의 기원

de Paula et al. (2013)

Kuijper et al. (2015)

Lane (2015)

Lane et al. (2013)

Stone et al. (2001)

20장 집락의 시대

Bonner (1998)

Butler et al. (2010)

Folse, Roughgarden (2010)

Grosberg, Strathmann (2007)

Kirk (2005)

Lane (2015)

Lewontin (1983)

Libby, Ratcliff (2014)

Niklas (2014)

Niklas, Newman (2013)

Niklas, Newman (eds.) (2016)

Pradeu (2010)

Queller, Strassmann (2009)

Rokas (2008)

Shapiro (1998)

Waite et al. (2015)

Waters, Bassler (2005)

West, Kiers (2009)

21장 두 단계의 선택 과정

Buss (1987)

Damuth, Heisler (1988)

Folse, Roughgarden (2010)

Grosberg, Strathmann (2007)

Keverne (2015)

Kirk (2005)

Lalande (1996)

Libby, Ratcliff (2014)

McGowan et al. (2009)

Michod (2005)

Nestler (2013)

Nestler et al. (2016)

Niklas (2014)

Niklas, Newman (2013)

Niklas, Newman (eds.) (2016)

Radtke et al. (2011)

Rokas (2008)

Ruiz-Trillo et al. (2008)

Smith, Szathmary (1995)

22장 편모로 헤엄쳐 좁은 문을 통과하다

Alie, Manuel (2010)

Dayel et al. (2011)

de Paula et al. (2013)

Fairclough et al. (2010)

Lapage (1925)

Levin, King (2013)

Niklas (2014)

Pettitt et al. (2002)

Reynolds, Hulsmann (2008)

Richter, King (2013)

Ruiz-Trillo et al. (2008)

Snell et al. (2001)

Umen, Heitman (2013)

5부 ······그리고 동물은 뉴런을 발명했다

23장 동물이란 무엇인가?

Boero et al. (2007)

Briggs (2013)

Cain et al. (2007)

Cavalier-Smith (2017)

Chen et al. (2004)

Collins et al. (2005)

Conway Morris (2006)

Dunn et al. (2008)

Erwin (2015)

Gold et al. (2016)

Gould (1989)

Holland (2011)

Lee et al. (2013)

Levinton (2013)

Marshall (2009)

Martindale (2005)

Moroz et al. (2014)

Rehm et al. (2011)

Schierwater et al. (2009)

Steenkamp et al. (2006)

Whelan et al. (2015)

Zapata et al. (2015)

24장 초라한 시작

Abdul Wahab et al. (2014)

Adamska et al. (2011)

Amano, Hori (1996)

Cannon et al. (2016)

Cavalier-Smith (2017)

Erwin, Valentine (2013)

Grimaldi, Engel (2005)

Leys, Degnan (2001)

Leys, Meech (2006)

Marshall (2011)

Mukhina et al. (2006)

Nickel (2010)

Nielsen (2008)

Pennisi, Roush (1997)

Radzvilavicius et al. (2016)

Rohde et al. (2015)

Ruiz-Trillo et al. (2004)

Ruppert et al. (2003)

Schierwater et al. (2009)

Srivastava et al. (2010)

Vermeij (1996)

Yin et al. (2015)

25장 동물이 형체를 갖추다

Angier (2011)

Caldwell (1979)

Cavalier-Smith (2017)

Collins et al. (2005)

Dawkins (1976)

Fautin, Romano (1997)

Greenspan (2007)

Grosberg, Strathmann (2007)

Michod, Roze (2001)

Pisani et al. (2015)

Satterlie (2011)

Seipel, Schmid (2005)

Zapata et al. (2015)

26장 뉴런의 마법

Bear et al. (2007)

Kandel et al. (2000)

Shepherd (1983)

Sherrington (1906)

27장 뉴런은 어떻게 생겨났나

Arendt et al.(2016)

Bucher, Anderson (2015)

Conaco et al. (2012)

Dunn et al. (2008)

Elliott, Leys (2007)

Elliott, Leys (2010)

Emes, Grant (2011)

Ginsburg, Jablonka (2010)

Greenspan (2007)

Holland (2003)

Holmes (2009)

Jekely (2011)

Katsuki, Greenspan (2013)

Kelava et al. (2015)

Koizumi et al. (1990)

Kristan (2016)

Lettvin et al. (1959)

Leys (2015)

Leys, Degnan (2001)

Leys, Hill (2012)

Liebeskind (2011)

Marshall (2011)

Moroz et al. (2014)

Moroz, Kohn (2016)

Nickel (2010)

Pisani et al. (2015)

Renard et al. (2009)

Robson (2011)

Satterlie (2011)

Senatore et al. (2016)

Sherrington (1906)

Sherrington (1933)

van Duijn et al. (2006)

Whelan et al. (2015)

6부 후생동물이 바다에 뿌린 흔적들

28장 정면을 바라보다

Bailly et al. (2013)

Cannon et al. (2016)

Erwin, Valentine (2013)

Finnerty (2003)

Finnerty (2005)

Finnerty et al. (2004)

Grabowsky (1994)

Greenspan (2007)

Grimaldi, Engel (2005)

Holland (2000)

Lake (1990)

Marshall (2009)

Martindale (2005)

Matus et al. (2006)

Meinhardt (2002)

Rentzsch et al. (2006)

Ruiz-Trillo et al. (2004)

Shepherd (1983)

Vermeij (1996)

29장 조직의 문제

Cain et al. (2007)

Cannon et al. (2016)

Chen et al. (2004)

Erwin, Davidson (2002)

Gilbert (2013)

Hejnol (2015)

Martindale et al. (2004)

Matus et al. (2006)

Northcutt (2012)

Raff (2008)

Ruiz-Trillo et al. (1999)

Ruiz-Trillo et al. (2004)

Ruppert et al. (2003)

Shepherd (1983)

Steinmetz et al. (2017)

Technau, Scholz (2003)

30장 입으로, 아니면 항문으로?

Anderson (2016)

Baguna et al. (2008)

Bendesky, Bargmann (2011)

Bourlat et al. (2008)

Chen et al. (2004)

Erwin, Davidson (2002)

Fedonkin et al. (2007)

Fedonkin, Waggoner (1997)

Finnerty (2003)

Finnerty (2005)

Finnerty et al. (2004)

Gee (1996)

Gilbert (2013)

Grabowsky (1994)

Greenspan (2007)

Grimaldi, Engel (2005)

Hejnol, Martín-Durán (2015)

Hirth, Reichert (1999)

Holland (2000)

Holland (2015)

Holland et al. (2015)

Ikuta (2011)

Ivantsov (2013)

Kupfermann et al. (1991)

Martindale (2005)

Matus et al. (2006)

Meyer (1998)

Pandey, Nichols (2011)

Prince et al. (1998)

Rentzsch et al. (2006)

Ruiz-Trillo et al. (1999)

Ruiz-Trillo et al. (2004)

Ryan, Grant (2009)

Takahashi et al. (2009)

Wada, Satoh (1994)

Yin, Tully (1996)

31장 심해의 후구동물은 우리를 과거와 연결시킨다

Bailly et al. (2013)

Delsuc et al. (2006)

Holland (2015)

Holland et al. (2013)

Lowe et al. (2015)

Satoh et al. (2014)

32장 두 척삭 이야기

Annona et al. (2015)

Bailly et al. (2013)

Bertrand, Escriva (2011)

Brunet et al. (2015)

Delsuc et al. (2006)

Hirth et al. (2003)

Holland (2015)

Holland (2015)

Holland et al. (2013)

Holland et al. (2015)

Holland, Onai (2012)

Lacalli (1994)

Lacalli (1996)

Lacalli (2001)

Lauri et al. (2014)

Lowe et al. (2015)

Mallatt, Chen (2003)

Nieuwenhuys (2002)

Putnam et al. (2008)

Satoh et al. (2014)

7부 척추동물의 도래

33장 척추동물의 바우플란

Arthur (1997)

Charrier et al. (2012)

Costandi (2006)

Dennis et al. (2012)

Donoghue, Purnell (2009)

Downs et al. (2008)

el-Showk (2014)

Erwin (1999)

Gould (2001)

Holland (2013)

Holland et al. (2013)

Holland et al. (2017)

Hudry et al. (2014)

Ikuta (2011)

Kumar, Hedges (1998)

Larsen (1993)

Meyer (1998)

Prince et al. (1998)

Raven, Johnson (2002)

Romer (1977)

Shubin (2008)

Valentine (2004)

Wada, Satoh (1994)

Wellik (2009)

34장 바다에서의 삶

Barford (2013)

Chen et al. (1999)

Downs et al. (2008)

Fouke (2017)

Gillis et al. (2009)

Gould (2001)

Grillner et al. (1998)

Helfman et al. (1997)

Long (1996)

Ota, Kuratani (2007)

Raven, Johnson (2002)

Robertson et al.(2014)

Sample (2006)

Shepherd (1983)

Shu et al. (2003)

Shubin (2008)

Zhu et al. (2012)

35장 육지에서

Benton (2001)

Bryant (2002)

Clack (2005)

Daeschler et al. (2006)

Gould (2001)

Grimaldi, Engel (2005)

Holmes (2006)

Janis (2001)

Shepherd (1983)

Shubin (2008)

Striedter (2005)

36장 젖길을 따라

Fleagle (1999)

Janis (2001)

Kemp (2005)

Kermack, Kermack (1984)

Luo (2007)

Martin (1990)

Murray et al. (2017)

Ravosa, Dagosto (eds.) (2007)

Rowe (1988)

Striedter (2005)

8부 척추동물의 뇌를 향한 사다리와 나무

37장 척추동물의 신경-바우플란

Butler, Hodos (2005)

Darwin (1859)

Darwin (1871)

Geschwind, Konopka (2012)

Holland (2015)

Holland et al. (2013)

Holland et al. (2017)

Nauta, Karten (1970)

Nieuwenhuys (2002)

Preuss et al. (2004)

Shepherd (1983)

Sprecher, Reichert (2003)

Striedter (2005)

Wada, Satoh (1994)

38장 루트비히의 사다리

Ariens Kappers (1921)

Butler, Hodos (2005)

Edinger, Rand (1908)

Grillner et al. (2013)

Gunturkun, Bugnyar (2016)

Herrick (1948)

Hodos, Campbell (1969)

Kaas (1995)

Kaas (2011)

Karten (1991)

Karten (2015)

Karten, Shimizu (1989)

Krubitzer, Kaas (2005)

Lanuza et al. (1998)

Martinez-Garcia et al. (2002)

Nauta, Karten (1970)

Northcutt (1981)

Northcutt (2002)

Northcutt (2012)

Northcutt, Kaas (1995)

Pabba (2013)

Papez (1937)

Preuss (2012)

Reiner (1990)

Reiner (2009)

Reiner et al. (1998)

Shepherd (1983)

Smulders (2009)

Striedter (2005)

Swanson (1983)

39장 삼위일체의 유혹

Brodal (1982)

Butler, Hodos (2005)

Edinger, Rand (1908)

Kluver, Bucy (1937)

Kotter, Meyer (1992)

LeDoux (1987)

LeDoux (1991)

LeDoux (1996)

LeDoux (2015)

MacLean (1949)

MacLean (1952)

MacLean (1970)

MacLean (1990)

Panksepp (1980)

Panksepp (1998)

Panksepp (2011)

Panksepp (2016)

Panksepp, Biven (2012)

Papez (1937)

Reiner (1990)

Sagan (1977)

Striedter (2005)

Swanson (1983)

40장 다윈의 혼란스러운 감정 심리학

Darwin (1872)

Descartes (1637)

Keller (1973)

Kennedy (1992)

Knoll (1997)

Mitchell et al. (eds.)

Morgan (1930)

Morris (1967)

Penn et al. (2008)

41장 기본 감정은 얼마나 기본적인가?

Anderson, Phelps (2002)

Cannon (1929)

Coan (2010)

de Waal (2016)

Ekman (1993)

Feinstein et al. (2013)

Hess (1962)

Hoppenbrouwers et al. (2016)

Izard (1971)

Izard (1990)

James (1884)

James (1890)

LeDoux (1996)

LeDoux (2012)

LeDoux (2014)

LeDoux (2015)

LeDoux et al. (2018)

LeDoux, Pine (2016)

MacLean (1949)

MacLean (1952)

MacLean (1970)

MacLean (1990)

Ohman (2005)

Olsson, Phelps (2004)

Panksepp (1998)

Panksepp (2005)

Panksepp (2011)

Papez (1937)

Plutchik (1980)

Scarantino (2018)

Tomkins (1962)

Tomkins (1963)

9부 인지의 시작

42장 인지 능력

Bargh (1997)

Boakes (1984)

Boring (1950)

Cerullo (2015)

Chamovitz (2013)

Darwin (1872)

Dehaene et al. (2017)

Descartes (1637)

Freud (1915)

Gardner (1987)

Hassin et al. (eds.) (2005)

James (1890)

Keller (1973)

Kennedy (1992)

Kihlstrom (1987)

Kurzweil (1999)

Lashley (1958)

Lorenz (1950)

Mancuso, Viola (2015)

Mitchell et al. (eds.) (1996)

Radman (ed.) (2017)

Reber (2018)

Richards (ed.) (2001)

Ryle (1949)

Skinner (1938)

Terrace, Metcalfe (2004)

Tinbergen (1951)

Tononi et al. (2016)

van Duijn et al. (2006)

Watson (1925)

43장 행동주의자들의 구역에서 인지 찾기

Avargues-Weber et al. (2012)

Balleine, Dickinson (1998)

Boakes (1984)

Buckner (2011)

Byrne, Bates (2006)

Cheeseman et al. (2014)

Cheung et al. (2014)

Clayton et al. (2001)

Colwill, Rescorla (1990)

Daw (2015)

Dayan (2008)

Decker et al. (2016)

Dickinson (1985)

Dickinson (2012)

Dolan, Dayan (2013)

Emes, Grant (2011)

Garcia et al. (1955)

Giurfa (2012)

Giurfa et al. (2001)

Glanzman (2010)

Gould (2004)

Grant (2016)

Gunturkun, Bugnyar (2016)

Hawkins, Byrne (2015)

Heisenberg (2015)

Hinde (1970)

Holland (1993)

Holland, Rescorla (1975)

Kandel (2001)

Lechner, Byrne (1998)

Maier, Schneirla (1965)

McCurdy et al. (2013)

Minors (2016)

Murray et al. (2017)

Muzio et al. (2011)

O'Keefe, Dostrovsky (1971)

O'Keefe, Nadel (1978)

Papini (2010)

Pavlov (1927)

Perry et al. (2013)

Pickens, Holland (2004)

Roberts, Glanzman (2003)

Seligman, Hager (eds.) (1972)

Skinner (1938)

Sorabji (1993)

Thorndike (1898)

Thorndike (1905)

Tolman (1932)

Tolman (1948)

Watson (1925)

Wilkinson, Huber (2012)

Wynne, Udell (2013)

44장 행동적 유연성의 진화

Averbeck, Costa (2017)

Balleine, Dickinson (1998)

Berridge (2007)

Berridge, Kringelbach (2015)

Cardinal et al. (2002)

Clayton, Dickinson (1998)

Correia et al. (2007)

Darwin (1872)

Daw (2014)

Dayan, Watkins (2006)

Everitt, Robbins (2005)

Feeney et al. (2009)

Glimcher (2011)

Gunturkun, Bugnyar (2016)

Hamid et al. (2016)

Hart et al. (2014)

Lattal (1998)

MacLean (1949)

MacLean (1952)

MacLean (1970)

MacLean (1990)

Murray et al. (2017)

Muzio et al. (2011)

Niv et al. (2005)

Olds (1956)

Olds, Milner (1954)

Panksepp (1980)

Panksepp (1998)

Papini (2010)

Reynolds, Wickens (2002)

Romanes (1882)

Schultz et al. (1997)

Skov-Rackette et al. (2006)

Thorndike (1905)

Ward-Fear et al. (2016)

Wise (1980)

Zentall et al. (2001)

Zinkivskay et al. (2009)

10부 사고를 통한 생존과 번성

45장 심사숙고

Baddeley (2003)

Baum (2003)

Beran et al. (2016)

Doll et al. (2015)

Gillan et al. (2015)

Holyoak (2005)

Johnson-Laird (1983)

Johnson-Laird (2006)

Kahneman (2011)

Levitin (2015)

MacLean (2016)

Murray et al. (2017)

O'Keefe, Nadel (1978)

Otto et al. (2013)

Otto et al. (2015)

Penn et al. (2008)

Pinker (1997)

Raby, Clayton (2009)

Schneider, Shiffrin (1977)

Simon, Daw (2011)

Tolman (1948)

Tomasello, Rakoczy (2003)

46장 숙고적 인지 엔진

Alexander (2016)

Baddeley (1986)

Baddeley (1992)

Bartlett (1923)

Bartlett (1932)

Beck (1976)

Binder, Desai (2011)

Bowlby (1969)

Cowan (1988)

Cowan (2001)

Curtis, Lee (2010)

Custers, Aarts (2010)

Daw et al. (2005)

Daw et al. (2006)

Dehaene et al. (2017)

D'Esposito, Postle (2015)

Eriksson et al. (2015)

Fan (2014)

Fuster (2008)

Goldman-Rakic (1996)

Graham et al. (2010)

Hayes (2019)

Heyes (2016)

Horner, Burgess (2014)

Hunsaker, Kesner (2013)

Javanbakht (2011)

Johnson-Laird (2010)

Kiefer (2012)

Kim (2016)

Koechlin (2011)

Lambon Ralph (2014)

Lau, Passingham (2007)

LeDoux, Daw (2018)

Luck, Vogel (1997)

Ma et al. (2014)

Mandler (1984)

Marr (1971)

Mattson (2014)

McCurdy et al. (2013)

Miller (1956)

Miller (2013)

Miller, Cohen (2001)

Minsky (1975)

Murray et al. (2017)

Murray et al. (2017)

O'Reilly, McClelland (1994)

Otto et al. (2013)

Penn et al. (2008)

Piaget (1929)

Pidgeon, Morcom (2016)

Postle (2006)

Price et al. (2015)

Rolls (2013)

Rumelhart (1980)

Smith et al. (2012)

Smith et al. (2014)

Soto, Silvanto (2014)

Thompson et al. (2015)

Trubutschek et al. (2017)

Valadao et al. (2015)

Young et al. (2003)

47장 수다 떨기

Bowerman, Levinson (eds.) (2001)

Carruthers (2008)

Carruthers, Ritchie (2012)

Chomsky (1973)

Corballis (2017)

Dennett (1991)

Dennett (1996)

Dunbar (1998)

Everett (2012)

Fodor (1975)

Godfrey-Smith (2016)

Gould (2007)

Harari (2015)

Hayes (2019)

Herrmann et al. (2007)

Heyes (2018)

Hoffmann et al. (2018)

Hoffmann et al. (2018)

Horner, Burgess (2014)

Javanbakht (2011)

Kitayama, Markus (eds.) (1994)

Koerner (2000)

Lakoff (1987)

MacLean (2016)

Mattson (2014)

Penn et al. (2008)

Pidgeon, Morcom (2016)

Pinker (1994)

Preuss (2011)

Rolls (2008)

Seidner (1982)

Shatz (2008)

Shea et al. (2014)

Tomasello, Rakoczy (2003)

Vygotsky (1934)

Weiskrantz (1997)

Whorf (1956)

Wierzbicka (1994)

Wittgenstein (1958)

Wolff, Holmes (2011)

11부 인지의 하드웨어

48장 지각 및 기억 공유 회로

Amaral (1987)

Binder, Desai (2011)

Catani et al. (2005)

Clarke et al. (2013)

Damasio (1989)

DiCarlo et al. (2012)

Eichenbaum (2017)

Eichenbaum (2017)

Felleman, Van Essen (1991)

Friederici (2017)

Fuster (2008)

Gauthier et al. (2003)

Goldman-Rakic (1987)

Goldman-Rakic (1996)

Graham et al. (2010)

Gross (1994)

Hagoort (2014)

Hubel (1988)

Kondo et al. (2005)

Lambon Ralph (2014)

Livingstone (2008)

McCurdy et al. (2013)

Mesulam (1998)

Milner, Goodale (2006)

Mishkin et al. (1983)

Miyashita (1993)

Murray et al. (2017)

Rademaker et al. (2018)

Rilling et al. (2011)

Ritchey et al. (2015)

Rolls (2000)

Schiller, Tehovnik (2015)

Seltzer, Pandya (1978)

Squire (1987)

Thompson et al. (2015)

Tulving (1972)

Ungerleider, Mishkin (1982)

Wang, Morris (2010)

Yeterian et al. (2012)

Young (1992)

49장 인지적 연합

Amaral (1987)

Badre, D'Esposito (2009)

Bar (2003)

Barbas et al. (1999)

Barbas, Garcia-Cabezas (2016)

Barbas, Pandya (1989)

Bergstrom, Eriksson (2014)

Berryhill et al. (2011)

Bettcher et al. (2016)

Binder, Desai (2011)

Burgess, Stuss (2017)

Cabeza, St Jacques (2007)

Carlen (2017)

Carter et al. (1998)

Christophel et al. (2017)

Clarke, Tyler (2015)

Craig (2003)

Craig (2009)

Damasio (1989)

Damasio (1999)

Daw et al. (2006)

D'Esposito, Postle (2015)

Eichenbaum (2017)

Eriksson et al. (2015)

Fan (2014)

Fleming et al. (2014)

Fuster (2008)

Gauthier et al. (2003)

Goldman-Rakic (1987)

Goldman-Rakic (1996)

Horner, Burgess (2014)

Javanbakht (2011)

Joyce, Barbas (2018)

Koechlin et al. (1999)

Koechlin et al. (2003)

Koechlin, Hyafil (2007)

Koechlin, Summerfield (2007)

Kondo et al. (2005)

Krawczyk (2012)

Kringelbach (2005)

Lambon Ralph (2014)

Lara, Wallis (2015)

Lau, Passingham (2007)

Lewis et al. (2002)

Lewis-Peacock, Postle (2008)

Libby et al. (2014)

Liu et al. (2013)

Mattson (2014)

McCurdy et al. (2013)

Mesulam (1998)

Miller, Cohen (2001)

Moayedi et al. (2015)

Neubert et al. (2014)

Okuda et al. (2003)

Ongur et al. (2003)

Otto et al. (2013)

Passingham (1995)

Passingham, Wise (2012)

Petrides et al. (2012)

Petrides, Pandya (1988)

Pezzulo et al. (2018)

Pidgeon, Morcom (2016)

Posner, DiGiralomo (1998)

Postle (2006)

Postle (2016)

Rademaker et al. (2018)

Rahnev (2017)

Ramnani, Owen (2004)

Ritchey et al. (2015)

Rolls (2014)

Romanski (2004)

Rushworth et al. (2007)

Seltzer, Pandya (1978)

Sreenivasan et al. (2014)

Thompson et al. (2015)

Wang, Morris (2010)

Wise (2008)

Yeterian et al. (2012)

Young (1992)

Zanto et al. (2011)

50장 재배선 후 과열되다

Allman et al. (2010)

Barbas, Garcia-Cabezas (2016)

Bastos et al. (2018)

Boorman et al. (2009)

Carlen (2017)

Damasio (1994)

Damasio et al. (1994)

Donahue et al. (2018)

Finlay et al. (1998)

Friederici (2017)

Fuster (2008)

Hagoort (2014)

Jerison (1973)

Joyce, Barbas (2018)

Kaas (1995)

Kaas (2011)

Koechlin (2011)

Koechlin et al. (1999)

Koechlin et al. (2003)

Koechlin, Hyafil (2007)

Koechlin, Summerfield (2007)

Konopka et al. (2012)

Krubitzer, Kaas (2005)

LeDoux, Brown (2017)

Luria (1973)

Moayedi et al. (2015)

Murray et al. (2017)

Neubert et al. (2014)

Nimchinsky et al. (1999)

Northcutt, Kaas (1995)

Ongur et al. (2003)

Passingham (1995)

Passingham, Wise (2012)

Petrides et al. (2012)

Preuss (1995)

Preuss (2011)

Preuss (2012)

Rilling et al. (2008)

Rilling et al. (2011)

Schenker et al. (2008)

Semendeferi et al. (2011)

Teffer, Semendeferi (2012)

Uylings et al. (2003)

Wise (2008)

12부 주관성

51장 의식의 세 가지 단서

Benney, Henkel (2006)

Cohen, Squire (1980)

Corkin (1968)

Festinger (1957)

Gardner (1987)

Gazzaniga (1970)

Gazzaniga (1985)

Gazzaniga (2008)

Gazzaniga et al. (1962)

Gazzaniga, LeDoux (1978)

Graf, Schacter (1985)

Jarcho et al. (2011)

Johnson (2006)

LeDoux (1996)

LeDoux (2017)

Milner (1959)

Nisbett, Wilson (1977)

Noë(2012)

Pinto et al. (2017)

Radman (ed.) (2017)

Squire (1986)

Tulving (1983)

52장 의식이 있다는 것은 어떤 상태인가?

Baars (1988)

Baars, Franklin (2007)

Baddeley (2000)

Baddeley, Hitch (1974)

Banaji, Greenwald (2013)

Block (2007)

Block et al. (2014)

Breitmeyer, Ogmen (2006)

Brown (2015)

Carrasco (2011)

Chalmers (1996)

Crick, Koch (1995)

Damasio (1989)

Damasio (1999)

Dehaene (2014)

Dehaene et al. (2006)

Dennett (1991)

Edelman, Tononi (2000)

Ericcson, Simon (1993)

Festinger (1957)

Freud (1915)

Friston (2013)

Frith (2007)

Frith (2008)

Frith et al. (1999)

Frith, Dolan (1996)

Gallagher, Zahavi (2012)

Gardner (1987)

Gazzaniga (1970)

Gazzaniga (1985)

Gazzaniga (2008)

Gazzaniga (2015)

Gazzaniga, LeDoux (1978)

Gilboa et al. (2006)

Graziano (2013)

Hameroff, Penrose (2014)

Jack, Shallice (2001)

Jarcho et al. (2011)

Johnson-Laird (1988)

Kahneman (1999)

Lau, Passingham (2006)

Lazarus, McCleary (1951)

LeDoux (2017)

Maier (1931)

Maniscalco, Lau (2016)

Milner (1959)

Moore (1988)

Moscovitch (1992)

Nagel (1974)

Neisser (1967)

Nisbett, Wilson (1977)

Norman, Shallice (1986)

Ohman (2002)

Ohman (2005)

Overgaard, Sandberg (2014)

Packard (1957)

Penrose (1994)

Posner (1994)

Prinz (2012)

Radman (ed.) (2017)

Robinson, Clore (2002)

Rosenthal (2005)

Schacter (1990)

Seth et al. (2008)

Shallice (1988)

Suddendorf, Redshaw (2017)

Tononi et al. (2016)

Tononi, Koch (2015)

Tulving (1983)

Tweedy (2018)

Wilson (1994)

Yang et al. (2014)

53장 더 고차적으로 설명해보겠습니다

Baars (1988)

Baars, Franklin (2007)

Block (2007)

Block et al. (2014)

Brown (2015)

Carruthers (2000)

Cleeremans (2008)

Cleeremans (2011)

Cooney, Gazzaniga (2003)

Crick, Koch (1995)

Dehaene (2014)

Dehaene, Changeux (2011)

Gennaro (2011)

Giles et al. (2016)

Gottlieb (2017)

Kriegel (2009)

Lau, Brown (in press)

Lau, Rosenthal (2011)

Mashour (2018)

McGovern, Baars (2007)

Metzinger (2003)

Naccache (2018)

Rosenthal (2004)

Rosenthal (2005)

Rosenthal (2012)

Rosenthal (2012)

Rosenthal, Weisberg (2008)

Weisberg (2011)

54장 뇌에서의 고차 인식

Block (2011)

Block (2014)

Brown (2014)

Brown (2015)

Cohen et al. (2016)

Fleming et al. (2010)

Fleming et al. (2018)

Fleming, Lau (2014)

Frith (2007)

Haun et al. (2017)

Koechlin et al. (1999)

Koechlin, Hyafil (2007)

Lau, Brown (in press)

Lau, Passingham (2007)

Lau, Rosenthal (2011)

Lau, Rosenthal (2011)

LeDoux, Brown (2017)

Liu et al. (2013)

Odegaard et al. (2017)

Odegaard et al. (2018)

Ramnani, Owen (2004)

Rosenthal (2005)

Rosenthal (2012)

Shekhar, Rahnev (2018)

Sperling (1960)

Tsuchiya et al. (2015)

13부 기억의 렌즈를 통해 보는 의식

55장 경험의 발명

Alexander, Brown (2018)

Allport (1955)

Bar et al. (2006)

Barrett (2017)

Binder, Desai (2011)

Bruner, Goodman (1947)

Bruner, Minturn (1955)

Bruner, Postman (1949)

Cavanagh (2011)

Clark (1998)

Clark, Chalmers (1998)

Clarke et al. (2013)

Edelman (2004)

Edelman, Tononi (2000)

Fletcher, Frith (2009)

Friston (2013)

Friston, Frith (2015)

Frith (2007)

Gregory (1974)

Gregory (1997)

Grossberg (1980)

Hering (1870)

James (1890)

Lamme (2015)

Lamme (2015)

Melloni (2015)

Meyer (2011)

Neri (2014)

Panichello et al. (2012)

Pezzulo et al. (2018)

Rao, Ballard (1999)

Rensink, O'Regan (1997)

Schmack et al. (2013)

Seth (2016)

Seth (in press)

Seth et al. (2008)

Seth, Friston (2016)

Simons, Chabris (1999)

Simons, Levin (1997)

Sperling (1960)

Stefanics et al. (2014)

Thompson, Madigan (2005)

von Foerster (1984)

von Helmholtz (1866)

von Helmholtz (2005)

Ye et al. (2018)

56장 의식, 기억, 자기의식

Baker (2000)

Baker (2013)

Baker (2013)

Banaji, Greenwald (2013)

Binder, Desai (2011)

Chun, Jiang (2003)

Chun, Phelps (1999)

Clarke et al. (2013)

Cohen, Squire (1980)

Conway (2009)

Conway, Pleydell-Pearce (2000)

Damasio (1999)

Damasio (2010)

Dennett (1992)

Forgione (2018)

Gallagher (2000)

Henke (2010)

James (1890)

Klein (2004)

Lewis (2011)

Lewis (2011)

Lewis (2011)

Lewis (2013)

Lewis (2013)

Loaiza, Borovanska (2018)

Markowitsch, Staniloiu (2011)

Markus, Kitayama (1991)

Menant (2006)

Metcalfe, Son (2012)

Metzinger (2003)

Milner (1959)

Milner (1962)

Milner et al. (1968)

Moscovitch (1992)

Neisser (ed.) (1993)

Pasquali et al. (2010)

Roberts, Feeney (2009)

Rosenthal (2012)

Schacter, Tulving (1982)

Shea et al. (2014)

Smith (2017)

Squire (1987)

St Jacques et al. (2018)

Sui, Humphreys (2015)

Tulving (1972)

Tulving (1983)

Tulving (2005)

Varela et al. (1993)

Waidergoren et al. (2012)

Wheeler et al. (1997)

Wilson (2002)

57장 기억을 제자리에 놓기

Amaral (1987)

Bar (2003)

Barbas et al. (1999)

Barbas, Pandya (1989)

Bertossi et al. (2016)

Binder et al. (2016)

Binder, Desai (2011)

Botzung et al. (2008)

Buckner, Carroll (2007)

Burgess (2014)

Burgess, O'Keefe (2011)

Buzsaki (2011)

Cabeza, Moscovitch (2013)

Cabeza, St Jacques (2007)

Catani et al. (2005)

Chan et al. (2011)

Clarke et al. (2013)

Cohen, Squire (1980)

Craig (2009)

Damasio (1989)

Damasio (2010)

Denny et al. (2012)

DiCarlo et al. (2012)

Ding et al. (2009)

Dudai, Morris (2013)

Eichenbaum (2017)

Eichenbaum (2017)

Eichenbaum (2017)

Fan et al. (2014)

Feinberg (2001)

Fossati (2013)

Frith, Happé(1999)

Fuster (2008)

Gilboa (2004)

Goldman-Rakic (1987)

Goldman-Rakic (1996)

Graham et al. (2010)

Gross (1994)

Hirstein (2011)

Johnson et al. (2006)

Joyce, Barbas (2018)

Kalenzaga et al. (2014)

Kim (2012)

Kim (2016)

Klein (2004)

Koechlin et al. (1999)

Koechlin et al. (2003)

Koechlin, Hyafil (2007)

Koechlin, Summerfield (2007)

Kondo et al. (2003)

Kondo et al. (2005)

Koshino et al. (2014)

Lambon Ralph (2014)

LeDoux (2015)

Levine (2004)

Levine et al. (2004)

Lewis-Peacock, Postle (2008)

Libby et al. (2014)

Long et al. (2016)

Markowitsch, Staniloiu (2011)

Martin et al. (1995)

Martinelli et al. (2013)

McClelland et al. (1995)

McCormick et al. (2017)

McCurdy et al. (2013)

Mesulam (1998)

Milner (1962)

Milner et al. (1968)

Mishkin (1982)

Miyashita (1993)

Moscovitch (1995)

Moscovitch et al. (2005)

Moscovitch, Winocur (2002)

Murray (1992)

Murray et al. (2017)

Neubert et al. (2014)

O'Keefe, Nadel (1978)

O'Reilly, McClelland (1994)

Passingham (1995)

Passingham, Wise (2012)

Petrides et al. (2012)

Petrides, Pandya (1988)

Price et al. (2015)

Ramnani, Owen (2004)

Richter et al. (2016)

Ritchey et al. (2015)

Rolls (2000)

Schacter, Tulving (1982)

Seltzer, Pandya (1978)

Shea et al. (2014)

Squire (1987)

Squire, Zola (1998)

Sui, Humphreys (2015)

Suzuki, Amaral (2003)

Teyler, DiScenna (1986)

Thompson et al. (2015)

Tulving (1972)

Tulving (1983)

Tulving (1983)

Tulving (2005)

Uddin (2011)

Ungerleider, Mishkin (1982)

van der Meer et al. (2010)

Wang, Morris (2010)

Warrington, Shallice (1984)

Wheeler et al. (1997)

Yeterian et al. (2012)

58장 기억의 렌즈를 통해 보는 고차 인식

Baker (2013)

Clark (1998)

Cleeremans (2008)

Cleeremans (2011)

Craig (2009)

Damasio (2010)

Forgione (2018)

Friston (2013)

Friston, Frith (2015)

Frith (2007)

Frith, Happé(1999)

Gallagher (2000)

Gallagher, Frith (2003)

Haun et al. (2017)

Koch (2018)

Lau, Rosenthal (2011)

Lau, Rosenthal (2011)

Lewis (2011)

Lewis (2013)

Metzinger (2003)

Odegaard et al. (2017)

Odegaard et al. (2018)

Pasquali et al. (2010)

Rosenthal (2004)

Rosenthal (2005)

Rosenthal (2012)

Seth (2016)

Seth (in press)

Sui, Humphreys (2015)

Frith, Happé(1999)

Gray (2004)

Heyes (2015)

Heyes (2016)

Horowitz (2016)

Humphrey (1977)

Jack, Shallice (2001)

Jennings (2006)

Kahneman (1999)

Kennedy (1992)

LeDoux (2002)

LeDoux (2017)

Loftus (1996)

Maier (1931)

Mashour (2018)

Menant (2006)

Mitchell et al. (eds.) (1996)

Nahmias (2002)

Nisbett, Wilson (1977)

Overgaard, Sandberg (2014)

Radman (ed.) (2017)

Robinson, Clore (2002)

Rosenthal (2019)

Russell (1927)

Seth et al. (2008)

Shea et al. (2014)

Shettleworth (2010)

Singer (2009)

Weiskrantz (1997)

Wilson (1994)

Wynne, Bolhuis (2008)

14부 얕은 곳

59장 다른 마음의 까다로운 문제

Clayton, Dickinson (2010)

Dawkins (2017)

de Waal (2006)

Dennett (1991)

Ericcson, Simon (1993)

60장 의식에 몰래 다가가기

Baker et al. (2011)

Beran (2017)

Brandl (2016)

Bulley et al. (2017)

Butterfill, Apperly (2013)

Carruthers (2008)

Carruthers, Ritchie (2012)

Cartmill (2000)

Clayton, Dickinson (1998)

Clayton, Dickinson (2010)

Corballis (2017)

Dehaene et al. (2017)

Dennett (1991)

Ericcson, Simon (1993)

Fleming et al. (2010)

Fleming et al. (2014)

Fleming et al. (2018)

Fleming, Lau (2014)

Frith (2007)

Frith et al. (1999)

Frith, Happé(1999)

Gallagher, Frith (2003)

Gallup (1982)

Gallup et al. (2014)

Gray (2004)

Gunturkun, Bugnyar (2016)

Heyes (1995)

Heyes (2008)

Heyes (2015)

Heyes (2016)

Heyes (2017)

Horner, Burgess (2014)

Horowitz (2016)

Jack, Shallice (2001)

Jackendoff (2007)

LeDoux (2015)

LeDoux (2017)

LeDoux, Brown (2017)

Maniscalco, Lau (2016)

Metcalfe, Son (2012)

Morales et al. (2018)

Murray et al. (2017)

Naccache, Dehaene (2007)

Nahmias (2002)

Nisbett, Wilson (1977)

Overgaard, Sandberg (2014)

Pepperberg (2009)

Peters et al. (2017)

Peters et al. (2017)

Povinelli, Prince (1998)

Premack, Woodruff (1978)

Raby, Clayton (2009)

Radman (ed.) (2017)

Redshaw et al. (2017)

Reiss, Marino (2001)

Ruby et al. (2018)

Salwiczek et al. (2010)

Schneider et al. (2017)

Seth et al. (2008)

Shea et al. (2014)

Shettleworth (2010)

Smith et al. (2012)

Suddendorf, Butler (2014)

Suddendorf, Corballis (2007)

Suddendorf, Corballis (2010)

Suddendorf, Redshaw (2017)

Terrace, Metcalfe (2004)

Tulving (1972)

Tulving (2001)

Tulving (2005)

Weiskrantz (1997)

61장 마음의 유형

Beran et al. (2016)

Cartmill (2000)

Clayton, Dickinson (1998)
Clayton, Dickinson (2010)
Dennett (1996)
Gunturkun, Bugnyar (2016)
Hassin et al. (2009)
Jacob et al. (2015)
Jacobs, Silvanto (2015)
Joglekar et al. (2018)
Lau, Passingham (2007)
Mashour (2018)
Menant (2006)
Panagiotaropoulos et al. (2012)
Rosenthal (2012)
Soon et al. (2008)
Soto et al. (2011)
Soto, Silvanto (2014)
Tulving (2005)
van Vugt et al. (2018)
Wittgenstein (1958)
Wynne (2004)
Wynne (2007)

15부 감정 주관성

62장 감정 의미론의 가파른 비탈길

Anderson (2016)
Anderson, Adolphs (2014)
Bacon (1620)
Bekoff (2000)
Berridge, Kringelbach (2015)
Block (1995)
Burghardt (1991)
Darwin (1872)
Dawkins (2012)
Dawkins (2017)
de Waal (1999)
Dehaene et al. (2017)
Descartes (1637)
Ekman (1993)
Fanselow, Pennington (2017)
Fanselow, Pennington (2018)
Gibson et al. (2015)
Griffin (1976)
Griffin (2015)
Hess (1962)
Heyes (1995)
Heyes (2008)
Heyes (2015)
Heyes (2016)
Heyes (2017)
Huxley (1954)
Izard (1990)
Keller (1973)
Kennedy (1992)
Lang (1968)
LeDoux (1984)
LeDoux (1987)
LeDoux (1994)
LeDoux (1996)
LeDoux (2012)
LeDoux (2013)
LeDoux (2017)
MacLean (1949)
MacLean (1952)
MacLean (1970)
Mandler, Kessen (1964)
Marx (1951)
Mitchell et al. (eds.) (1996)
Olds (1956)
Panksepp (1998)
Panksepp, Biven (2012)

Papez (1937)

Penn et al. (2008)

Penn, Povinelli (2007)

Penn, Povinelli (2007)

Perusini, Fanselow (2015)

Povinelli (2008)

Povinelli, Preuss (1995)

Povinelli, Prince (1998)

Rachman, Hodgson (1974)

Rivas, Burghardt (2002)

Romanes (1882)

Rosen, Schulkin (1998)

Scarantino (2018)

Schacter (1987)

Shettleworth (2009)

Shettleworth (2010)

Squire (1987)

Sternson et al. (2013)

Suddendorf, Corballis (2010)

Tamietto and de Gelder (2010)

Timberlake (1999)

Tomkins (1962)

Tomkins (1963)

Tononi, Koch (2015)

Viegas (2015)

Wise (1980)

Wynne (2004)

Wynne (2007)

Wynne, Bolhuis (2008)

Wynne, Udell (2013)

**63장 생존 회로는 우리를 곤경에서
구해줄 수 있을까?**

Adolphs (2013)

Adolphs, Anderson (2018)

Anderson (2016)

Bowlby (1969)

Bucci (1997)

Damasio (1994)

Damasio (1999)

Damasio, Carvalho (2013)

Doyle, Csete (2011)

Fanselow, Pennington (2017)

Fanselow, Pennington (2018)

Hoppenbrouwers et al. (2016)

Leahy (2015)

LeDoux (2012)

LeDoux (2013)

LeDoux (2014)

LeDoux (2015)

LeDoux (2017)

LeDoux, Hofmann (2018)

LeDoux, Mobbs (2018)

LeDoux, Pine (2016)

Mobbs (2018)

Mobbs et al. (2015)

Pavlov (1936)

Panksepp (1998)

Panksepp, Biven (2012)

Petrovich et al. (2001)

Sternson (2013)

64장 사려 깊은 감정

Alberini and LeDoux (2013)

Allbritton (1995)

Barrett (2017)

Barrett (2017)

Barrett et al. (2007)

Barrett et al. (2007)

Barrett et al. (eds.) (2007)

Barrett, Bar (2009)

Barrett, Russell (eds.) (2015)

Beck (1976)

Beck, Haigh (2014)

Brosch et al. (2013)

Cleeremans (2008)

Cleeremans (2011)

Clore, Ortony (2013)

Coan, Gonzalez (2015)

Craig (2003)

Craig (2009)

Critchley et al. (2004)

Damasio, Carvalho (2013)

Daneshmandi et al. (2018)

de Sousa (2013)

Fehr, Russell (1984)

Frijda (1986)

Kahneman (1999)

Kovecses (2000)

Kron et al. (2010)

Lazarus (1991)

Leahy (2015)

LeDoux (1984)

LeDoux (1996)

LeDoux (2012)

LeDoux (2014)

LeDoux (2017)

LeDoux, Brown (2017)

LeDoux, Hofmann (2018)

Lindquist et al. (2006)

Lindquist et al. (2015)

Lindquist, Barrett (2008)

McNally (2009)

Miloyan, Suddendorf (2015)

Nader and Einarsson (2010)

Oatley, Johnson-Laird (2014)

Ochsner, Gross (2005)

Oosterwijk et al. (2015)

Ortony, Turner (1990)

Pessoa (2013)

Robinson, Clore (2002)

Russell (2003)

Russell (2014)

Satpute et al. (2016)

Saxe, Houlihan (2017)

Schachter, Singer (1962)

Scherer (1984)

Scherer (2000)

Sloan et al. (2018)

Tulving (2005)

Wilson-Mendenhall et al. (2011)

Young et al. (2003)

65장 느끼는 뇌가 발화하다

Anderson, Phelps (2002)

Barrett, Bar (2009)

Barrett, Simmons (2015)

Brandl et al. (2017)

Brown (2015)

Bulley et al. (2017)

Cardinal et al. (2002)

Craig (2003)

Craig (2009)

Critchley et al. (2004)

Damasio (1994)

Damasio (1999)

Damasio, Carvalho (2013)

Everitt, Robbins (2005)

Feinstein et al. (2013)

Furl et al. (2013)

Ghaziri et al. (2017)

Gu et al. (2013)

Hofmann, Doan (2018)

Hoppenbrouwers et al. (2016)

Kron et al. (2010)

Lau, Brown (2019)

Lau, Rosenthal (2011)

LeDoux (1996)

LeDoux (2002)

LeDoux (2008)

LeDoux (2012)

LeDoux (2015)

LeDoux et al. (2018)

LeDoux, Brown (2017)

LeDoux, Daw (2018)

LeDoux, Hofmann (2018)

LeDoux, Pine (2016)

Lindquist et al. (2015)

Miloyan, Suddendorf (2015)

Murray et al. (2017)

Pessoa (2013)

Pezzulo et al. (2015)

Phelps (2006).

Satpute et al. (2013)

Saxe, Houlihan (2017)

Seth, Friston (2016)

Seymour, Dolan (2008)

Shiflett, Balleine (2010)

Sontheimer et al. (2017)

Wilson-Mendenhall et al. (2011)

66장 생존은 깊지만 감정은 얕다

Buss (1995)

Buss et al. (1998)

Dennett (1996)

Dugatkin, Trut (2017)

Gould (1991)

Gould (1997)

Gould, Lewontin (1979)

Gould, Vrba (1982)

Hayes (2019)

Menant (2011)

Miloyan, Suddendorf (2015)

Pinker (1997)

Tooby, Cosmides (1992)

에필로그

Andriessen (2006)

Balter (2015)

Dawkins (1976)

Doyle, Csete (2011)

Durkheim (1951)

Frank (2018)

Gazzaniga (2012)

Harari (2015)

Hayes (2019)

Hepburn (2018)

Huxley (1954)

Jonas (1968)

Jones (1986)

Lane (2015)

Lau (2017)

Maturana, Varela (1980)

May (2018)

Menant (2018)

Michod (2005)

Niklas, Newman (2013)

Pena-Guzman (2017)

Varela (1996)

Varela (1997)

Volk (2008)

Volk (2017)

웹페이지

22장

http://www.diffen.com/difference/Cilia_vs_Flagella; retrieved Nov. 8, 2016.
http://www.hhmi.org/research/choanoflagellates-and-origin-animals; retrieved Dec. 2, 2016.

23장

https://en.wikipedia.org/wiki/Timeline_of_evolutionary_history_of_life; retrieved Nov. 4, 2016.

25장

http://www.encyclopedia.com/plants-and-animals/animals/zoology-invertebrates/cnidaria#3400500071; retrieved Nov 5, 2016.

28장

https://www.boundless.com/biology/textbooks/boundless-biology-textbook/introduction-to-animal-diversity-27/features-used-to-classify-animals-163/animal-characterization-based-on-body-symmetry-634-11856/, retrieved on Feb. 11, 2017.

30장

https://en.wikipedia.org/wiki/Kimberella , retrieved Feb 11, 2017

34장

Placodermi, https://en.wikipedia.org/wiki/Placodermi, retrieved Jun 17, 2017.

http://news.bbc.co.uk/1/hi/sci/tech/504776.stm, retrieved Jun 17, 2017.
http://palaeos.com/vertebrates/placodermi/placodermi.html, retrieved Jun 17, 2017.

35장

http://www.guinnessworldrecords.com/world-records/largest-mammal, retrieved Apr 12, 2017.
https://www.mnn.com/earth-matters/animals/photos/11-of-the-smallest-mammals-in-the-world/etruscan-shrew, retrieved Apr 12, 2017.

42장

https://plato.stanford.edu/entries/cognitive-science/, retrieved Sept 14, 2017.

43장

https://plato.stanford.edu/entries/cognition-animal/, retrieved Aug 2, 2017.

찾아보기

528

ㅇ

542

기타

우리 인간의 아주 깊은 역사

초판 1쇄 발행	2021년 4월 23일
초판 4쇄 발행	2023년 1월 10일

지은이	조지프 르두
옮긴이	박선진
기획	김은수
책임편집	이기홍 박소현
디자인	고영선 정진혁

펴낸곳	(주)바다출판사
주소	서울시 종로구 자하문로 287
전화	322-3675(편집), 322-3575(마케팅)
팩스	322-3858
E-mail	badabooks@daum.net
홈페이지	www.badabooks.co.kr

ISBN	979-11-6689-014-7 03400